"十四五"普通高等教育本科系列教材

U0171468

钢结构原理与设计

主编 黄会荣 钟炜辉

参编 孙佳伟 董芳菲

杨 阳 刘明明

主审 薛素铎

中国电力出版社

CHINA ELECTRIC POWER PRESS

内 容 提 要

本书为"十四五"普通高等教育本科系列教材，按照普通高等学校土木工程类专业钢结构课程教学大纲，依据专业相关规范和规程编写。

本书分为钢结构基础、钢结构设计两部分。

钢结构基础部分为第 1～6 章，包括钢结构设计原理、钢结构的材料、钢结构的连接、受弯构件、轴心受力构件、拉弯和压弯构件。阐述了钢结构标准涉及的概率极限状态法、钢材的力学性能、焊缝连接与螺栓连接等基本知识。重点对受弯构件、轴心受力构件、拉弯和压弯构件三类基本构件的设计计算理论进行了深入浅出地介绍。

钢结构设计部分为第 7、8 章，包括单层工业厂房钢结构、多高层房屋钢结构。详细分析了轻型门式刚架、重型工业厂房以及吊车梁的设计原理；根据多高层房屋钢结构特点对其结构进行了理论分析和设计计算。

本书可作为普通高等院校土建类专业钢结构课程教材，也可作为相关领域工程技术人员的参考书。

图书在版编目（CIP）数据

钢结构原理与设计/黄会荣，钟炜辉主编 . —北京：中国电力出版社，2022.4
"十四五"普通高等教育本科系列教材
ISBN 978-7-5198-6024-0

Ⅰ . ①钢… Ⅱ . ①黄… ②钟… Ⅲ . ①钢结构—理论—高等学校—教材②钢结构—结构设计—高等学校—教材 Ⅳ . ①TU391

中国版本图书馆 CIP 数据核字（2021）第 191390 号

出版发行：中国电力出版社
地　　址：北京市东城区北京站西街 19 号（邮政编码 100005）
网　　址：http：//www. cepp. sgcc. com. cn
责任编辑：孙　静（010－63412542）
责任校对：黄　蓓　常燕昆
装帧设计：郝晓燕
责任印制：吴　迪

印　　刷：三河市航远印刷有限公司
版　　次：2022 年 4 月第一版
印　　次：2022 年 4 月北京第一次印刷
开　　本：787 毫米×1092 毫米　16 开本
印　　张：21.5
字　　数：520 千字
定　　价：59.80 元

前　言

本书根据普通高等学校土木工程类专业钢结构课程教学大纲，结合新修订的《钢结构设计标准》（GB 50017—2017）以及相关规范和规程编写而成。教材力求内容精练，深入浅出，便于自学。

本书共有 8 章，分为钢结构基础、钢结构设计两个部分。钢结构基础部分包括钢结构的计算方法、钢结构的材料、钢结构的连接、受弯构件、轴心受力构件、拉弯和压弯构件。钢结构设计部分包括单层工业厂房钢结构、多高层房屋钢结构。

本书可作为国内高等院校土木工程类专业的钢结构课程教材，也可作为土木工程类专业工程技术人员的参考书籍。适合科研单位技术人员作为理论研究和新产品开发的参考资料。

本书编入一定数量的例题和习题，能很好地帮助读者了解本书的重点和难点，掌握全书内容。

本书由西安建筑科技大学、西京学院联合编写。参与编写工作的有：黄会荣（第 1～2 章、附录 1～附录 5），孙佳伟（第 3 章），董芳菲（第 4 章），杨阳（第 5 章），刘明明（第 6 章），钟炜辉（第 7～8 章、附录 6～附录 7）。全书由黄会荣统稿。

全书由北京工业大学薛素铎教授审阅，提出了许多宝贵意见，西安建筑科技大学郝际平教授，研究生袁博阳、张希、段仕超也给予很多帮助，在此一并表示衷心感谢。

在本书编写过程中，采用了参考文献中的部分内容，对文献作者一并表示谢意。

编者

目　　录

第1章 概　　论

本章主要叙述钢结构的特点、钢结构的应用与发展，学习时应从钢结构的发展和应用中了解钢结构在土木工程中的重要地位、钢结构设计计算理论与混凝土设计计算方法的区别，从而明确学习目的，弄清合理进行钢结构设计和科研工作的重要意义。

1.1　钢结构的特点

钢结构是用钢板和型钢作基本构件，采用焊接、铆接或螺栓连接等，按照一定的构造要求连接起来，承受规定荷载的结构。与其他材料的结构相比，钢结构具有如下特点：

（1）钢结构的强度较高，所以构件的截面较小、自重较轻，便于运输和装拆。当跨度和荷载相同时，钢屋架的重量只有钢筋混凝土屋架重量的 $1/4 \sim 1/3$，若采用薄壁型钢屋架或空间结构则更轻。由于重量较轻，便于运输和安装，因此钢结构特别适用于跨度大、高度高、荷载大的结构，也最适用于可移动、有装拆要求的结构。

（2）塑性好，结构在一般条件下不会因超载而突然断裂；韧性好，结构对动力荷载和冲击荷载的适应性强。钢材质地均匀，有良好的塑形和韧性。由于钢材的塑性好，钢结构在一般情况下不会因偶然超载或局部超载而突然断裂破坏；钢材的韧性好，则使钢结构对荷载的适应性较强。钢材的这些性能为钢结构的安全可靠提供了充分的保障。

（3）钢结构的材质均匀，力学性能接近匀质、各向同性，是理想的弹塑性材料，有较大的弹性模量，弹性模量高达 206GPa，因而变形很小；用一般工程力学方法计算，可以接近结构的实际工作情况，较安全可靠，适用于有特殊重要意义的建筑物。

（4）钢结构的制造可在专业化的钢结构厂中进行，制作简便，精度高；制作的构件运到现场拼装，装配化作业，效率高、周期短；已建成的钢结构也易于拆卸、更换、加固或改建。因此，钢结构制造简便，施工方便，工业化程度高。

（5）密闭性较好。钢材和焊接连接的水密性和气密性较好，适宜建造密闭的板壳结构，如地下钢结构洞室、高压容器、油库、气柜、管道等。

（6）钢结构在潮湿和有腐蚀介质的环境中容易锈蚀，必须采用防护措施，如除锈、刷油漆、镀锌等。

（7）钢结构在 150℃ 以内时的性质变化很小；但当温度达到 300℃ 以上时，钢结构的强度将迅速下降；当温度达到 500℃ 以上时，钢结构会瞬时全部崩溃。所以钢结构的耐热性好，但防火性差。

（8）钢材的低温脆性。钢结构在低温等条件下，可能发生脆性断裂和厚板的层状撕裂，应予以重视。

1.2 钢结构的分类与应用

钢结构被广泛用于工业厂房、大跨度房屋建筑、高层建筑、桥梁、储液或气库、电视塔、输电塔、水工建筑中的闸门、大型管道及船舶结构等。

1.2.1 按应用领域分类

钢结构由于其自身的特点和结构形式的多样化，随着我国国民经济的迅猛发展，其应用范围越来越广泛，包括以下几个方面：

（1）工业厂房。起重机（又称吊车）的起重量较大或其工作较繁重的车间多采用钢骨架。近年来，随着空间结构的大量应用，一般的工业车间也采用了钢结构。

（2）大跨结构。结构体系可为网格结构、悬索、拱架及框架等，飞机装配车间、飞机库、大煤库、大会堂、体育馆、展览馆等，如图 1-1、图 1-2 所示。

图 1-1　上海大剧院

图 1-2　广州国际会展中心

（3）高耸结构。塔架和桅杆结构，如电视塔、微波塔、输电线塔、大气监测塔、天线桅杆、广播发射桅杆等如图 1-3、图 1-4 所示。

图 1-3　东方明珠电视塔

图 1-4　广州电视塔

（4）多层和高层建筑。多层和高层建筑的骨架可采用钢结构。我国过去钢材比较短缺，多采用钢筋混凝土结构。近年来钢结构在此领域已逐步得到发展，如图 1-5 所示。

（5）承受振动荷载影响及地震作用的结构。设有较大锻锤的车间，其骨架直接承受的动力尽管不大，但间接的振动却极为强烈。对于抗地震作用要求高的结构也宜采用钢结构。

（6）板壳结构。如油库、油罐、烟囱、水塔及各种管道等。

（7）其他特种结构。如地下钢结构、栈桥、管道支架、井架和海上采油平台等。

（8）可拆卸或移动的结构。可拆卸结构如工地的生产、生活附属用房，临时展览馆等。移动结构如塔式起重机、履带式起重机的吊臂、龙门起重机等。

图 1-5　上海中心大厦及陆家嘴建筑群

（9）轻型钢结构。如轻型门式刚架房屋、冷弯薄壁型钢结构及钢管结构。近年来轻型钢结构已广泛应用于仓库、办公室、工业厂房及体育设施，并向住宅楼和别墅发展。

（10）钢和混凝土组合成的组合结构。如组合梁和钢管混凝土柱等。

1.2.2　按结构体系工作特点分类

（1）梁状结构。由受弯工作的梁组成的结构。

（2）刚架结构。由受压、受弯工作的直梁和直柱组成的框架结构。

（3）拱架结构。由单向弯曲形构件组成的平面结构。

（4）桁架结构。主要是由受拉或受压的杆件组成的结构。

（5）网架结构。主要是由受拉或受压的杆件组成的空间平板形网状结构。

（6）网壳结构。主要是由受拉或受压的杆件组成的空间曲面形网状结构，如图 1-6、图 1-7 所示。

图 1-6　广东佛山岭南明珠体育馆

图 1-7　广州歌剧院

（7）预应力钢结构。由张力索（或链杆）和受压杆件组成的结构，如图 1-8、图 1-9 所示。

（8）悬索结构。以张拉索为主组成的结构，如图 1-10、图 1-11 所示。

（9）复合结构。是指不同类型的结构组合而形成的一种新的结构体系，如图 1-12～图 1-15 所示。

图 1-8　台湾桃园县体育馆

图 1-9　英国伦敦千年穹顶

图 1-10　江阴长江大桥

图 1-11　浙江黄龙体育中心

图 1-12　天津滨海国际会展中心

图 1-13　天津市永乐桥

图 1-14　北京工业大学体育馆

图 1-15　上海浦东国际机场 T2 航站楼

1.3　钢结构的发展方向

目前我国钢产量已跃居世界第一，且还在不断增加，钢结构的应用也会有更大的发展。为了适应这一新的形势，钢结构的设计水平应该迅速提高。通过对国内外的现状分析可知，钢结构设计的发展方向有以下几方面。

1.3.1　高效能钢材的研究和应用

高效能钢材的含义是采用各种可能的技术措施，提高钢材的承载力。H型钢的应用已经有了长足的发展，现正在赶超世界水平。压型钢板在我国的应用也趋于成熟。冷弯薄壁型钢的经济性是大家熟知的，但目前产量还不够，有待进一步提高，以满足生产和设计的需要。近年来冷弯方矩管的应用发展较快。

由于Q345钢强度高，可节约大量钢材，我国目前已普遍采用。现在更高强度的Q390钢材也已被广泛应用。在2008年北京奥运会国家体育场"鸟巢"（见图1-16）工程中使用了Q460钢材，现已被列入《钢结构设计标准》（GB 50017—2017）。国外高强度钢发展很快，1969年美国规范列入屈服极限为685MPa的钢材，1975年苏联规范列入屈服极限为735MPa的钢材。今后，随着冶金工业的发展，研究强度更高的钢材及其合理的使用将是重要的课题。

用于连接材料的高强度钢已有45号钢和40号硼钢，这两种材料制成的高强度螺栓广泛应用于各种工程。40号硼钢屈服强度为635MPa，抗拉强度为785MPa，经热处理后屈服强度不低于970MPa，抗拉强度为1080MPa。20号锰钛硼钢作为高强度螺栓专用钢材，其强度级别与40号硼钢相同。

图1-16　2008年北京奥运国家体育场"鸟巢"

1.3.2　结构和构件计算的研究和改进

目前已广泛应用新的计算技术和测试技术对结构进行深入计算和测试，为了解结构和构件的实际性能提供了有利条件。计算和测试手段越先进，就越能反映结构和构件的实际工作情况，从而合理使用材料，发挥其经济效益，并保证结构的安全。例如，钢材塑性充分利用问题经过多年研究，已将成果反映于《钢结构设计标准》（GB 50017－2017）中；其他动力荷载作用下的结构反应问题、残余应力对压杆稳定的影响问题、板件屈曲后的承载能力问题等,都已用新计算技术和测试手段取得了新的进展。

　　最近,在应用概率理论考虑结构安全度方面也取得了新的进展。新规范中采用以概率理论为基础的极限状态设计方法,用可靠指标度量结构的可靠度,以分项系数的设计表达式进行计算,也是改进计算方法的一个重要方面。

　　自从欧拉提出轴心受压柱的弹性稳定理论的临界力计算公式以来,迄今已有200多年。在此期间,很多学者对各类构件的稳定问题做了不少理论分析和试验研究工作,但是在结构的温度理论计算方面还存在不少问题。例如,各种压弯构件的弯扭屈曲、薄板屈曲后强度的利用、各种钢架体系的稳定及空间结构的稳定等,所有这些方面的问题都有待进一步深入研究。

1.3.3　结构形式的革新

　　新的结构形式有薄壁型钢结构、悬索结构、膜结构、树状结构、开合结构、折叠结构、悬挂结构等。这些结构适用于轻型大跨屋盖结构、高层建筑和高耸结构等,对减少耗钢量有重要意义。我国应用新结构逐年有所增长,特别是空间网格结构发展很快,空间结构经济效果很好。

1.3.4　预应力钢结构的应用

　　在一般钢结构中增加一些高强度钢构件,并对结构施加预应力,是预应力钢结构中采用的最普遍形式之一。它的实质是以高强度钢材代替部分普通钢材,从而达到节约钢材、提高结构效能和经济效益的目的。但是,两种强度不同的钢材用于同一构件中共同受力,必须采取施加预应力的方法才能使高强度钢材充分发挥作用。我国从20世纪50年代开始对预应力钢结构进行理论和试验研究,并在一些工程中开始采用。20世纪90年代,预应力结构有了一个飞跃,弦支穹顶(见图1-17)、张弦梁(见图1-18)等复合结构已经用于很多大型体育场馆和会展中心,预应力桁架、预应力网架也在很多工程中得到了广泛应用,如图1-19、图1-20所示。

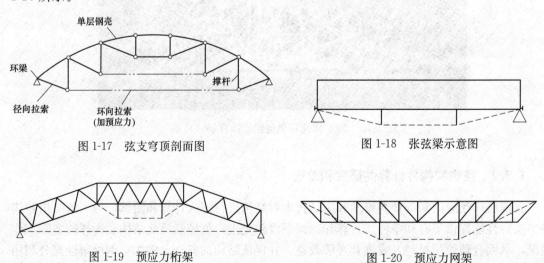

图 1-17　弦支穹顶剖面图　　　　　　　　　图 1-18　张弦梁示意图

图 1-19　预应力桁架　　　　　　　　　图 1-20　预应力网架

1.3.5 空间结构的发展

以空间体系的空间网格结构代替平面结构可以节约钢材，尤其是跨度较大时，经济效果尤为显著。空间网格结构对各种平面形式建筑物的适应性很强，近年来在我国发展很快，特别是采用了市场化的空间结构分析程序后，如天津博物馆（见图 1-21）、国家大剧院（见图 1-22）、上海文化广场，以及全国各地的体育馆和展览馆等已不下数千座工程。2008 年，北京奥运会体育场馆大多采用空间结构，如国家游泳中心"水立方"（见图 1-23）、大连热带雨林馆（见图 1-24）等。

图 1-21 天津博物馆

图 1-22 国家大剧院

悬索结构也属于空间结构体系，它最大限度地利用了高强度钢材，因而用钢量很省。它对各种平面形式建筑物的适应性很强，极易满足各种建筑平面和立面的要求，但由于施工较复杂，因而应用受到一定的限制。今后应进一步研究各种形式的悬索结构的计算和推广应用问题。

图 1-23 国家游泳中心"水立方"

图 1-24 大连热带雨林馆

1.3.6 钢和混凝土组合结构的应用

钢材受压时常受稳定条件的限制，往往不能发挥它的强度承载力，而混凝土则最宜于承受压力。钢的强度高、宜受拉，混凝土则宜受压，将两者组合在一起，可以发挥各自的长处，取得最大的经济效果，是一种合理的结构形式。图 1-25（a）所示为由钢梁和钢筋混凝土板组成的组合梁，混凝土位于受压区，钢梁则位于受拉区。但梁板之间必须设置抗剪连接件，以保证两者共同工作。由钢筋混凝土板作为受压翼缘与钢梁组合可节约钢材。这种结构已经较多地用于桥梁结构中，也可推广至荷载较大的平台和楼层结构中。

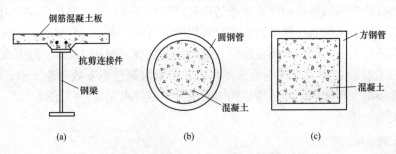

图 1-25　组合梁和柱

（a）组合梁；（b）圆钢管混凝土柱；（c）方钢管混凝土结构

图 1-25（b）所示为在钢管中填素混凝土的圆钢管混凝土结构。这种结构最宜用作轴心受压构件，对于大偏心受压构件则可采用格构式组合柱。这种构件的特点是：在压力作用下，钢管和混凝土之间产生相互作用的紧箍力，使混凝土处于三向受压的应力状态下工作，大大提高了它的抗压强度，还改善了它的塑性，提高了抗震性能。对于薄钢管，因得到了混凝土的支持，提高了稳定性，使钢材强度得以充分发挥。该结构已在国内得到广泛应用，厂房柱、高层建筑框架柱等均采用钢—混凝土组合结构。近年来，由住宅钢结构带动的方钢管混凝土结构〔见图 1-25（c）〕也开始被大量应用。

1.3.7　高层钢结构的研究和应用

随着我国经济的不断发展，近年来在上海、北京、深圳和广州等地，相继修建了一些高层和超高层建筑物，如上海明天广场大厦（55 层，284.6m）、上海恒隆广场大厦（66 层，高 288.2m）、深圳赛格广场大厦（72 层，高 355.8m，见图 1-26）、深圳地王大厦（69 层，高 383.95m）、广州中信广场大厦（80 层，高 391.1m）、上海金茂大厦（88 层，高 420.5m）、上海环球金融中心大厦（101 层，高 492m）、天津 117 大厦（117 层，597m，结构高度为 596.5m）、上海中心大厦（118 层，632m，结构高度为 580m）等。这些高层建筑都采用了钢结构框架体系，楼层结构很多采用了钢梁、压型钢板上浇混凝土的组合楼层，施工简便迅速。

我国在高层和超高层建筑方面与国外经济发达国家相比，在设计理念、新产品研究开发、钢材品种质量、制作安装的设备及计算机应用，以及科学管理等方面还有不少差距。但上海金茂大厦、上海环球金融中心大厦、上海中心大厦等超高层钢结构的建成，使我国高层钢结构的技术水平已有了长足的进步。中央电视台新台址（斜楼，见图 1-27）与广州歌剧院（见图 1-7）以其独特的造型和超高的施工难度成为钢结构的一种代表。

1.3.8　优化原理的应用

结构优化设计包括确定优化的结构形式和截面尺寸。由于电子计算机的逐步普及，促使结构优化设计得到相应的发展。我国编制的钢吊车梁标准图集，就是根据耗钢量最小的条件写出目标函数，把强度、稳定性、刚度等一系列设计要求作为约束条件，用计算机解得优化

图 1-26　深圳赛格广场大厦

图 1-27　中央电视台新台址

的截面尺寸，比过去的标准设计节省钢材 5%～10%。优化设计已逐步推广到塔桅结构、空间结构设计等各个方面。

1.3.9　钢结构主要节点及新类型的应用

钢结构主要节点有螺栓球节点（见图 1-28）、焊接球节点（见图 1-29）、铸钢节点（见图 1-30）、树状结构与屋顶连接节点（见图 1-31）和钢结构连接节点（见图 1-32）等。

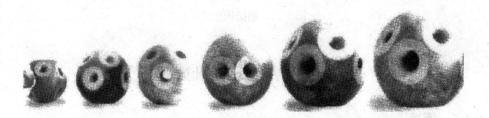

图 1-28　螺栓球节点

图 1-29　焊接球节点

图 1-30 多分枝的铸钢节点

图 1-31 树状结构与屋顶连接节点

图 1-32 钢结构连接节点

1.4 钢结构设计的计算方法

1.4.1 概述

钢结构的承载能力，是由材料的性质、构件的尺寸和工作条件来决定的。钢材力学性能的取值和材料的实际性能之间，计算所取截面和实际尺寸之间，采用的标准荷载和实际荷载之间，计算所得的应力值和实际应力之间，都存在一定差异。这就是说，在设计中所采用的荷载、材料性能、截面特性、施工质量等方面都不是定值，而是随机变化的。在设计中如何考虑这些因素的变动规律，是结构计算的重要问题。结构设计的计算方法经历了从容许应力法到概率极限状态设计法两个重要阶段。

任何结构都是为了完成所要求的某些功能而设计的，结构必须具备下列功能：

（1）安全性。结构在正常施工和正常使用条件下，承受可能出现的各种作用的功能，以及在设计规定的偶然事件发生时和发生后，仍保持必需的整体稳定性的能力。

（2）适应性。结构在正常使用条件下，满足预定使用要求的能力。

（3）耐久性。结构在正常维护条件下，随时间变化而仍能满足预定功能要求的能力。

结构的安全性、适应性、耐久性总称为结构的可靠性。结构设计计算的目的是在满足可靠性要求的前提下，保证所设计的结构和构件在施工和工作过程中，做到技术先进、经济合理、安全适用，并确保质量。要实现这一目的，必须借助于合理的设计方法。

1.4.2　钢结构的设计原则

1. 影响结构可靠性的因素

荷载效应（以 S 表示）是指荷载、温度变化、基础不均匀沉降、地震等对结构或构件作用引起的结构或构件的内力、变形等。结构抗力（以 R 表示）是指结构或构件承受荷载效应的能力，如承载力、刚度等。对于一般的工程结构，影响结构可靠性的因素可以归纳为荷载效应与结构抗力两个基本变量。那么

$$Z = R - S \tag{1-1}$$

其中，Z 表示结构完成预定功能状态的函数，简称功能函数。当 $Z > 0$ 时，结构能满足预定功能的要求，处于可靠状态；当 $Z < 0$ 时，结构不能实现预定功能，处于失效状态；当 $Z = 0$ 时，结构处于可靠与失效的临界状态，一旦超过这一状态，结构将不再满足设计要求，因此也称为极限状态。影响 S 的主要因素是各种荷载、作用的取值，而各种荷载、作用并非确定值，都是随机变量，有的还是与时间有关的随机过程。影响 R 的主要因素有结构材料的力学性能、结构的几何参数和抗力的计算模式等，这些同样是随机变量。例如，钢结构制造厂提供的材料，性能不可能没有差异；在制造和安装过程中，结构的尺寸不可能没有差异；计算抗力所采用的基本假设和方法不可能完全精确。随机性因素的量值是不确定的，但却服从概率和统计规律，采取概率理论处理随机变量是最适宜的方法。《钢结构设计标准》（GB 50017—2017）采用的就是以概率理论为基础的极限状态设计方法。

2. 概率极限状态设计法

结构设计应考虑下列两种极限状态：

（1）承载能力极限状态。这种极限状态对应于结构或构件达到最大承载能力或不适于继续承载的变形。当结构或构件出现下列状态之一时，应认为超过了承载能力极限状态：①整个结构或结构的一部分作为刚体失去平衡（如倾覆等）；②结构构件或连接因超过材料的强度而破坏（包括疲劳破坏），或因过度变形而不适于继续承载；③结构转变为机动体系；④结构或构件丧失稳定（如压屈等）；⑤地基丧失承载能力而破坏（如失稳等）。

（2）正常使用极限状态。这种极限状态对应于结构或构件达到正常使用或耐久性能的某项规定极限。当结构或构件出现下列状态之一时，应认为超过了正常使用极限状态：①影响正常使用或外观的变形；②影响正常使用或耐久性能的局部损坏（包括裂缝）；③影响正常使用的振动；④影响正常使用的其他特点状态。

3. 钢结构的设计原则

按照概率极限状态设计方法，结构可靠度定义为"结构在规定使用年限内，在规定条件下，完成预定功能的概率。"这里所说"完成预定功能"就是对于规定的某种功能来说结构不失效（$Z \geqslant 0$）。这样，若以 P_r 表示结构可靠度，则上述定义可表达为

$$P_r = P(Z \geqslant 0) \tag{1-2a}$$

结构的失效概率记为 P_f，则有

$$P_{\mathrm{f}} = P(Z < 0) \tag{1-2b}$$

并且

$$P_{\mathrm{r}} = 1 - P_{\mathrm{f}}$$

因此，结构可靠度的计算可以转换为结构失效概率的计算。可靠的结构设计是指使失效概率 P_{r} 小到可以接受的程度，但并不意味着结构绝对可靠。

按照上述原理进行概率运算是一个复杂的课题。《钢结构设计标准》（GB 50017—2017）除疲劳计算外，采用以概率理论为基础的极限状态设计方法，用分项系数的设计表达式进行计算。

1.4.3　钢结构的设计计算表达式

1. 承载能力极限状态的设计表达式

对于承载能力极限状态，结构构件应按荷载效应的基本组合和偶然组合进行设计。

（1）基本组合。对于基本组合，应按下列极限状态设计表达式中最不利值确定：

可变荷载效应控制的组合为

$$\gamma_0 \left(\gamma_{\mathrm{G}} \sigma_{\mathrm{Gk}} + \gamma_{\mathrm{Q1}} \sigma_{\mathrm{Q1k}} + \sum_{i=2}^{n} \psi_{\mathrm{Q}i} \gamma_{\mathrm{Q}i} \sigma_{\mathrm{Q}ik} \right) \leqslant f = f_{\mathrm{y}} / \gamma_{\mathrm{R}} \tag{1-3}$$

永久荷载效应控制的组合为

$$\gamma_0 \left(\gamma_{\mathrm{G}} \sigma_{\mathrm{Gk}} + \sum_{i=2}^{n} \psi_{\mathrm{Q}i} \gamma_{\mathrm{Q}i} \sigma_{\mathrm{Q}ik} \right) \leqslant f = f_{\mathrm{y}} / \gamma_{\mathrm{R}} \tag{1-4}$$

式中　γ_0——结构重要性系数，安全等级为一级或设计使用年限为 100 年及以上的结构构件，不应小于 1.1；安全等级为二级或设计使用年限为 50 年的结构构件，不应小于 1.0；对于设计使用年限为 25 年的结构构件，可取 0.95；安全等级为三级或设计使用年限为 5 年的结构构件，不应小于 0.9。

γ_{G}——永久荷载分项系数，当永久荷载效应对结构构件的承载能力不利时，对式（1-3）和式（1-4）应分别取 1.2 和 1.35；当永久荷载效应对结构构件的承载能力有利时，不应大于 1.0；验算结构倾覆、滑移或漂浮时取 0.9。

γ_{Q1}、$\gamma_{\mathrm{Q}i}$——第 1 个和第 i 个可变荷载分项系数，当可变荷载效应对结构构件的承载能力不利时，在一般情况下应取 1.4（当楼面活荷载大于 4.0 时，取 1.3）；当可变荷载效应对结构构件的承载能力有利时，应取 1.0。

σ_{Gk}——永久荷载标准值在结构构件截面或连接中产生的应力。

σ_{Q1k}、$\sigma_{\mathrm{Q}ik}$——在基本组合中起控制作用的第一个可变荷载标准值和第 i 个可变荷载标准值在结构构件截面或连接中产生的应力。

f——结构构件或连接的强度设计值，如钢材的强度设计值、钢材的抗剪强度设计值。

f_{y}——材料强度的标准值，即材料强度的屈服极限标准值 f_{y}。

γ_{R}——抗力分项系数，Q235 钢取 1.087；Q345 钢、Q390 钢和 Q420 钢及 Q460 钢取 1.111。

$\psi_{\mathrm{Q}i}$——第 i 个可变荷载的组合系数。

对于一般排架、框架结构，可采用简化公式计算，由可变荷载效应控制的组合，即

$$\gamma_0 \left(\gamma_G \sigma_{Gi} + \psi \sum_{i=1}^{n} \gamma_{Qi} \sigma_{Qik} \right) \leqslant f = f_y / \gamma_R \tag{1-5}$$

式中　ψ——简化设计表达式中采用的荷载组合系数，一般情况下可取 0.9，当只有一个可变荷载时，取 1.0。

由永久荷载效应控制的组合，仍按式（1-4）进行计算。

钢材的强度设计值见表 1-1 和表 1-2，结构设计用无缝钢管的强度设计值见表 1-3，铸钢件的强度设计值见表 1-4，钢材和铸钢件的物理性能指标见表 1-5。焊缝连接的强度设计值见表 1-6，螺栓连接的强度设计值见表 1-7，铆钉连接的强度设计值见表 1-8，表 1-9 为结构构件或连接的强度设计值的折减系数。当结构或构件或连接为表 1-9 中所列情况时，表 1-1～表 1-8 中的强度设计值应乘以表 1-9 中的折减系数。

表 1-1　　　　　　　　　　　　　　钢材的强度设计值　　　　　　　　　　　　　　N/mm²

钢材		抗拉、抗压和抗弯强度设计值 f	抗剪强度设计值 f_v	端面承压（刨平顶紧）强度设计值 f_{ce}	屈服强度 f_y	抗拉强度 f_u
钢号	厚度和直径（mm）					
Q235 钢	≤16	215	125	320	235	370
	>16，≤40	205	120		225	
	>40，≤100	200	115		215	
Q345 钢	≤16	305	175	400	345	470
	>16，≤40	295	170		335	
	>40，≤63	290	165		325	
	>63，≤80	280	160		315	
	>80，≤100	270	155		305	
Q390 钢	≤16	345	205	415	390	490
	>16，≤40	330	190		370	
	>40，≤63	310	180		350	
	>63，≤100	295	170		330	
Q420 钢	≤16	375	220	440	420	520
	>16，≤40	355	210		400	
	>40，≤63	320	195		380	
	>63，≤100	305	185		360	
Q460 钢	≤16	410	235	470	460	550
	>16，≤40	390	225		440	
	>40，≤63	355	205		420	
	>63，≤100	340	195		400	

注　表中厚度是指计算点的钢材厚度，对轴心受拉和轴心受压构件是指截面中较厚板件的厚度。

（2）偶然组合。对于偶然组合，极限状态设计表达式宜按下列原则确定：偶然作用的代表值不乘分项系数；与偶然作用同时出现的可变荷载，应根据观测资料和工程经验采用适当的代表值。具体的设计表达式及各种系数，应符合专门规范的规定。

表 1-2　　　　　　　　　建筑结构用钢板的设计用强度指标　　　　　　　　　　N/mm²

建筑钢结构用钢板	钢材厚度或直径（mm）	抗拉、抗压和抗弯强度设计值 f	抗剪强度设计值 f_v	端面承压（刨平顶紧）强度设计值 f_{ce}	屈服强度 f_y	抗拉强度 f_u
Q345GJ	>16，≤50	325	190	415	345	490
	>50，≤100	300	175		335	

表 1-3　　　　　　　　　结构设计用无缝钢管强度设计值　　　　　　　　　　N/mm²

钢号	钢材 厚度和直径（mm）	抗拉、抗压和抗弯强度设计值 f	抗剪强度设计值 f_v	端面承压（刨平顶紧）强度设计值 f_{ce}	屈服强度 f_y	抗拉强度 f_u
Q235 钢	≤16	215	125	320	235	375
	>16，≤30	205	120		225	
	>30	195	115		215	
Q345 钢	≤16	305	175	420	345	470
	>16，≤30	290	170		325	
	>30	260	150		295	
Q390 钢	≤16	345	200	415	390	490
	>16，≤30	330	190		370	
	>30	310	180		350	
Q420 钢	≤16	375	220	445	420	520
	>16，≤30	355	205		400	
	>30	340	195		380	
Q460 钢	≤16	410	240	470	460	550
	>16，≤30	390	225		440	
	>30	355	205		420	

表 1-4　　　　　　　　　铸钢件的强度设计值　　　　　　　　　　N/mm²

类别	钢号	铸件厚度（mm）	抗拉、抗压和抗弯强度设计值 f	抗剪强度设计值 f_v	端面承压（刨平顶紧）强度设计值 f_{ce}
非焊接结构用铸钢件	ZG230-450	≤100	180	105	290
	ZG270-500		210	120	325
	ZG310-570		240	140	370
焊接结构用铸钢件	ZG230-450H	≤100	180	105	290
	ZG270-480H		210	120	310
	ZG300-500H		235	135	325
	ZG340-550H		265	150	365

表 1-5　　　　　　　　　　　　　　　　钢材和铸钢件的物理性能指标

弹性模量 E（N/mm²）	剪切模量 G（N/mm²）	线膨胀系数 α（以每℃计）	质量密度 ρ（kg/m³）
206×10^3	79×10^3	12×10^{-6}	7850

表 1-6　　　　　　　　　　　　　　　　焊缝的强度设计值　　　　　　　　　　　　　　　　N/mm²

焊接方法和焊条型号	构件钢材		对接焊缝强度设计值				角焊缝强度设计值	对接焊缝抗压强度 f_{u}^{w}	角焊缝抗拉、抗压和抗剪强度 f_{u}^{f}
	钢号	厚度或直径（mm）	抗压强度设计值 f_c^w	抗拉、抗弯强度设计值 f_t^w		抗剪强度设计值 f_v^w	抗拉、抗压和抗剪强度设计值 f_f^w		
				一级、二级	三级				
自动焊、半自动焊和用 E43 型焊条的手工焊	Q235	≤16	215	215	185	125	160	415	240
		>16，≤40	205	205	175	120			
		>40，≤100	200	200	170	115			
自动焊、半自动焊和用 E50、E55 型焊条的手工焊	Q345	≤16	305	305	260	175	200	480(E50) 540(E55)	280(E50) 315(E55)
		>16，≤40	295	295	250	170			
		>40，≤63	290	290	245	165			
		>63，≤80	280	280	240	160			
		>80，≤100	270	270	230	155			
	Q390	≤16	345	345	295	205	200（E50）220（E55）		
		>16，≤40	330	330	280	190			
		>40，≤63	310	310	265	180			
		>63，≤100	295	295	250	170			
自动焊、半自动焊和用 E55、E60 型焊条的手工焊	Q420	≤16	375	375	320	220	220(E55) 240(E60)	540(E55) 590(E60)	315(E55) 340(E60)
		>16，≤40	355	355	300	210			
		>40，≤63	320	320	270	195			
		>63，≤100	305	305	260	185			
自动焊、半自动焊和用 E55、E60 型焊条的手工焊	Q460	≤16	410	410	350	235	220(E55) 240(E60)	540(E55) 590(E60)	315(E55) 340(E60)
		>16，≤40	390	390	330	225			
		>40，≤63	355	355	300	205			
		>63，≤100	340	340	290	195			

2. 正常使用极限状态的设计表达式

对于正常使用极限状态，结构构件应分别采用荷载效应的标准组合、频遇组合和准永久组合进行设计，使变形、振幅、加速度、应力和裂缝等作用效应的设计值符合式（1-6）的要求，即

$$w = w_{Gk} + w_{Q1k} + \sum_{i=2}^{n} \psi_{Qi} w_{Qik} \leqslant [w] \tag{1-6}$$

式中　　w——结构或构件产生的变形值；

　　　　w_{Gk}——永久荷载的标准值在结构或构件产生的变形值；

w_{Q1k}、w_{Qik}——第 1 个和第 i 个可变荷载标准值在结构或构件产生的变形值；

　　　　$[w]$——结构或构件的容许变形值。

计算结构或构件的强度、稳定性及连接的强度时，应采用荷载的设计值；计算正常使用状态的变形和疲劳时，应采用荷载标准值。

对于直接承受动力荷载的结构：计算强度和稳定性时，动力荷载设计值应乘以动力系数；在计算疲劳和变形时，动力荷载的标准值不乘以动力系数。

表 1-7　　　　　　　　　　螺栓连接的强度设计值　　　　　　　　　　N/mm²

螺栓的性能等级、锚栓和构件钢材的牌号		普通螺栓						锚栓	承压型连接或网架用高强度螺栓			高强度螺栓的抗拉强度 f_u^b
		C级螺栓			A、B级螺栓							
		抗拉强度设计值 f_t^b	抗剪强度设计值 f_v^b	承压强度设计值 f_c^b	抗拉强度设计值 f_t^b	抗剪强度设计值 f_v^b	承压强度设计值 f_c^b	抗拉强度设计值 f_t^b	抗拉强度设计值 f_t^b	抗剪强度设计值 f_v^b	承压强度设计值 f_c^b	
普通螺栓	4.6级、4.8级	170	140	—	—	—	—	—	—	—	—	—
	5.6级	—	—	—	210	190	—	—	—	—	—	—
	8.8级	—	—	—	400	320	—	—	—	—	—	—
锚栓	Q235	—	—	—	—	—	—	140	—	—	—	—
	Q345	—	—	—	—	—	—	180	—	—	—	—
	Q390	—	—	—	—	—	—	185	—	—	—	—
承压型连接高强度螺栓	8.8级	—	—	—	—	—	—	—	400	250	—	830
	10.9级	—	—	—	—	—	—	—	500	310	—	1040
螺栓球节点用高强度螺栓	8.8级	—	—	—	—	—	—	385	—	—	—	—
	10.9级	—	—	—	—	—	—	430	—	—	—	—
构件	Q235	—	—	305	—	—	405	—	—	—	470	—
	Q345	—	—	385	—	—	510	—	—	—	590	—
	Q390	—	—	400	—	—	530	—	—	—	615	—
	Q420	—	—	425	—	—	560	—	—	—	655	—
	Q460	—	—	450	—	—	595	—	—	—	695	—
	Q345GJ	—	—	400	—	—	530	—	—	—	615	—

注　1. A 级螺栓用于 $d \leqslant 24\text{mm}$ 和 $l \leqslant 10d$ 或 $l \leqslant 150\text{mm}$（按较小值）的螺栓；B 级螺栓用于 $d > 24\text{mm}$ 和 $l > 10d$ 或 $l > 150\text{mm}$（按较小值）的螺栓。d 为公称直径，l 为螺杆公称长度。

　　2. A、B 级螺栓孔的精度和孔表面粗糙度，C 级螺栓孔的允许偏差和孔壁表面粗糙度，均应符合《钢结构工程施工质量验收规范》（GB 50205）的要求。

　　3. 螺栓球节点网架用高强度螺栓，M12～M36 为 10.9 级，M39～M64 为 8.8 级。

表 1-8		铆钉连接的强度设计值				N/mm²
铆钉钢号和构件钢材牌号		抗拉（钉头拉脱）强度设计值 f_t^r	抗剪强度设计值 f_v^r		承压强度设计值 f_c^r	
			Ⅰ类孔	Ⅱ类孔	Ⅰ类孔	Ⅱ类孔
铆钉	BL2 或 BL3	120	185	155	—	—
构件	Q235 钢	—	—	—	450	365
	Q345 钢	—	—	—	565	460
	Q390 钢	—	—	—	590	480

注　1. 属于Ⅰ类孔的情况为：在装配好的构件上按设计孔径钻成的孔；在单个零件和构件上按设计孔径分别用钻模钻成的孔；在单个零件先钻成或冲成较小的孔径，然后在装配好的构件上再扩钻至设计孔径的孔。
　　2. 在单个零件上一次冲成或不用钻模钻成设计孔径的孔属于Ⅱ类孔。

表 1-9		结构构件或连接的强度设计值的折减系数	
序号		情况	折减系数
1	单面连接的单角钢	按轴心受力计算强度和连接	0.85
		按轴心受压计算稳定性　等边角钢	$0.6+0.0015\lambda$，且≤且≤0
		按轴心受压计算稳定性　短边相连的不等边角钢	$0.5+0.0025\lambda$，且≤且≤0
		按轴心受压计算稳定性　长边相连的不等边角钢	0.70
2	无垫板的单面施焊对接焊缝		0.85
3	施工条件较差的高空安装焊缝和铆钉连接		0.90
4	沉头和半沉头铆钉连接		0.80

注　1. 当几种情况同时存在时，其折减系数应连乘。
　　2. λ 为长细比，对中间无联系的单角钢压杆，应按最小回转半径计算，当 $\lambda\leqslant20$ 时，取 $\lambda=20$。

第 2 章　钢结构的材料

本章主要叙述钢结构材料的主要受力性能、使钢材变脆的主要因素。在选择钢材方面，需要考虑的因素很多。学习的重点应是钢材的主要受力性能和钢材的脆性破坏，从而在选择钢材时，能全面、合理地考虑结构的具体情况和特点，以利于正确处理结构和构件的设计问题。

2.1　钢结构对所用材料的要求

2.1.1　钢材的破坏形式

要深入了解钢结构的性能，首先要从钢结构的材料开始，掌握钢材在各种应力状态、不同生产过程和不同使用条件下的工作性能，从而能够选择合适的钢材，不仅使结构安全可靠和满足使用要求，而且能最大可能节约钢材和降低造价。

钢材的断裂破坏通常是在受拉状态下发生的，可分为塑性破坏和脆性破坏两种方式。钢材在产生很大的变形以后发生的断裂破坏称为塑性破坏，也称为延性破坏。塑性破坏发生时的应力达抗拉强度 f_u，构件有明显的颈缩现象。由于塑性破坏发生前有明显的变形，并且有较长的变形持续时间，因而易及时发现和补救。在钢结构中未经发现和补救而真正发生的塑性破坏是很少见的。钢材在变形很小的情况下，突然发生断裂破坏称为脆性破坏。脆性破坏发生时的应力常小于钢材的屈服强度 f_y，断口平直，呈有光泽的晶粒状。由于脆性破坏前变形很小且突然发生，事先不易发现，难以采取补救措施，因此危险性很大。

2.1.2　钢结构对钢材的要求

钢材的种类繁多，碳素钢有上百种，合金钢有 300 余种，性能差别很大，符合钢结构要求的钢材只有其中的小部分。用以建造钢结构的钢材称为结构钢，它必须满足下列要求：

（1）抗拉强度 f_u 和屈服强度 f_y 较高。钢结构设计把 f_y 作为强度承载力极限状态的标志。f_y 高可减轻结构自重，节约钢材和降低造价，f_u 是钢材抗拉断能力的极限，f_u 高可增加结构的安全保障。

（2）塑性和韧性好。塑性和韧性好的钢材在静力荷载和动力荷载作用下有足够的应变能力，即可减轻结构脆性破坏的倾向，又能通过较大的塑性变形调整局部应力，使应力得到重分布，提高构件的延性，从而提高结构的抗震能力和抵抗重复荷载作用的能力。

（3）良好的加工性能。材料应适合冷、热加工，具有良好的可焊性，不致因加工而对结构的强度、塑性和韧性等造成较大的不利影响。

（4）耐久性好。

（5）价格便宜。

此外，根据结构的具体工作条件，有时还要求钢材具有适应低温、高温等环境的能力。

根据上述要求，结合多年的实践经验，《钢结构设计标准》（GB 50017—2017）主要推荐碳素结构钢种的 Q235 钢，低合金结构钢种的 Q345 钢、Q390、Q420 钢和 Q460 钢，可作为结构用钢。随着研究的深入，必有一些满足要求的其他种类钢材可供使用，若选用《钢结构设计标准》（GB 50017—2017）还未推荐的钢材，需有可靠的依据，以确保钢结构的质量。

2.2　钢材的主要受力性能

钢材的主要受力性能通常是指钢结构制造厂生产供应的钢材在标准条件下拉伸、冷弯和冲击等单独作用下显示出的各种受力性能。它们由相应试验得到，试验采用的试件制作和试验方法都必须按照各相关国家标准的规定进行。

2.2.1　钢材在单向受力状态下的性能

1. 钢材单向拉伸时的性能

单向拉伸试验按照《金属材料　拉伸试验　第 1 部分：室温试验方法》（GB/T 228.1—2010）的有关要求进行。钢结构所用钢材的标注试件在室温 10～35℃，以满足静力加载的加载速度一次加载所得钢材的应力-应变曲线，如图 2-1（a）所示，其简化为光滑曲线，见图 2-1（b）。由此曲线显示的钢材力学性能如下：

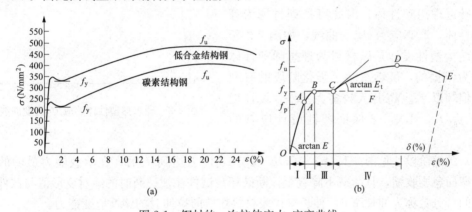

图 2-1　钢材的一次拉伸应力-应变曲线

Ⅰ—弹性阶段；Ⅱ—弹塑性阶段；Ⅲ—塑性阶段；Ⅳ—应变硬化阶段

（1）弹性阶段［见图 2-1（b）中 OA 段］。试验表明，当应力 σ 小于比例极限 f_p（A 点）时，σ 与 ε 呈线性关系，称该直线的斜率 E 为钢材的弹性模量。在钢结构设计中，对所有钢材统一取弹性模 $E=2.06\times10^5\ \text{N/mm}^2$。当应力 σ 不超过某一应力值 f_e 时，卸除荷载后试件的变形将完全恢复，f_e 称为弹性极限。在 σ 达到 f_e 之前钢材处于弹性变形阶段，称为弹性阶段。f_e 略高于 f_p，两者极其接近，因而通常取比例极限 f_p 和弹性极限 f_e 值相同，并用比例极限 f_p 表示。

（2）弹塑性阶段［见图 2-1（b）中 AB 段］。这一阶段的变形由弹性变形和塑性变形组成，其中弹性变形在卸除荷载后恢复为零，而塑性变形不能恢复，成为残余变形，称此阶段为弹塑性阶段。在此阶段，σ 与 ε 呈非线性关系，称 $E_t=\mathrm{d}\sigma/\mathrm{d}\varepsilon$ 为切线模量。E_t 随应力增大而减小，当 σ 达到 f_y 时，$E_t=0$。

（3）屈服阶段［见图 2-1（b）中 BC 段］。当 σ 达到 f_y 后，应力保持不变而应变持续发展，形成水平阶段，即屈服平台 BC。这时犹如钢材屈服于所施加的荷载，故称为屈服阶段。实际上由于加载速度及试件状况等使用条件的不同，屈服开始时总是形成曲线上下波动，波动最高点称为上屈服点，最低点为下屈服点。下屈服点的数值对试验条件不敏感，所以计算时取下屈服点作为钢材的屈服极限 f_y。含碳量高的钢或高强度钢，一般没有明显的屈服点，这时取对应于残余应变 $\varepsilon_y = 0.2\%$ 时的应力 $\sigma_{0.2}$ 作为钢材的屈服点，称为条件屈服点或屈服强度。为简单划一，钢结构设计中常不区分钢材的屈服点或条件屈服点，而统一称作屈服强度 f_y。考虑 σ 达到 f_y 后钢材暂时不能承受更大的荷载，且伴随产生很大的变形，因此，钢结构设计取 f_y 作为钢材的强度承载力极限。

（4）强化阶段［见图 2-1（b）中 CD 段］。钢材经历了屈服阶段较大的塑性变形后，金属内部结构得到调整，产生了继续承受增长荷载的能力，应力-应变曲线又开始上升，一直到 D 点，称为钢材的强化阶段。试件能承受的最大拉应力 f_u 称为钢材的抗拉强度。在这一阶段的变形模量称为强化模量，它比弹性模量低得多。取 f_y 作为强度极限承载力的标准，f_u 就成为材料的强度储备。

对于没有缺陷和残余应力影响的试件，f_p 与 f_y 比较相近，且屈服点前的应变很小。在应力达到 f_y 之前，钢材近于理想弹性体，在应力达到 f_y 之后，塑性应变范围很大而应力保持不增长，接近理想塑性体。因此可把钢材视为理想弹塑性体，取其应力-应变曲线，如图 2-2 所示。钢结构塑性设计是以材料为理想弹塑性体的假设为依据的，虽然忽略了强化阶段的有利因素，但却以 f_u 应高出 f_y 较多为条件。设计规范要求 $f_u/f_y \geqslant 1.2$，来保证塑性设计应有的能力。

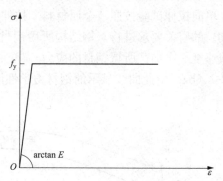

图 2-2　理想弹塑性体的应力-应变曲线

（5）颈缩阶段［见图 2-1（b）中 DE 段］。当应力达到 f_u 后，在承载能力最弱的截面处，横截面急剧收缩，且荷载下降直至拉断破坏。试件在被拉断时的绝对变形值与试件原标距之比的百分数称为伸长率 δ。伸长率代表材料在单向拉伸时的塑性应变能力。

钢材的 f_y、f_u 和 δ 称为承重钢结构对钢材要求所必需的三项基本力学性能指标。

2. 钢材单向受压和受剪时的性能

钢材在单向受压（短试件）时，受力性能基本上与单向受拉相同。受剪的情况也相似，但抗剪屈服点 τ_y 及抗剪强度 τ_u 均低于 f_y 和 f_u；剪切弹性模量 G 也低于弹性模量 E。

2.2.2　钢材在复杂受力状态下的性能

在实际结构中，钢材常常同时受到各种方向的正应力和剪应力的作用，如图 2-3 所示。钢材在这种复

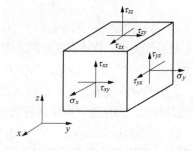

图 2-3　复杂应力状态

杂应力作用下的性能究竟如何，对于结构设计十分重要。根据能量强度理论（第四强度理论），认为钢材在复杂应力作用下，各方向应力所产生的应变能的总和与单向均匀受拉达到

塑性状态时的应变能相等时，材料就进入塑性状态。若用公式表示，则可用折算应力 σ_{eq} 和钢材在单向应力时的屈服点 f_y 相比较来判断，即

$$\sigma_{eq}=\sqrt{\frac{1}{2}\left[(\sigma_1-\sigma_2)^2+(\sigma_2-\sigma_3)^2+(\sigma_3-\sigma_1)^2\right]} \tag{2-1a}$$

式中　σ_1、σ_2、σ_3——单元体的三向主应力。

式（2-1a）也可写成

$$\sigma_{eq}=\sqrt{\sigma_x^2+\sigma_x^2+\sigma^2-(\sigma_x\sigma_y+\sigma_y\sigma_z+\sigma_z\sigma_x)+3(\tau_{xy}^2+\tau_{yz}^2+\tau_{zx}^2)} \tag{2-1b}$$

当 $\sigma_{eq}\geqslant f_y$ 时，为塑性状态；当 $\sigma_{eq}<f_y$ 时，为弹性状态。

在梁中离荷载作用点较远的截面处（即当 $\sigma_x=\sigma_z=\tau_{xy}=\tau_{zx}=0$ 时）

$$\sigma_{eq}=\sqrt{\sigma^2+3\tau^2} \tag{2-2}$$

由式（2-2）可以得到钢材受纯剪时的极限条件 $\sigma_{eq}=\sqrt{3}\,\tau=f_y$。因此，屈服剪应力 $f_{vy}=\frac{f_y}{\sqrt{3}}=0.58f_y$。这个理论数值与试验所得的结果相当接近。

由于钢材的塑性变形主要是铁素体沿剪移面的结果，只是在表面上看表现为钢材的伸长或缩短。因此，钢材在复杂应力作用下除了强度会发生变化外，塑性及韧性也会发生变化。在同号平面应力状态下，钢材的弹性工作范围及极限强度均有提高，塑性变形有所降低。在异号平面应力状态下，情形则相反，钢材的弹性工作范围及极限强度均有下降，塑性变形却有所增加。在同号立体应力和异号立体应力下的情形与平面应力时的情形相仿。钢材受同号立体拉应力作用下，如三个主应力相等，塑性变形几乎不能出现，而有发生脆性断裂的危险。因此，在结构设计中，必须尽量避免同号的平面或立体拉应力状态的出现。钢材在同号立体压应力作用下，如三个主应力相等，由于几乎不可能出现塑性变形而又无断裂的危险，因此不易破坏。这种应力状态常存在于受局部挤压的区域，这时可以适当提高其设计强度。

2.2.3　钢材冷弯试验表现的性能

钢材的冷弯性能由冷弯试验来确定，试验按照《金属材料弯曲试验方法》（GB/T 232—2010）的要求进行。试验时按照规定的弯心直径 d 在试验机上用冲头加压 p（见图 2-4），使长度为 l、厚度为 a 的试件弯曲 180°，若试件外表面不出现裂纹和分层，即为合格。冷弯试验不仅能直接反映钢材的弯曲变形能力和塑性性能，还能显示钢材内部的冶金缺陷（如分层、非金属夹渣等）状况，是判别钢材塑性变形能力及冶金质量的综合指标。重要结构中需要有良好的冷热加工性能时，应有冷弯合格保证。

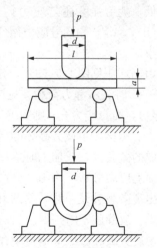

图 2-4　钢材冷弯试验示意图

2.2.4　钢材冲击试验表现的性能

钢材的冲击韧性是指钢材在冲击荷载作用下断裂时吸收机械能的一种能力，是衡量钢材抵抗可能因低温、应力集中、冲击荷载作用等而致脆性断裂能力

的一项力学性能。在实际结构中，脆性断裂总是发生在有缺口高峰应力的地方。因此，最有代表性的是钢材的缺口冲击韧性，简称冲击韧性。钢材的冲击韧性试验采用有 V 形缺口的标准试件，在冲击试验机上进行（见图 2-5）。冲击韧性值用击断试样所需的冲击功 A_{KV} 表示，单位为 J。

钢材的冲击韧性与温度有关，当温度低于某一负温值时，冲击韧性值将急剧降低。因此，在寒冷地区建造的直接承受动荷载的钢结构，除应有常温冲击韧性的保证外，尚应依钢材的类别，使其具有 -20、$40℃$ 或 $-60℃$ 的冲击韧性保证。

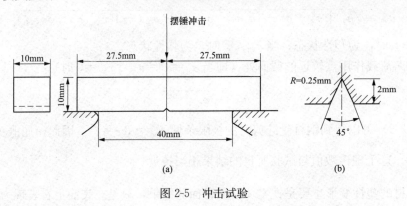

图 2-5 冲击试验

2.2.5 钢材在连续反复荷载作用下的性能——疲劳

钢材在连续反复荷载（循环荷载）的作用下，应力低于极限强度，甚至还低于屈服点时就发生破坏的现象，称为钢材的疲劳。疲劳破坏与塑性破坏不同，它在破坏前不出现显著的变形和局部收缩，而是一种突然性的断裂（脆性破坏）。

影响钢材疲劳强度的因素比较复杂，它与钢材标号、连接和构造情况、应力变化幅度及荷载重复次数等均有关系。钢材破坏时所能达到的最大应力，将随荷载重复次数的增加而降低。疲劳强度还与应力循环形式有关。应力循环形式有异号应力循环 ［见图 2-6 (a)、(b)、(d)］ 和同号应力循环 ［见图 2-6 (c)、(e)］ 两种类型。常以循环的最大应力 σ_{max} 与最小应力 σ_{min} 之比 $r = \sigma_{max}/\sigma_{min}$（拉应力取正号，压应力取负号）来表示。当 $r<0$ 时为异号应力循环 ［见图 2-6 (a)］，疲劳强度最低；当 $r>0$ 时为同号应力循环，疲劳强度较高；当 $r=1$ 时表示静力荷载 ［见图 2-6 (f)］。图 2-6 (d) 表示压应力 σ_{min} 为绝对值最大的应力（负号），而拉应力 σ_{max} 则为绝对值最小的应力（正号）。

钢材发生疲劳破坏的原因是钢材中总存在着一些局部缺陷，如不均匀的杂质、轧制时形成的微裂纹，或加工时造成的刻槽、孔槽和裂痕等。当循环荷载作用时，在这些缺陷处的截面上应力分布不均匀，会产生应力集中现象。在循环应力的重复作用下，首先在应力高峰处出现微观裂纹，然后逐渐开展形成宏观裂缝，使有效截面相应减小，应力集中现象就更严重，裂缝就不断扩展。当荷载循环到一定次数时，不断被削弱的截面就发生脆性断裂，即出现疲劳破坏。如果钢材中存在由于轧制和加工而形成分布不均匀的残余应力，会加速钢材的疲劳破坏。

无缺损孔洞的钢板，一般截面上没有应力集中现象，但经过加工后常产生残余应力。例如，钢板两侧采用自动或半自动割边比轧制或刨边的残余应力大，因此前者的疲劳强度要比

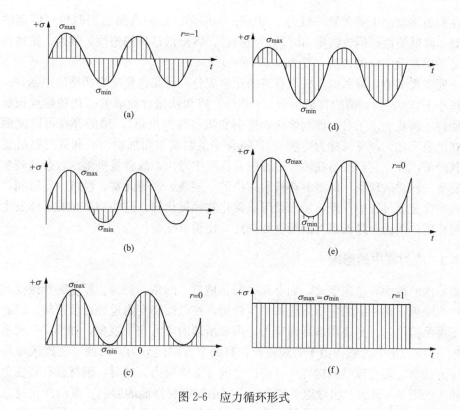

图 2-6　应力循环形式

后者的低；对于铆钉和螺栓连接的主体金属，由于孔洞处存在应力集中而疲劳强度更低；对于一些焊缝附近的主体金属，应力集中特别严重，残余应力也大，因此疲劳强度还要低。

2.3　钢材性能的主要影响因素与脆性破坏

由图 2-1 可知，钢材在破坏之前要产生很大的塑性变形，像这样的塑性破坏也可以出现在简单受拉、受压、受弯、受剪及受扭等情况下，这时的材料一般能充分发展塑性变形而产生破坏。但在某些情况下，也有可能在破坏之前并不出现显著的变形而突然断裂。这种脆性破坏由于不能事先发觉，容易造成事故，危险性大，因此钢结构应尽量避免发生脆性破坏。

钢结构发生脆性破坏的原因甚为复杂，就影响钢材变脆的主要因素而言，有以下几种：某些有害的化学成分、时效、应力集中、加工硬化、低温及焊接区域结晶组织构造的改变等。

2.3.1　化学成分及组织结构的影响

在普通碳素钢中，碳可以使钢强度提高，但使塑性和韧性降低，并降低钢的可焊性（即使钢的焊接性能变差）。因此，加工用的钢材含碳量不宜太高，一般不应超过 0.22%。在焊接结构中则应限制在 0.2% 以内。锰的含量不太多时可以使钢的强度提高而不降低塑性。但如含碳量过高（达 1%～1.5% 以上时），也可使钢材变脆而硬，并降低钢的抗锈性和可焊性。锰在普通碳素钢中的含量一般为 $0.30\%\sim0.65\%$。硅的含量适当时也可使钢的强度大为提高而不降低塑性；但含碳量高时（1%左右），将降低钢材的塑性、韧性、抗锈性和可焊性。在普通碳素钢中硅的含量一般为 $0.07\%\sim0.3\%$。

在普通碳素钢中，硫和磷是极为有害的化学成分，对其含量应有严格的限制，一般应使硫的含量小于 0.050%，磷的含量小于 0.045%。硫和铁化合而成的硫化铁熔点较低，在高温下，如焊、铆及热加工时，即刻熔化而使钢变脆（称为热脆）。磷的存在可以使钢材变得很脆，在低温下尤为严重（称为冷脆），且随含碳量的增加而加剧。氧和氮对钢材变脆的危害性极其严重，好在它们极易在铸锭过程中自钢液中逸出，故含量极微。含杂质较多的钢材还容易发生一种时效现象，即溶解在铁素体中的一些碳、氮等元素，经过一定时间，特别是在高温和塑性变形过程中，开始析出而形成碳化物和氮化物，这些物质在铁素体发生滑移时要起阻遏作用，因而会降低钢材的塑性和韧性，使钢材变脆。

2.3.2　应力集中的影响

如果构件的截面有急剧变化，如存在孔洞、槽口、凹角、裂缝、厚度突然改变，以及其他形状的改变等，构件中的主应力线将发生转折，在截面突变附近处比较密集。因而，应力的分布不再保持均匀，出现局部高峰应力，形成所谓的应力集中现象，如图 2-7 所示。由图 2-7 可知，在应力集中区域，由于力线转折，有两个方向的分力。因此，在该区域将处于同号平面应力状态，而在较厚的构件中，将产生同号立体应力。这时，钢材就有转变为脆性状态的可能。如图 2-8 所示，明显地反映出应力集中对钢材性能的影响。截面变化越急剧，应力集中越严重，钢材变脆的程度也越厉害。截面突然改变，且槽口又尖锐的厚试件，其破坏形式已经完全呈现脆性了。

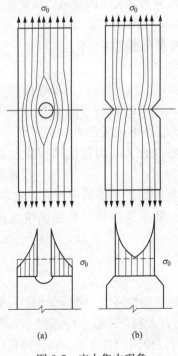

图 2-7　应力集中现象

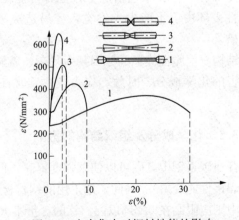

图 2-8　应力集中对钢材性能的影响

应力集中现象在实际构件中是不能完全避免的。对于承受静力荷载作用，且处于常温下工作的结构，由于钢材的塑性变形可以使高峰应力的增长减缓，应力集中不会十分严重。因此，只有在构造上尽可能做到截面变化比较平缓（见图 2-9 和图 2-10），应力集中所引起的危害性就不十分严重，设计时就无须特别考虑。但对于承受动力荷载和连续反复荷载作用的结构，以及处于低温下工作的结构，由于钢材的脆性增加，应力集中的存在常常会产生严重的后果，因此需要特别注意。除在构造上使截面变化平缓外，有时还需要对钢材受应力集中影响而变脆的倾向进行鉴定。鉴定的方法是用带槽口的试件（见图 2-5）在冲击机上做冲击试验。试件在槽口处有应力集中，冲击破坏时单位面积所需的功表示了钢材在应力集中下变脆的程度，即为冲击功 A_{KV}。

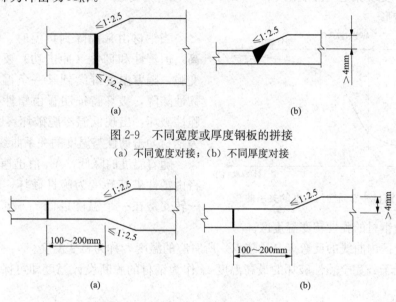

图 2-9　不同宽度或厚度钢板的拼接

（a）不同宽度对接；（b）不同厚度对接

图 2-10　不同宽度或厚度铸钢件的拼接

（a）不同宽度对接；（b）不同厚度对接

2.3.3　加工硬化的影响

如图 2-11 所示，在弹性阶段，荷载的间断性重复，并不影响钢材的工作性能。可是在塑性阶段，当卸去荷载后，经过一定的间断时间，将荷载重新加上，则第二次荷载下的比例极限将提高到接近前次荷载下的应力。在重复荷载下钢材的比例极限有所提高的现象称为硬化。钢材经过冲孔、剪切、冷压、冷弯等加工后，会产生局部或整体硬化，降低塑性和韧性。这种现象称为加工硬化或冷作硬化。加工硬化还会加速钢材的时效硬化，在加工硬化的区域，钢材或多或少会存在一些裂缝或损伤，受力后出现应力集中现象，进一步加剧钢材变脆。因

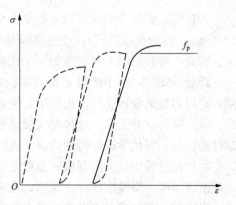

图 2-11　间断性重复荷载下的拉伸试验曲线

此，较严重的加工硬化现象会对承受动力荷载和反复振动荷载的结构产生十分不利的后果，

在这类结构中，需要用退火、切削等方法来消除硬化现象。

2.3.4　温度的影响

当钢材温度由 0℃ 上升到 100℃ 时，温度升高，钢材强度微降，塑性微增，性能有小幅度波动。钢材的性能在 200℃ 以内无很大变化，430～540℃ 时强度急剧下降，600℃ 时强度很低不能承担荷载。

钢材的蓝脆现象是，当温度在 250℃ 左右时，钢材的强度略有提高，同时塑性和韧性均下降，材料有转脆的倾向，钢材表面氧化膜呈现蓝色。钢材应避免在蓝脆温度范围内进行热加工。

钢材的徐变现象是当温度在 260～320℃ 时，在应力持续不变的情况下，钢材以很缓慢的速度继续变形。

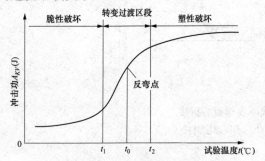

图 2-12　钢材冲击韧性与温度的关系曲线

当钢材由常温降到负温时，强度略有提高，但塑性和韧性（冲击功）要降低，钢材变脆，随着温度继续到某一负温区间时，其韧性陡降，破坏特征明显由塑性破坏转变为脆性破坏，出现低温冷脆破坏。图 2-12 所示为钢材冲击韧性与温度的关系曲线。

随着温度的降低，A_{kV} 值迅速下降，材料将由塑性破坏转变为脆性破坏，同时可见这一转变是在一个温度区间 $t_1 \sim t_2$ 内完成的，此温度区称为钢材的脆性转变温度区。

转变温度区内曲线的反弯点（最陡点）所对应的温度 t_0 称为转变温度。

如果把低于 t_0 完全脆性破坏的最高温度 t_1 作为钢材的脆断设计温度即可保证钢结构低温工作的安全。

钢材在低温下工作，强度会提高，但塑性和韧性要降低，且温度降到一定程度时，会完全处于脆性状态。应力集中的存在将大大加速钢材的低温变脆。

2.3.5　焊接的影响

焊接引起钢材变脆的原因主要是由于焊接过程中焊缝及其附近高温区域的金属（通常宽5～6mm，称为热影响区），经过高温和冷却的过程，结晶的组织构造和力学性能发生了变化。因此，焊接引起钢材变脆是一个比较复杂的综合性问题。

焊缝冷却时，由于熔敷金属的体积较小，热量很快被周围的钢材所吸收，温度迅速下降，贴近焊缝的金属受到淬火作用，使金属的硬度和脆性提高，韧性和塑性显著降低。如果碳、硫、磷等成分太多，这种淬火硬化更为严重。因此，对于重要焊接结构的钢材，除了力学性能以外，对化学成分特别是碳、硫、磷的含量必须严格控制。

在焊接过程中，金属凝固时晶粒之间会产生不均匀的应力和变形，有可能在焊缝及热影响区出现裂缝。焊缝中如存在缺陷，在冷却过程中将产生很高的应力集中。在低温下进行焊接，因冷却迅速促进焊接裂缝的形成和发展。焊接裂缝的存在，对结构的工作是不利的，对于在低温下工作的结构更为不利，因为如在外力作用的垂直方向，以及同号的平面或立体拉应力区域存在裂缝，在其周围已经造成高度的应力集中，再加上低温时金属脆性的提高和出现较大的温度收缩应力，裂缝会很快扩展而使结构发生脆性破坏。对于承受冲击荷载的结构，焊接裂缝的存在会使结构发生脆性破坏；对于承受反复振动荷载的结构，焊接裂缝的存在将加速钢材的疲劳破坏。

因此，对焊接结构的材料选择需要特别注意，必要时还应通过焊接性能试验，对钢材加以鉴定。

2.3.6　减少脆性破坏的方法

实际上，钢结构的脆性破坏常常是在上述各种因素的综合影响下发生的。例如，处于低温或承受连续反复荷载作用的焊接结构中的应力集中或材料硬化的区域，就常会出现脆性破坏。为了防止钢结构发生脆性破坏，一般需要在设计、制造及使用中加以注意。

1. 合理设计

在低温、动荷载条件下，要注意选择合适的钢材，保证负温冲击韧性值，目的是使钢材完全脆性断裂的转变温度低于结构所处温度。尽量选用较薄的钢板，少用较厚的钢板，因为钢板厚度加大时存在冶金缺陷的成分可能加大，同时厚板辊轧次数少，晶粒一般比薄板粗糙，所以材质比薄板差。尽量做到结构或构件没有凹角及截面的突然改变，以求减少应力集中。避免焊缝过于密集，尤其要避免三条焊缝在空间互相垂直相交。

2. 正确制造

应严格遵守设计对制造所提出的技术要求，例如，尽量避免材料出现应变硬化，因冲孔和剪切而造成的局部硬化区，要经扩钻和刨边来除掉。要正确选择焊接工艺使其与设计相配合，以减少焊接残余应力，必要时可用热处理方法消除重要构件中的残余应力。保证焊接质量，不在构件上任意起弧和锤击，以避免结构的损伤，严格执行焊接质量检验制度。

焊接结构刚度大，且材料连续，裂缝一旦开始扩展便会穿过焊缝及母材，乃至贯通到底，因此保证焊接质量是特别重要的。

制造过程中应防止造成缺口（各种类似缺口作用的缺陷包括焊缝内部的气孔、夹渣及裂纹）高峰应力，尽量减少焊接残余应力，防止热影响区钢材晶粒组织变粗等，以防止或减小钢材转脆倾向。

3. 正确使用

不在主要结构上加焊零件，避免造成机械损伤，不任意悬挂重物，不超载。例如，吊车等行驶荷载操作时不任意加速，严格按规定进行轨道维修，以减少冲击作用。

2.4　钢材的钢种、钢号及其选择

2.4.1　钢材的钢种、钢号

钢材的种类简称钢种，可按不同条件进行分类。按化学成分，钢可分为碳素钢和合金钢，其中碳素钢根据含碳量的高低，又可分为低碳钢（C≤0.25%）、中碳钢（0.25<C≤0.6%）和高碳钢（C>0.6%）；合金钢根据合金元素总含量的高低，又可分为低合金钢（合金元素总含量小于或等于5%）、中合金钢（合金元素总含量大于5%，且小于或等于10%）和高合金钢（合金元素总含量大于10%）。按材料用途，钢可分为结构钢、工具钢和特殊钢（如不锈钢等），结构钢可分为建筑用钢和机械用钢。按冶炼方法，钢可分为转炉钢、平炉钢（还有电炉钢，是特种合金钢，不用于建筑）。当前的转炉钢主要采用氧气顶吹，侧吹（空气）转炉钢所含杂质多，钢材易脆，质量很低，且目前多数已改建成氧气转炉钢，故规范中已取消这种钢的使用。平炉钢质量好，但冶炼时间长，成本高。氧气转炉钢质量与平炉钢相当，成本则较低。按脱氧方法，钢又分为沸腾钢（F）、镇静钢（Z）和特殊镇静钢（TZ），镇静钢和特殊镇静钢的代号可以省去。镇静钢脱氧充分，沸腾钢脱氧较差。一般采用镇静钢，尤其是轧制钢材的钢坯推广采用连续铸锭法生产，钢材必然为镇静钢。若采用沸腾钢，不但质量差、价格并不便宜，而且供货困难。按成型方法分类，钢又分为轧制钢（热轧、冷轧）、锻钢和铸钢。在钢结构中采用的是碳素结构钢、低合金高强度结构钢和优质碳素结构钢。

（1）《碳素结构钢》（GB/T 700—2006），按质量等级将钢分为 A、B、C、D 四级，A级钢只保证抗拉强度、屈服点、伸长率，必要时尚可附加冷弯试验的要求，化学成分对碳、锰可以不作为交货条件。B、C、D 级钢均保证抗拉强度、屈服点、伸长率、冷弯和冲击韧性（分别为 20、0、−20℃）等力学性能。化学成分对碳、硫、磷的极限含量比旧标准要求更加严格。

钢的牌号由代表屈服点的字母 Q、屈服点数值、质量等级符号（A、B、C、D）和脱氧方法符号四个部分按顺序组成。

根据钢材厚度（直径）小于或等于 16mm 时的屈服点数值，钢的牌号分为 Q195、Q215、Q235、Q275 共四种。钢结构一般仅用 Q235，分为 Q235-A、Q235-B、Q235-C、Q235-D 等。冶炼方法一般由供方自行决定，设计者不再另行提出，如需方有特殊要求可在合同中加以注明。

（2）《低合金高强度结构钢》（GB/T 1591—2018）代替 GB/T 1591—2008 于 2019 年 2月 1 日实施。采用与碳素结构钢相同的钢的牌号表示方法，仍然根据钢材厚度（直径）小于或等于 16mm 时的屈服点大小，分为 Q345、Q390、Q420、Q460、Q500、Q550、Q620、Q690。新旧低合金高强度结构钢标准牌号对照表见表 2-1。

表 2-1 新旧低合金高强度结构钢标准牌号对照表

《低合金高强度结构钢》 GB/T 1591—2018	《低合金高强度结构钢》 GB/T 1591—2008	《低合金高强度结构钢》 GB/T 1591—1994	《低合金结构钢》 GB 1591—1988
Q355	Q345	Q345	12MnV、14MnNb、16Mn、16MnRE、18Nb
Q390	Q390	Q390	15MnV、15MnTi、16MnNb
Q420	Q420	Q420	15MnVN、14MnVTiRE
Q460	Q460	Q460	—

钢的牌号仍有质量等级符号，除与碳素结构钢 A、B、C、D 四个等级相同外，还增加两个等级 E 和 F（Q355-F），分别是要求−40℃和−60℃的冲击韧性。钢的牌号如 Q345-B、Q390-C 等。低合金高强度结构钢一般为镇静钢，因此钢的牌号中不注明脱氧方法。冶炼方法也由供方自行选择。

　　A 级钢应进行冷弯试验，其他质量级别钢如供方能保证弯曲试验结果符合规定要求，可不做检验。

　　(3) 专用结构钢。专用结构钢的钢号包括压力容器 R、桥梁 q、船舶 c 和高层建筑用钢材 g 及 GJ，如桥梁钢 Q345q（16Mnq）、高层建筑结构用钢 Q345GJ。

　　在钢材冶炼中加入少量合金元素如 Cu、Cr、Ni、Mo、Nb、Ti、Zr、V 等，用于提高钢材的耐腐蚀性能的耐候结构钢［见《耐候结构钢》（GB/T 4172—2008）］，如 Q345NH。

　　高层建筑结构用钢 Q345GJ 的规格、外形、质量及允许偏差等应符合《建筑结构用钢板》（GB/T 19879—2015）的规定。

　　(4) 连接用优质碳素结构钢以不热处理或热处理（退火、正火或高温回火）状态交货，要求热处理状态交货的应在合同中注明，未注明者，按不热处理状态交货。例如，用于高强度螺栓的 45 钢、40B 钢和 20MnTiB 钢需经热处理，强度较高，对塑性和韧性又无显著影响。

　　钢结构中几种常用钢材的化学成分及力学性能见表 2-2～表 2-5［见《碳素结构钢》（GB/T 700—2006）、《低合金高强度结构钢》GB/T 1591—2018］，常用低合金高强度结构钢的化学成分及力学性能见附表 1-1～附表 1-4［见《低合金高强度结构钢》GB/T 1591—2018］。

表 2-2　　　　　　　　　　碳素结构钢的化学成分　（GB/T 700—2006）

牌号	质量等级	脱氧方法	C≤	Mn≤	Si≤	S≤	P≤
Q235	A	F、Z	0.22	1.40	0.35	0.050	0.045
	B		0.20			0.045	0.045
	C	Z	0.17			0.040	0.040
	D	TZ				0.035	0.035

注　1. 在保证钢材力学性能符合标准规定的情况下，Q235-A 钢的 C、Mn、Si 的含量可不作为交货条件。
　　2. 在保证钢材力学性能符合标准规定的情况下，Q235-B 钢的 C 含量可不大于 0.22%。

表 2-3　　　　　　　　　　碳素结构钢的力学性能　（GB/T 700—2006）

牌号	质量等级	拉伸试验													冲击试验	
		屈服点 f_y（N/mm²）						抗拉强度 f_u	伸长率 δ_5（%）						温度（℃）	A_{KV}（纵向，J）
		钢材厚度或直径（mm）							钢材厚度或直径（mm）							
		≤16	>16~40	>40~60	>60~100	>100~150	>150		≤16	>16~40	>40~60	>60~100	>100~150	>150		
		≥							≥							≥
Q235	A	235	225	215	205	195	185	375~460	26	25	24	23	22	21	—	27
	B														20	
	C														0	
	D														−20	

表 2-4 低合金高强度结构钢的化学成分 (GB/T 1591—2018)

牌号	质量等级	C≤	Mn≤	Si≤	P≤	S≤	V≤	Nb≤	Ti≤	Als≥	Cr≤	Ni≤	Cu	N	Mo	B
Q345	A	0.20	1.70	0.50	0.035	0.035	0.15	0.07	0.20	—	0.30	0.50	0.30	0.012	0.10	—
	B				0.035	0.035				—						
	C				0.030	0.030										
	D	0.18			0.030	0.025				0.015						
	E				0.025	0.020										
Q390	A	0.20	1.70	0.50	0.035	0.035	0.20	0.07	0.20	—	0.30	0.50	0.30	0.015	0.10	—
	B				0.035	0.035				—						
	C				0.030	0.030										
	D				0.030	0.025				0.015						
	E				0.025	0.020										
Q420	A	0.20	1.70	0.50	0.035	0.035	0.20	0.07	0.20	—	0.30	0.80	0.30	0.015	0.20	—
	B				0.035	0.035				—						
	C				0.030	0.030										
	D				0.030	0.025				0.015						
	E				0.025	0.020										
Q460	C	0.20	1.80	0.60	0.030	0.030	0.20	0.11	0.20	0.015	0.30	0.80	0.55	0.015	0.20	0.004
	D				0.030	0.025										
	E				0.025	0.020										

表 2-5 低合金高强度结构钢的力学性能和工艺性能 (GB/T 1591—2018)

牌号	质量等级	拉伸试验													冲击功 A_{KV} (纵向，J)				180℃弯曲试验
		屈服点 f_y(MPa) 厚度或直径，边长（mm）						抗拉强度 f_u					伸长率 δ_5（%）			20℃	0℃	−20℃	−40℃	厚度 (mm)
		≤16	>16 ~40	>40 ~63	>63 ~80	>80 ~100	>100 ~150	≤40	>40 ~63	>63 ~80	>80 ~100	>100 ~150	≤40	>40 ~63	>63 ~100	≥				≤16	>16 ~100
Q345	A	345	335	325	315	305	285	470 ~ 630	470 ~ 630	470 ~ 630	470 ~ 630	450 ~ 600	20	19	19	18	34				$d= 2a$	$d= 3a$
	B																34					
	C																	34				
	D												21	20	20	19			34			
	E																			34		
Q390	A	390	370	350	330	330	310	490 ~ 650	490 ~ 650	490 ~ 650	490 ~ 650	470 ~ 620	20	19	19	18	34				$d= 2a$	$d= 3a$
	B																34					
	C																	34				
	D																		34			
	E																			34		

续表 2-5

牌号	质量等级	拉伸试验															冲击功 A_{KV}（纵向，J）				180℃弯曲试验	
		屈服点 f_y（MPa）厚度或直径，边长（mm）						抗拉强度 f_u					伸长率 δ_5（%）				20℃	0℃	-20℃	-40℃	厚度（mm）	
		≤16	>16~40	>40~63	>63~80	>80~100	>100~150	≤40	>40~63	>63~80	>80~100	>100~150	≤40	>40~63	>63~100	>100~150	≥				≤16	>16~100
Q420	A																					
	B	420	400	380	360	360	340	520~680	520~680	520~680	520~680	500~650	19	18	18	18	34				$d=2a$	$d=3a$
	C																		34				
	D																			34			
	E																				34		
Q460	C	460	440	420	400	400	380	550~720	550~720	550~720	550~720	530~700	17	16	16	16	—	34			$d=2a$	$d=3a$
	D																			34			
	E																				34		

注　d 为弯心直径；a 为试样厚度。

2.4.2　钢材的选择

1. 选用原则

钢材的选择在钢结构设计中是重要的一环，选择的目的是保证安全可靠和经济合理。结构钢材的选用应遵循技术可靠、经济合理的原则，综合考虑结构的重要性、荷载特征、结构形式、应力状态、连接方法、工作环境、钢材厚度和价格等因素，选用合适的钢材牌号和材料性能保证项目。通常综合考虑以下因素：

（1）结构的重要性。对重型工业建筑结构、大跨度结构、高层或超高层的民用建筑结构或构筑物等重要结构，应考虑选用质量好的钢材，对一般工业与民用建筑结构，可按工作性质分别选用普通质量的钢材。另外，按《建筑结构可靠性设计统一标准》（GB 50068—2018）规定的安全等级，把建筑物分为一级（重要的）、二级（一般的）和三级（次要的）。安全等级不同，要求的钢材质量也应不同。建筑机械钢结构一般按二级处理。

（2）荷载情况。荷载可分为静荷载和动荷载两种。直接承受动荷载的结构和强烈地震区的结构应选用综合性能好的钢材；一般承受静荷载的结构则可选用价格较低的 Q235 钢。

（3）连接方法。钢结构的连接方法有焊接和非焊接两种。由于在焊接过程中，结构会产生焊接变形、焊接应力及其他焊接缺陷，如咬肉、气孔、裂纹、夹渣等，有导致结构产生裂缝或脆性断裂的危险。因此，焊接结构对材质的要求应严格一致。例如，在化学成分方面，焊接结构必须严格控制碳、硫、磷的极限含量；而非焊接结构对含碳量可降低要求。

（4）结构所处的温度和环境。钢材处于低温时容易冷脆，因此在低温条件下工作的结构，尤其是焊接结构，应选用具有良好抗低温脆断性能的镇静钢。此外，露天结构的钢材容易产生时效，有害介质作用的钢材容易腐蚀、疲劳和断裂，也应加以区别地选择不同材质。

（5）钢材厚度。薄钢材辊轧次数多，轧制的压缩比大，厚度大的钢材压缩比小，所以厚度大的钢材不但强度较小，而且塑性、冲击韧性和焊接性能也较差。因此，厚度大的焊接结构应采用材质较好的钢材。

2. 选择要求

对钢材质量的要求，一般地，承重结构的钢材应保证抗拉强度、屈服点、伸长率和硫、磷的极限含量，对焊接结构尚应保证碳的极限含量（由于 Q235-A 钢的碳含量不作为交货条件，故不允许用于焊接结构）。

焊接承重结构及重要的非焊接承重结构的钢材应具有冷弯试验的合格保证；对直接承受动荷载或需验算疲劳的构件所用钢材尚应具有冲击韧性的合格保证。

A 级钢仅可用于结构工作温度高于 0℃ 的不需要验算疲劳的结构，且 Q235A 钢不宜用于焊接结构。

对于需要验算疲劳及主要的受拉或受弯的焊接结构的钢材，应具有常温冲击韧性的合格保证，即钢材质量等级不应低于 B 级。当结构工作温度等于或低于 0℃，但高于 −20℃ 时，Q235 钢和 Q345 钢应具有 0℃ 冲击韧性（即 Q235-C 和 Q345-C）的合格保证；对 Q390 钢、Q420 钢和 Q460 钢应具有 −20℃ 冲击韧性（即 Q390-D、Q420-D 和 Q460-D）的合格保证。当结构工作温度等于或低于 −20℃ 时，对 Q235 钢和 Q345 钢应具有 −20℃ 冲击韧性（即 Q235-D 和 Q345-D）的合格保证；对 Q390 钢、Q420 钢和 Q460 钢应具有 −40℃ 冲击韧性（即 Q390-E、Q420-E 和 Q460-E）的合格保证。

对于需要验算疲劳的非焊接结构的钢材也应具有常温冲击韧性的合格保证。当结构工作温度等于或低于 −20℃ 时，对 Q235 钢和 Q345 钢应具有 0℃ 冲击韧性的合格保证；对 Q390 钢和 Q420 钢应具有 −20℃ 冲击韧性的合格保证。

起重量不小于 50t 的中级工作制吊车梁或起重机，对钢材冲击韧性的要求应与需要验算疲劳的焊接构件相同。

起重量小于 50t 的中级工作制吊车梁或起重机，对钢材冲击韧性的要求应与需要验算疲劳的非焊接构件相同。

工作温度不高于 −20℃ 的受拉构件及承重构件的受拉板材，当所用钢材厚度或直径不宜大于 40mm 时，质量等级不宜低于 C 级；当钢材厚度或直径不小于 40mm 时，其质量等级不宜低于 D 级；重要承重结构的受拉板材应满足《建筑结构用钢板》（GB/T 19879—2015）的要求。

2.4.3　钢材及型钢规格

钢结构所用的钢材主要为热轧的钢板和型钢，以及冷弯的薄壁型钢，有时也采用圆钢和无缝钢管。常用的钢板及型钢规格和截面特性见附录。

第 3 章　钢结构的连接

3.1　钢结构的连接方法

钢结构的连接是把钢板或型钢组合成若干基本构件，如梁、柱、桁架等，再将这些构件组合成结构，以保证其共同工作。因此，连接方式及其质量优劣直接影响钢结构的工作性能。

设计时应根据结构连接节点的位置及其所要求的强度和刚度，合理地确定连接方法和计算方法，并应注意以下几点：

（1）连接的设计应与结构内力分析时的假定相一致。

（2）结构的荷载，内力组合应能提供连接的最不利受力工况。

（3）连接的构件应传力直接，各零件受力明确，并尽可能避免严重的应力集中。

（4）连接的计算模型应能考虑刚度不同的零件间的变形协调。

（5）构件连接的节点应尽可能避免偏心，不能完全避免时应考虑偏心的影响。

（6）避免在结构内产生过大的残余应力，尤其是约束造成的残余应力，避免焊缝过度密集。

（7）连接的构造应便于制作、安装，综合造价低。

钢结构的连接方法可分为焊缝连接、铆钉连接和螺栓连接 3 种，如图 3-1 所示。

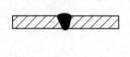
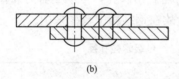
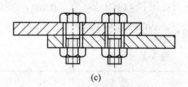

图 3-1　钢结构的连接方法

（a）焊缝连接；（b）铆钉连接；（c）螺栓连接

3.1.1　焊缝连接

焊缝连接是现代钢结构最主要的连接方法。其优点是焊接件可以直接相连，构造简单；制作加工方便，可实现自动化操作；用料经济，不削弱截面；连接的密闭性好；结构刚度大。目前，土木工程中焊接结构占绝对优势。

焊缝连接的缺点是：在焊接附近的热影响区内，钢材的金相组织发生变化，导致局部材质变脆；焊接残余应力和残余变形使受压构件承载力降低；焊接构件对裂纹很敏感，局部裂纹一旦发生，就容易扩展到整体，低温冷脆问题较为突出。

3.1.2　铆钉接连

铆钉连接由于构造复杂，费钢费工，现已很少采用。但是铆钉连接的塑性和韧性较好，传力可靠，质量易于检查，对一些重型和直接承受动力荷载的结构，或荷载较大和跨度较大的结构，有时仍然采用。

3.1.3　螺栓连接

螺栓连接可分为普通螺栓连接和高强度螺栓连接两种。

1. 普通螺栓连接

普通螺栓装卸便利，不需要特殊设备。普通螺栓可分为 A、B、C 3 级。A 级与 B 级为精制螺栓，C 级为粗制螺栓。C 级螺栓材料性能等级为 4.6 级或 4.8 级（小数点前的数字表示螺栓成品的抗拉强度不小于 $400N/mm^2$；小数点及小数点以后的数字表示其屈服点与抗拉强度之比为 0.6 或 0.8，又称屈强比）。A 级和 B 级螺栓材料性能等级则为 8.8 级，其抗拉强度不小于 $800N/mm^2$，屈强比为 0.8。C 级螺栓一般采用 Q235 钢（4.6 级）制成。A、B 级螺栓一般用 45 号钢和 35 号钢（8.8 级）制成。A、B 两级的区别只是尺寸不同，其中 A 级包括 $d \leqslant 24mm$，且 $L \leqslant 150mm$ 的螺栓，B 级包括 $d > 24mm$，且 $L > 150mm$ 的螺栓，d 为螺杆直径，L 为螺杆长度。

C 级螺栓由未经加工的圆钢轧制而成。由于螺栓表面粗糙，一般采用在单个零件上一次冲成或采用钻模钻成设计孔径的孔（Ⅱ类孔）。螺栓孔的直径比螺杆的直径大 1.5～3mm（见表 3-1）。对于采用 C 级螺栓的连接，由于螺杆与螺栓孔之间有较大的间隙，受剪力作用时，将会产生较大的剪切滑移，连接的变形大，但安装方便，且能有效传递拉力，故一般可用于沿螺栓杆轴受拉的连接中，以及次要结构的抗剪连接或安装时的临时固定。

A、B 级精制螺栓是由毛坯在车床上经过切削加工精制而成的。螺杆的直径和孔径间隙甚小，只容许 0.2～0.3mm，安装时需轻击入孔，可承受剪力和拉力。但是 A、B 级螺栓的制造和安装都比较费工，价格昂贵，故在钢结构中较少采用。

表 3-1　　　　　　　　　　　　　　　　　C 级螺栓孔径

螺杆公称直径（mm）	12	16	20	(22)	24	(27)	30
螺栓孔公称直径（mm）	13.5	17.5	22	(24)	26	(30)	33

2. 高强度螺栓连接

高强度螺栓是用强度较高的钢材制作，安装时需通过特制的扳手，以较大的扭矩上紧螺母，使螺杆产生很大的预应力。高强度螺栓连接有两种类型：一种是只依靠摩擦阻力传力，并以剪力不超过接触面摩擦力作为设计准则，称为摩擦型连接；另一种是允许接触面滑移，以连接达到破坏的极限承载力作为设计准则，称为承压型连接。

高强度螺栓一般采用 45 号钢、40B 号钢和 20MnTiB 钢加工而成，经热处理后，螺栓抗拉强度应分别不低于 $800N/mm^2$ 和 $1000N/mm^2$，即前者的性能等级为 8.8 级，后者的性能等级为 10.9 级。摩擦型连接高强度螺栓的孔径比螺栓公称直径 d 大 1.5～2.0mm；承压型连接高强度螺栓的孔径比螺栓公称直径 d 大 1.0～1.5mm。

摩擦型连接的剪切变形小，弹性性能好，施工较简单，可拆卸，耐疲劳，特别适用于承受动力荷载的结构。承压型连接的承载力高于摩擦型连接，连接紧凑，但剪切变形大，故不应用于承受动力荷载的结构中。

3.2　焊接方法和焊缝连接形式

3.2.1　钢结构常用的焊接方法

焊接方法有很多，如电弧焊、电阻焊、气焊和电渣焊等，但在钢结构中通常采用电弧焊。电弧焊有手工电弧焊、埋弧焊（自动或半自动焊）及气体保护焊等。

1. 手工电弧焊

这是最常用的一种焊接方法（见图 3-2）。通电后，在涂有药皮的焊条之间产生电弧。电弧的温度可高达 3000℃。在高温作用下，电弧周围的金属变成液体，形成熔池。同时，焊条中的焊丝很快熔化，滴落入熔池中，与焊条的熔融金属相互结合，冷却后即形成焊缝。焊条药皮则在焊接过程中产生气体，保护电弧和熔化金属并形成熔渣覆盖着焊缝，防止空气中的氧、氮等有害气体与熔化金属接触而形成易脆的化合物。

手工电弧焊的设备简单，操作灵活方便，适于任意空间位置的焊接，特别适于焊接短焊缝。但其生产效率低，劳动强度大，焊接质量与焊工的精神状态和技术水平有很大关系。

手工电弧焊所用焊条应与焊件钢材（或称主体金属）相适应：Q235 钢采用 E43 型焊条（E4300～E4328）；Q345 钢采用 E50 型焊条（E5000～E5048）；Q390 钢和 Q420 钢采用 E55 型焊条（E5500～E5518）。焊条型号中，字母 E 表示焊条（electrode），前两位数字为熔敷金属的最小抗拉强度（以 kgf/mm^2 计，$1kgf/mm^2 = 9.806\ 65 \times 10^6\ Pa$），第三、四位数字表示适用焊接位置、电流及药皮类型等。不同钢种的钢材相焊接时，例如，Q235 钢与 Q345 钢相焊接，宜采用低组配方案，即宜采用与低强度钢材相适应的焊条。

2. 埋弧焊（自动或半自动）

埋弧焊是电弧在焊剂层下燃烧的一种电弧焊方法。焊丝送进和电弧按焊接方向的移动有专门机构控制完成的称"埋弧自动焊"（见图 3-3）；焊丝送进有专门机构控制，而电弧按焊接方向的移动靠人手工操作完成的称"埋弧半自动焊"。埋弧焊的焊丝不涂药皮，但是焊端为焊剂所覆盖，能对较细的焊丝采用大电流。电弧热量集中，熔深大，适于厚板的焊接，具有高的生产率。由于采用了自动或半自动化操作，埋弧焊焊接时的工艺条件稳定，焊接的化学成分均匀，故形成的焊接质量好，焊件变形小。同时，高焊速也减小了热影响区的范围。

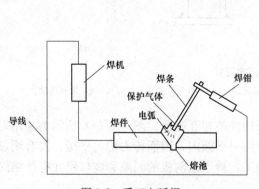

图 3-2　手工电弧焊

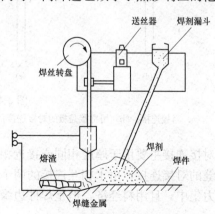

图 3-3　埋弧自动焊

但埋弧焊对焊件边缘的装配精度（如间隙）要求比手工电弧焊高。

埋弧焊所用焊丝和焊剂应与主体金属强度相适应，即要求焊缝与主体金属等强度。埋弧自动焊和半自动焊所采用的焊丝和焊剂，应保证其熔敷金属抗拉强度不低于手工电弧焊焊条的数值，Q235 钢焊件可采用 H08、H08A 焊丝；Q345 钢焊件可采用 H08A、H08MnA 和 H10Mn2 焊丝；Q390 钢焊件可采用 H08MnA、H10Mn2 和 H08MnMoA 焊丝。

3. 气体保护焊

气体保护焊是利用二氧化碳气体或其他惰性气体作为保护介质的一种电弧熔焊方法。它直接靠保护气体在电弧周围造成局部的保护层，以防止有害气体的侵入并保证了焊接过程中的稳定性。

气体保护焊的焊缝熔化区没有熔渣，焊工能够清楚地看到焊缝成型的过程；由于保护气体是喷射的，有助于熔滴的过渡；又由于热量集中，焊接速度快，焊件熔深大，故所形成的焊缝强度比手工电弧焊高，塑性和抗腐蚀性好，适用于全位置的焊接，但不适用于风较大的地方施焊。

3.2.2 焊缝连接形式及焊缝形式

1. 焊缝连接形式

焊缝连接形式按被连接钢材的相互位置可分为对接连接、搭接连接、T 形连接和角部连接四种（见图 3-4）。这些连接所采用的焊缝主要有对接焊缝和角焊缝。

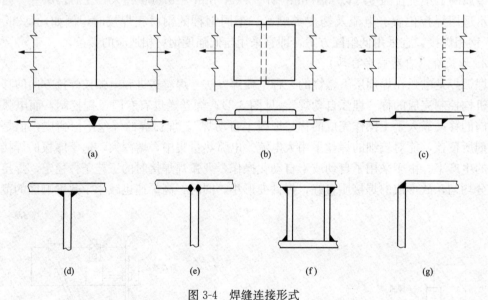

图 3-4　焊缝连接形式

（a）对接连接；（b）用拼接盖板的对接连接；（c）搭接连接；（d）、（e）T 形连接；（f）、（g）角部连接

对接连接主要用于厚度相同或接近相同的两构件的相互连接。图 3-4（a）所示为采用对接焊缝的对接连接，由于相互连接的两个构件在同一平面内，因而传力均匀平缓，没有明显的应力集中，且用料经济，但是焊件边缘需要加工，被连接两板的间隙和坡口尺寸有严格的要求。

图 3-4（b）所示为采用双层盖板和角焊缝的对接连接，该种连接形式传力不均匀、费

料，但施工简便，所连接两板的间隙大小无须严格控制。

图 3-4（c）所示为采用角焊缝的搭接连接，特别适用于不同厚度构件的连接。该种连接形式传力不均匀，材料较费，但构造简单，施工方便，目前应用广泛。

T 形连接省工省料，常用于制作组合截面。当采用角焊缝连接时［见图 3-4（d）］，焊接间存在缝隙，截面突变，应力集中现象严重，疲劳强度较低，可用于不直接承受动力荷载结构的连接。对于直接承受动力荷载的结构，如重级工作制吊车梁，其上翼缘与腹板的连接，应采用如图 3-4（e）所示的 K 形坡口焊缝进行连接。

角部连接［见图 3-4（f）、（g）］主要用于制作箱形截面。

2. 焊缝形式

对接焊缝按所受力的方向分为正对接焊缝［见图 3-5（a）］和斜对接焊缝［见图 3-5（b）］。角焊缝［见图 3-5（c）］可分为正面角焊缝、侧面角焊缝和斜焊缝。

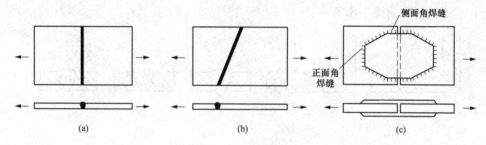

图 3-5　焊缝形式
（a）正对接焊缝；（b）斜对接焊缝；（c）角焊缝

焊缝沿长度方向的布置可分为连续角焊缝和间断角焊缝两种（见图 3-6）。连续角焊缝的受力性能较好，为主要的角焊缝形式。间断角焊缝的起、灭弧处容易引起应力集中，重要结构应避免采用，只能用于一些次要构件的连接或受力很小的连接中。间断角焊缝的间断距离 l 不宜过长，以免连接不紧密、潮气侵入引起构件锈蚀，一般在受压构件中应满足 $l \leqslant 15t$；在受拉构件中 $l \leqslant 30t$，t 为较薄焊件的厚度。

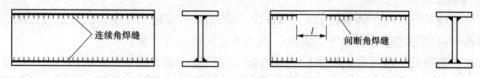

图 3-6　连续角焊缝和间断角焊缝

焊缝按施焊位置可分为平焊、横焊、立焊及仰焊（见图 3-7）。平焊（又称俯焊）施焊方便。立焊和横焊要求焊工的操作水平比平焊高一些。仰焊的操作条件最差，焊缝质量不易保证，因此应尽量避免采用仰焊。

3.2.3　焊缝缺陷及焊缝质量检验

1. 焊缝缺陷

焊缝缺陷是指焊接过程中产生于焊缝金属或附近热影响区钢材表面或内部的缺陷。常见的缺陷有裂纹、焊瘤、烧穿、弧坑、气孔、夹渣、咬边、未焊透（见图 3-8）等，以及焊缝

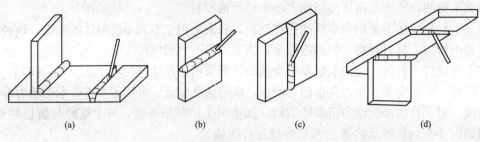

图 3-7　焊缝施焊位置

(a) 平焊；(b) 横焊；(c) 立焊；(d) 仰焊

尺寸不符合要求、焊缝成形不良等。裂纹是焊缝连接中最危险的缺陷。产生裂纹的原因很多，如钢材的化学成分不当，焊接工艺条件（如电流、电压、焊速、施焊次序等）选择不合适，焊件表面油污未清除干净等。

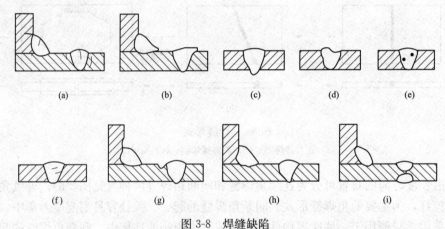

图 3-8　焊缝缺陷

(a) 裂纹；(b) 焊瘤；(c) 烧穿；(d) 弧坑；(e) 气孔；(f) 夹渣；(g) 咬边；(h) 未熔合；(i) 未焊透

2. 焊缝质量检验

焊缝缺陷的存在将削弱焊缝的受力面积，在缺陷处引起应力集中，故对连接强度、冲击韧性及冷弯性能等均有不利影响。因此，焊缝质量检验极为重要。

焊缝质量检验一般可采用外观检查及内部无损检验，前者检查外观缺陷和几何尺寸，后者检查内部缺陷，内部无损检验目前广泛采用超声波检验，其使用灵活、经济，对内部缺陷反应灵敏，但不易识别缺陷性质；有时还用磁粉检验、荧光检验等较简单的方法作为辅助。此外，还可采用 X 射线或 γ 射线透照或拍片，X 射线应用较广。

《钢结构工程施工质量验收规范》（GB 50205—2020）规定，焊缝按其检验方法和质量要求分为一级、二级和三级。三级焊缝只要求对全部焊缝做外观检查，且符合三级质量标准；一级、二级焊缝除外观检查外，还要求一定数量的超声波检验并符合相应级别的质量标准。

3. 焊缝质量等级的选用

在《钢结构设计标准》（GB 50017—2017）中，对焊缝质量等级的选用有如下规定：

(1) 需要进行疲劳计算的构件中，垂直于作用力方向的横向对接焊缝受拉时应为一级，受压时应为二级。

（2）在不需要进行疲劳计算的构件中，由于三级对接焊缝的抗拉强度有较大变异性，其设计值为主体钢材强度的 85％左右，因此，凡要求与母材等强度的受拉对接焊缝不应低于二级；受压时难免在其他因素影响下使焊缝中有拉应力存在，故宜为二级。

（3）重级工作制和起重量 $Q \geqslant 50t$ 的中级工作制吊车梁的腹板与上翼缘板之间，以及吊车桁架上弦杆与节点板之间的 T 形接头焊透的对接与角接组合焊缝，不应低于二级。

（4）由于角焊缝的内部质量不易探测，故规定其质量等级一般为三级，对直接承受动力荷载，且需要验算疲劳和起重量 $Q \geqslant 50t$ 的中级工作制吊车梁才规定角焊缝的外观质量应符合二级。

3.2.4　焊缝代号、螺栓及其孔眼图例

《焊缝符号表示法》（GB/T 324—2008）规定，焊缝代号由引出线、图形符号和辅助符号 3 部分组成。引出线由横线和带箭头的斜线组成，箭头指到图形上的相应焊缝处，横线的上面和下面用来标注图形符号和焊缝尺寸。当引出线的箭头指向焊缝所在的一面时，应将图形符号和焊缝尺寸等标注在水平横线的上面；当箭头指向对应焊缝所在的另一面时，则应将图形符号和焊缝尺寸标注在水平横线的下面。必要时，可在水平衡线的末端加一尾部作为其他说明之用。图形符号表示焊缝的基本形式，如用◿表示角焊缝，用 V 表示 V 形坡口的对接焊缝。辅助符号表示焊缝的辅助要求，如用▶表示现场焊缝等。表 3-2 列出了一些常用焊缝代号，可供设计时参考。

表 3-2　　　　　　　　　　　　　　　焊缝代号

| | 角焊缝（焊脚尺寸 h_f） | | | | 对接焊缝 | 塞焊缝 | 三面围焊 |
	单面焊缝	双面焊缝	安装焊缝	相同焊缝			
形式					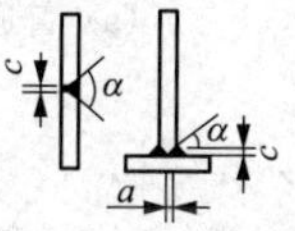		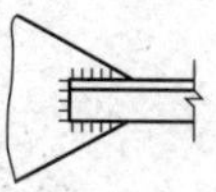
标注方式	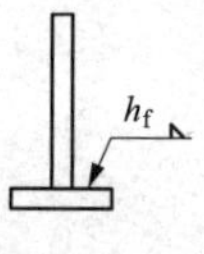	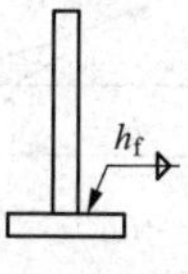	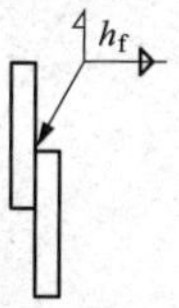	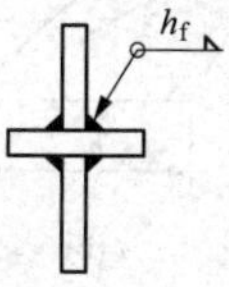	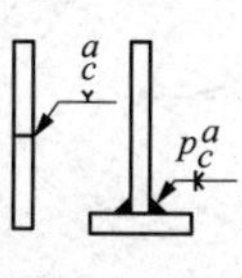		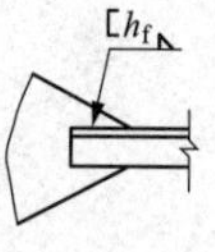

当焊缝分布比较复杂或用上述标注方法不能表达清楚时，在标注焊缝代号的同时，可在图形上加栅线表示（见图 3-9）。

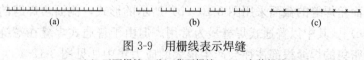

（a）　　　　　　　　　　（b）　　　　　　　　　（c）

图 3-9　用栅线表示焊缝

（a）正面焊缝；（b）背面焊缝；（c）安装焊缝

螺栓及其孔眼图例见表 3-3，在钢结构施工图上需要将螺栓及其孔眼的施工要求用图形表示清楚，以免引起混淆。

表 3-3

表 3-3　　　　　　　　　　　　　螺栓及其孔眼图例

名称	永久螺栓	高强度螺栓	安装螺栓	圆形螺栓孔	长圆形螺栓孔
图例	◈	◆	◈	⊕ ϕ	⊟ b ϕ

3.3　角焊缝的构造与计算

3.3.1　角焊缝的形式和强度

角焊缝是最常用的焊缝。角焊缝按其与作用力的关系可分为焊缝长度方向与作用力垂直的正面角焊缝，焊缝长度方向与作用力平行的侧面角焊缝及斜焊缝；按其截面形式可分为直角角焊缝（图 3-10）和斜角角焊缝（见图 3-11）。

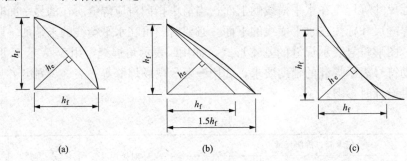

图 3-10　直角角焊缝截面

(a) 普通式；(b) 平坡式；(c) 凹面式

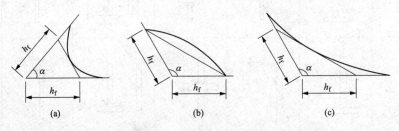

图 3-11　斜角角焊缝截面

(a) 形式 1；(b) 形式 2；(c) 形式 3

直角角焊缝通常做成表面微凸的等腰三角形截面 [见图 3-10 (a)]。在直接承受动力荷载的结构中，正面角焊缝的截面采用图 3-10 (b) 所示的形式，侧面角焊缝的截面做成凹面式 [见图 3-10 (c)]。其中以普通式焊缝最为常用。但由于普通式焊缝在端缝处力线的弯折特别厉害，力线密集的焊缝根部往往会产生很大的应力集中 [见图 3-12 (a)]，在动力荷载的作用下易开裂，因此在直接承受动力荷载的结构中，采用力线较为平顺的平坡式焊缝或凹面式焊缝较为合适。焊脚尺寸比例：正面角焊缝宜为 1：1.5，长边顺内力方向；侧面角焊缝可为 1：1。

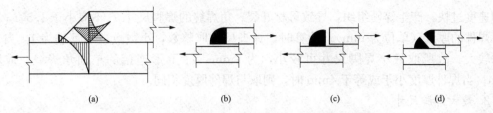

图 3-12　正面角焊缝连接中的应力分布和破坏形式

普通式焊缝的截面，通常做成等腰三角形，直角边的长度 h_f 称为焊脚尺寸，自直角边的顶点到斜边的距离 $h_e = 0.7h_f$ 称为角焊缝的有效厚度。

两焊脚边的夹角 $\alpha > 90°$ 或 $\alpha < 90°$ 的焊缝称为斜角角焊缝（见图 3-11），斜角角焊缝常用于钢漏斗和钢管结构中。对于夹角 $\alpha > 135°$ 或 $\alpha < 60°$ 的斜角角焊缝，除钢管结构外，不宜用作受力焊缝。

试验结果表明，侧面角焊缝（见图 3-13）主要承受剪应力，塑性较好，弹性模量低（$E = 7 \times 10^4 \text{N/mm}^2$），强度也较低。传力线通过侧面角焊缝时产生弯折，因而应力沿焊缝长度方向的分布不均匀，呈两端大、中间小的状态。焊缝越长，应力分布不均匀性越显著，但在临近塑性工作阶段时，产生应力重分布，可使应力分布的不均匀现象渐趋缓和。

正面角焊缝受力（见图 3-14）复杂，截面中的各面均存在正应力和剪应力，焊根处存在很严重的应力集中。一方面由于力线弯折，另一方面由于在焊根处正好是两焊件接触面的端部，相当于裂缝的尖端。正面角焊缝的破坏强度高于侧面角焊缝，弹性模量也较大（$E \approx 15 \times 10^4 \text{N/mm}^2$），但连接的脆性较高。而斜角角焊缝的受力性能和强度值介于正面角焊缝和侧面角焊缝之间。

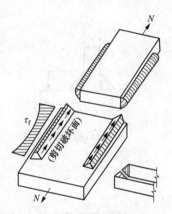

图 3-13　侧面角焊缝的应力

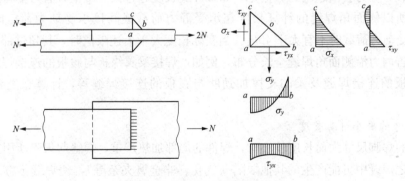

图 3-14　正面角焊缝应力状态

3.3.2　角焊缝的构造要求

1. 最小焊脚尺寸

角焊缝的焊脚尺寸不能过小，否则焊缝因输入能量过小，而焊件厚度较大，以致施焊时冷却速度过快，产生淬硬组织，导致母材开裂。角焊缝的焊脚尺寸 h_f 不应小于 $1.5\sqrt{t}$，t 为较厚焊件的厚度（单位为 mm）。计算时，焊脚尺寸取整数，小数点以后都进为 1。自动焊熔深较大，故所取最小焊脚尺寸可较小，为 1mm；对 T 形连接的单面角焊缝，应增加 1mm；当焊件厚度小于或等于 4mm 时，则取与焊件厚度相同。

2. 最大焊脚尺寸

为了避免焊缝区的基本金属"过热"，减小焊件的焊接残余应力和残余变形，除钢管结构外，角焊缝的焊脚尺寸不宜大于较薄焊件厚度的 1.2 倍［见图 3-15（a）］。

对板件边缘的角焊缝［见图 3-15（b）］，当板件厚度 $t>6$mm 时，根据焊工的施焊经验，不易焊满全厚度，故取 $h_f \leqslant t-(1\sim2)$mm；当 $t \leqslant 6$mm 时，通常采用小焊条施焊，易于焊满全厚度，取 $h_f \leqslant t$。如果另一焊件厚度 $t'<t$，还应满足 $h_f \leqslant 1.2t'$ 的要求［见图 3-15（c）］。

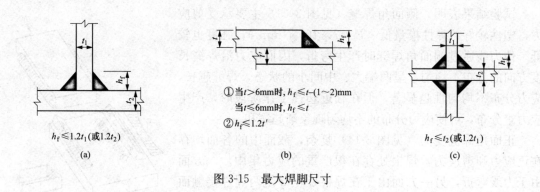

图 3-15　最大焊脚尺寸

3. 侧面角焊缝的最大计算长度

侧面角焊缝在弹性阶段沿长度方向受力不均匀，两端大而中间小。焊缝越长，应力集中系数越大。在静力荷载作用下，如果焊缝长度不过大，当焊缝两端处的应力达到屈服强度后，继续加载，应力会渐趋均匀。但是，如果焊缝长度超过某一限值，有可能首先在焊缝的两端破坏，所以侧面角焊缝的计算长度在承受静力荷载或间接承受动力荷载时不宜大于 $60h_f$，在承受动力荷载时不宜大于 $40h_f$。当实际长度大于上述限值时，其超过部分在计算中不予考虑。若内力沿侧面角焊缝全长分布，例如，焊接梁翼缘板与腹板的连接焊缝、屋架中弦杆与节点板的连接焊缝及梁的支撑加劲肋与腹板的连接焊缝等，计算长度可不受上述限制。

4. 角焊缝的最小计算长度

角焊缝的焊脚尺寸大而长度较小时，焊件的局部加热严重，焊缝起灭弧所引起的缺陷相距太近，加之焊缝中可能产生的其他缺陷（气孔、非金属夹杂等），使焊缝不够可靠。对搭接连接的侧面角焊缝而言，如果焊缝长度过小，由于力线弯折大，也会造成严重的应力集中。因此，为了使焊缝能够具有一定的承载能力，根据使用经验，侧面角焊缝或正面角焊缝的计算长度不得小于 $8h_f$ 和 40mm。

5. 搭接连接的构造要求

当板件端部仅有两条侧面角焊缝连接时（见图 3-16），试验结果表明，连接的承载力与

b/l_w 有关，b 为两侧面角焊缝之间的距离，l_w 为侧面角焊缝的长度。当 $b/l_w > 1$ 时，连接的承载力随着 b/l_w 值的增大而明显下降。这主要是由于应力传递的过分弯折使构件中应力不均匀分布的影响。为使连接强度不致过分降低，应使每条侧面角焊缝的长度不宜小于两侧面角焊缝之间的距离，即 $b/l_w \leqslant 1$。两侧面角焊缝之间的距离 b 也不宜大于 $16t(t > 12mm)$ 或 $200mm(t \leqslant 12mm)$，t 为较薄焊件的厚度，以免因焊缝横向收缩，引起板件向外发生较大拱曲。

　　在搭接连接中，当仅采用正面角焊缝时（见图 3-17），其搭接长度不应小于焊件较小厚度的 5 倍，也不应小于 25mm。

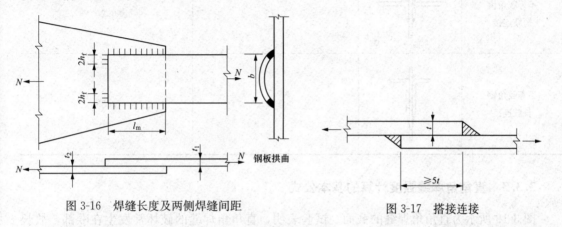

图 3-16　焊缝长度及两侧焊缝间距　　　　　　图 3-17　搭接连接

　　杆件端部搭接采用三面围焊时，在转角处截面突变，会产生应力集中，如在此处起灭弧，可能出现弧坑或咬肉等缺陷，从而加大应力集中的影响。因此所有围焊的转角处必须连续施焊。对于非围焊情况，当角焊缝的端部在构件转角处时，可连续地作长度为 $2h_f$ 的绕角焊（见图 3-16）。

　　如果用侧面角焊缝来连接截面不对称的构件，可将焊缝作适当分配，使焊缝的截面重心与构件重心相接近。在最常见的角钢与钢板的搭接连接中（见图 3-18），可参考表 3-4 中的比例进行分配。

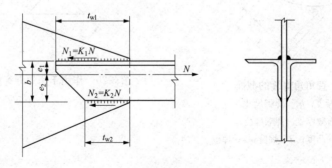

图 3-18　角钢的侧焊缝连接

　　在角焊缝连接中，为了减少焊接应力和焊接变形，也应采取对接焊缝类似的措施，不要任意加大焊缝，避免焊缝的密集和交叉等。

表 3-4		角钢的焊缝分配系数	
角钢类型	连接形式	分配系数	
		肢背 $\alpha_1 = e_2/b$	肢尖 $\alpha_2 = e_1/b$
等肢角钢		0.7	0.3
不等肢角钢 短肢连接		0.75	0.25
不等肢角钢 长肢连接		0.65	0.35

3.3.3 直角角焊缝强度计算的基本公式

图 3-19 所示为直角角焊缝的截面。试验表明，直角角焊缝的破坏常发生在喉部，故长期以来对角焊缝的研究均着重于这一部门位。通常认为直角角焊缝是以 45°方向的最小截面（即有效厚度与焊缝计算长度的乘积）作为有效截面或称计算截面。作用于角焊缝有效截面上的应力如图 3-20 所示，这些应力包括垂直于焊缝有效截面的正应力 $\sigma_\perp$、垂直于焊缝长度方向的剪应力 $\tau_\perp$ 及沿焊缝长度方向的剪应力 $\tau_{/\!/}$。

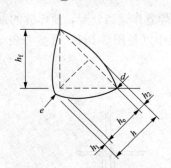

图 3-19　直角角焊缝的截面
h—焊缝厚度；h_f—焊脚尺寸；
h_e—焊缝有效厚度（焊喉部位）；
h_1—熔深；h_2—凸度；d—焊趾；e—焊根

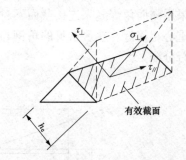

图 3-20　作用于角焊缝有效截面上的应力

《钢结构设计标准》（GB 50017—2017）在简化计算时，假定焊缝在有效截面处破坏，各应力分量满足折算应力公式。由于规范规定的角焊缝强度设计值 f_f^w 是根据抗剪条件确定的，而 $\sqrt{3} f_f^w$ 相当于角焊缝的抗拉强度设计值，即

$$\sqrt{\sigma_{\perp}^2 + 3(\tau_{\perp}^2 + \tau_{/\!/}^2)} = \sqrt{3}\, f_{\mathrm{f}}^{\mathrm{w}} \tag{3-1}$$

以图 3-21 所示受斜向轴心力 N（互相垂直的分力为 N_y 和 N_x）作用的直角角焊缝为例，说明角焊缝基本公式的推导。N 在焊缝有效截面上引起垂直于焊缝一个直角边的应力 σ_{f}，该应力对有效截面既不是正应力，也不是剪应力，而是 $\sigma_{\perp}$ 和 $\tau_{\perp}$ 的合应力。

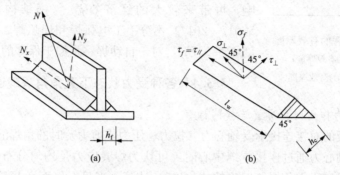

图 3-21　直角角焊缝的计算

$$\sigma_{\mathrm{f}} = \frac{N_y}{h_{\mathrm{e}} l_{\mathrm{w}}} \tag{3-2}$$

$$h_{\mathrm{e}} = 0.7 h_{\mathrm{f}}$$

式中　N_y——垂直于焊缝长度方向的轴心力；

　　　h_{e}——直角角焊缝的有效厚度；

　　　l_{w}——焊缝的计算长度，考虑起灭弧缺陷，按各条焊缝的实际长度每端减去 h_{f} 计算。

由图 3-21（b）可知，对直角角焊缝

$$\sigma_{\perp} = \tau_{/\!/} = \sigma_{\mathrm{f}} / \sqrt{2} \tag{3-3}$$

则得直角角焊缝在各种应力综合作用下，σ_{f} 和 τ_{f} 共同作用处的计算公式为

$$\sqrt{4\left(\frac{\sigma_{\mathrm{f}}}{\sqrt{2}}\right)^2 + 3\tau_{\mathrm{f}}^2} \leqslant \sqrt{3}\, f_{\mathrm{f}}^{\mathrm{w}} \ \text{或} \ \sqrt{\left(\frac{\sigma_{\mathrm{f}}}{\sqrt{2}}\right)^2 + \tau_{\mathrm{f}}^2} \leqslant f_{\mathrm{f}}^{\mathrm{w}} \tag{3-4}$$

$$\beta_{\mathrm{f}} = \sqrt{\frac{3}{2}} = 1.22$$

式中　β_{f}——正面角焊缝的强度增大系数。

对正面角焊缝，此时 $\tau_{\mathrm{f}} = 0$，得

$$\sigma_{\mathrm{f}} = \frac{N}{h_{\mathrm{e}} l_{\mathrm{w}}} \leqslant \beta_{\mathrm{f}} f_{\mathrm{f}}^{\mathrm{w}} \tag{3-5}$$

对侧面角焊缝，此时 $\sigma_{\mathrm{f}} = 0$，得

$$\tau_{\mathrm{f}} = \frac{N}{h_{\mathrm{e}} l_{\mathrm{w}}} \leqslant f_{\mathrm{f}}^{\mathrm{w}} \tag{3-6}$$

式（3-4）～式（3-6）即为角焊缝的基本计算公式。只要将焊缝应力分解为垂直于长度方向的应力 σ_{f} 和平行于焊缝长度方向的应力 τ_{f}，上述基本公式可适用于任何受力状态。

对于直接承受动力荷载结构中的焊缝，虽然正面角焊缝的强度试验值比侧面角焊缝高，但判别结构或连接的工作性能，除是否具有较高的强度指标外，还需检验其延性指标（即塑性变形能力）。由于正面角焊缝的刚度大、韧性差，应将其强度降低使用，故对于直接承受

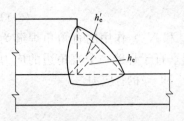

图 3-22　考虑熔深的有效厚度

h_e—一般焊缝的有效厚度；

h_e'—埋弧自动焊的有效厚度

动力荷载结构中的角焊缝，取 $\beta_f = 1.0$，相当于按 σ_f 和 τ_f 的合应力进行计算，即 $\sqrt{\sigma_f^2 + \tau_f^2} \leqslant f_f^w$。

角焊缝的强度与熔深有关。埋弧自动焊熔深较大（见图 3-22），若在确定焊缝有效厚度时考虑熔深对焊缝强度的影响，可带来较大的经济效益。《钢结构设计标准》（GB 50017—2017）不分手工电弧焊和埋弧焊，均统一取有效厚度 $h_e = 0.7h_f$，对于自动焊，是偏于保守的。

3.3.4　各种受力状态下直角角焊缝连接的计算

1. 承受轴心力作用时角焊缝连接的计算

（1）采用盖板的对接连接承受轴心力（拉力、压力或剪力）时的角焊缝连接计算。当焊件受轴心力，且轴心力通过连接焊缝中心时，可认为焊缝应力是均匀分布的。如图 3-23 所示的连接中，当只有正面角焊缝时，按式（3-5）计算；当只有侧面角焊缝时，按式（3-6）计算；当采用三面围焊时，对矩形拼接板，可先按式（3-5）计算正面角焊缝所承担的内力 $N' = \beta_f f_f^w \sum h_e l_w$，再由力 $N - N'$ 计算侧面角焊缝的强度，即

$$\tau_f = \frac{N - N'}{\sum h_e l_w} \leqslant f_f^w \tag{3-7}$$

式中　$\sum l_w$——连接一侧的侧面角焊缝计算长度的总和。

（2）承受斜向轴心力的角焊缝连接计算。图 3-24 所示为受斜向轴心力作用的角焊缝连接，有两种计算方法。

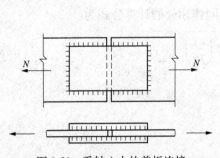

图 3-23　受轴心力的盖板连接

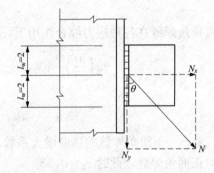

图 3-24　受斜向轴心力作用的角焊缝连接

1）分力法。将力 N 分解为垂直于焊缝的分力 $N_x = N\sin\theta$ 和平行于焊缝的分力 $N_y = N\cos\theta$，有

$$\left. \begin{array}{l} \sigma_f = \dfrac{N\sin\theta}{\sum h_e l_w} \\[3mm] \tau_f = \dfrac{N\cos\theta}{\sum h_e l_w} \end{array} \right\} \tag{3-8}$$

代入式（3-4）验算角焊缝的强度。

2）直接法。不将力 N 分解，而是将式（3-8）中的 σ_f 和 τ_f 代入式（3-4），得

$$\sqrt{\left(\frac{N\sin\theta}{\beta_\mathrm{f}\sum h_\mathrm{e}l_\mathrm{w}}\right)^2+\left(\frac{N\cos\theta}{\sum h_\mathrm{e}l_\mathrm{w}}\right)^2}\leqslant h_\mathrm{f}^\mathrm{w}$$

取 $\beta_\mathrm{f}^2=1.22^2\approx1.5$，得

$$\frac{N}{\sum h_\mathrm{e}l_\mathrm{w}}\sqrt{\frac{\sin^2\theta}{1.5}+\cos^2\theta}=\frac{N}{\sum h_\mathrm{e}l_\mathrm{w}}\sqrt{1-\sin^2\theta/3}\leqslant f_\mathrm{f}^\mathrm{w}$$

令 $\beta_{f\theta}=\dfrac{1}{\sqrt{1-\sin^2\theta/3}}$，则斜焊缝的计算公式为

$$\frac{N}{\sum h_\mathrm{e}l_\mathrm{w}}\leqslant\beta_{f\theta}f_\mathrm{f}^\mathrm{w} \tag{3-9}$$

式中　$\beta_{f\theta}$——斜焊缝的强度增大系数，其值介于 $1.0\sim1.22$ 之间，直接承受动力荷载结构中的焊缝，取 $\beta_{f\theta}=1.0$；

　　　θ——作用力与焊缝长度方向的夹角。

（3）承受轴心力的角钢角焊缝连接计算。在钢桁架中，角钢腹杆与节点板的连接焊缝一般采用两面侧焊，也可采用三面围焊，特殊情况也允许采用 L 形围焊（见图 3-25）。腹杆受轴心力作用，为了避免焊缝偏心受力，焊缝所传递的合力的作用线应与角钢杆件的轴线重合。

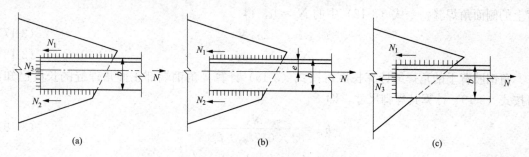

图 3-25　桁架腹杆与节点板的连接
(a) 三面围焊；(b) 两面侧焊；(c) L 形围焊

对于三面围焊〔见图 3-25（a）〕，可先假定正面角焊缝的焊脚尺寸 h_f3，求出正面角焊缝所分担的轴心力 N_3。当腹杆为双角钢组成的 T 形截面，且肢宽为 b 时

$$N_3=2\times0.7h_\mathrm{f3}b\beta_\mathrm{f}f_\mathrm{f}^\mathrm{w} \tag{3-10}$$

由平衡条件（$\sum M=0$）可得

$$N_1=\frac{N(b-e)}{b}-\frac{N_3}{2}=\alpha_1N-\frac{N_3}{2} \tag{3-11}$$

$$N_2=\frac{Nb}{b}-\frac{N_3}{2}=\alpha_2N-\frac{N_3}{2} \tag{3-12}$$

式中　N_1、N_2——角钢肢背和肢尖上的侧面角焊缝所分担的轴向力；

　　　e——角钢的形心距；

　　　α_1、α_2——角钢肢背和肢尖焊缝的内力分配系数，设计时可近似取 $\alpha_1=\dfrac{2}{3}$，$\alpha_2=\dfrac{1}{3}$，具体可参考表 3-4。

对于两面侧焊 ［见图 3-25 (b)］，因 $N_3=0$，得

$$N_1=\alpha_1 N \tag{3-13}$$

$$N_2=\alpha_2 N \tag{3-14}$$

求得各条焊缝所受的内力后，按构造要求（角焊缝的尺寸限制）假定肢背和肢尖焊缝的焊脚尺寸，即可求出焊缝的计算长度。例如，对双角钢截面

$$l_{w1}=\frac{N_1}{2\times0.7h_{f1}f_f^w} \tag{3-15}$$

$$l_{w2}=\frac{N_2}{2\times0.7h_{f2}f_f^w} \tag{3-16}$$

式中　h_{f1}、l_{w1}——一个角钢肢背上的侧面角焊缝的焊脚尺寸及计算长度；

　　　h_{f2}、l_{w2}——一个角钢肢尖上的侧面角焊缝的焊脚尺寸及计算长度。

考虑每条焊缝两端的起灭弧缺陷，实际焊缝长度为计算长度加 $2h_f$；但对于三面围焊，由于在杆件端部转角处必须连续施焊，每条侧面角焊缝只要一端可能起灭弧，故焊缝实际长度为计算长度加 h_f；对于采用绕角焊缝的侧面角焊缝，实际长度等于计算长度加上 h_f（绕角焊缝长度 $2h_f$ 不进入计算）。

当杆件受力很小时，可采用 L 形围焊 ［见图 3-25 (c)］。由于只有正面角焊缝和角钢肢背上的侧面角焊缝，令式（3-12）中的 $N_2=0$，得

$$N_3=2\alpha_2 N \tag{3-17}$$

$$N_1=N-N_3 \tag{3-18}$$

角钢肢背上的角焊缝计算长度可按式（3-15）计算，角钢端部正面角焊缝的长度已知，可按式（3-19）计算其焊脚尺寸，即

$$h_{f3}=\frac{N_3}{2\times0.7l_{w3}\beta_f f_f^w} \tag{3-19}$$

$$l_{w3}=b-h_{f3}$$

【例题 3-1】　试设计采用（双层）拼接盖板的对接连接，已知主板采用－230×10，盖板厚度为 6mm，承受轴心力设计值 $N=900$（静荷载），钢材为 Q235-B 钢，手工电弧焊，E43型焊条。

【解】　设计拼接盖板的对接连接有两种方法：一种方法是假定焊脚尺寸求焊缝长度，再由焊缝长度确定拼接板的尺寸；另一种方法是先假定焊脚尺寸和拼接盖板的尺寸，然后验算焊缝的承载力。如果假定的焊缝尺寸不能满足承载力要求，则应调整焊脚尺寸，再进行验算，直到满足承载力要求为止。

由于此处的焊缝在板件边缘施焊，且拼接板厚度 $t_2=6mm$，$t_2<t_1$，则

$$h_{fmax}=t_2=6(mm)$$

$$h_{fmin}=1.5\sqrt{t}=1.5\times\sqrt{10}=4.7(mm)$$

h_{fmin} 取为 5mm，所以取 $h_f=6mm$，角焊缝强度设计值 $f_f^w=160N/mm^2$。

（1）采用两面侧焊时 ［见图 3-26 (a)］。连接一侧所需焊缝的总长度，计算得

$$\sum l_w=\frac{N}{h_e f_f^w}=\frac{900\times10^3}{0.7\times6\times160}=1340(mm)$$

此对接连接采用上下两块拼接盖板，共有 4 条侧面角焊缝，一条侧面角焊缝的实际长

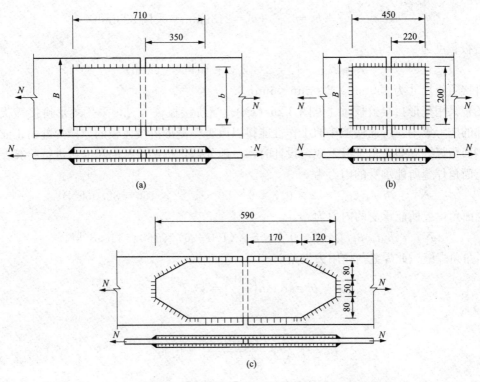

图 3-26　［例题 3-1］图（尺寸单位：mm）

（a）两面侧焊；（b）三面围焊；（c）菱形拼接盖板

度为

$$l'_{\mathrm{w}} = \sum \frac{l_{\mathrm{w}}}{4} + 2h_{\mathrm{f}} = \frac{1340}{4} + 2 \times 6 = 347(\mathrm{mm}) < 60h_{\mathrm{f}} = 60 \times 6 = 360(\mathrm{mm})$$

所需拼接盖板长度为

$$L = 2l'_{\mathrm{w}} + 10 = 2 \times 347 + 10 = 704(\mathrm{mm}), 取 L = 710\mathrm{mm}$$

其中 10mm 为两块被连接钢板间的间隙。

拼接盖板的宽度 b 就是两条侧面角焊缝之间的距离，应根据强度条件和构造要求确定。要求 $2bt_2 f_2 \geqslant Bt_1 f_1$，而 $f_1 = f_2$，则

$$b \geqslant \frac{Bt_1}{2t_2} = \frac{230 \times 10}{2 \times 6} = 192(\mathrm{mm}), 则取 b = 200\mathrm{mm}$$

故选定拼接盖板尺寸为 710mm×200mm×6mm。

（2）采用三面围焊时［见图 3-26（b）］。采用三面围焊可以减小两条侧面角焊缝的长度，从而减少拼接盖板尺寸。设拼接盖板的宽度和厚度与采用两面侧焊时相同，仅需求盖板长度。已知正面角焊缝的长度 $l'_{\mathrm{w}} = b = 200\mathrm{mm}$，则正面角焊缝所能承受的内力为

$$N' = 2h_{\mathrm{e}} l'_{\mathrm{w}} \beta_{\mathrm{f}} f_{\mathrm{f}}^{\mathrm{w}} = 2 \times 0.7 \times 6 \times 200 \times 1.22 \times 160 = 328(\mathrm{kN})$$

所需连接一侧侧面角焊缝的总长度为

$$\sum l_{\mathrm{w}} = \frac{N - N'}{h_{\mathrm{e}} f_{\mathrm{f}}^{\mathrm{w}}} = \frac{(900 - 328) \times 10^3}{0.7 \times 6 \times 160} = 851(\mathrm{mm})$$

连接一侧有 4 条侧面角焊缝，则一条侧面角焊缝的长度为

$$l'_w = \frac{\sum l_w}{4} + h_f = \frac{851}{4} + 6 = 218(\text{mm}),采用\ 220\text{mm}$$

拼接盖板长度为

$$L = 2l'_w + 10 = 2 \times 220 + 10 = 450(\text{mm})$$

选定拼接盖板尺寸为 450mm×200mm×6mm。

（3）采用菱形拼接盖板时［见图 3-26（c）］。当拼接板较大时，采用菱形拼接盖板可减小角部的应力集中，从而使连接的工作性能得以改善。菱形拼接盖板的连接焊缝由正面角焊缝、侧面角焊缝和斜角角焊缝组成。设计时，一般先假定拼接盖板的尺寸再进行验算。

正面角焊缝所能承受的内力为

$$N_1 = 2h_e l_{w1} \beta_f f_f^w = 2 \times 0.7 \times 6 \times 50 \times 1.22 \times 160 = 82.0(\text{kN})$$

侧面角焊缝所能承受的内力为

$$N_2 = 4h_e l_{w2} \beta_f f_f^w = 4 \times 0.7 \times 6 \times (170 - 6) \times 160 = 440.8(\text{kN})$$

斜角角焊缝：此焊缝与作用力夹角

$$\theta = \arctan\left(\frac{80}{120}\right) = 33.7°$$

得

$$\beta_{f\theta} = 1 / \sqrt{\frac{1 - \sin^2 33.7}{3}} = 1.06$$

则

$$N_3 = 4h_e l_{w3} \beta_{f\theta} f_f^w = 4 \times 0.7 \times 6 \times 145 \times 1.06 \times 160 = 413.1(\text{kN})$$

连接一侧焊缝所能承受的内力为

$$N' = N_1 + N_2 + N_3 = 82.0 + 440.8 + 413.1 = 935.9(\text{kN}) > N = 900\text{kN}$$

满足要求。

【例题 3-2】 角钢杆件与节点板采用角焊缝的搭接连接。已知角钢为∟100×10，节点板厚度为 8mm，承受轴心力设计值为 $N = 800\text{kN}$，钢材均为 Q235-BF 钢，手工电弧焊，焊条采用 E43 型。试按两面侧焊与三面围焊进行角钢角焊缝搭接连接设计。

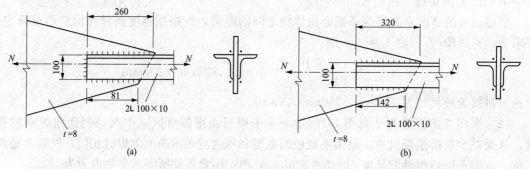

图 3-27 ［例题 3-2］图（尺寸单位：mm）

（a）三面围焊；（b）两面侧焊

【解】 确定焊脚尺寸

$$1.5\sqrt{t} < h_{f2} < 1.2t \Rightarrow h_{f2} = 8\text{mm}(正面角焊缝)$$

$$1.5\sqrt{t} < h_{\rm fl} < t-1, \text{且} h_{\rm fl} < 1.2t \Rightarrow h_{\rm fl} = 8{\rm mm}(\text{侧面角焊缝})$$

角焊缝强度设计值为 $f_{\rm f}^{\rm w} = 160{\rm N/mm^2}$。焊缝内力分配系数 $\alpha_1 = 0.7$，$\alpha_2 = 0.3$。正面角焊缝的长度等于相连角钢肢的宽度，即 $l_{\rm w3} = b = 100{\rm mm}$。

(1) 采用三面围焊时 [见图 3-27 (a)]。正面角焊缝所能承受的内力为

$$N_3 = 2h_{\rm e}l_{\rm w3}\beta_{\rm f}f_{\rm f}^{\rm w} = 2 \times 0.7 \times 8 \times 100 \times 1.22 \times 160 = 218.6({\rm kN})$$

肢背角焊缝所能承受的内力为

$$N_1 = \alpha_1 N - \frac{N_3}{2} = 0.7 \times 800 - \frac{218.6}{2} = 450.7({\rm kN})$$

肢尖焊缝承受的内力为

$$N_2 = \alpha_2 N - \frac{N_3}{2} = 0.3 \times 800 - \frac{218.6}{2} = 130.7({\rm kN})$$

则肢背焊缝长度为

$$l_{\rm w1} = \frac{N_1}{2h_{\rm e}f_{\rm f}^{\rm w}} + 8 = \frac{450.7 \times 10^3}{2 \times 0.7 \times 8 \times 160} + 8 = 260({\rm mm})$$

肢尖焊缝长度为

$$l_{\rm w2} = \frac{N_2}{2h_{\rm e}f_{\rm f}^{\rm w}} + 8 = \frac{130.7 \times 10^3}{2 \times 0.7 \times 8 \times 160} + 8 = 81({\rm mm})$$

(2) 采用两面侧焊时 [见图 3-27 (b)]。已知

$$N_3 = 0$$
$$N_1 = \alpha_1 N = 0.7 \times 800 = 560({\rm kN})$$
$$N_2 = \alpha_2 N = 0.3 \times 800 = 240({\rm kN})$$

则肢背焊缝长度为

$$l_{\rm w1} = \frac{N_1}{2h_{\rm e}f_{\rm f}^{\rm w}} + 8 = \frac{560 \times 10^3}{2 \times 0.7 \times 8 \times 160} + 8 = 320({\rm mm})$$

肢尖焊缝长度为

$$l_{\rm w2} = \frac{N_2}{2h_{\rm e}f_{\rm f}^{\rm w}} + 8 = \frac{240 \times 10^3}{2 \times 0.7 \times 8 \times 160} + 8 = 142({\rm mm})$$

2. 承受弯矩、轴心力或剪力联合作用的角焊缝连接计算

图 3-28 所示的双面角焊缝连接承受偏心斜拉力 N 作用，计算时可将作用力 N 分解为 N_x 和 N_y 两个分力。角焊缝同时承受轴心力 N_x、剪力 N_y 和弯矩 $M = N_x e$ 的共同作用。焊缝计算截面上的应力分布如图 3-28 (b) 所示。图 3-28 中 A 点应力最大为控制设计点。此处垂直于焊缝长度方向的应力由两部分组成，即由轴心拉力 N_x 产生的应力为

$$\sigma_N = \frac{N_x}{A_{\rm e}} = \frac{N_x}{2h_{\rm e}l_{\rm w}}$$

由弯矩 M 产生的应力为

$$\sigma_M = \frac{M}{W_{\rm e}} = \frac{6M}{2h_{\rm e}l_{\rm w}^2}$$

这两部分应力由于在 A 点处的方向相同，可直接叠加，故 A 点垂直于焊缝长度方向的应力为

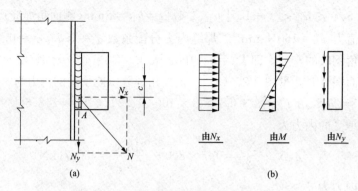

图 3-28　承受偏心斜拉力的角焊缝

$$\sigma_{\mathrm{f}} = \frac{N_x}{2h_{\mathrm{e}}l_{\mathrm{w}}} = \frac{6M}{2h_{\mathrm{e}}l_{\mathrm{w}}^2}$$

剪力 N_y 在 A 点处产生平行于焊缝长度方向的应力为

$$\tau_y = \frac{N_y}{A_{\mathrm{e}}} = \frac{N_y}{2h_{\mathrm{e}}l_{\mathrm{w}}}$$

式中　l_{w}——焊缝的计算长度，为实际长度减去 $2h_{\mathrm{f}}$。

因此，焊缝的强度计算公式为

$$\sqrt{\left(\frac{\sigma_{\mathrm{f}}}{\beta_{\mathrm{f}}}\right)^2 + \tau_{\mathrm{f}}^2} \leqslant f_{\mathrm{f}}^{\mathrm{w}}$$

当连接直接承受动力荷载的作用时，取 $\beta_{\mathrm{f}} = 1.0$。

工字梁（或牛腿）与钢柱翼缘的角焊缝连接（见图 3-29），通常承受弯矩和剪力的联合作用。由于翼缘的竖向刚度较差，在剪力作用下，如果没有腹板焊缝存在，翼缘将发生明显挠曲。这就说明，翼缘板的抗剪能力极差。因此，计算时通常假设腹板焊缝承受全部剪力，而弯矩则由全部焊缝承受。

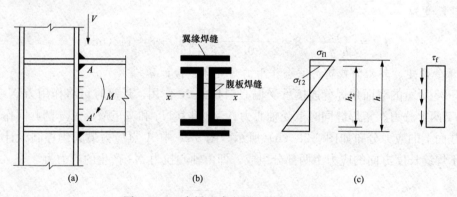

图 3-29　工字梁（或牛腿）的角焊缝连接

为了使焊缝分布较合理，宜在每个翼缘的上下两侧均匀布置角焊缝，由于翼缘焊缝只承受垂直于焊缝长度方向的弯曲应力，此弯曲应力沿梁高度呈三角形分布［见图 3-29（c）］，最大应力发生在翼缘焊缝最外纤维处。为了保证焊缝的正常工作，应使翼缘焊缝最外纤维处的应力满足角焊缝的强度条件，即

$$\sigma_{f1} = \frac{M}{I_w} \frac{h}{2} \beta_f f_f^w \qquad (3\text{-}20)$$

式中　M——全部焊缝所承受的弯矩；

　　　I_w——全部焊缝有效截面对中和轴的惯性矩；

　　　h——上下翼缘焊缝有效截面最外纤维之间的距离。

腹板焊缝承受两种应力的联合作用，即垂直于焊缝长度方向且沿梁高度呈三角形分布的弯曲应力和平行于焊缝长度方向且沿焊缝截面均匀分布的剪应力的作用，设计控制点为翼缘焊缝与腹板焊缝的交点处 A，此处的弯曲应力和剪应力分别按下列公式计算

$$\sigma_{f2} = \frac{M}{I_w} \frac{h_2}{2}$$

$$\tau_f = \frac{V}{\sum(h_{e2} l_{w2})}$$

式中　$\sum(h_{e2} l_{w2})$——腹板焊缝有效截面面积之和；

　　　h_2——腹板焊缝的实际长度。

因此，腹板焊缝在 A 点的强度验算公式为

$$\sqrt{\left(\frac{\sigma_{f2}}{\beta_f}\right)^2 + \tau_f^2} \leqslant f_f^w \qquad (3\text{-}21)$$

工字梁（或牛腿）与钢柱翼缘焊缝连接的另一种计算方法是使焊缝传递应力与母材所承受应力相协调，即假设腹板焊缝只承受剪力；翼缘焊缝承担全部弯矩，并将弯矩 M 化为一对水平力 $H = M/h$。

翼缘焊缝的强度计算公式为

$$\sigma_f = \frac{H}{h_{e1} l_{w1}} \leqslant \beta_f f_f^w \qquad (3\text{-}22)$$

腹板焊缝的强度计算公式为

$$\tau_f = \frac{V}{2 h_{e2} l_{w2}} \leqslant f_f^w \qquad (3\text{-}23)$$

式中　$h_{e1} l_{w1}$——一个翼缘上角焊缝的有效截面面积；

　　　$2 h_{e2} l_{w2}$——两条腹板焊缝的有效截面面积。

【例题 3-3】　试验算图 3-30 所示牛腿与钢柱连接角焊缝的强度。已知钢材为 Q235 钢，焊条为 E43 型，手工电弧焊。荷载设计值 $N = 300\text{kN}$，偏心距 $e = 300\text{mm}$，焊脚尺寸 $h_{f1} = 8\text{mm}$，$f_{f2} = 6\text{mm}$。

【解】　已知外力 N 在焊缝形心处引起的剪力 $V = N = 300\text{kN}$ 与弯矩 $M = Ne = 300 \times 0.3 = 90\text{kN} \cdot \text{m}$。

（1）考虑腹板焊缝参加传递弯矩的计算方法。全部焊缝有效截面对中和轴的惯性矩为

$$I_w = 2 \times \frac{0.42 \times 28^3}{12} + 2 \times 0.56 \times 18 \times 17.28^2 + 4 \times 0.56 \times 8 \times 14.28^2 = 11\,211(\text{cm}^4)$$

翼缘焊缝的最大应力为

$$\sigma_{f1} = \frac{M}{I_w} \frac{h_1}{2} = \frac{90 \times 10^6}{11\,211 \times 10^4} \times 175.6 = 141(\text{N/mm}^2) < \beta_f f_f^w = 195(\text{N/mm}^2)$$

腹板焊缝中由于弯矩 M 引起的最大应力为

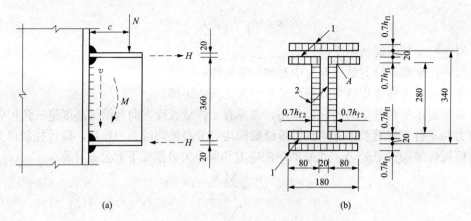

图 3-30 ［例题 3-3］图（尺寸单位：mm）

$$\sigma_{f2} = \frac{M}{I_w} \frac{h_2}{2} = \frac{90 \times 10^6}{11\ 211 \times 10^4} \times 140 = 113(\text{N/mm}^2)$$

剪力 V 在腹板焊缝中产生的平均剪应力为

$$\tau_f = \frac{V}{\sum (h_{e2} l_{w2})} = \frac{300 \times 10^3}{2 \times 0.7 \times 6 \times 280} = 127.6(\text{N/mm}^2)$$

则腹板焊缝强度（A 点为设计控制点）为

$$\sqrt{\left(\frac{\sigma_{f2}}{\beta_f}\right)^2 + \tau_f^2} = \sqrt{\left(\frac{113}{1.22}\right)^2 + 127.6^2} = 157.67(\text{N/mm}^2) < 160\text{N/mm}^2$$

综上所述，该焊接强度满足需求。

（2）按不考虑腹板焊缝传递弯矩的计算方法。翼缘焊缝所承受的水平力为

$$H = \frac{M}{h} = \frac{90 \times 10^6}{320} = 281.25(\text{kN})$$

翼缘焊缝的强度为

$$\sigma_f = \frac{H}{h_{e1} l_{w1}} = \frac{281.25 \times 10^3}{0.7 \times 8 \times (180 + 2 \times 80)} = 147.72(\text{N/mm}^2) < \beta_f f_f^w = 195(\text{N/mm}^2)$$

腹板焊缝的强度为

$$\tau_f = \frac{V}{h_{e2} l_{w2}} = \frac{300 \times 10^3}{2 \times 0.7 \times 6 \times 280} = 127.55(\text{N/mm}^2) < 160\text{N/mm}^2$$

综上所述，该焊接强度满足需求。

3. 围焊承受扭矩与剪力联合作用的角焊缝连接计算

图 3-31 所示为采用三面围焊的搭接连接。该连接角焊缝承受竖向剪力 $V = F$ 和扭矩 $T = F(e_1 + e_2)$ 的作用。计算角焊缝在扭矩 T 作用下产生的应力时，是基于下列假定：①被连接件是绝对刚性的，它有绕焊缝形心 O 旋转的趋势，而角焊缝本身是弹性的；②角焊缝群上任一点的应力方向垂直于该点与形心的连接，且应力大小与连接长度 r 成正比。图 3-31 中，A 点与 A' 点距形心 O 点最远，故 A 点和 A' 点由扭矩 T 引起的剪应力 τ_T 最大，焊缝群其他各处由扭矩 T 引起的剪应力 τ_T 均小于 A 点和 A' 的剪应力，故 A 点和 A' 点为设计控制点。

在扭矩 T 的作用下，A 点（或 A' 点）的应力为

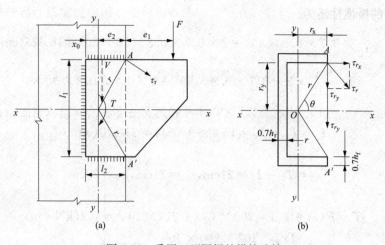

图 3-31　采用三面围焊的搭接连接

$$\tau_T = \frac{T\tau}{I_p} = \frac{T\tau}{I_x + I_y}$$

将 τ_T 沿 x 轴和 y 轴分解为两个分力，分别为

$$\tau_{Tx} = \tau_T \sin\theta = \frac{Tr}{I_p}\frac{r_y}{r} = \frac{Tr_y}{I_p} \tag{3-24}$$

$$\tau_{Ty} = \tau_T \cos\theta = \frac{Tr}{I_p}\frac{r_x}{r} = \frac{Tr_x}{I_p} \tag{3-25}$$

由剪力 V 在焊缝群引起的剪应力 τ_V 按均匀分布，则在 A 点（或 A' 点）引起的应力 τ_{Vy} 为

$$\tau_{Vy} = \frac{V}{\sum h_e l_w}$$

则 A 点受到垂直于焊缝长度方向的应力为

$$\sigma_f = \tau_{Ty} + \tau_{Vy}$$

沿焊缝长度方向的应力为 τ_{Tx}，则 A 点的合应力满足的强度条件为

$$\sqrt{\left(\frac{\tau_{Ty} + \tau_{Vy}}{\beta_f}\right)^2 + \tau_{Tx}^2} \leqslant f_f^w \tag{3-26}$$

当连接直接承受动荷载的作用时，取 $\beta_f = 1.0$。

【例题 3-4】　图 3-31 中钢板长度 $l_1 = 400\text{mm}$，搭接长度 $l_2 = 300\text{mm}$，荷载设计值 $F = 200\text{kN}$，偏心距 $e_1 = 300\text{mm}$（至柱边缘的距离），钢材为 Q235 钢，手工电弧焊，焊条 E43 型。试确定该焊缝的焊脚尺寸并验算该焊缝的强度。

【解】　图 3-31 所示几段焊缝组成的围焊共同承受剪力 V 和扭矩 $T = F(e_1 + e_2)$ 的作用，设焊缝的焊脚尺寸均为 $h_f = 8\text{mm}$。

焊缝计算截面的重心位置为

$$x_0 = \frac{2l_1 - l_2/2}{2l_2 + l_1} = \frac{30^2}{60 + 40} = 9(\text{cm})$$

在计算中，由于焊缝的实际长度稍大于 l_1 和 l_2，故焊缝的计算长度采用 l_1 和 l_2，不再扣除水平焊缝的端部缺陷。

焊缝截面的极惯性矩为

$$I_z = \frac{1}{12} \times 0.7 \times 0.8 \times 40^3 + 2 \times 0.7 \times 0.8 \times 30 \times 20^2 = 16\ 426(\text{cm}^4)$$

$$I_y = \frac{1}{12} \times 2 \times 0.7 \times 0.8 \times 30^3 + 2 \times 0.7 \times 0.8 \times 30 \times$$

$$(15-9)^2 + 0.7 \times 0.8 \times 40 \times 9^2 = 5544(\text{cm}^4)$$

$$I_p = I_x + I_y = 16\ 426 + 5544 = 21\ 970(\text{cm}^4)$$

由于

$$e_2 = I_2 - I_0 = 21\text{cm}, r_x = 21\text{cm}, r_y = 20\text{cm}$$

故扭矩

$$T = F(e_1 + e_2) = 200 \times (30 + 21) \times 10^{-2} = 102(\text{kN} \cdot \text{m})$$

$$\tau_{Tx} = \frac{Tr_y}{I_p} = \frac{102 \times 200 \times 10^6}{21\ 970 \times 10^4} = 92.85(\text{N/mm}^2)$$

$$\tau_{Ty} = \frac{Tr_x}{I_p} = \frac{102 \times 210 \times 10^6}{21\ 970 \times 10^4} = 97.50(\text{N/mm}^2)$$

剪力 V 在 A 点产生的应力为

$$\tau_{Vy} = \frac{V}{\sum h_e l_w} = \frac{200 \times 10^3}{0.7 \times 8 \times (2 \times 300 + 400)} = 35.71(\text{N/mm}^2)$$

τ_{Tz} 与 τ_{Vy} 在 A 点的作用方向相同，且垂直于焊缝长度方向，可用 σ_f 表示，即

$$\sigma_f = \tau_{Ty} + \tau_{Vy} = 97.50 + 35.71 = 133.21(\text{N/mm}^2)$$

τ_{Tz} 平行于焊缝长度方向时 $\tau_f = \tau_{Tz}$，则

$$\sqrt{\left(\frac{\sigma_f}{\beta_f}\right)^2 + \tau_f^2} = \sqrt{\left(\frac{133.21}{1.22}\right)^2 + 92.85^2} = 143(\text{N/mm}^2) < f_f^w = 160(\text{N/mm}^2)$$

综上所述，$h_f = 8\text{mm}$ 满足要求。

3.4　对接焊缝的构造与计算

3.4.1　对接焊缝的构造

对接焊缝的焊件常需做成坡口，故又叫坡口焊缝。坡口形式与焊件厚度有关。当焊件厚度很小（手工电弧焊 6mm，埋弧焊 10mm）时，可用直边缝。一般厚度的焊件可采用斜坡口的单边 V 形或 V 形焊缝。斜坡口和根部间隙 c 共同组成一个焊条能够运转的施焊空间，使焊缝易于焊透；钝边 p 有托住熔化金属的作用。对于较厚的焊件（$t > 20\text{mm}$），则采用 U 形、K 形和 X 形坡口（见图 3-32），对于 V 形缝和 U 形缝需对焊接根部进行补焊。对接焊缝坡口形式的选用，应根据焊件厚度和施工条件按《气焊、焊条电弧焊、气体保护焊和高能束焊的推荐坡口》（GB/T 985.1—2008）的要求进行。

在对接焊缝的拼接处，当焊件的宽度不同或厚度相差 4mm 以上时，应分别在宽度方向或厚度方向从一侧或两侧做成坡度不大于 1：2.5 的斜角，如图 2-9 所示，以使截面过渡平缓，减小应力集中。如果焊件厚度相差不大于 4mm，可不做成斜坡。

在焊缝的起灭弧处，常会出现弧坑等缺陷，这些缺陷对承载力影响极大，故焊接时一般

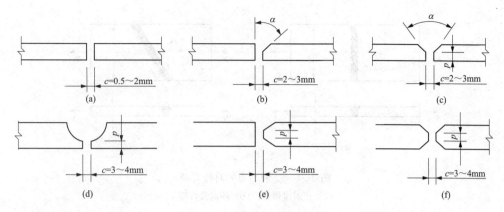

图 3-32　对接焊缝的坡口形式

(a) 直边缝；(b) 单边 V 形坡口；(c) V 形坡口；(d) U 形坡口；(e) K 形坡口；(f) X 形坡口

应设置引弧板和引出板（见图 3-33），焊后将它割除。对受静力荷载的结构设置引弧（出）板有困难时，允许不设置引弧（出）板，此时，可令焊缝计算长度等于实际长度减去 $2t$（此处 t 为较薄焊件的厚度）。

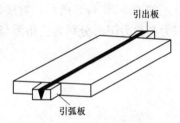

图 3-33　用引弧板和引出板焊接

3.4.2　对接焊缝的计算

对接焊缝分焊透和部分焊透两种。此处只介绍焊透的对接焊缝。

对接焊缝的强度与所用钢材的牌号、焊条型号及焊缝质量的检验标准等因素有关。

如果焊缝中不存在任何缺陷，焊缝金属的强度是高于母材的。但由于焊接技术问题，焊缝中可能有气孔、夹渣、吹边、未焊透等缺陷。试验证明，焊接缺陷对受压、受剪的对接焊缝影响不大，故可认为受压、受剪的对接焊缝与母材强度相等，但受拉的对接焊缝对缺陷甚为敏感。当缺陷面积与焊件截面面积之比超过 5% 时，对接焊缝的抗拉强度将明显下降。由于三级检验的焊缝允许存在较多的缺陷，故其抗拉强度为母材强度的 85%，而一、二级检验的焊缝的抗拉强度可认为与母材强度相等。

由于对接焊缝是焊件截面的组成部分，焊缝中的应力分布情况基本上与焊件原来的情况相同，故其计算方法与构件的强度计算方法一样。

1. 轴心受力的对接焊缝

受轴心力的对接焊缝如图 3-34 所示，可按下列公式计算，即

$$\sigma = \frac{N}{l_w t} \leqslant f_t^w \text{ 或 } f_c^w \tag{3-27}$$

式中　N——轴心拉力或压力；

　　　l_w——焊缝的计算长度，当未采用引弧板时，取实际长度减去 $2t$；

　f_t^w、f_c^w——对接焊缝的抗拉、抗压强度设计值。

由于一、二级检验的焊缝与母材强度相等，故只有三级检验的焊缝才需要按式（3-27）进行抗拉强度验算。如果用正对接焊缝不能满足强度要求，可采用如图 3-34 (b) 所示的斜对接焊缝。计算证明，焊缝作用力间的角 θ 满足 $\tan\theta \leqslant 1.5$ 时，斜对接焊缝的强度不低于母

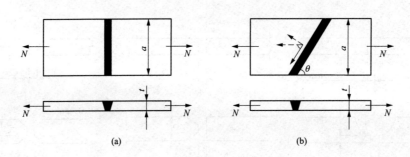

图 3-34　受轴心力的对接焊缝

(a) 正对接焊缝；(b) 斜对接焊缝

材强度，可不再进行验算。

2. 承受弯矩和剪力共同作用的对接焊缝

如图 3-35 （a）所示，对接接头受到弯矩和剪力的共同作用，由于焊缝截面是矩形，正应力与剪力图形分别为三角形与抛物线形，其最大值应分别满足下列强度条件

$$\sigma_{\max} = \frac{M}{W_w} = \frac{6M}{l_w^2 t} \leqslant f_t^w \tag{3-28}$$

$$\tau_{\max} \leqslant \frac{VS_w}{I_w t} \leqslant f_t^w \tag{3-29}$$

式中　W_w——焊缝截面模量；

　　　S_w——焊缝截面面积矩；

　　　I_w——焊缝截面惯性矩。

图 3-35 （b）所示是工字形截面梁的接头，采用对接焊缝，除应分别验算最大正应力和剪应力外，对于同时承受较大正应力和较大剪应力处，如腹板与翼缘的交接点，还应按下列公式验算折算应力，即

$$\sqrt{\sigma_1^2 + 3\tau_1^2} \leqslant 1.1 f_t^w \tag{3-30}$$

式中　σ_1、τ_1——验算点处的焊缝正应力和剪应力；

　　　1.1——考虑最大折算应力只能在局部出现，而将强度设计值适当提高的系数。

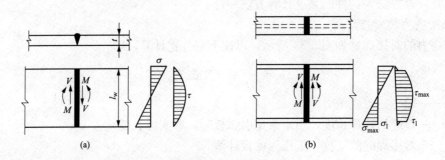

图 3-35　对接焊缝受弯矩和剪力联合作用

(a) 钢板对接；(b) 工字钢对接

3. 承受轴心力、弯矩和剪力共同作用的对接焊缝

当轴心力与弯矩、剪力共同作用时，焊缝的最大正应力应为轴心力和弯矩引起的应力之和，剪应力按式（3-29）验算，折算应力仍按式（3-30）验算。

【例题 3-5】　试计算工字形截面牛腿与钢柱连接的对接焊缝强度（见图 3-36）。$F = 500\text{kN}$（设计值），偏心距 $e = 200\text{mm}$。已知钢材为 Q235-B 钢，焊条为 E43 型，手工电弧焊。焊缝为三级检验标准。上、下翼缘加引弧板施焊。

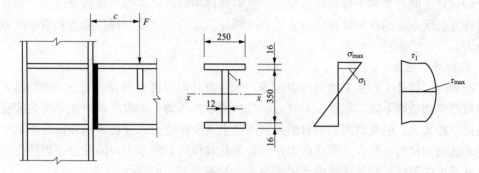

图 3-36　工字形截面牛腿与钢柱连接的对接焊缝（尺寸单位：mm）

【解】　对接焊缝的计算截面与牛腿的截面相同，因而

$$I_x = \frac{1}{12} \times 1.2 \times 35^3 + 2 \times 1.6 \times 25 \times 18.3^2 = 31\,078.7(\text{cm}^4)$$

$$S_{x1} = 25 \times 1.6 \times 18.3 = 732(\text{cm}^2)$$

$$V = F = 500(\text{kN})$$

$$M = 500 \times 0.20 = 100(\text{kN} \cdot \text{m})$$

最大正应力为

$$\sigma_{\max} = \frac{M}{I_x} \frac{h}{2} = \frac{100 \times 10^6 \times 191}{31\,078.7 \times 10^4} = 61.46(\text{N/mm}^2)$$

最大剪应力为

$$\tau_{\max} = \frac{VS_x}{I_x t} = \frac{500 \times 10^3}{31\,078.7 \times 10^4 \times 12} \times \left(250 \times 16 \times 183 + 175 \times 12 \times \frac{175}{2}\right)$$

$$= 122.77(\text{N/mm}^2) \approx f_v^w = 125(\text{N/mm}^2)$$

上翼缘和腹板交接处"1"点的正应力为

$$\sigma_1 = \sigma_{\max} \frac{175}{191} = 57.63(\text{N/mm}^2)$$

剪应力为

$$\tau_1 = \frac{VS_{x1}}{I_x t} = \frac{500 \times 10^3 \times 732 \times 10^3}{31\,078.7 \times 10^4 \times 12} = 98.14(\text{N/mm}^2)$$

由于"1"点同时受有较大的正应力和剪应力，故应按式（3-30）验算折算应力，即

$$\sqrt{57.63^2 + 3 \times 98.14^2} = 179(\text{N/mm}^2) < 1.1 \times 185 = 204(\text{N/mm}^2)$$

3.5　焊接应力和焊接变形

3.5.1　焊接残余应力的分类和产生的原因

焊接过程是一个先局部加热，然后冷却的过程。焊件在焊接时产生的变形称为热变形。焊件冷却后产生的变形称为焊接残余变形，这时焊件中的应力称为焊接残余应力。焊接应力包括沿焊缝长度方向的纵向焊接应力、垂直于焊缝长度方向的横向焊接应力和沿厚度方向的焊接应力。

1. 纵向焊接应力

在施焊时，焊件上产生不均匀的温度场，焊缝及其附近温度最高，可达 600℃以上，而邻近区域温度则急剧下降，如图 3-37（a）、（b）所示。不均匀的温度场产生不均匀膨胀。温度高的钢材膨胀大，但受到两侧钢材的限制而产生纵向拉应力。在低碳钢和低合金钢中，拉应力经常达到钢材的屈服点。焊接应力是一种无荷载作用下的应力，因此会在焊件内部自平衡，这就必然在距焊缝稍远区段内产生压应力，如图 3-37（c）所示。

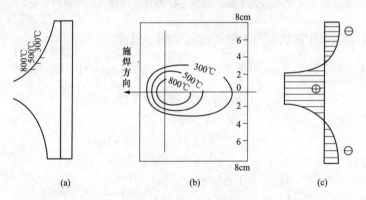

图 3-37　施焊时焊缝及其附近的温度场和焊接残余应力
(a)、(b) 施焊时焊缝及附近的温度场；(c) 钢板上纵向焊接应力

2. 横向焊接应力

横向焊接应力产生的原因有两个：一个是由于焊缝纵向收缩，使两块钢板趋向于形成反方向的弯曲变形图［见图 3-38（a）］，但实际上焊缝将两块钢板连成整体，不能分开，于是两块钢板的中间产生横向拉应力，而两端则产生压应力［见图 3-38（b）］。另一个是由于先焊的焊缝已经凝固，阻止后焊焊缝在横向自由膨胀，使其发生横向的塑性压缩变形。当焊缝冷却时，后焊焊缝的收缩受到已凝固的焊缝的限制而产生横向拉应力，先焊部分则产生横向压应力，因应力自相平衡，更远处的焊缝则受拉应力作用［见图 3-38（c）］。焊缝的横向应力就是上述两种原因产生的应力合成的结果［见图 3-38（d）］。

3. 厚度方向的焊接应力

在厚钢板的焊接连接中，焊缝需要多层施焊。因此，除有纵向和横向焊接应力 σ_x、σ_y 外，还存在着沿钢板厚度方向的焊接应力 σ_z（见图 3-39）。这三种应力形成同号三向应力，将大大降低连接的塑性。

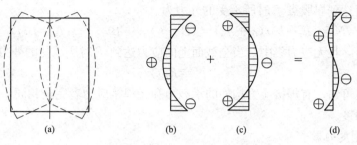

图 3-38　焊缝的横向焊接应力

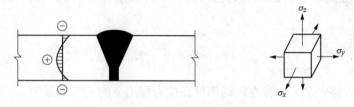

图 3-39　厚板中的焊接残余应力

3.5.2　焊接残余应力对结构性能的影响

1. 对结构静力强度的影响

对在常温下工作并具有一定塑性的钢材，在静荷载的作用下，焊接应力是不会影响结构的静力强度的。设轴心受拉构件在承受荷载前（$N=0$）截面上就存在纵向焊接应力，并假设其分布如图 3-40（a）所示，截面 bt 部分的焊接拉应力已达屈服点 f_y，在轴心力 N 的作用下，应力不再增加。如果钢材具有一定的塑性，拉力 N 就仅由受压的弹性区承担。两侧受压区应力由原来受压变为受拉，最后应力也达到屈服点 f_y，此时全截面应力都达到 f_y〔见图 3-40（b）〕。

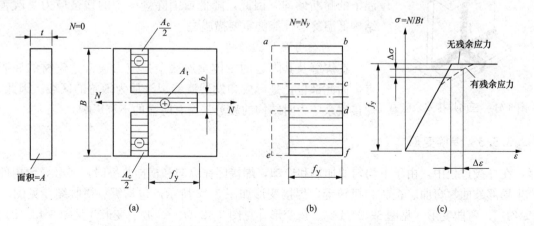

图 3-40　具有焊接残余应力的轴心受拉杆加荷时应力的变化情况

由于焊接应力自相平衡，故

$$(B-b)t\sigma = btf_y$$

构件全截面达到屈服点 f_y 时所承受的外力为

$$N = (B-b)t(\sigma+f_y) = (B-b)t\sigma + Btf_y - btf_y = Btf_y$$

无焊接应力，且无应力集中，当全截面上的应力达到 f_y 时所承受的外力为

$$N = Btf_y$$

由以上两式可知，有焊接应力构件的承载力和无焊接应力者完全相同，即焊接应力不影响结构的静力强度。

2. 对结构刚度的影响

构件上存在焊接残余应力会降低结构的刚度。现仍以轴心受拉构件为例加以说明 [见图 3-40（a）]。由于截面 bt 部分的拉应力已达到 f_y，这部分刚度为零，因而构件在拉力 N 作用下的应变增量为

$$\varepsilon_1 = \frac{N}{(B-b)tE}$$

如构件上无焊接残余应力存在，则构件在拉力作用下的应变增量为

$$\varepsilon_2 = \frac{N}{BtE}$$

由于 $B-b<B$，因此 $\varepsilon_1 > \varepsilon_2$，即焊接残余应力的存在增大了结构的变形，故降低了结构的刚度。

3. 对受压构件稳定承载力的影响

焊接残余应力使构件的有效面积和有效惯性矩减小，即构件的刚度减小，从而必定降低其稳定承载力。

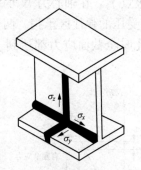

图 3-41　三向焊接残余应力

4. 对低温冷脆的影响

在焊件厚度或具有交叉焊缝（见图 3-41）的情况下，将产生三向焊接拉应力，阻碍了塑性变形的发展，增加了钢材在低温下的脆断倾向。因此，降低或消除焊缝中的残余应力是改善结构低温冷脆性能的重要措施之一。

5. 对疲劳强度的影响

在焊缝及其附近的主体金属残余拉应力通常达钢材的屈服点，而此部位正是形成和发展疲劳裂纹最为敏感的区域。因此，焊接残余应力对结构的疲劳强度有明显的不利影响。

3.5.3　焊接变形

在焊接过程中，由于不均匀的加热和冷却，焊接区在纵向和横向收缩时，势必导致构件产生局部鼓曲、弯曲、歪曲和扭转等。焊接变形如图 3-42 所示，包括纵、横收缩 [见图 3-42（a）]、弯曲变形 [见图 3-42（b）]、角变形 [见图 3-42（c）]、波浪变形 [见图 3-42（d）]和扭曲变形 [见图 3-42（e）] 等，通常是常见几种变形的组合。任一焊接变形超过《钢结构工程施工质量验收标准》（GB 50205—2020）的规定时，必须进行校正，以免影响构件在正常使用条件下的承载能力。

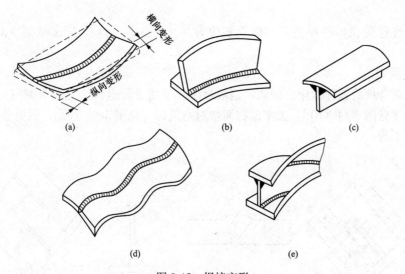

图 3-42　焊接变形

(a) 纵、横收缩；(b) 弯曲变形；(c) 角变形；(d) 波浪变形；(e) 扭曲变形

3.5.4　减少焊接应力和焊接变形的措施

1. 设计措施

(1) 尽可能使焊缝对称于构件截面的中性轴，以免减小焊接变形，如图 3-43 (a)、(b) 所示。

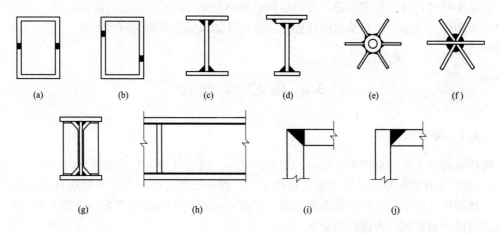

图 3-43　减小焊接应力和变形影响的设计措施

(2) 采用适宜的焊脚尺寸和焊缝长度，如图 3-43 (c)、(d) 所示。

(3) 焊缝不宜过分集中，当几块钢板交汇一处进行连接时，应采取图 3-43 (e) 所示方式。如采用图 3-43 (f) 所示方式，由于热量高度集中，会引起过大的焊接变形，同时焊缝及主体金属也会发生组织改变。

(4) 尽量避免两条或三条焊缝垂直交叉。例如，梁腹板加劲肋与腹板及翼缘的连接焊缝应中断，以保证主要的焊缝（翼缘与腹板的连接焊缝）连续通过，如图 3-43 (g)、(h)

所示。

（5）尽量避免在母材厚度方向的收缩应力［见图 3-43（j）］，应采取图 3-43（i）所示形式。

2. 工艺措施

（1）采取合理的施焊次序。例如，钢板对接时采用分段退焊［见图 3-44（a）］，厚焊缝采用分层焊［见图 3-44（b）］，工字形截面按对角跳焊［见图 3-44（c）］，钢板分块拼接［见图 3-44（d）］等。

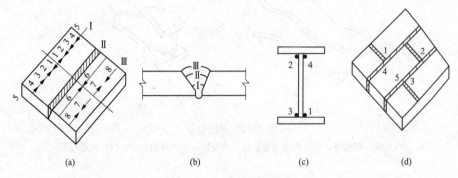

图 3-44 合理的施焊次序
（a）分段退焊；（b）沿厚度分层焊；（c）对角跳焊；（d）钢板分块拼接

（2）采用反变形。施焊前给构件以一个与焊接变形反方向的预变形，使之与焊接所引起的变形相抵消，从而达到减小焊接变形的目的。

对于小尺寸焊件，焊前预热，或焊后回火加热至 600℃ 左右，然后缓慢冷却，可以消除焊接应力和焊接变形；也可采用刚性固定法将构件加以固定来限制焊接变形，但却增加了焊接残余应力。

3.6 螺栓的连接

3.6.1 螺栓的排列

螺栓在构件上的排列简单、统一、整齐而紧凑，通常可分为并列和错列两种形式（见图 3-45）。并列比较简单整齐，所用连接板尺寸小，但由于螺栓孔的存在，对构件截面的削弱较大。错列可以减小螺栓孔对截面的削弱，但螺栓孔排列不如并列紧凑，连接板尺寸较大。螺栓在构件上的排列应考虑以下要求。

1. 受力要求

在垂直受力方向，对于受力构件，各排螺栓的中距及边距不能过小，以免使螺栓周围应力集中相互影响，且使钢板的截面削弱过多，降低其承载能力；在顺力作用方向，端距应按被连接件材料的抗压及抗剪切等强度条件确定，以使钢板在端部不致被螺栓撕裂，规范端距不应小于 $2d_0$（d_0 为孔径）。受压构件上的中距不宜过大，否则在被连接件间容易发生鼓曲现象。

2. 构造要求

螺栓的中距与边距不宜过大，否则钢板之间不能紧密贴合，潮气侵入缝隙使钢材锈蚀。

3. 施工要求

要保证有一定空间，便于用扳手拧紧螺母，根据扳手尺寸和工人的施工经验，规定最小为 $3d_0$。

根据以上要求，规范规定的钢板上螺栓的容许距离见图 3-45 及表 3-5。螺栓沿型钢长度方向上排列的间距，除应满足表 3-5 的最大、最小距离外，尚应充分考虑拧紧时的净空间要求。在角钢、普通工字钢、槽钢截面上排列螺栓的线距应满足图 3-46 及表 3-6～表 3-8 的要求。在 H 型钢截面上排列螺栓的线距［见图 3-46（d）］，腹板上的 c 值可参照普通工字钢；翼缘上的 e 值或 e_1、e_2 值可根据其外伸宽度参照角钢。

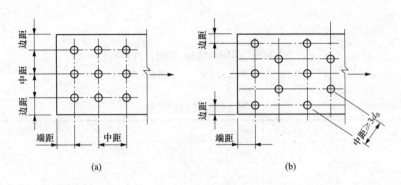

图 3-45　钢板的螺栓（铆钉）排列

（a）并列；（b）错列

表 3-5 　　　　　　　　　　　　　**螺栓或铆钉的最大、最小容许距离**

名称	位置和方向			最大容许距离 （取两者的较小值）	最小容许距离
中心距离	外排（垂直内力方向或顺内力方向）			$8d_0$ 或 $12t$	$3d_0$
	中间排	垂直内力方向		$16d_0$ 或 $24t$	
		顺内力方向	压力	$12d_0$ 或 $18t$	
			拉力	$16d_0$ 或 $24t$	
	沿对角线方向			—	
中心至构件边缘距离	顺内力方向			$4d_0$ 或 $8t$	$2d_0$
	垂直内力方向	剪切边或手工气割边			$1.5d_0$
		轧制边自动精密气割或锯割边	刚强度螺栓		$1.2d_0$
			其他螺栓或铆钉		

注　1. d_0 为螺栓或铆钉孔径，t 为外层较薄板件的厚度。

　　2. 钢板边缘与刚性构件（如角钢、槽钢等）相连的螺栓或铆钉的最大间距，可按中间排的数值采用。

3.6.2　螺栓连接的构造要求

螺栓连接除了满足上述螺栓排列的容许距离外，根据不同情况尚应满足下列构造要求：

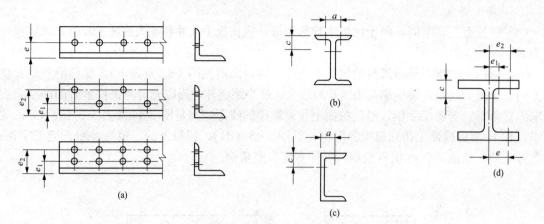

图 3-46　型钢的螺栓（铆钉）排列

（a）角钢；（b）普通工字钢；（c）槽钢；（d）H 型钢

表 3-6　　　　　　　　　　　　　　角钢上螺栓或铆钉线距

单行排列	角钢肢宽	40	45	50	56	63	70	75	80	90	100	110	125
	线距 e	25	25	30	30	35	40	40	45	50	55	60	70
	钉孔最大直径	11.5	11.5	13.5	15.5	17.5	20	22	22	24	24	26	26
双行错排	角钢肢宽	125	140	160	180	200	—	—	—	—	160	180	200
	e_1	55	60	70	70	80	—	—	—	—	60	70	80
	e_2	90	100	120	140	160	—	—	—	—	130	140	160
	钉孔最大直径	24	24	26	26	26	—	—	—	—	24	24	26

表 3-7　　　　　　　　　　　　工字钢和槽钢腹板上的螺栓线距

工字钢型号	12	14	16	18	20	22	25	28	32	36	40	45	50	56	63
线距 $c_{\min}$	40	45	45	45	50	50	55	60	60	65	70	75	75	75	75
槽钢型号	12	14	16	18	20	22	25	28	28	36	40	—	—	—	—
线距 $c_{\min}$	40	45	50	50	55	55	55	60	65	70	75	—	—	—	—

表 3-8　　　　　　　　　　　　工字钢和槽钢翼缘上的螺栓线距

工字钢型号	12	14	16	18	20	22	25	28	32	36	40	45	50	56	63
线距 $a_{\min}$	40	40	50	55	60	65	65	70	75	80	80	85	90	95	95
槽钢型号	12	14	16	18	20	22	25	28	32	36	40	—	—	—	—
线距 $a_{\min}$	30	35	35	40	40	45	45	45	50	56	60	—	—	—	—

（1）为了使连接可靠，每一杆件在节点上及拼接接头的一段，永久性螺栓数不宜少于两个。但根据实践经验，对于组合构件的缀条，其端部连接可采用一个螺栓。

（2）对于直接承受动力荷载的普通螺栓连接应采用双螺栓母或其他防止螺母松动的有效措施。例如，采用弹簧垫圈，或将螺母和螺杆焊死等方法。

（3）由于 C 级螺杆与孔壁有较大间隙，只宜用于沿其杆轴方向受拉的连接。承受静力荷载结构的次要连接、可拆卸结构的连接和临时固定构件用的安装连接中，也可用 C 级螺栓承受剪力。但在重要的连接构件中，例如，制动梁或吊车梁上翼缘与柱的连接，由于传递制动梁的水平支撑反力，同时受到反复动力荷载的作用，不得采用 C 级螺栓。柱间支撑与柱的连接及在柱间支撑处吊车梁下翼缘的连接，承受着反复的水平制动力和卡轨力，应优先采用高强度螺栓。

（4）当型钢构件的拼接采用高强度螺栓连接时，由于型钢的抗弯刚度较大，不能保证摩擦面紧密贴合，故不能用型钢作为拼接件，而采用钢板。

（5）在高强度螺栓连接范围内，构件接触面的处理方法应在施工图中说明。

3.7　普通螺栓连接的工作性能和计算

普通螺栓连接按受力情况可分为三类：①螺栓只受剪力；②螺栓只受拉力；③螺栓承受拉力和剪力的共同作用。

3.7.1　普通螺栓的抗剪连接

1. 抗剪连接的工作性能

抗剪连接是最常见的螺栓连接。如果以图 3-47（a）所示的螺栓连接试件做抗剪试验，则可得出试件上 a、b 两点之间的相对位移 δ 与作用力 N 的关系曲线 ［见图 3-47（b）］。由此关系曲线可知，试件由零荷载一直加载至连接破坏的全过程，经历了以下 4 个阶段：

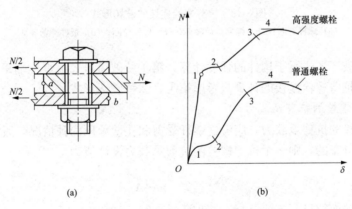

图 3-47　单个螺栓抗剪试验结果
（a）螺栓连接试件；（b）N-δ 曲线

（1）摩擦传力的弹性阶段。在施加荷载之初，荷载较小，连接中的剪力也比较小，荷载靠构件间接触面的摩擦力传递，螺杆与孔壁之间的间隙保持不变，连接工作处于弹性阶段，在 N-δ 曲线上呈现出 $O1$ 斜直线段。但由于板件间摩擦力的大小取决于拧紧螺母时在螺杆中的初始拉力，一般来说，普通螺栓的初始拉力很小，故此阶段很短，可忽略不计。

（2）滑移阶段。当荷载增大，连接中的剪力达到构件间摩擦力的最大值，板件间突然产生相对滑移，其最大滑移量为螺杆与孔壁之间的间隙，直至螺杆与孔壁接触，也就是 N-δ 曲线上为 12 水平线段。

（3）螺杆直接传力的弹性阶段。如荷载再增加，连接所承受的外力就主要是靠螺栓与孔壁接触传递。螺杆除主要受剪力外，还受弯矩和轴向拉力的作用，而孔壁则受到挤压。由于接头材料的弹性性质，也由于螺杆的伸长受到螺母的约束，增大了板件间的压紧力，使板件间的摩擦力也随之增大。所以 $N\text{-}\delta$ 曲线呈上升状态，到达"3"点时，表明螺栓或连接板达到弹性极限，此阶段结束。

（4）弹塑性阶段。荷载继续增加，在此阶段即使给荷载很小的增量，连接的剪切变形也迅速地增大，直到连接的最后破坏。$N\text{-}\delta$ 曲线的最高点"4"所对应的荷载即为普通螺栓连接的极限荷载。

抗剪螺栓连接达到极限承载力时，可能的破坏形式有：①当螺杆直径较小，板件较厚时，螺杆可能被剪断［见图 3-48（a）］；②当螺杆直径较大、板件较薄时，板件可能先被挤坏［见图 3-48（b）］，由于螺杆和板件的挤压是相对的，故也可把这种破坏称为螺栓承压破坏；③板件可能因螺栓孔削弱太多而被拉断［见图 3-48（c）］；④端距大小，端距范围内的板件有可能被螺杆冲剪破坏［见图 3-48（d）］。

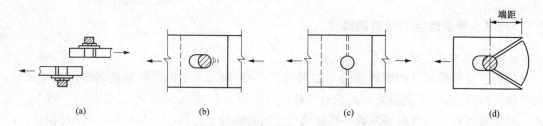

图 3-48　抗剪螺栓连接的破坏形式
（a）螺杆剪断；（b）螺栓承压破坏；（c）板件拉断；（d）板件冲剪破坏

上述第③种破坏形式属于构件的强度计算，第④种破坏形式由螺栓端距大于或等于 $2d_0$ 来保证。因此，抗剪螺栓连接的计算只考虑第①、②种破坏形式。

2. 单个普通螺栓的抗剪承载力

普通螺栓连接的抗剪承载力，应考虑螺杆受剪和孔壁承压两种情况。假定螺栓受剪面上的剪应力是均匀分布的，则单个抗剪螺栓的抗剪承载力设计值为

$$N_v^b = n_v \frac{\pi d^2}{4} f_v^b \tag{3-31}$$

式中　n_v——受剪面数目，单剪 $n_v=1$，双剪 $n_v=2$，四剪 $n_v=4$；

d——螺杆公称直径；

f_v^b——螺栓抗剪强度设计值。

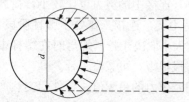

图 3-49　螺栓承压的计算承压面积

由于螺栓的实际承压应力分布情况难以确定，为简化计算，假定螺栓承压应力分布于螺栓直径平面上（见图 3-49），而且假定该承压面上的应力为均匀分布，则单个抗剪螺栓的承压承载力设计值为

$$N_c^b = d \sum t f_c^b \tag{3-32}$$

式中　$\sum t$——在同一受力方向的承压构件的较小总厚度；

f_c^b——螺栓承压强度设计值。

3. 普通螺栓群的抗剪连接计算

(1) 普通螺栓群轴心受剪。试验证明，螺栓群的抗剪连接受轴心力作用时，螺栓群在长度方向的各螺栓受力不均匀（见图 3-50），两端受力大，而中间受力小。当连接长度 $l_1 \leqslant 15d_0$（d_0 为螺栓孔直径）时，由于连接工作进入弹性阶段后，内力发生重分布，螺栓群中各螺栓受力逐渐接近，故可认为轴心力由每个螺栓平均分担，即螺栓数 n 为

$$n = \frac{N}{N_{min}^b} \tag{3-33}$$

式中　N_{min}^b——一个螺栓抗剪承载力设计值与承压承载力设计值的较小值。

当 $l_1 > 15d_0$ 时，连接工作进入弹塑性阶段后，各螺栓杆所受内力也不易均匀，端部螺杆首先达到极限强度而破坏，随后由外向里依次破坏。此时，连接强度明显下降，开始下降较快，以后逐渐缓和，并趋于常值。如图 3-51 所示，实线为《钢结构设计标准》（GB 50017—2017）所采用的曲线。由此曲线可知折减系数为

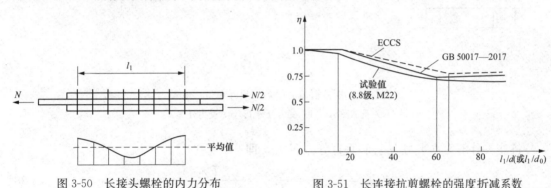

图 3-50　长接头螺栓的内力分布　　　　　图 3-51　长连接抗剪螺栓的强度折减系数

$$\eta = 1.1 - \frac{l_1}{150d_0} \geqslant 0.7 \tag{3-34}$$

则对长连接，所需抗剪螺栓数为

$$n = \frac{N}{\eta N_{min}^b} \tag{3-35}$$

(2) 普通螺栓群偏心受剪。图 3-52 所示为螺栓群偏心受剪，剪力 F 的作用线至螺栓群中心线的距离为 e，故螺栓群同时受到轴心力 F 和扭矩 $T = Fe$ 的联合作用。

在轴心力的作用下，可认为每个螺栓平均受力，则

$$N_{1F} = \frac{F}{n} \tag{3-36}$$

螺栓群在扭矩 $T = Fe$ 的作用下，每个螺栓均受剪，连接按弹性设计法的计算基于下列假设：

1）连接板为绝对刚性，螺栓为弹性体；

2）连接板绕螺栓群形心旋转，各螺栓所受剪力大小与该螺栓至形心距离 r_i 成正比，其方向则与连线 r_i 垂直 [见图 3-52 (c)]。

螺栓 1 距形心 O 最远，其所受剪力 N_{1T} 最大，即

$$N_{1T} = A_1 \tau_{1T} = A_1 \frac{Tr_1}{I_p} = A_1 \frac{Tr_1}{A_1 \sum r_i^2} = \frac{Tr_1}{\sum r_i^2} \tag{3-37}$$

式中 A_1——一个螺栓的截面积；

    τ_{1T}——螺栓 1 的剪应力；

    I_p——螺栓群的截面对形心 O 的极惯性矩；

    r_i——任一螺栓至形心的距离。

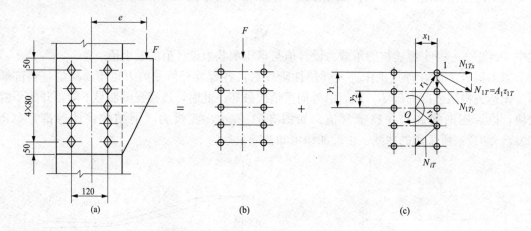

图 3-52 螺栓群偏心受剪（尺寸单位：mm）

(a) 荷载图示；(b) 受力分解 1；(c) 受力分解 2

将 N_{1T} 分解为水平力 N_{1Tx} 和垂直分力 N_{1Ty}，即

$$N_{1Tx} = N_{1T}\frac{y_1}{r_1} = \frac{Ty_1}{\sum r_i^2} = \frac{Ty_1}{\sum x_i^2 + \sum y_i^2} \tag{3-38}$$

$$N_{1Ty} = N_{1T}\frac{x_1}{r_1} = \frac{Tx_1}{\sum r_i^2} = \frac{Tx_1}{\sum x_i^2 + \sum y_i^2} \tag{3-39}$$

由此可得螺栓群偏心受剪时，受力最大的螺栓 1 所受合力为

$$\sqrt{N_{1T}^2 + (N_{1Ty} + N_{1F})^2} = \sqrt{\left(\frac{Ty_1}{\sum x_i^2 + \sum y_i^2}\right)^2 + \left(\frac{Tx_1}{\sum x_i^2 + \sum y_i^2} + \frac{F}{n}\right)^2} \leqslant N_{\min}^b \tag{3-40}$$

当螺栓群布置在一个狭长带，例如 $y_1 > 3x_1$ 时，可取 $x_i = 0$，以简化计算，则式（3-40）为

$$\sqrt{\left(\frac{Ty_1}{\sum y_i^2}\right)^2 + \left(\frac{F}{n}\right)^2} \leqslant N_{\min}^b \tag{3-41}$$

设计中，通常是先按构造要求排好螺栓，再用式（3-40）验算受力最大的螺栓。由于计算是由受力最大的螺栓的承载力控制，而此时其他螺栓受力较小，不能充分发挥作用，因此这是一种偏安全的弹性设计法。

【例题 3-6】 试设计图 3-52（a）所示的普通螺栓连接，已知柱翼缘厚度为 10mm，连接板厚度为 8mm，钢材为 Q235-B 钢，荷载设计值 $F = 120$kN，偏心距 $e = 250$mm，粗制螺栓 M22。

【解】

$$\sum x_i^2 + \sum y_i^2 = 10 \times 6^2 + (4 \times 8^2 + 4 \times 16^2) = 1640(\text{cm}^2)$$

$$T = Fe = 120 \times 25 \times 10^{-2} = 30(\text{kN} \cdot \text{m})$$

$$N_{1Tx} = \frac{Ty_1}{\sum x_i^2 + \sum y_i^2} = \frac{30 \times 16 \times 10^2}{1640} = 29.27(\text{kN})$$

$$N_{1Ty} = \frac{Tx_1}{\sum x_i^2 + \sum y_i^2} = \frac{30 \times 6 \times 10^2}{1640} = 10.98(\text{kN})$$

$$N_{1F} = \frac{F}{n} = \frac{120}{10} = 12(\text{kN})$$

$$N_1 = \sqrt{N_{1Tx}^2 + (N_{1Ty} + N_{1F})^2} = \sqrt{29.27^2 + (10.98 + 12)^2} = 37.21(\text{kN})$$

螺栓直径 $d = 22\text{mm}$，一个螺栓的设计承载力如下：

螺栓抗剪承载力为

$$N_v^b = n_v \frac{\pi d^2}{4} f_v^b = 1 \times \frac{\pi \times 22^2 \times 140}{4} = 53.2\text{kN} > 37.21(\text{kN})$$

构件承压承载力为

$$N_c^b = d \sum t f_c^b = 22 \times 8 \times 305 = 53.7\text{kN} > 37.21(\text{kN})$$

3.7.2 普通螺栓的抗拉连接

1. 单个普通螺栓的抗拉承载力

抗拉螺栓连接在外力作用下，构件的接触面有脱开的趋势。此时螺栓受到沿杆轴方向的拉力作用，故抗拉螺栓连接的破坏形式为螺杆被拉断。

单个抗拉螺栓的承载力设计值为

$$N_t^b = A_e f_t^b = \frac{\pi d_e^2}{4} f_t^b \tag{3-42}$$

式中 d_e——螺栓的有效直径；

f_t^b——螺栓的抗拉强度设计值；

这里要特别说明以下两个问题：

(1) 螺栓的有效截面面积。由于螺纹是斜方向的，所以抗拉螺栓采用的直径不是净直径 d_n，而是有效直径 d_e（见图 3-53）。根据《钢结构设计标准》GB 50017—2017，取

$$d_e = d - \frac{13}{24}\sqrt{3}\, t \tag{3-43}$$

式中 t——螺距。

由螺杆的有效直径 d_e 算得的有效截面面积 A_e 值见附表 1-1。

(2) 螺栓垂直连接件的刚度对螺栓抗拉承载力的影响。螺栓受拉时，通常不可能使拉力正好作用在螺栓轴线上，而是通过与螺杆垂直的板件传递。如图 3-54 所示的 T 形连接，如果连接件的刚度较小，受力后与螺栓垂直的连接件总会有变形，因而形成杠杆作用，螺栓有被撬开的趋势，使螺杆中的拉力增加并产生弯曲现象。

考虑杠杆作用时，螺栓杆的轴心力为

$$N_t = N + Q$$

式中 Q——由于杠杆作用对螺栓产生的撬力。

撬力的大小与连接件的刚度有关，连接件的刚度越小，撬力越大；同时，撬力也与螺栓直径和螺栓所在位置等因素有关。由于确定撬力比较复杂，《钢结构设计标准》（GB 50017—

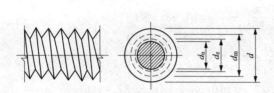
图 3-53　螺栓螺纹处的直径

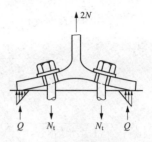
图 3-54　受拉螺栓的撬力

2017）为了简化，规定普通螺栓抗拉强度设计值 f_t^b 取为螺栓钢材抗拉强度设计值 f 的 0.8 倍（即 $f_t^b = 0.8f$），以考虑撬力的影响。此外，在构造上也可以采取一些措施加强连接件的刚度，如设置加劲肋（见图 3-55），可以减小甚至消除撬力的影响。

2. 普通螺栓群轴心受拉

图 3-56 所示为螺栓群在轴心力作用下的抗拉连接，通常假定每个螺栓平均受力，则连接所需的螺栓数为

$$n = \frac{N}{N_t^b} \tag{3-44}$$

式中　N_t^b——一个螺栓的抗拉承载力设计值，按式（3-42）计算。

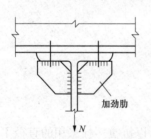
图 3-55　T 形连接中螺栓受拉

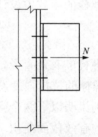
图 3-56　螺栓群承受轴心拉力

3. 普通螺栓群承受弯矩

图 3-57 所示为螺栓群在弯矩作用下的抗拉连接（图中剪力 V 通过承托板传递）。按弹性设计法，在弯矩作用下，离中和轴越远的螺栓所受拉力越大，而压力则由弯矩指向一侧的部分端板承受，设中和轴至端板受压边缘的距离为 c〔见图 3-57（c）〕。这种连接的受力有如下特点：受拉螺栓截面只是孤立的几个螺栓点；而端板受压区则是宽度较大的实体矩形截面〔见图 3-57（b）、（c）〕。当以其形心位置作为中和轴时，所求得的端板受压区高度 c 总是很小，中和轴通常在弯矩指向一侧最外排螺栓附近的某个位置。因此，实际计算时可近似取到中和轴位于最下排螺栓 O 处〔弯矩作用方向如图 3-57（a）所示时〕，即认为连接变形为绕 O 处水平轴转动，螺栓拉力与从 O 点算起的纵坐标 y 成正比。参考扭矩作用下的剪力螺栓计算式（3-37）的基本假设，并在 O 处水平轴列弯矩平衡方程时，偏安全地忽略力臂很小的端板受压区部分的力矩而只考虑受拉螺栓部分，则得（y_i 均自 O 点算起）

$$N_1/y_1 = N_2/y_2 = \cdots = N_i/y_i = \cdots = N_n/y_n$$

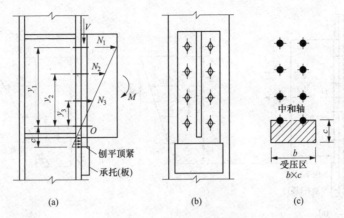

图 3-57　普通螺栓承受弯矩

(a) 荷载图示；(b) 螺栓群正面；(c) 受压区

$$M = N_1 y_1 + N_2 y_2 + \cdots = N_i y_i + \cdots + N_n y_n$$
$$= (N_1/y_1)y_1^2 + (N_2/y_2)y_2^2 + \cdots + (N_i/y_i)y_i^2 + \cdots + (N_n/y_n)y_n^2$$
$$= (N_i/y_i)\sum y_i^2$$

故得螺栓 i 的拉力为

$$N_i = My_i/\sum y_i^2 \tag{3-45}$$

设计时要求受力最大的最外排螺栓 1 的拉力不超过一个螺栓的抗拉承载力设计值，即

$$N_1 = My_i/\sum y_i^2 \leqslant N_t^b \tag{3-46}$$

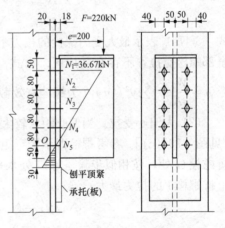

图 3-58　牛腿与柱普通螺栓和承托
连接（尺寸单位：mm）

【例题 3-7】　牛腿与柱用 C 级普通螺栓和承托连接，如图 3-58 所示，承受竖向荷载（设计值）$F = 220\text{kN}$，偏心距 $e = 200\text{mm}$。试设计其螺栓连接。已知构件和螺栓均用 Q235 钢，螺栓为 M20，孔径为 21.5mm。

【解】　牛腿的剪力 $V = F = 230\text{kN}$，由端板刨平顶紧于承托传递；弯矩为 $M = Fe = 230 \times 200 = 46 \times 10^3\text{kN} \cdot \text{mm}$，由螺栓连接传递，使螺栓受拉。初步假设螺栓布置如图 3-58 所示。对最下排螺栓 O 轴取矩，最大受力螺栓（最上排 1）的拉力为

$$N_1 = My_1/\sum y_i^2 = (46 \times 10^3 \times 320)/[2 \times (80^2 + 160^2 + 240^2 + 320^2)] = 38.34\text{(kN)}$$

一个螺栓的抗拉承载力设计值为

$$N_t^b = A_e f_t^b = 244.8 \times 170 = 41\,620\text{(N)} = 41.62\text{(kN)} > N_1 = 38.34\text{(kN)}$$

假定螺栓连接满足设计要求，确定采用。

4. 普通螺栓群偏心受拉

由图 3-59 (a) 可知，螺栓群偏心受拉相当于连接承受轴心力和弯矩的联合作用。按弹性设计法，根据偏心距的大小可能出现小偏心受拉和大偏心受拉两种情况。

(1) 小偏心受拉。对于小偏心情况 [见图 3-59 (b)]，所有螺栓均承受拉力作用，端板

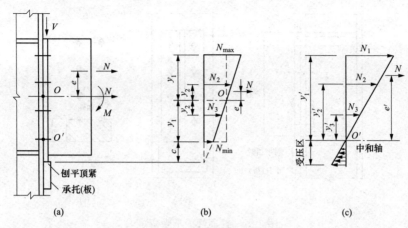

图 3-59　螺栓群偏心受拉

(a) 荷载图；(b) 小偏心受拉；(c) 大偏心受拉

与柱翼缘有分离趋势，故在计算时轴心拉力由各螺栓均匀承受；而弯矩则引起以螺栓群形心处水平轴为中和轴的三角形应力分布 [见图 3-59 (b)]，使上部螺栓受拉，下部螺栓受压；叠加后则全部螺栓均为受拉 [见图 3-59 (b)]。这样可得最大和最小受力螺栓的拉力（y_i 均自 O 点算起），即

$$N_{\max} = N/n + Ney_1/\sum y_i^2 \leqslant N_t^b \tag{3-47a}$$

$$N_{\min} = N/n - Ney_1/\sum y_i^2 \geqslant 0 \tag{3-47b}$$

式 (3-47a) 表示最大受力螺栓的拉力不超过一个螺栓的承载力设计值；式 (3-47b) 则表示全部螺栓受拉，不存在受压区。由式 (3-47) 可得 $N_{\max} \geqslant 0$ 时的偏心距 $e \leqslant \sum y_i^2/(ny_1)$。令 $\rho = \dfrac{W_e}{nA_e} = \sum y_i^2/(ny_1)$ 为螺栓有效截面组成的核心距，即 $e \leqslant \rho$ 时为小偏心受拉。

(2) 大偏心受拉。当偏心距 e 较大，即 $e > \sum y_i^2/(ny_1)$ 时，则端板底部将出现受压区 [见图 3-59 (c)]。参考螺栓群承受弯矩的计算式 (3-45) 近似并偏安全地取中和轴位于最下排螺栓 O' 处，按相似步骤写对 O' 处水平轴的弯矩平衡方程，可得（e_i' 和 y_i' 自 O' 点算起，最上排螺栓 1 的拉力最大）

$$N_1/y_1' = N_2/y_2' = \cdots N_i/y_i' = \cdots N_n/y_n'$$

$$Ne' = N_1/y_1' = N_2/y_2' + \cdots + N_i/y_i' + \cdots + N_n/y_n'$$

$$= (N_1/y_1')y_1'^2 + (N_2/y_2')y_2'^2 + \cdots + (N_i/y_i')y_i'^2 + \cdots$$

$$+ (N_n/y_n')y_n'^2$$

$$= (N_i/y_i')\sum y_i'^2$$

$$N_1 = Ne'y_1'/\sum y_i'^2 \leqslant N_t^b (N_1 = Ne'y_i'^2/\sum y_i'^2) \tag{3-48}$$

【例题 3-8】　设图 3-60 为一刚接屋架下弦节点，竖向力由承托承受。螺栓为 C 级，只承受偏心拉力。设 $N = 260\text{kN}$，$e = 100\text{mm}$。螺栓布置如图 3-60 (a) 所示。

【解】　螺栓有效截面的核心距为

$$\rho = \frac{\sum y_i^2}{ny_1} = \frac{4 \times (5^2 + 15^2 + 25^2)}{12 \times 25} = 11.7(\text{cm}) > e = 100(\text{mm})$$

即偏心力作用在核心距以内，属小偏心受拉 [见图 3-60 (c)]，应由式 (3-47a) 计算，得

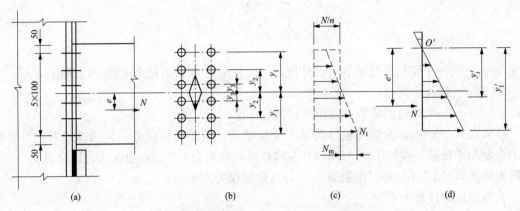

图 3-60　刚接屋架下弦节点（尺寸单位：mm）

（a）荷载图；（b）螺栓群正面；（c）受力详图 1；（d）受力详图 2

$$N_1 = \frac{N}{n} + \frac{Ne}{\sum y_i^2} y_1 = \frac{260}{12} + \frac{260 \times 10 \times 25}{4 \times (5^2 + 15^2 + 25^2)} = 40.24 (\mathrm{kN})$$

需要的有效面积为

$$A_e = \frac{40.24 \times 10^3}{170} = 236.71 (\mathrm{mm})^2$$

需要 M20 螺栓，$A_e = 244.8 \mathrm{mm}^2$。

【例题 3-9】　同［例题 3-8］，但取 $e = 200 \mathrm{mm}$。

【解】　由于 $e = 200 \mathrm{mm} > 117 \mathrm{mm}$，应按大偏心受拉计算螺栓的最大应力，假设螺栓直径为 M24（$A_e = 3.53 \mathrm{cm}^2$），并假设中和轴在上面第一排螺栓处，则以下螺栓均为受拉螺栓［见图 3-60（d）］，其偏心力为

$$N_1 = \frac{N_e' y_1'}{\sum y_1'} = \frac{260 \times (20 + 25) \times 50}{2 \times (50^2 + 40^2 + 30^2 + 20^2 + 10^2)} = 53.18 (\mathrm{kN})$$

需要的螺栓有效面积为

$$A_e = \frac{53.18 \times 10^3}{170} = 312.82 (\mathrm{mm}^2) < 353 (\mathrm{mm}^2)$$

3.7.3　普通螺栓受剪力和拉力的联合作用

图 3-61 所示连接，螺栓群承受剪力 V 和偏心拉力（即轴心拉力 N 和弯矩 $M = Ne$）的联合作用。

承受剪力和拉力联合作用的普通螺栓应考虑两种可能的破坏形式：一种是螺杆受剪兼受拉破坏；另一种是孔壁承压破坏。

根据试验结果可知，兼受剪力和拉力的螺杆，将剪力和拉力分别除以各自单独作用的承载力，这样无量纲化后的相关关系近似为一圆曲线。故螺杆的计算公式为

$$\left(\frac{N_v}{N_v^b} \right)^2 + \left(\frac{N_t}{N_t^b} \right)^2 \leqslant 1 \qquad (3\text{-}49\mathrm{a})$$

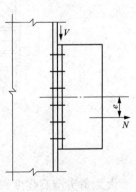

图 3-61　螺栓群受剪力和拉力的联合作用

或

$$\sqrt{\left(\frac{N_v}{N_v^b}\right)^2 + \left(\frac{N_t}{N_t^b}\right)^2} \leqslant 1 \tag{3-49b}$$

$$N_v = V/n$$

式中　N_v——一个螺栓承受的剪力设计值，一般假定剪力 V 由每个螺栓平均承担；

　　　　n——螺栓个数；

N_v^b、N_t^b——一个螺栓的抗剪和抗拉承载力设计值。

　　本来在式（3-49a）左侧加根号数学上没有意义。但加根号后可以更明确地看出计算结果的余量和不足量。假如按式（3-49a）左侧算出的数值为 0.9，不能误认为富余量为 10%。实际上应为式（3-49b）算出的数值 0.95，富余量仅为 5%。

　　孔壁承压的计算公式为

$$N_v \leqslant N_c^b$$

式中　N_c^b——一个螺栓的孔壁承压承载力设计值。

3.8　高强度螺栓连接的工作性能和计算

3.8.1　高强度螺栓连接的工作性能

1. 高强度螺栓的预拉力

　　前已述及，高强度螺栓连接按其受力特征可分为摩擦型连接和承压型连接两种类型。摩擦型连接是依靠被连接件之间的摩擦阻力传递内力，并以荷载设计值引起的剪力不超过摩擦阻力这一条件作为设计准则。螺栓的预拉力 p（即板件间的法向压紧力）、摩擦面间的抗滑移系数和钢材种类等都直接影响高强度螺栓连接的承载力。

　　（1）预拉力的控制方法。高强度螺栓分大六角头型［见图 3-62（a）］和扭剪型［见图 3-62（b）］两种，虽然这两种高强度螺栓预拉力的具体控制方法各不相同，但对螺栓施加预拉力的思路是一样的。它们都是通过拧紧螺母，使螺杆受到拉伸作用而产生预拉力，被连接板件间则产生压紧力。

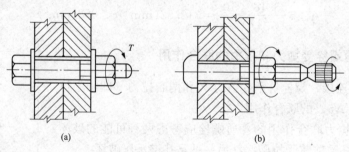

图 3-62　高强度螺栓

（a）大六角头型；（b）扭剪型

　　大六角头型高强度螺栓的预拉力控制方法有以下几种：

　　1）力矩法。一般采用指针式扭力（测力）扳手或预置式扭力（定力）扳手。目前用得较多的是电动扭矩扳手。力矩法是通过控制拧紧力矩来实现控制预拉力。拧紧力矩可由试验确定，务使施工时控制的预拉力为设计预拉力的 1.1 倍。

为了克服板件和垫圈等的变形，基本消除板件间的间隙，使拧紧力矩系数有较好的线性度，从而提高施工控制预拉力值的准确度，在安装大六角头型高强度螺栓时，应先按拧紧力矩的 50% 进行初拧，然后进行终拧。

力矩法的优点是安装简单、易实施、费用少，但由于连接件和被连接件的表面质量和拧紧速度的差异，测得的预拉力值误差大且分散，一般误差为 ±25%。

2）转角法。先用普通扳手进行初拧，使被连接件相互紧密贴合，再以初拧位置为起点，按终拧角度用长扳手或风动扳手旋转螺母，拧至该角度值时，螺栓的拉力即达到施工时控制的预拉力。

扭剪型高强度螺栓是我国 20 世纪 60 年代开始研制、80 年代制定出标准的新型连接件之一。它具有高强度、安装简便和质量易于保证、可以单面拧紧、对操作人员没有特殊要求等优点。扭剪型高强度螺栓与普通大六角头型高强度螺栓不同。如图 3-62（b）所示，螺栓头为盘头，螺纹段端部有一个承受拧紧反力矩的十二角体和一个能在规定力矩下剪断的断颈槽。

扭剪型高度螺栓连接副的安装过程如图 3-63 所示。安装时，采用特制的电动扳手，有两个套头，一个套在螺母六角体上，另一个套在螺栓十二角体上。拧紧时，对螺母施加顺时针力矩 M_1，对螺栓十二角体施加大小相等的逆时针力矩 M_1'，使螺栓断颈部分承受扭剪，其初拧力矩为拧紧力矩的 50%，复拧力矩等于初拧力矩，终拧至断颈剪断为止，安装结束，相应的安装力矩即为拧紧力矩。安装后一般不拆卸。

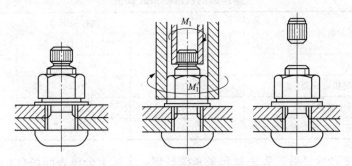

图 3-63　扭剪型高强度螺栓连接副的安装过程

（2）预拉力的确定。高强度螺栓的预拉力设计值 p 由式（3-50）计算得到

$$p = \frac{0.9 \times 0.9 \times 0.9}{1.2} A_e f_u \tag{3-50}$$

式中　A_e——螺栓的有效截面面积；

　　　f_u——螺栓材料经热处理后的最低抗拉强度，8.8S 级螺栓，$f_u=380\text{N/mm}^2$，10.9S 级螺栓，$f_u=1040\text{N/mm}^2$。

式（3-50）中的系数考虑了以下几个因素：

1）拧紧螺母时螺栓同时受到由预拉力引起的拉应力和由螺纹力矩引起的扭转剪应力作用。折算应力为

$$\sqrt{\sigma^2 + 3\tau^2} = \eta\,\sigma \tag{3-51}$$

根据试验分析，系数 η 在 1.15~1.25 之间，取平均值为 1.2。式（3-50）中的分母 1.2 即为考虑拧紧螺栓时扭矩对螺杆的不利影响系数。

2）为了弥补施工时高强度螺栓预拉力的松弛损失，在确定施工控制预拉力时，考虑了为预拉力设计值的 1/0.9 的超拉力，故式（3-50）右端分子应考虑超张拉系数 0.9。

3）考虑螺栓材质的不定性系数 0.9；再考虑用 f_u 而不是用 f_y 作为标准值增加的系数 0.9。

各种规格高强度螺栓的设计预拉力值见表 3-9。

表 3-9　　　　　　　　　各种规格高强度螺栓的设计预拉力值　　　　　　　　　kN

螺栓的性能等级	螺栓公称直径（mm）					
	M16	M20	M22	M24	M27	M30
8.8S 级	80	125	155	180	230	285
10.9S 级	100	155	190	225	290	355

2. 高强度螺栓摩擦面抗滑移系数

高强度螺栓摩擦面抗滑移系数的大小与连接处构件接触面的处理方法和构件的钢号有关。试验表明，此系数值随被连接构件接触面间的压紧力减小而降低。

《钢结构设计标准》（GB 50017—2017）推荐采用的接触面处理方法有喷砂、喷砂后涂无机富锌漆、喷砂后生赤锈和钢丝刷消除浮锈或对干净轧制表面不做处理等。各种处理方法相应的 μ 值见表 3-10。

表 3-10　　　　　　　　　　摩擦面的抗滑移系数 μ 值

在连接处构件接触面的处理方法	构件的钢号		
	Q235 钢	Q345、Q390 钢	Q420 钢
喷砂	0.45	0.50	0.50
喷砂后涂无机富锌漆	0.35	0.40	0.40
喷砂后生赤锈	0.45	0.50	0.50
钢丝刷清除浮锈或对干净轧制表面不做处理	0.30	0.35	0.40

钢材表面经喷砂除锈后，表面看起来光滑平整，实际上金属表面尚存在着微观的凹凸不平，高强度螺栓连接在很高的压紧力作用下，被连接构件表面相互啮合，钢材强度和硬度越高，这种啮合的面产生滑移的力就越大，因此，μ 值与钢种有关。

试验证明，摩擦面涂红丹后 μ 很低（$\mu<0.15$），即使经处理后仍然很低，故严禁在摩擦面上涂刷红丹。另外，连接件在潮湿或淋雨条件下拼装，也会降低 μ 值，故应采取有效措施保证连接处表面的干燥。

3. 高强度螺栓抗剪连接的工作性能

（1）摩擦型连接高强度螺栓。高强度螺栓在拧紧时，螺栓杆中产生了很大的预拉力，而被连接件间则产生很大的预压力。连接件受力后，由于接触面上产生的摩擦力，能在相当大的荷载情况下阻止板件间的相对滑移，因而弹性工作阶段较长。如图 3-47（b）所示，当外力超过了板间摩擦力后，板件间即产生相对滑动。摩擦型连接高强度螺栓是以板件间出现滑动为抗剪承载力极限状态，故它的最大承载力不能取图 3-47（b）所示的最高点，而应取板件产生相对滑动的起始点"1"。

摩擦型连接高强度螺栓的承载力取决于构件接触面的摩擦力，而此摩擦力的大小与螺栓

所受预拉力和摩擦面的抗滑移系数及连接的传力摩擦面数有关。因此，一个摩擦型连接高强度螺栓的抗剪承载力设计值为

$$N_v^b = 0.9 n_f \mu p \tag{3-52}$$

式中　0.9——抗力分项系数 γ_R 的倒数，即取 $\gamma_R = 1/0.9 = 1.111$；

　　　　n_f——传力摩擦面数，单剪时，$n_f = 1$，双剪时，$n_f = 2$；

　　　　p——一个高强度螺栓的设计预拉力，按表 3-9 采用；

　　　　μ——摩擦面抗滑移系数，按表 3-10 采用。

试验证明，低温对摩擦型连接高强度螺栓的抗剪承载力无明显影响，但当温度 $t = 100 \sim 150\,℃$ 时，螺栓的预拉力将产生温度损失，故应将摩擦型连接高强度螺栓的抗剪承载力设计值降低 10%；当 $t > 150\,℃$ 时，应采取隔热措施，以使连接温度在 $150\,℃$ 或 $100\,℃$ 以下。

（2）承压型连接高强度螺栓。承压型高强度螺栓连接受剪时，从受力直至破坏的荷载-位移（N-δ）曲线如图 3-47（b）所示，由于承压型连接高强度螺栓允许接触面滑动并以连接达到破坏的极限状态作为设计准则，接触面的摩擦力只起延缓滑动的作用，因此承压型连接高强度螺栓的最大抗剪承载力应取图 3-47（b）所示曲线最高点，即"4"点。承压型连接高强度螺栓达到极限承载力时，由于螺栓杆伸长，预拉力几乎全部消失，故承压型连接高强度螺栓的计算方法与普通螺栓相同，仍可用式（3-31）和式（3-32）计算单个螺栓的抗剪承载力设计值，只是应采用承压型连接高强度螺栓的强度设计值。当剪切面在螺纹处时，承压型连接高强度螺栓的抗剪承载力应按螺纹处的有效截面计算。但对于普通螺栓，其抗剪强度设计值是根据连接的试验数据统计而定的，试验时不分剪切面是否在螺纹处，故计算抗剪强度设计值时采用公称直径。

4. 高强度螺栓抗拉连接的工作性能

高强度螺栓在承受外拉力前，螺杆中已有很高的预拉力 p，板层之间则有压力 c，而 p 与 c 维持平衡 [见图 3-64（a）]。当对螺栓施加外拉力 N_t 时，则螺杆在板层之间的压力完全消失前被拉长，此时螺杆中拉力增量为 Δp，同时把压紧的板件拉松，使压力 c 减少 Δc [见图 3-64（b）]。计算表明，当加于螺杆上的外拉力 N_t 为预拉力 p 的

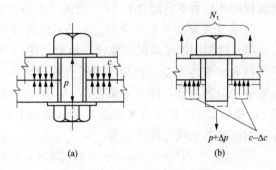

图 3-64　高强度螺栓的撬力影响

80% 时，螺栓内的拉力增加很少，因此可认为螺杆的预拉力基本不变。同时由试验可知，当外拉力大于螺栓的预拉力时，卸荷后螺杆中的预拉力会变小，即发生松弛现象。但当外拉力小于螺杆预拉力的 80% 时，即无松弛现象发生，也就是说，被连接件接触面仍能保持一定的压紧力，可以假定整个板面始终处于紧密接触状态。因此，为使连接件间保留一定的压紧力，可以假定整个板面始终处于紧密接触状态。《钢结构设计标准》（GB 50017—2017）规定，在杆轴方向承受拉力的摩擦型连接高强度螺栓中，单个高强度螺栓抗拉承载力设计值取为

$$N_t^b = 0.8 p \tag{3-53}$$

但承压型连接高强度螺栓，N_t^b 却按普通螺栓那样计算（强度设计值取值不同），不过其 N_t^b 的计算结果与 $0.8p$ 相差不大。

应当注意，式（3-53）的取值没有考虑杠杆作用而引起的撬力影响，实际上这种杠杆作用存在于所有螺栓的抗拉连接中。研究表明，当外拉力 $N_t \leqslant 0.5p$ 时，不出现撬力，如图 3-65 所示，撬力 Q 大约在 N_t 达到 $0.5p$ 时开始出现，起初增加缓慢，以后逐渐加快，到临近破坏时因螺栓开始屈服而又有所下降。

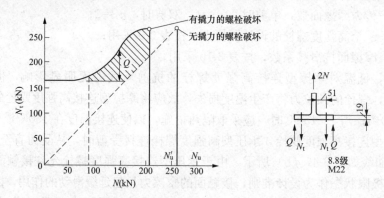

图 3-65 高强度螺栓的撬力影响曲线（尺寸单位：mm）

由于撬力 Q 的存在，外拉力的极限值由 N_u 下降到 N_u'。因此，如果在设计中不计算撬力 Q，应使 $N_t \leqslant 0.5p$；或者增大 T 形连接件翼缘板的刚度。分析表明，当翼缘板的厚度 t_1 不小于 2 倍螺栓直径时，螺栓中可完全不产生撬力。实际上很难满足这一条件，可采用图 3-55 所示的加劲肋代替。

在直接承受动力荷载的结构中，由于高强度螺栓连接受拉时的疲劳强度较低，每个高强度螺栓的外拉力不宜超过 $0.6p$。当需考虑撬力影响时，外拉力还得降低。

5. 高强度螺栓同时承受剪力和外拉力连接的工作性能

（1）摩擦型连接高强度螺栓。如前所述，当螺栓所受外拉力 $N_t \leqslant 0.8p$ 时，虽然螺杆中的预拉力 p 基本不变，但板层间压力减少到 $p - N_t$。试验研究表明，这时接触面的抗滑移系数 μ 也有所降低，而且 μ 值随 N_t 的增大而减小。《钢结构设计标准》（GB 50017—2017）将 N_t 乘以 1.125 的系数来考虑 μ 值降低的不利影响，故一个摩擦型连接高强度螺栓有拉力作用时的抗剪承载力设计值为

$$N_v^b = 0.9 n_f \mu (p - 1.125 \times 1.111 N_t) = 0.9 n_f \mu (p - 1.25 N_t) \tag{3-54}$$

式中　1.111——抗力分项系数 γ_R。

（2）承压型连接高强度螺栓。同时承受剪力和杆轴方向拉力的承压型连接高强度螺栓的计算方法与普通螺栓相同，即

$$\sqrt{\left(\frac{N_v}{N_v^b}\right)^2 + \left(\frac{N_t}{N_t^b}\right)^2} \leqslant 1 \tag{3-55}$$

由于在剪应力单独作用下，高强度螺栓对板层间产生强大的压紧力。当板层间的摩擦力被克服，螺杆与孔壁接触时，板件孔前区形成三向应力场，因而承压型连接高强度螺栓的承压强度比普通螺栓高很多，两者相差约 50%。当承压型连接高强度螺栓受有杆轴拉力时，板层的压紧力随外拉力的增加而减小，因而其承压强度设计值也随之降低。为了计算简便，《钢结构设计标准》（GB 50017—2017）规定，只要有外拉力存在，就将承压强度除以 1.2 予以降低，而未考虑承压强度设计值变化幅度随外拉力大小而变化这一因素。因为所有高强

度螺栓的外拉力一般均不大于 $0.8p$。此时，可认为整个板层间始终处于紧密接触状态，采用统一除以 1.2 的做法来降低承压强度，一般能保证安全。

因此，对于兼受剪力和杆轴方向拉力的承压型连接高强度螺栓，除按式（3-55）计算螺栓的强度外，尚应按式（3-56）计算孔壁承压承载力，即

$$N_v \leqslant \frac{N_c^b}{1.2} = \frac{1}{1.2} d \sum t f_c^b \tag{3-56}$$

式中　N_c^b——只承受剪力时孔壁承压承载力设计值；

　　　f_c^b——承压型连接高强度螺栓在无外拉力状态的 f_c^b 值，按表 1-7 取值。

根据上述分析，现将各种受力情况的单个螺栓（包括普通螺栓和高强度螺栓）承载力设计值的计算式汇总于表 3-11 中，以便于读者对照和应用。

表 3-11　　　　　　　　　　　　　　　单个螺栓承载力设计值

序号	螺栓种类	受力状态	计算式	备注
1	普通螺栓	受剪	$N_v^b = n_v \dfrac{\pi d^2}{4} f_v^b$ $N_c^b = d \sum t f_c^b$	取 N_v^b 与 N_c^b 中较小值
		受拉	$N_t^b = \dfrac{\pi d_e^2}{4} f_t^b$	
		兼受剪拉	$\sqrt{\left(\dfrac{N_v}{N_v^b}\right)^2 + \left(\dfrac{N_t}{N_t^b}\right)^2} \leqslant 1$ $N_v \leqslant N_c^b$	
2	摩擦型连接高强度螺栓	受剪	$N_v^b = 0.9 n_f \mu p$	
		受拉	$N_t^b = 0.8p$	
		兼受剪拉	$N_v^b = 0.9 n_f \mu (p - 1.25 N_t)$ $N_t = 0.8p$	
3	承压型连接高强度螺栓	受剪	$N_v^b = n_v \dfrac{\pi d^2}{4} f_v^b$ $N_c^b = d \sum t f_c^b$	当剪切面在螺纹处时 $N_v^b = n_v \dfrac{\pi d_e^2}{4} f_v^b$
		受拉	$N_t^b = \dfrac{\pi d_e^2}{4} f_t^b$	
		兼受剪拉	$\sqrt{\left(\dfrac{N_v}{N_v^b}\right)^2 + \left(\dfrac{N_t}{N_t^b}\right)^2} \leqslant 1$ $N_v \leqslant N_c^b / 1.2$	

3.8.2　高强度螺栓群抗剪计算

1. 高强度螺栓群受轴心力作用时的抗剪计算

此时，高强度螺栓连接所需螺栓数目的计算公式为

$$n \geqslant \frac{N}{N_{min}^b}$$

对摩擦型连接，$N_{\min}^{b}$ 按表 3-11 查得 N_{v}^{b} 表达式计算，即按式（3-52）计算

$$N_{v}^{b} = 0.9 n_{f} \mu p$$

对承压型连接，$N_{\min}^{b}$ 为由表 3-11 查得 N_{v}^{b} 和 N_{c}^{b} 表达式算得的较小值，即分别按式（3-31）与式（3-32）计算

$$N_{v}^{b} = n_{v} \frac{\pi d^{2}}{4} f_{v}^{b}$$

$$N_{c}^{b} = d \sum t f_{c}^{b}$$

式中　f_{v}^{b}、f_{c}^{b}——一个承压型连接高强度螺栓的抗剪强度设计值和承压强度设计值。

当剪切面在螺栓处时式（3-31）中应将改 d 为 d_{e}。

2. 高强度螺栓群在扭矩或扭矩、剪力共同作用时的抗剪计算

计算方法与普通螺栓群相同，但应采用高强度螺栓承载力设计值进行计算。

【例题 3-10】 试设计一双盖板拼接的钢板连接。已知钢材为 Q235-B 钢，高强度螺栓为 8.8 级的 M22，连接处构件接触面用喷砂处理，作用在螺栓群形心处的轴心拉力设计值 $N = 950$ kN。

【解】　（1）采用承压型连接时。一个螺栓的承载力设计值为

$$N_{v}^{b} = n_{v} \frac{\pi d^{2}}{4} f_{v}^{b} = 2 \times \frac{3.14 \times 22^{2}}{4} \times 250 = 189\,970 (\text{N}) = 190 (\text{kN})$$

$$N_{c}^{b} = d \sum t f_{c}^{b} = 22 \times 20 \times 470 = 206\,800 (\text{N}) = 206.8 (\text{kN})$$

则所需螺栓数为

$$n = \frac{N}{N_{\min}^{b}} = \frac{950}{190} = 5, \text{取 6 个}$$

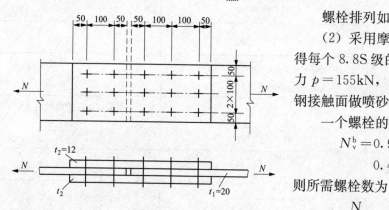

图 3-66　双盖板拼接的钢板连接（尺寸单位：mm）

螺栓排列如图 3-66 右半边所示。

螺栓排列如图 3-66 左半边所示。

（2）采用摩擦型连接时。由表 3-9 查得每个 8.8S 级的 M22 高强度螺栓的预拉力 $p = 155$ kN，由表 3-10 查得对于 Q235 钢接触面做喷砂处理时，$\mu = 0.45$。

一个螺栓的承载力设计值为

$$N_{v}^{b} = 0.9 n_{f} \mu p = 0.9 \times 2 \times 0.45 \times 155 = 125.6 (\text{kN})$$

则所需螺栓数为

$$n = \frac{N}{N_{v}^{b}} = \frac{950}{125.6} = 7.56, \text{取 9 个}$$

3.8.3　高强度螺栓群的抗拉计算

1. 高强度螺栓群受轴心力作用时的抗拉计算

高强度螺栓群连接所需螺栓数目为

$$n \geqslant \frac{N}{N_{t}^{b}}$$

式中　N_{t}^{b}——在杆轴方向受拉时，一个高强度螺栓（摩擦型连接或承压型连接）的承载力

设计值（见表 3-11）。

2. 高强度螺栓群因弯矩受拉的计算

高强度螺栓（摩擦型连接和承压型连接）的外拉力总是小于预拉力 p，在连接受弯矩而使螺栓沿螺杆方向受力时，被连接件的接触面一直保持紧密贴合；因此，可认为中和轴在螺栓群的形心轴上（见图 3-67），最外排螺栓受力最大。按照普通螺栓小偏心受拉一段中，关于弯矩使螺栓产生的最大拉力的计算方法，可得高强度螺栓群因弯矩受拉时的最大拉力及其验算式为

$$N_{\mathrm{t}} = \frac{My_1}{\sum y_i^2} \leqslant N_{\mathrm{t}}^{\mathrm{b}} \tag{3-57}$$

式中　y_1——螺栓群形心轴至螺栓的最大距离；

　　$\sum y_i^2$——形心轴上、下各螺栓至形心轴距离的平方和。

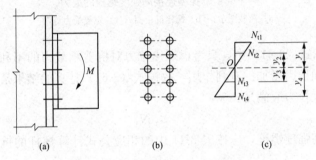

图 3-67　承受弯矩的高强度螺栓连接

(a) 荷载图示；(b) 螺栓群正面；(c) 螺栓受力详图

3. 高强度螺栓群偏心受拉的计算

由于高强度螺栓偏心受拉时，螺栓的最大拉力不得超过 $0.8p$，能够保证螺栓连接板层之间始终保持紧密贴合，端板不会拉开，故摩擦型连接高强度螺栓和承压型连接高强度螺栓均可按普通螺栓小偏心受拉计算，即

$$N_1 = \frac{N}{n} + \frac{Ne}{\sum y_i^2}y_1 \leqslant N_{\mathrm{t}}^{\mathrm{b}} \tag{3-58}$$

4. 高强度螺栓群承受拉力、弯矩和剪力的共同作用的计算

图 3-68 所示为摩擦型连接高强度螺栓承受拉力、弯矩和剪力共同作用时的情况。螺栓连接板层之间的压紧力和接触面的抗滑移系数随外拉力的增加而减小。前面已经给出，摩擦型连接高强度螺栓承受剪力和拉力联合作用时，一个螺栓的抗剪承载力设计值为

$$N_{\mathrm{v}}^{\mathrm{b}} = 0.9n_{\mathrm{f}}\mu(p - 1.25N_{\mathrm{t}}) \tag{3-59}$$

由图 3-68 (c) 可知，每行螺栓所受拉力 $N_{\mathrm{t}i}$ 各不相同，故应按式 (3-60) 计算摩擦型连接高强度螺栓的抗剪强度，即

$$V \leqslant n_0(0.9n_{\mathrm{f}}\mu p) + 0.9n_{\mathrm{f}}[(p - 1.25N_{\mathrm{t}1}) + (p - 1.25N_{\mathrm{t}2}) + \cdots] \tag{3-60}$$

式中　n_0——受压区（包括中和轴处）的高强度螺栓数；

　　$N_{\mathrm{t}1}$、$N_{\mathrm{t}2}$——受拉区高强度螺栓所承受的拉力。

可将式 (3-60) 写成下列形式

$$V \leqslant 0.9n_{\mathrm{f}}\mu(np - 1.25\sum N_{\mathrm{t}i}) \tag{3-61}$$

式中 n——连接的螺栓总数；

     $\sum N_{ti}$——螺栓承受拉力的总和。

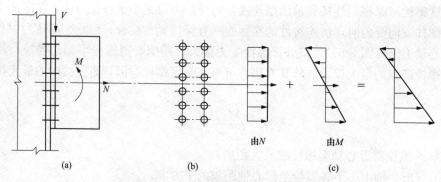

图 3-68   摩擦型连接高强度螺栓的应力

(a) 荷载图示；(b) 螺栓群正面；(c) 螺栓受力详图

在式（3-60）和式（3-61）中，只考虑螺栓拉力对抗剪承载力的不利影响，未考虑受压区螺栓连接板层之间压力增加的有利作用，故按式（3-61）计算的结果是略偏安全的。

此外，螺栓最大拉力应满足

$$N_{ti} \leqslant N_t^b$$

对承压型连接高强度螺栓，应按表 3-11 中的相应公式计算螺杆的抗拉、抗剪强度，即按式（3-55）计算

$$\sqrt{\left(\frac{N_v}{N_v^b}\right)^2 + \left(\frac{N_t}{N_t^b}\right)^2} \leqslant 1$$

同时，还应按式（3-56）验算孔壁承压，即

$$N_v \leqslant \frac{N_c^b}{1.2}$$

其中 1.2 为承压强度设计值降低系数。计算 N_c^b 时，应采用无外拉力状态的 f_c^b 值。

【例题 3-11】 图 3-69 所示摩擦型连接高强度螺栓，被连接构件的钢材为 Q235-B 钢，螺栓为 10.9S 级，直径为 20mm，接触面采用喷砂处理。试验算此连接的承载力（图中内力为设计值）。

【解】 由表 3-10 和表 3-9 查得滑移系数 $\mu=0.45$，预拉力 $p=155$kN。

一个螺栓的最大拉力为

$$N_{t1} = \frac{N}{n} + \frac{M y_1}{m \sum y_i^2} = \frac{384}{16} + \frac{106 \times 10^2 \times 35}{2 \times 2 \times (35^2 + 25^2 + 15^2 + 5^2)}$$

$$= 24 + \frac{106 \times 10^2 \times 35}{8400} = 68.2 (\text{kN}) < 0.8p = 124 (\text{kN})$$

连接的受剪承载力设计值应按式（3-59）计算，即

$$\sum N_v^b = 0.9 n_f \mu (np - 1.25 \sum N_{ti})$$

式中 n——螺栓总数；

     $\sum N_{ti}$——螺栓所受拉力之和。

按比例关系可求得

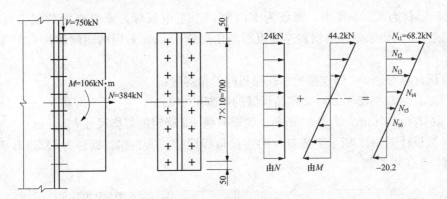

图 3-69　高强度螺栓摩擦型连接（尺寸单位：mm）

$$N_{t2}=55.6\text{kN}, N_{t3}=42.9\text{kN}, N_{t4}=30.3\text{kN}, N_{t5}=17.7\text{kN}, N_{t6}=5.1\text{kN}$$

$$\sum N_{ti}=(68.2+55.6+42.9+30.3+17.7+5.1)\times 2=440(\text{kN})$$

验算受剪承载力设计值

$$\sum N_v^b=0.9n_f\mu(np-1.25\sum N_{ti})$$

$$=0.9\times 1\times 0.45\times(16\times 155-1.25\times 440)=781.7(\text{kN})>V=750(\text{kN})$$

承载力满足要求。

习　　题

3-1　图 3-70 中，牛腿与柱采用角焊缝连接。钢材为 Q235 钢，焊条为 E43 型，手工电弧焊，角焊缝强度设计值 $f_f^w=160\text{N/mm}^2$，$T=400\text{kN}$。试设计此连接角焊缝。

3-2　图 3-71 中，2∟100×80×10 通过 14mm 厚的连接板和 20mm 厚的翼缘板连接于

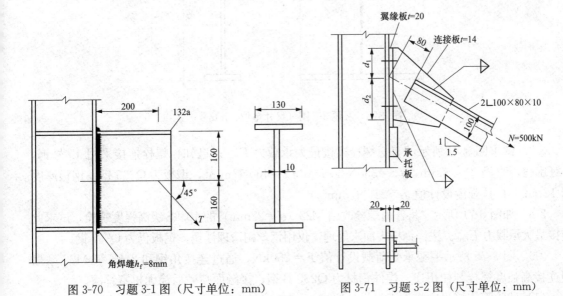

图 3-70　习题 3-1 图（尺寸单位：mm）　　　　图 3-71　习题 3-2 图（尺寸单位：mm）

柱的翼缘，钢材为 Q235-B 钢，焊条为 E43 型，手工电弧焊，承受静力荷载设计值 $N=$ 500kN。试按下列要求设计角钢和连接板间的角焊缝：（1）采用两面侧焊；（2）采用三面围焊。

3-3　试计算习题 3-2 的连接板和翼缘板间的角焊缝：

（1）取 $d_1=d_2=150$mm，确定角焊缝的焊脚尺寸 h_f。

（2）取 $d_1=150$mm，$d_2=200$mm，验算习题 3-2 确定的焊脚尺寸 h_f。

3-4　试设计图 3-72 所示牛腿与柱的连接角焊缝①、②、③。钢材为 Q235-B 钢，焊条为 E43 型，手工电弧焊。

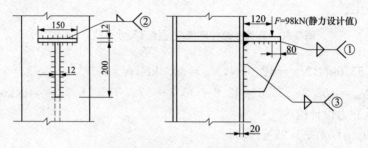

图 3-72　习题 3-4 图（尺寸单位：mm）

3-5　图 3-72 所示连接中，如将焊缝②和焊缝③改为对接焊缝，按三级质量标准检验，试求该连接所能承受的最大荷载 F。

3-6　试验算图 3-73 所示梁与柱间的对接连接。荷载设计值 $V=150$kN，$M=800$kN·m，钢材为 Q235-B 钢，焊条为 E43 型，手工电弧焊，焊缝质量为三级检验标准。

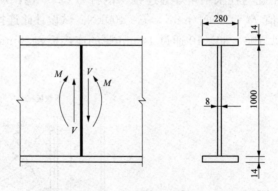

图 3-73　习题 3-6 图（尺寸单位：mm）

3-7　试求图 3-74 所示的普通螺栓连接最大承载力 F_{max}。已知：螺栓连接采用 45 号钢，B 级螺栓，直径 $d=18$mm，$f_v^b=350$N/mm^2，$f_c^b=400$N/mm^2，钢板为 Q235 钢，钢板厚度为 12mm，抗拉强度设计值 $f=215$N/mm^2。

3-8　如图 3-71 所示，将普通螺栓改用 M22（$d=22$mm）的 10.9S 级高强度螺栓，试求此连接最大承载力 F_{max}。注：钢板表面未处理，仅用钢丝刷清理浮锈，钢板仍为 Q235 钢。

3-9　图 3-75 所示牛腿承受荷载设计值 $F=250$kN，通过连接角钢和 8.8S 级 M22 摩擦型连接高强度螺栓与柱相连。构件钢材为 Q235-B 钢，接触面喷砂后涂无机富锌漆。

（1）试验算连接强度是否满足设计要求。

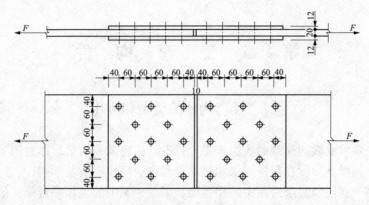

图 3-74 习题 3-7 图（尺寸单位：mm）

（2）如采用 M20 承压型连接高强度螺栓，试验算连接强度是否满足设计要求。

3-10 图 3-76 所示是屋架与柱的连接节点。钢材为 Q235-B 钢，焊条为 E43 型，手工电弧焊，C 级普通螺栓为 Q235-BF 钢，$f_t^w = 160N/mm^2$，$f_t^b = 170N/mm^2$。

（1）试验算角焊缝 A 的强度，确定角焊缝 B、C、D 的最小长度，焊脚尺寸 $h_f = 10mm$。

（2）试验算连接于钢柱的普通螺栓的强度，假定螺栓不受剪力（即连接处竖向力由承托板承担），螺栓直径为 22mm。

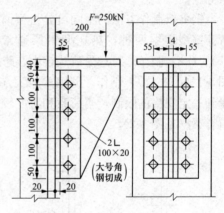

图 3-75 习题 3-9 图（尺寸单位：mm）

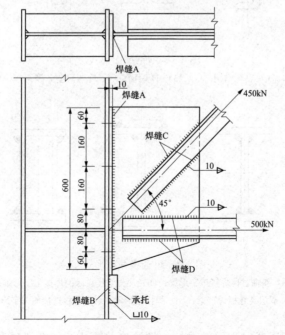

图 3-76 习题 3-10 图（尺寸单位：mm）

第4章 受弯构件

4.1 受弯构件的类型和应用

钢结构中主要承受横向荷载的实腹式受弯构件（格构式为桁架）称为钢梁，其主要内力为弯矩与剪力。钢梁是一种在房屋建筑和桥梁工程中应用较广的基本构件。在房屋建筑领域内，钢梁主要用于多层和高层房屋中的楼盖梁、工业建筑中的工作平台梁、吊车梁、墙架梁及屋盖体系中的檩条等；在桥梁领域中主要用于梁式桥、大跨斜拉桥、悬索桥中的桥面梁等。

钢梁按制作方法的不同可分为型钢梁和组合梁两大类。型钢梁又可分为热轧型钢梁和冷弯薄壁型钢梁两种，热轧型钢梁通常采用热轧工字钢、槽钢、H 型钢 ［见图 4-1 （a）、(b)、(c)］制作。对承受荷载较小、跨度不大的梁用带有卷边的冷弯薄壁槽钢或 Z 型钢 ［见图 4-1 （d）、(e)］制作。型钢梁加工方便，制造简单，成本较低，可优先采用，但型钢往往受到一定规格的限制，当荷载和跨度较大，其承载力和刚度不能满足工程要求时，则应采用组合梁（见图 4-2）。

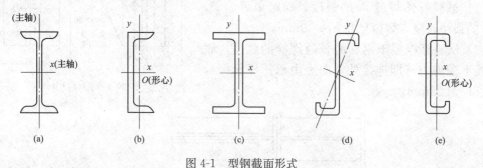

图 4-1 型钢截面形式

（a）热轧工字钢；（b）热轧槽钢；（c）热轧 H 型钢；（d）冷弯薄壁 Z 型钢；（e）冷弯薄壁槽钢

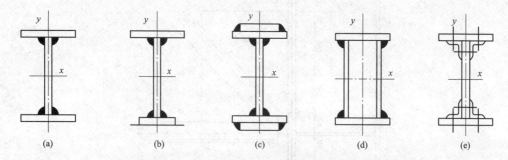

图 4-2 组合梁截面形式

（a）双轴对称焊接工字形梁；（b）加强受压翼缘的焊接工字形梁；
（c）双层翼缘板焊接梁；（d）焊接箱形梁；（e）螺栓连接的工字形梁

组合梁由钢板或型钢通过焊缝、铆钉、螺栓连接而成，组合梁的截面组成比较灵活，更重要的是可使材料在截面上分布更为合理,最常采用的是三块钢板焊接而成的工字形截面组合梁,当荷载较大,且梁的截面高度受到限制或梁的抗扭性能要求较高时,可采用箱形截面梁。

钢梁根据受力情况的不同,可分为单向受弯梁和双向受弯梁。

钢梁根据梁支承条件的不同,可分为简支梁、连续梁和悬臂梁。简支梁虽然用钢量较多,但其制造、安装和检修等比较方便,且内力不受温度变化和支座不均匀沉降的影响,因此应用广泛。

梁的设计必须同时满足承载能力极限状态和正常使用极限状态。钢梁的承载能力极限状态包括强度、整体稳定和局部稳定三个方面,设计时要求在荷载设计值作用下,梁的抗弯强度、抗剪强度、局部承压强度和折算应力均不超过相应的强度设计值;保证梁不会发生整体失稳;同时组成梁的板件不出现局部失稳。正常使用极限状态主要指梁的刚度,设计时要求梁具有足够的抗弯刚度,即在荷载标准值作用下,梁的最大挠度不大于《钢结构设计标准》(GB 50017—2017)规定的容许挠度。

4.2　梁的强度和刚度

4.2.1　梁的强度

梁在荷载作用下将产生弯曲正应力、剪应力,在集中荷载作用处还有局部承压应力,故梁的强度计算包括抗弯强度、抗剪强度、局部承压强度,在弯曲正应力、剪应力及局部压应力共同作用处还应验算折算应力作用下的强度。

1. 梁的抗弯强度

作用在梁上的荷载不断增加时,梁的弯曲应力的发展过程可分为三个阶段,以双轴对称工字形截面梁 [见图 4-3 (a)] 为例说明如下。

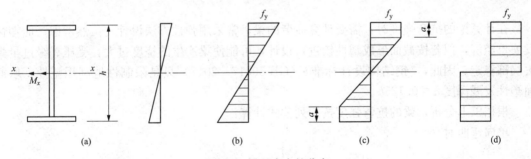

图 4-3　梁正应力的分布

(1) 弹性工作阶段。荷载较小时,截面上各点的弯曲应力均小于屈服点 f_y,荷载继续增加,直至边缘纤维应力达到 f_y [见图 4-3 (b)],相应的弯矩为梁弹性工作阶段的最大弯矩,其值为

$$M_e = W_n f_y \tag{4-1}$$

(2) 弹塑性工作阶段。荷载继续增加时,截面上、下各有一个高度为 a 的区域,其应力 σ 达到屈服点 f_y。截面的中间部分区域仍保持弹性[见图 4-3 (c)],此时梁处于弹塑性工

作阶段。

（3）塑性工作阶段。荷载再继续增加时，梁截面的塑性区便不断向内发展，弹性核心不断变小。当弹性核心完全消失［见图 4-3（d）］时，荷载不再增加，变形却继续发展，形成"塑性铰"，梁的承载能力达到极限状态。极限弯矩为

$$M_p = (S_{1n} + S_{2n})f_y = W_{pn}f_y \qquad (4\text{-}2)$$
$$W_{pn} = S_{1n} + S_{2n}$$

式中　S_{1n}、S_{2n}——中和轴以上及以下净截面对中和轴的面积矩；

　　　　W_{pn}——梁的净截面塑性模量。

极限弯矩 M_p 与弹性最大弯矩 M_e 之比为

$$\gamma_F = \frac{M_p}{M_e} = \frac{W_{pn}}{W_n} \qquad (4\text{-}3)$$

由式（4-3）可知，γ_F 值只取决于截面的几何形状，而与材料的性质无关，称为截面形状系数，一般截面的 γ_F 值如图 4-4 所示。

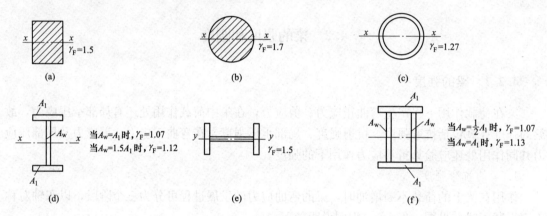

图 4-4　截面形状系数

在计算梁的抗弯强度时，需要计算疲劳的梁，常采用弹性方法设计。虽然考虑截面塑性发展更经济，但若按截面形成塑性铰进行设计，可能使梁产生的挠度过大，受压翼缘过早失去局部稳定。因此，《钢结构设计标准》（GB 50017—2017）只是限制性地利用塑性，取截面塑性发展深度 $a \leqslant 0.125h$。

根据以上分析，梁的抗弯强度按下列公式计算：

单向弯曲时

$$\frac{M_x}{\gamma_x W_{nx}} \leqslant f \qquad (4\text{-}4)$$

双向弯曲时

$$\frac{M_x}{\gamma_x W_{nx}} + \frac{M_y}{\gamma_y W_{ny}} \leqslant f \qquad (4\text{-}5)$$

式中　M_x、M_y——绕 x 轴和 y 轴的弯矩（工字形和 H 形截面，x 轴为强轴，y 轴为弱轴）；

　　　　M_{nx}、W_{ny}——梁对 x 轴和 y 轴的净截面模量；

　　　　γ_x、γ_y——截面塑性发展系数（工字形截面，$\gamma_x = 1.05$、$\gamma_y = 1.20$，箱形截面，

γ_x、γ_y＝1.05，其他截面，可按表 4-1 采用）；

　　　　f——钢材的抗弯强度设计值，按表 1-1 采用。

　　为避免梁在强度破坏之前受压翼缘局部失稳，当梁受压翼缘的外伸宽度 b 与其厚度 t 之比大于 $13\sqrt{235/f_y}$，但不超过 $13\sqrt{235/f_y}$ 时，应取 γ_x＝1.0。

　　需要计算疲劳的梁，按弹性工作阶段进行计算，宜取 $\gamma_x=\gamma_y=1.0$。

　　对于不直接承受动力荷载的固端梁和连续梁，允许按塑性方法进行设计。考虑截面内塑性变形的发展和由此引起的内力重分配，塑性铰截面的弯矩应满足

$$M_x \leqslant W_{pnx} f \tag{4-6}$$

式中　W_{pnx}——梁对 x 轴的塑性净截面模量。

　　当梁的抗弯强度不满足设计要求时，增大梁的高度最有效。

表 4-1　　　　　　　　　　　　　截面塑性发展系数 γ_x、γ_y 值

截面形式	γ_x	γ_y	截面形式	γ_x	γ_y
		1.2		1.2	1.2
	1.05	1.05		1.15	1.15
	$\gamma_{x1}=$ 1.05	1.2		1.0	1.05
	$\gamma_{x2}=$ 1.2	1.05			1.0

　　2. 梁的抗剪强度

　　一般情况下，梁同时承受弯矩和剪力的共同作用。工字形和槽形截面梁腹板上的剪应力分布分别如图 4-5（a）、（b）所示。截面上的最大剪应力发生在腹板中和轴处。在主平面受弯的实腹梁，以截面上的最大剪应力达到钢材的抗剪屈服点为承载能力极限状态。因此，设计的抗剪强度应按式（4-7）计算，即

$$\tau = \frac{VS}{It_w} \leqslant f_v \tag{4-7}$$

式中　V——计算截面沿腹板平面作用的剪力设计值；

　　　　S——中和轴以上毛截面对中和轴的面积矩；

　　　　I——毛截面的惯性矩；

　　　　t_w——腹板厚度；

　　　　f_v——钢材的抗剪强度设计值，按表 1-1 采用。

　　当梁的抗剪强度不满足设计要求时，最有效的办法是增大腹板的面积，但腹板高度一般由梁的刚度条件和构造要求确定，故设计时常采用加大腹板厚度的办法来增大梁的抗剪强度。型钢由于腹板较厚，一般均能满足式（4-7）的要求，因此只在剪力最大截面处有较大削弱时，才需进行剪应力的计算。

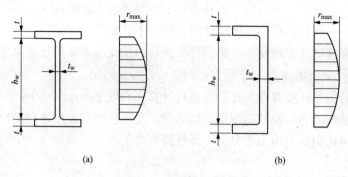

图 4-5 腹板剪应力

3. 梁的局部承压强度

当梁的翼缘受沿腹板平面作用的固定集中荷载（包括支座反力），且该荷载处又未设置支承加劲肋［见图 4-6（a）］，或受有移动的集中荷载［如吊车的轮压，见图 4-6（b）］时，应验算腹板计算高度边缘的局部承压强度。

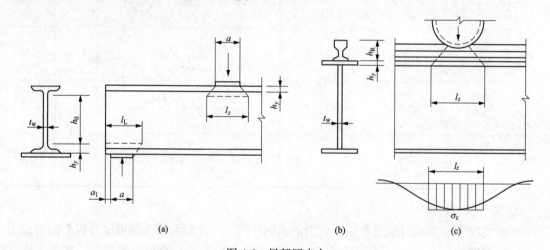

图 4-6 局部压应力

在集中荷载作用下，翼缘（吊车梁包括轨道）类似支承于腹板的弹性地基梁。腹板计算高度边缘的压应力分布如图 4-6（c）所示。假定集中荷载从作用处以 1∶2.5（在 h_y 高度范围）和 1∶1（在 h_R 高度范围）扩散，均匀分布于腹板计算高度边缘。梁的局部承压强度可按式（4-8）计算，即

$$\sigma_c = \frac{\psi F}{t_w I_z} \leqslant f \tag{4-8}$$

式中 F——集中荷载（动力荷载应考虑动力系数）；

ψ——集中荷载增大系数（重级工作制吊车轮压，$\psi = 1.35$，其他荷载，$\psi = 1.0$）；

I_z——集中荷载在腹板计算高度边缘的假定分布长度（跨中 $I_z = a + 5h_y + 2h_R$，梁端 $I_z = a + 2.5h_y + a_1$）；

a——集中荷载沿梁跨度方向的支承长度（吊车轮压可取为 50mm）；

h_y——自梁承载的边缘到腹板计算高度边缘的距离；

h_R——轨道的高度（无轨道时 $h_R=0$）；

a_1——梁端到支座板外边缘的距离（按实际取值，但不得大于 $2.5h_y$）。

腹板的计算高度 h_0 按下列规定采用：①轧制型钢梁，为腹板在与上、下翼缘相交接处两内弧起点间的距离；②焊接组合梁，为腹板高度；③铆接（或高强度螺栓连接）组合梁，为上、下翼缘与腹板连接的铆钉（或高强度螺栓）线间最近距离。

当计算不满足式（4-8）时，在固定集中荷载处（包括支座处）应设置支承加劲肋予以加强，并对支承加劲肋进行计算。对移动集中荷载，则应加大腹板厚度。

4. 折算应力

在组合梁的腹板计算高度边缘处，当同时受较大的弯曲应力 σ、剪应力 τ 和局部压应力 σ_c 时，或同时受较大的弯曲应力 σ 和剪应力 τ 时（如连续梁的支座处或梁的翼缘截面改变处等），应按式（4-9）验算该处的折算应力，即

$$\sqrt{\sigma^2+\sigma_c^2-\sigma\sigma_c+3\tau^2} \leqslant \beta_1 f \qquad (4\text{-}9)$$

式中　σ、σ_c、τ——腹板计算高度边缘同一点上的弯曲正应力、剪应力和局部压应力，σ、σ_c 均以拉应力为正值，压应力为负值；

　　　　β_1——折算应力的强度设计值增大系数（当 σ、σ_c 异号时，取 $\beta_1=1.2$，当 σ、σ_c 同号或 $\sigma_c=0$ 时，取 $\beta_1=1.1$）。

τ 按式（4-7）进行计算，但其中 S 为翼缘以上或以下毛截面对中和轴的面积矩，σ_c 按式（4-8）计算，σ 按式（4-10）计算，即

$$\sigma=\frac{My}{I_{nx}} \qquad (4\text{-}10)$$

式中　I_{nx}——净截面惯性矩；

　　　　y——腹板边缘至中和轴的距离。

实际工程中只是梁的某一截面处腹板边缘的折算应力达到极限承载力，几种应力皆以较大值在同一处出现的概率很小，故将强度设计值乘以 β_1，予以提高。当 σ、σ_c 异号时，其塑性变形能力比 σ、σ_c 同号时大，因此 β_1 值取更大些。

4.2.2　梁的刚度

梁的刚度验算即为梁的挠度验算。梁的刚度不足，将会产生较大的变形。楼盖梁的挠度超过某一限值时，一方面给人们一种不舒服和不安全的感觉；另一方面可能使其上部的楼面及下部的抹灰开裂，影响结构的功能。吊车梁挠度过大，会加剧吊车运行时的冲击和振动，甚至使吊车运行困难等。因此，应按式（4-11）验算梁的刚度，即

$$v \leqslant [v] \qquad (4\text{-}11)$$

式中　v——荷载标准值作用下梁的最大挠度；

　　　$[v]$——梁的容许挠度值，《钢结构设计标准》（GB 50017—2017）根据实践经验规定的容许挠度值见附表 3-1。

承受多个集中荷载的梁，其挠度的精确计算较为复杂，但与最大弯矩相同的均布荷载作用下的挠度接近。因此，可采用下列近似公式验算等截面简支梁的挠度，即

$$\frac{v}{l}=\frac{5}{384}\frac{q_k l^3}{EI_x}=\frac{5}{48}\frac{q_k l^2 l}{8EI_x}\approx\frac{M_k l}{10EI_x}\leqslant\frac{[v]}{l} \qquad (4\text{-}12)$$

式中 q_k——均布荷载标准值；

        M_k——荷载标准值产生的最大弯矩；

        I_x——跨中毛截面惯性矩。

计算梁的挠度 v 时，取用的荷载标准值应与附表 3-1 规定的容许挠度值 $[v]$ 相对应。例如，对吊车梁，挠度 v 应按自重和起重量最大的一台吊车计算；对楼盖或工作平台梁，应分别验算全部荷载作用下产生的挠度和仅有可变荷载作用下产生的挠度。

【例题 4-1】 某一工作平台简支梁，跨度 $l=6\text{m}$，无侧向支撑。承受均布荷载，设计值为 20kN/m，荷载分项系数为 1.4。钢材为 Q235-B 钢，所选截面如图 4-7 所示。试验算该梁的强度与刚度是否满足要求。

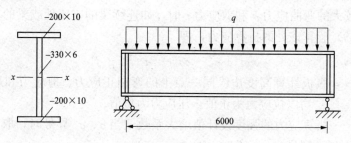

图 4-7 [例题 4-1] 图（尺寸单位：mm）

【解】   （1）梁截面内力计算。对均布荷载作用的简支梁，跨中截面剪力为零，弯矩最大，即

$$M = \frac{1}{8}ql^2 = \frac{1}{8} \times 20 \times 6^2 = 90(\text{kN} \cdot \text{m})$$

支座处截面弯矩为零，剪力最大，即

$$V = \frac{1}{2}ql = \frac{1}{2} \times 20 \times 6 = 60(\text{kN})$$

（2）截面特性计算

$$I_x = \frac{1}{12} \times 200 \times 350^3 - \frac{1}{12} \times 194 \times 330^3 = 1.34 \times 10^8 (\text{mm}^4)$$

$$W_x = \frac{I_x}{y} = \frac{1.34 \times 10^8}{350/2} = 765\ 714.3(\text{mm}^3)$$

$$S_{x,\text{max}} = \frac{1}{8} \times 6 \times 330^2 + 200 \times 10 \times \left(\frac{330}{2} + \frac{10}{2}\right) = 4.22 \times 10^5 (\text{mm}^3)$$

（3）跨中截面的弯曲正应力

$$\sigma_{\text{max}} = \frac{M_x}{\gamma_x W_x} = \frac{90 \times 10^6}{1.05 \times 765\ 714.3} = 111.9(\text{N/mm}^2) < f = 215(\text{N/mm}^2)$$

满足要求。

（4）支座截面的剪应力

$$\tau_{\text{max}} = \frac{VS_{x,\text{max}}}{I_x t_w} = \frac{60 \times 10^3 \times 4.22 \times 10^5}{1.34 \times 10^8 \times 6} = 31.5(\text{N/mm}^2) < f_v = 215(\text{N/mm}^2)$$

满足要求。

（5）支座处腹板上设置了支承加劲肋，局部压应力不必验算，因采用等截面设计，又不

考虑局部压应力，故一般也不需要验算折算应力。

（6）刚度验算。跨中挠度最大，即

$$v_{\max}=\frac{5q_kl^4}{384EI_x}=\frac{5\times(20/1.4)\times6000^4}{384\times2.06\times10^5\times1.34\times10^8}=8.7(\text{mm})<[v_Q]=\frac{6000}{500}=12(\text{mm})$$

满足要求。

4.3 梁的整体稳定

4.3.1 梁的整体失稳现象

梁主要用于承受弯矩，为了充分发挥材料的强度，其截面通常设计成高而窄的形式。如图 4-8 所示的工字形截面梁，荷载作用在最大刚度平面内。当荷载较小时，仅在弯矩作用平面内弯曲，当荷载增大到某一数值后，梁在弯矩作用平面内弯曲的同时，将突然发生侧向弯曲和扭转，并丧失继续承载的能力，这种现象称为梁的弯扭屈曲或整体失稳。梁维持其稳定平衡状态所承受的最大弯矩，称为临界弯矩。

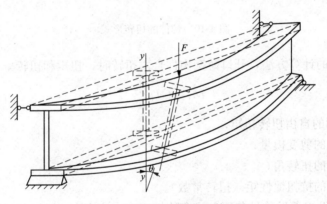

图 4-8　工字形截面梁的整体失稳

横向荷载的临界值和它沿梁高的作用位置有关。荷载作用在上翼缘时，如图 4-9（a）所示，在梁产生微小侧向位移和扭转的情况下，荷载 F 将产生绕剪力中心的附加扭矩 Fe，它将对梁侧向弯曲和扭转起促进作用，使梁加速丧失整体稳定。但当荷载 F 作用在梁的下翼缘时［见图 4-9（b）］，它将产生反方向的附加扭矩 Fe，有利于阻止梁的侧向弯曲扭转，延缓梁丧失整体稳定。后者的临界荷载（或临界弯矩）将高于前者。

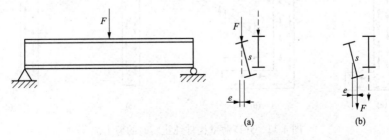

图 4-9　荷载位置对梁整体稳定的影响

4.3.2 梁的扭转

根据支承条件和荷载形式的不同，扭转可分为自由扭转［圣维南扭转，见图 4-10（a）］
和约束扭转［弯曲扭转，见图 4-10（b）］两种形式。

1. 自由扭转

非圆截面构件扭转时，原来为平面的横截面不再保持为平面，产生翘曲变形，即构件在
扭矩作用下，截面上各点沿杆轴方向产生位移。如果扭转时轴向位移不受任何约束，截面可
自由翘曲变形［见图 4-10（a）］，称为自由扭转。自由扭转时，各截面的翘曲变形相同，纵
向纤维保持直线且长度保持不变，截面上只有剪应力，没有纵向正应力。

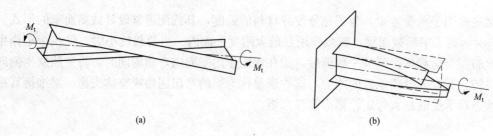

图 4-10　构件的扭转形式

根据弹性力学的计算方法，开口薄壁构件自由扭转时，扭矩和扭转率有如下关系

$$M_t = GI_t \frac{\mathrm{d}\varphi}{\mathrm{d}z} \tag{4-13}$$

式中　M_t——截面的自由扭转扭矩；

G——钢材的剪变模量；

φ——截面的扭转角；

I_t——截面的抗扭惯性矩（扭转常数）。

自由扭转时，开口薄壁构件截面上只有剪切应力，该应力在壁厚范围内构成一个封闭的
剪力流，如图 4-11 所示。剪应力的方向与壁厚中心线平行，其大小沿壁厚直线变化，中心
处为零，壁内、外边缘处最大。最大剪应力值为

$$\tau_t = \frac{M_t t}{I_t} \text{ 或 } \tau_t = Gt \frac{\mathrm{d}\varphi}{\mathrm{d}z} \tag{4-14}$$

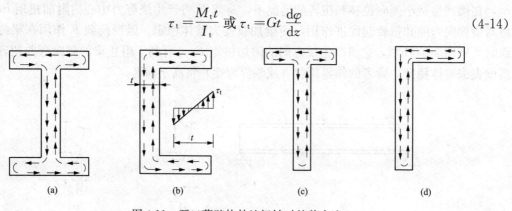

图 4-11　开口薄壁构件纯扭转时的剪力流

闭口薄壁构件自由扭转时，截面上剪应力的分布与开口截面完全不同。闭口截面壁厚两侧剪应力方向相同。由于壁薄，可认为剪应力 τ 沿厚度均匀分布，方向为切线方向（见图 4-12），可以证明任一处壁厚的 t 为一常数。这样，微元 ds 上的剪应力对原点的力矩为 $r\tau t\,ds$，总扭转力矩

$$M_t = \oint r\tau t\,ds = \tau t\oint r\,ds \tag{4-15}$$

式中　t——剪应力 τ 作用线至原点的距离；

$\oint r\,ds$——沿闭路曲线积分，为壁厚中心线所围成面积 A 的 2 倍。

因此

$$M_t = 2\tau t A$$
$$\tau = \frac{M_t}{2At} \tag{4-16}$$

2. 约束扭转

由于支承条件或外力作用方式使构件扭转时截面的翘曲受到约束，称为约束扭转［见图 4-10（b）］。约束扭转时，构件产生弯曲变形，截面上将产生纵向正应力，称为翘曲正应力。同时，还必然产生与翘曲正应力保持平衡的翘曲剪应力。

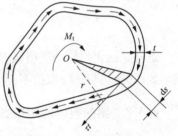

图 4-12　闭口截面的纯扭转

如图 4-13（a）所示的双轴对称工字形截面悬臂构件，在悬臂端处作用的外扭矩 M_T，使上、下翼缘向不同方向弯曲。由于悬臂端截面的翘曲变形最大，越靠近固定端截面的翘曲变形越小，在固定端处，翘曲变形完全受到约束，因此中间各截面受到不同程度的约束。

截面翘曲剪应力形成的翘曲扭矩 M_ω［见图 4-13（c）］与由自由扭转产生的扭矩 M_t［见图 4-13（b）］之和，应与外扭矩 M_T 相平衡，即

$$M_T = M_t + M_\omega \tag{4-17}$$

下面推导双轴对称工字形截面的翘曲扭矩 M_ω 的计算公式。

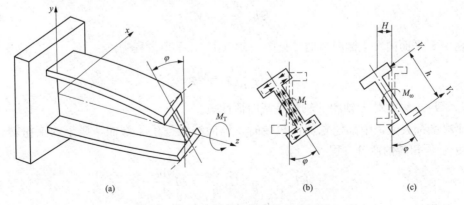

(a)　　　　　　　　　　　　(b)　　　　　(c)

图 4-13　工字形截面构件的约束扭转

对距固定端为 h 的任意截面，扭转角为 φ，上、下翼缘在水平方向的位移各为 u，则

$$u = \frac{h}{2}\varphi$$

根据弯矩曲率关系，一个翼缘的弯矩为

$$M_1 = -EI_1 \frac{\mathrm{d}^2 u}{\mathrm{d}z^2} = -EI_1 \frac{h}{2} \frac{\mathrm{d}^2 \varphi}{\mathrm{d}z^2}$$

一个翼缘的水平剪力为

$$V_1 = \frac{\mathrm{d}M_1}{\mathrm{d}z} = -EI_1 \frac{h}{2} \frac{\mathrm{d}^3 \varphi}{\mathrm{d}z^3}$$

式中 I_1——一个翼缘对 y 轴的惯性矩。

忽略腹板的影响，翘曲扭矩为

$$M_\omega = V_1 h = -EI_1 \frac{h^2}{2} \frac{\mathrm{d}^3 \varphi}{\mathrm{d}z^3} \tag{4-18}$$

令 $I_1 h^2 / 2 = I_\omega$，并将式（4-18）M_ω 值代入式（4-17），得

$$M_\mathrm{T} = -EI_\omega \frac{\mathrm{d}^3 \varphi}{\mathrm{d}z^3} + GI_\mathrm{t} \frac{\mathrm{d}\varphi}{\mathrm{d}z} \tag{4-19}$$

这就是约束扭转的平衡微方程，虽然此方程由双轴对称工字形截面导出，但也适用于其他形式截面，只是 I_ω 取值不同。

4.3.3 梁的整体稳定系数

1. 梁的整体稳定系数的计算

图 4-14（a）所示为一梁端简支双轴对称工字形截面纯弯曲梁，梁两端均承受弯矩 M 作用，弯矩沿梁长均匀分布。这里所指的"简支"符合夹支条件，即支座处截面可自由翘曲，能绕 x 轴和 y 轴转动，但不能绕 z 轴转动，也不能侧向移动。

设固定坐标为（x，y，z），弯矩 M 达到一定数值屈曲变形后，相应的移动坐标为（x'，y'，z'），截面形心在 x、y 轴方向的位移分别为 u、v，截面扭转角为 φ。在图 4-14（b）和图 4-14（d）中，弯矩用双箭头向量表示，其方向按向量的右手规则确定。

梁在最大刚度平面内（$y'z'$ 平面）发生弯曲［见图 4-14（c）］，平衡方程为

$$-EI_x \frac{\mathrm{d}^2 v}{\mathrm{d}z^2} = M \tag{4-20}$$

梁在 $x'z'$ 平面内发生侧向弯曲［见图 4-14（d）］，平衡方程为

$$-EI_y \frac{\mathrm{d}^2 u}{\mathrm{d}z^2} = M\varphi \tag{4-21}$$

式中 I_x、I_y——梁对 x 轴和 y 轴的毛截面惯性矩。

由于梁端部夹支，中部任意截面扭转时，纵向纤维发生了弯曲，属于约束扭转。根据式（4-19），得扭转的微分方程

$$-EI_\omega \frac{\mathrm{d}^3 \varphi}{\mathrm{d}z^3} + GI_\mathrm{t} \frac{\mathrm{d}\varphi}{\mathrm{d}z} = M \frac{\mathrm{d}u}{\mathrm{d}z} \tag{4-22}$$

可得到 φ 的弯扭屈曲微分方程

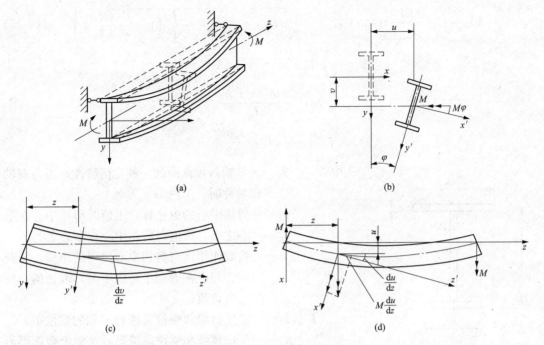

图 4-14　梁的侧向弯扭屈曲

$$EI_\omega \frac{\mathrm{d}^4\varphi}{\mathrm{d}z^4} - GI_t \frac{\mathrm{d}^2\varphi}{\mathrm{d}z^2} - \frac{M^2}{EI_y}\varphi = 0 \qquad (4\text{-}23)$$

假设两端简支梁的扭转角为正弦曲线分布，即

$$\varphi = C\sin\frac{\pi z}{l}$$

将 φ 及其二阶导数和四阶导数代入式（4-23）中，得

$$\left[EI_\omega\left(\frac{\pi}{l}\right)^4 + GI_t\left(\frac{\pi}{l}\right)^2 - \frac{M^2}{EI_y}\right]C\sin\frac{\pi}{l} = 0 \qquad (4\text{-}23a)$$

使式（4-23a）在任何 z 值都成立的条件是方括号中的数值为零，即

$$EI_\omega\left(\frac{\pi}{l}\right)^4 + GI_t\left(\frac{\pi}{l}\right)^2 - \frac{M^2}{EI_y} = 0 \qquad (4\text{-}23b)$$

式（4-23b）中的 M 就是双轴对称工字形截面简支梁纯弯曲时的临界弯矩

$$M_{cr} = \frac{\pi}{l}\sqrt{EI_y GI_t}\sqrt{1 + \frac{\pi^2}{l^2}\frac{EI_y}{GI_t}} \qquad (4\text{-}24)$$

式中　EI_y——侧向抗弯刚度；

　　　GI_t——自由扭转刚度；

　　　EI_ω——翘曲刚度。

　　式（4-24）是根据双轴对称工字形截面简支梁纯弯曲时推导的临界弯矩。由式（4-24）可知，梁整体稳定的临界荷载与梁的侧向抗弯刚度、抗扭刚度、翘曲刚度及梁的跨度有关。

　　加强梁的受压上翼缘，有利于提高梁的整体稳定。单轴对称截面简支梁（见图 4-15）在不同荷载作用下，根据弹性稳定理论可推导出其临界弯矩的通用计算公式，即

$$M_{cr} = C_1 \frac{\pi^2 E I_y}{l^2} \left[C_2 \alpha + C_3 \beta_y + \sqrt{(C_2 \alpha + C_3 \beta_y)^2 + \frac{I_w}{I_y} \left(1 + \frac{l^2}{\pi^2} \frac{G I_t}{E I_w}\right)} \right] \quad (4\text{-}25)$$

$$\beta_y = \frac{1}{2 I_x} \int_A y(x^2 + y^2) \mathrm{d}A - y_0$$

$$y_0 = -\frac{I_1 h_1 - I_2 h_2}{I_y}$$

$$I_1 = \frac{t_1 b_1^3}{12}, I_2 = \frac{t_2 b_2^3}{12}$$

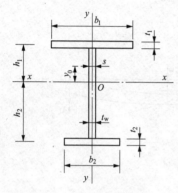

图 4-15　单轴对称截面

式中　　β_y——单轴对称截面的一种几何特性，当为双轴对称时，$\beta_y = 0$；

y_0——剪切中心的纵坐标，正值时剪切中心在形心之下，负值时剪切中心在形心之上；

a——荷载作用点与剪切中心之间的距离，当荷载作用点在剪切中心以下时，取正值，反之取负值；

I_1、I_2——受压翼缘和受拉翼缘对 y 轴的惯性矩；

h_1、h_2——受压翼缘和受拉翼缘形心至整个截面形心的距离；

C_1、C_2、C_3——根据荷载类型而定的系数，其值见表 4-2。

上述所有纵坐标均以截面形心为原点，y 轴指向下方时为正向。

式（4-25）已为国内外许多试验研究所证实，并为许多国家制定设计规范时所参考采用。

表 4-2　　　　　　　　　　　　　　　　C_1、C_2 和 C_3 系数

荷载情况	系数		
	C_1	C_2	C_3
跨度中点集中荷载	1.35	0.55	0.40
满跨均布荷载	1.13	0.46	0.53
纯弯曲	1.00	0	1.00

由式（4-24）可得双轴对称工字形截面简支梁的临界应力

$$\sigma_{cr} = \frac{M_{cr}}{W_x} \quad (4\text{-}26)$$

式中　W_x——梁对 x 轴的毛截面模量。

梁的整体稳定应满足

$$\sigma = \frac{M_x}{W_x} \leqslant \frac{\sigma_{cr}}{\gamma_R} = \frac{\sigma_{cr}}{f_y} \frac{f_y}{\gamma_R} = \varphi_b f$$

$$\varphi_b = \frac{\sigma_{cr}}{f_y}$$

式中　φ_b——梁的整体稳定系数。

为了简化计算，《钢结构设计标准》（GB 50017—2017）取

$$I_t = \frac{1.25}{3}\sum b_i t_i^3 \approx \frac{1}{3}At_1^2$$

$$I_w = \frac{I_y h^2}{4}$$

式中　A——梁的毛截面面积。

代入数值 $E=206\times10^3\,\text{N/mm}^2$，$E/G=2.6$，令 $I_y=Ai_y^2$，$l/i_y=\lambda_y$，并取 Q235 钢 $f_y=235\,\text{N/mm}^2$，得到稳定系数的近似值

$$\varphi_b = \frac{4320}{\lambda_y^2}\frac{Ah}{W_x}\sqrt{1+\left(\frac{\lambda_y t_1}{4.4h}\right)^2}\frac{235}{f_y} \tag{4-27}$$

式中　t_1——受压翼缘厚度。

实际工程中梁受纯弯曲的情况很少。当梁受任意横向荷载时，临界弯矩的理论值应按式（4-25）计算，并可求得相应的稳定系数 φ_b。但这样的计算很复杂，所以通常选取较多的常用截面尺寸，应用计算机进行计算和数值统计分析，得出不同荷载作用下的稳定系数与纯弯曲作用下稳定系数的比值 β_b。同时，为了能够应用于单轴对称焊接工字形截面简支梁的一般情况，梁整体稳定系数 φ_b 的计算公式可以表述为

$$\varphi_b = \beta_b \frac{4320}{\lambda_y^2}\frac{Ah}{W_x}\left[\sqrt{1+\left(\frac{\lambda_y t_1}{4.4h}\right)^2}+\eta_b\right]\frac{235}{f_y} \tag{4-28}$$

式中　β_b——梁整体稳定的等效弯矩系数，按附表 4-1 采用。

　　λ_y——梁在侧向支承点间对截面弱轴（y 轴）的长细比。

　　h——梁截面的全高。

　　η_b——截面不对称的影响系数［双轴对称截面，如图 4-16（a）、（d）所示，$\eta_b=0$；单轴对称工字形截面，如图 4-16（b）、（c）所示，加强受压翼缘 $\eta_b=0.8(2\alpha_b-1)$，加强受拉翼缘 $\eta_b=2\alpha_b-1$。这里，$\alpha_b=\dfrac{I_1}{I_1+I_2}$，其中，$I_1$ 和 I_2 分别为受压翼缘和受拉翼缘对 y 轴的惯性矩］。

上述整体稳定系数是按弹性稳定理论求得的。研究证明，当求得的 φ_b 大于 0.6 时，梁已进入非弹性工作阶段，整体稳定临界应力有明显的降低，必须对 φ_b 进行修正。《钢结构设计标准》（GB 50017—2017）规定，当按上述公式计算的 φ_b 大于 0.6 时，采用式（4-29）求得的 φ_b' 代替 φ_b 进行梁的整体稳定计算，即

$$\varphi_b' = 1.07 - \frac{0.282}{\varphi_b} \leqslant 1.0 \tag{4-29}$$

轧制普通工字钢简支梁整体稳定系数 φ_b 可直接按附表 4-2 采用，当所得的 φ_b 值大于 0.6 时，应采用式（4-29）计算的 φ_b' 代替 φ_b 值。

轧制槽钢简支梁的整体稳定系数，不论荷载的形式和荷载作用点在截面高度上的位置如何，均可按式（4-30）计算，即

$$\varphi_b = \frac{570bt}{l_1 h}\frac{235}{f_y} \tag{4-30}$$

式中　h、b、t——槽钢截面的高度、翼缘宽度和平均厚度。

按式（4-30）算得的 φ_b 大于 0.6 时，应采用式（4-29）计算的 φ_b' 代替 φ_b 值。

双轴对称工字形等截面（含 H 型钢）悬臂梁的整体稳定系数，可按式（4-28）计算，

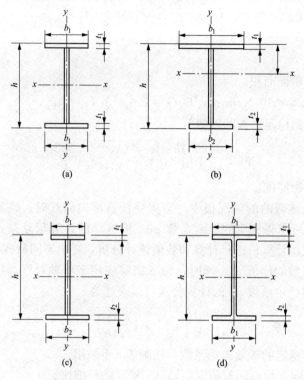

图 4-16　焊接工字形和轧制 H 型钢截面

但式中系数 β_b 应按附表 4-3 查得，$\lambda_y = l_1/i_y$（l_1 为悬臂梁的悬伸长度），当求得的 φ_b 大于 0.6 时，应采用式（4-29）计算的 φ_b' 代替 φ_b 值。

2. 梁的整体稳定系数的近似计算

承受均布弯矩的梁，当 $\lambda_y \leqslant 120\sqrt{\dfrac{235}{f_y}}$ 时，其整体稳定系数 φ_b 可按下列近似公式计算。

（1）工字形（H形）截面。

双轴对称时

$$\varphi_b = 1.07 - \frac{\lambda_y^2}{44\,000} \frac{f_y}{235} \tag{4-31}$$

单轴对称时

$$\varphi_b = 1.07 - \frac{W_x}{(2\alpha_b + 0.1)Ah} \frac{\lambda_y^2}{14\,000} \frac{f_y}{235} \tag{4-32}$$

（2）T 形截面（弯矩作用在对称轴平面）。

1）弯矩使翼缘受压时。

双角钢 T 形截面

$$\varphi_b = 1 - 0.0017\lambda_y \sqrt{\frac{f_y}{235}} \tag{4-33}$$

剖分 T 型钢和两板组合 T 形截面

$$\varphi_b = 1 - 0.0022\lambda_y \sqrt{\frac{f_y}{235}} \tag{4-34}$$

2）弯矩使翼缘受拉，且腹板宽厚比不大于 $18\sqrt{\dfrac{235}{f_y}}$ 时

$$\varphi_b = 1 - 0.0005\lambda_y\sqrt{\dfrac{f_y}{235}} \tag{4-35}$$

按式（4-31）～式（4-35）算得的 φ_b 值大于 0.6 时，不需要换算成 φ'_b，当按式（4-31）和式（4-32）算得的 φ_b 值大于 1.0 时，取 $\varphi_b=1.0$。

4.3.4 梁的整体稳定计算

1. 梁的整体稳定保证

为了提高梁的整体稳定，当梁上有密铺的刚性铺板（如楼盖梁的楼面板或公路桥、人行天桥的面板等）时，应使之与梁的受压翼缘牢固连接；当无刚性铺板或铺板与梁受压翼缘连接不可靠时，则应设置平面支撑。楼盖或工作平台梁格的平面支撑包括横向平面支撑和纵向平面支撑两种。横向支撑使主梁受压翼缘的自由长度由跨长减小为 l_1（次梁间距），纵向支撑是为了保证整个楼面的横向刚度。

当符合下列情况之一时，梁的整体稳定可以得到保证，不必计算。

（1）有刚性铺板密铺在梁的受压翼缘上并与其牢固连接，能阻止梁受压翼缘的侧向位移。

（2）H 型钢或工字形等截面简支梁受压翼缘的自由长度 l_1 与其宽度 b_1 之比不超过表 4-3 所规定的数值。

（3）箱形截面简支梁，其截面尺寸（见图 4-17）满足 $h/b_0 \leqslant 6$，且 $l_1/b_0 < 95\sqrt{235/f_y}$。

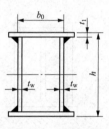

图 4-17 箱形截面

表 4-3　H 型钢或等截面工字形简支梁不需计算整体稳定的 l_1/b_1 最大值

钢号	跨中无侧向支承点的梁		跨中受压翼缘有侧向支承点的梁，不论荷载作用于何处
	荷载作用在上翼缘	荷载作用在下翼缘	
Q235	13.0	20.0	16.0
Q345	10.5	16.5	13.0
Q390	10.0	15.5	12.5
Q420	9.5	15.0	12.0
Q460	9.0	14.0	11.0

注　其他钢号的梁不需计算整体稳定的 l_1/b_1 最大值，应取 Q235 钢的数值乘以 $\sqrt{235/f_y}$。

2. 梁的整体稳定计算公式

当不满足不必计算整体稳定的条件时，《钢结构设计标准》（GB 50017—2017）规定的梁的整体稳定计算公式为

$$\dfrac{M_x}{\varphi_b M_x} \leqslant f \tag{4-36}$$

式中　M_x——绕强轴作用的最大弯矩；

　　　W_x——按受压纤维确定的梁毛截面模量；

　　　φ_b——梁的整体稳定系数。

　　当梁的整体稳定承载力不足时，可采用加大梁的截面尺寸或增加侧向支撑的办法予以解决，前一种办法中以增大受压翼缘的宽度最有效。

　　必须注意，不论梁是否需要计算整体稳定，梁的支撑处均应采取构造措施以阻止其端截面的扭转（见图 4-18）。

　　用作减小梁受压翼缘自由长度的侧向支撑，应将梁的受压翼缘视为轴心压杆计算支承力。支撑应设置在（或靠近）梁的受压翼缘平面。

　　【例题 4-2】　一焊接工字形截面简支梁，跨度 $l=12$m，无侧向支撑。跨度中央处上翼缘作用一集中静荷载，标准值为 $P_k=300$kN，其中恒荷载占 20%（$\gamma_G=1.2$），活荷载占 80%（$\gamma_Q=1.4$）。钢材采用 Q235 钢。所选截面如图 4-19 所示，试验算该梁的整体稳定是否满足要求。

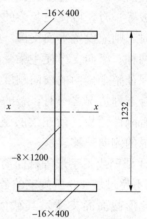

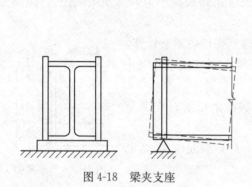

图 4-18　梁夹支座

图 4-19　［例题 4-2］图（尺寸单位：mm）

　　【解】　（1）跨中最大弯矩。荷载设计值为

$$P=1.2\times 0.2P_k+1.4\times 0.8P_k=408(\text{kN})$$

$$M_x=\frac{1}{4}Pl=\frac{1}{4}\times 408\times 12=1224(\text{kN}\cdot\text{m})$$

　　（2）截面的几何特性。

截面面积为

$$A=2\times 40\times 1.6+120\times 0.8=224(\text{cm}^2)$$

惯性矩为

$$I_x=\frac{1}{12}\times 0.8\times 120^3+2\times 40\times 1.6\times 60.8^2=588\,370(\text{cm}^4)$$

$$I_y=2\times\frac{1}{12}\times 1.6\times 40^3=17\,067(\text{cm}^4)$$

截面模量为

$$W_x=\frac{2I_x}{h}=\frac{2\times 588\,370}{123.2}=9551(\text{cm}^3)$$

回转半径为

$$i_y=\sqrt{\frac{I_y}{A}}=\sqrt{\frac{17\,067}{224}}=8.7(\text{cm})$$

（3）梁的整体稳定系数

$$\varphi_{\rm b}=\beta_{\rm b}\frac{4320}{\lambda_y^2}\frac{Ah}{W_x}\left[\sqrt{1+\left(\frac{\lambda_y t_1}{4.4h}\right)^2}+\eta_{\rm b}\right]\frac{235}{f_y}$$

由附表 4-1 可知，$\xi=\dfrac{l_1 t_1}{bh}=\dfrac{1200\times1.6}{40\times123.2}=0.390<2.0$，则梁整体稳定等效弯矩系数为

$$\beta_{\rm b}=0.73+0.18\xi=0.73+0.18\times0.390=0.800$$

侧向长细比为

$$\lambda_y=\frac{l_1}{i_y}=\frac{1200}{8.7}=137.9$$

$$\eta_{\rm b}=0（对称截面）$$

代入式（4-28），得

$$\varphi_{\rm b}=0.800\times\frac{4320}{137.9^2}\times\frac{224\times123.2}{9551}\left[\sqrt{1+\left(\frac{137.9\times1.6}{4.4\times123.2}\right)^2}+0\right]\frac{235}{235}=0.567<0.6$$

（4）梁的整体稳定验算

$$\frac{M_x}{\varphi_{\rm b}W_x}=\frac{1224\times10^6}{0.567\times9551\times10^3}=226.02({\rm N/mm^2})>f=215({\rm N/mm^2})$$

则该梁的整体稳定不满足要求，可采取增加侧向支撑或增大受压翼缘宽度的方法予以解决。

4.4　梁的局部稳定和腹板加劲肋设计

组合梁一般由翼缘和腹板焊接而成，如果采用的板件宽（高）而薄，板中压应力或剪应力达到某数值后，受压翼缘［见图 4-20（a）］或腹板［见图 4-20（b）］可能偏离其平面位置，出现波形凸曲，这种现象称为梁局部失稳。

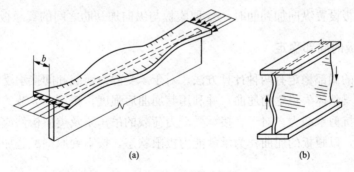

(a)   (b)

图 4-20　梁的局部失稳形式

热轧型钢板件宽（高）厚比较小，能够满足局部稳定要求，不需要计算。

4.4.1　受压翼缘的局部稳定

梁的受压翼缘板主要承受均布压应力作用。为了充分发挥材料强度，翼缘应采用一定厚度的钢板，使其临界应力 $\sigma_{\rm cr}$ 不低于钢材的屈服点 f_y，从而保证翼缘不丧失稳定。一般采用限制宽厚比的方法来保证梁受压翼缘的稳定。

受压翼缘板的屈曲临界应力计算公式为

$$\sigma_{cr} = \frac{\chi k \pi^2 E}{12(1-\nu^2)} \left(\frac{t}{b}\right)^2 \tag{4-37a}$$

式中 t——翼缘板的厚度;

b——翼缘板的外伸宽度。

对不需要验算疲劳的梁,按式(4-4)和式(4-5)计算其抗弯强度时,已考虑截面部分发展塑性,因而整个翼缘板已进入塑性,但在和压应力相垂直的方向,材料仍然是弹性的。这种情况属正交异性板,其临界应力的精确计算比较复杂,一般用 $\sqrt{\eta} E$ 代替 E 来考虑这种弹塑性的影响。

将 $E = 206 \times 10^3 \text{N/mm}^2$, $\nu = 0.3$ 代入式(4-37a),可得

$$\sigma_{cr} = 18.6 \chi k \sqrt{n} \left(\frac{100t}{b}\right)^2 \tag{4-37b}$$

受压翼缘板的外伸部分为三边简支板,其屈曲系数 $k = 0.425$。支承翼缘板的腹板一般较薄,对翼缘的约束作用很小,因此取弹性嵌固系数 $\chi = 1.0$。如令 $\eta = 0.25$,由 $\sigma_{cr} \geqslant f_y$ 得

$$\frac{b}{t} \leqslant 13 \sqrt{\frac{235}{f_y}} \tag{4-38a}$$

当梁在弯矩 M_x 作用下的强度按弹性计算时,即取 $\gamma_x = 1.0$ 时限值可放宽为

$$\frac{b}{t} \leqslant 15 \sqrt{\frac{235}{f_y}} \tag{4-38b}$$

箱形截面梁两腹板之间的翼缘部分,相当于四边简支单向均匀受压板,屈曲系数 $k = 4.0$。如令 $\chi = 1.0$, $\eta = 0.25$,由 $\sigma_{cr} \geqslant f_y$ 得

$$\frac{b_0}{t} \leqslant 40 \sqrt{\frac{235}{f_y}} \tag{4-39}$$

当受压翼缘板设置纵向加劲肋时,b_0 取腹板与纵向加劲肋之间的翼缘板无支承宽度。

4.4.2 腹板的局部稳定

组合梁腹板的局部稳定有两种计算方法。对于承受静力荷载和间接承受动力荷载的组合梁,允许腹板在梁整体失稳之前屈曲,并利用其屈曲后强度,按第 4.5 节的规定布置加劲肋并计算其抗弯和抗剪承载力。对于直接承受动力荷载的吊车梁及类似构件或其他不考虑屈曲后强度的组合梁,以腹板的屈曲作为承载能力极限状态,按下列原则配置加劲肋,并计算腹板的稳定。

1. 临界应力的计算

为了提高腹板的稳定性,可增加腹板的厚度,也可设置腹板加劲肋,后一措施往往比较经济。腹板加劲肋和翼缘使腹板成为若干四边支承的矩形板区格,这些区格一般受弯曲应力、剪应力及局部压应力的共同作用。在弯曲应力单独作用下,腹板的失稳形式如图 4-21(a)所示,凸凹波形的中心靠近其压应力合力的作用线。在剪应力单独作用下,腹板在 45°方向产生主应力,主拉应力和主压应力在数值上都等于剪应力。在主压应力作用下,腹板失稳形式如图 4-21(b)所示,产生大约 45°方向倾斜的凸凹波形。在局部压应力单独作用下,腹板的失稳形式如图 4-21(c)所示,产生一个靠近横向压应力作用边缘的鼓曲面。

对于可能因剪应力或局部压应力引起屈曲的腹板，应隔一定距离设置横向加劲肋；对于可能因弯曲压应力引起屈曲的腹板，宜在受压区距受压翼缘 $h_0/5 \sim h_0/4$ 处设置纵向加劲肋。加劲肋的布置形式如图 4-22 所示。图 4-22（a）仅设置横向加劲肋，图 4-22（b）、（c）同时设置横向加劲肋和纵向加劲肋，图 4-22（d）除设置横向加劲肋和纵向加劲肋外，还设置短加劲肋。在横、纵向加劲肋交叉处应切断纵向加劲肋，使横向加劲肋贯通，尽可能使纵向加劲肋两端支承于横向加劲肋。

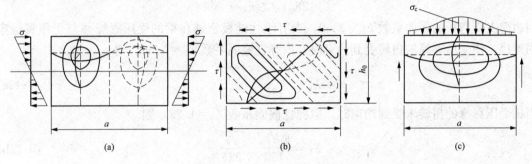

(a)　　　　　　　　　　(b)　　　　　　　　　　(c)

图 4-21　梁腹板的失稳形式

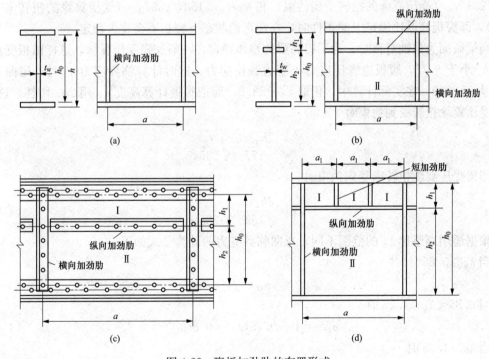

图 4-22　腹板加劲肋的布置形式

计算腹板区格在弯曲应力、剪应力和局部压应力单独作用下的各项屈曲临界应力时，《钢结构设计标准》（GB 50017—2017）采用国际上通行的表达方式，引入了腹板通用高厚比的概念，同时考虑了腹板的几何缺陷和材料的非弹性性能的影响。

（1）弯曲临界应力。用于抗弯计算的腹板通用高厚比为

$$\lambda_b = \sqrt{\frac{f_y}{\sigma_{cr}}} \tag{4-40}$$

式中　f_y——钢材的屈服点；

　　　σ_{cr}——理想平板受弯时的弹性临界应力。

　　将 $E=206\times10^3\,N/mm^2$，$\nu=0.3$ 代入式（4-40），则

$$\lambda_b = \frac{h_0/t_w}{28.1\sqrt{\chi_b k_b}} \sqrt{\frac{f_y}{235}} \tag{4-41}$$

四边简支受弯板的屈曲系数 $k_b=23.9$，当有刚性铺板密铺在梁的受压翼缘并与受压翼缘牢固连接，使受压翼缘的扭转受到约束时，取弹性嵌固系数 $\chi_b=1.66$，则

$$\lambda_b = \frac{h_0/t_w}{177} \sqrt{\frac{f_y}{235}} \tag{4-42a}$$

当梁受压翼缘的扭转未受到约束时，取弹性嵌固系数 $\chi_b=1.23$，则

$$\lambda_b = \frac{h_0/t_w}{153} \sqrt{\frac{f_y}{235}} \tag{4-42b}$$

若取 $\sigma_{cr} \geqslant f_y$，以保证腹板在最大受压边缘屈服前不发生屈曲，则分别得到 $h_0/t_w \leqslant 177\sqrt{235/f_y}$（受压翼缘的扭转受到约束）和 $h_0/t_w \leqslant 153\sqrt{235/f_y}$（受压翼缘的扭转未受到约束），即腹板高厚比满足上面条件时，在纯弯曲状态下腹板不会丧失稳定。

　　当梁截面为单轴对称时，为了提高梁的整体稳定，一般加强受压翼缘，这样腹板受压区高度 h_c 小于 $h_0/2$，腹板边缘压应力小于边缘拉应力。这时计算临界应力 σ_{cr} 时，屈曲系数 k_b 应大于 23.9。在实际计算中，仍取 $k_b=23.9$，而把腹板计算高度 h_0 用 $2h_c$ 代替。这样，当梁受压翼缘扭转受到约束时

$$\lambda_b = \frac{2h_c/t_w}{177} \sqrt{\frac{f_y}{235}} \tag{4-43a}$$

当梁受压翼缘扭转未受到约束时

$$\lambda_b = \frac{2h_c/t_w}{153} \sqrt{\frac{f_y}{235}} \tag{4-43b}$$

　　根据通用高厚比 λ_b 的范围不同，弯曲临界应力的计算公式如下：

当 $\lambda_b \leqslant 0.85$

$$\sigma_{cr} = f \tag{4-44a}$$

当 $0.85 < \lambda_b \leqslant 1.25$ 时

$$\sigma_{cr} = [1 - 0.75(\lambda_b - 0.85)]f \tag{4-44b}$$

当 $\lambda_b > 1.25$ 时

$$\sigma_{cr} = 1.1f/\lambda_b^2 \tag{4-44c}$$

式中　f——钢材的抗弯强度设计值。

　　式（4-44a）～式（4-44c）三个公式分别属于塑性、弹塑性和弹性范围，各范围之间的界限确定原则为：对于既无几何缺陷又无残余应力的理想弹塑性板，并不存在弹塑性过渡区，塑性范围和弹性范围的分界点应是 $\lambda_b=1.0$，当 $\lambda_b=1.0$ 时，$\sigma_{cr}=f_y$。实际工程中的板由于存在缺陷，在 λ_b 未达到 1.0 之前临界应力就开始下降。《钢结构设计标准》（GB

50017—2017) 取 $\lambda_b=0.85$，即腹板边缘应
力达到强度设计值时高厚比分别为 150（受
压翼缘扭转受到约束）和 130（受压翼缘扭
转未受到约束）。计算梁整体稳定时，当稳
定系数 φ_b 大于 0.6 时需做非弹性修正，相
应的 λ_b 为 $(1/0.6)^{1/2}=1.29$。考虑残余应力
对腹板稳定的不利影响小于对梁整体稳定的
影响，取 $\lambda_b=1.25$。临界应力 (σ_{cr}) 和腹板
通用高厚比 (λ_b) 的关系曲线如图 4-23
所示。

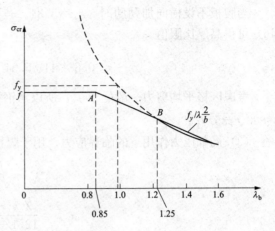

图 4-23　σ_{cr}-λ_b 曲线

　　(2) 剪切临界应力。用于抗剪计算的腹
板通用高厚比为

$$\lambda_s=\sqrt{\frac{f_{vy}}{\tau_{cr}}} \qquad (4\text{-}45)$$

$$\tau_{cr}=\frac{\chi_s k_s \pi^2 E}{12(1-\nu^2)}\left(\frac{t_w}{h_0}\right)^2$$

式中　f_{vy}——钢材的剪切屈服强度；

　　　　τ_{cr}——理想平板受剪时的弹性临界应力。

　　将 $E=206\times10^3\,\mathrm{N/mm^2}$，$\nu=0.3$，$\chi_s=1.23$ 代入式 (4-45)，则

$$\lambda_s=\frac{h_0/t_w}{41\sqrt{k_s}}\sqrt{\frac{f_y}{235}} \qquad (4\text{-}46)$$

受剪腹板的屈曲系数 k_s 和腹板区格的长宽比 a/h_0 有关。

当 $a/h_0\leqslant1.0$ 时

$$k_s=4+5.34(h_0/a)^2 \qquad (4\text{-}47a)$$

当 $a/h_0>1.0$ 时

$$k_s=5.34+4(h_0/a)^2 \qquad (4\text{-}47b)$$

式中　a——腹板横向加劲肋的间距。

　　根据通用高厚比 λ_s 的范围不同，剪切临界应力的计算公式如下：

当 $\lambda_s\leqslant0.8$ 时

$$\tau_{cr}=f_v \qquad (4\text{-}48a)$$

当 $0.8<\lambda_s\leqslant1.2$ 时

$$\tau_{cr}=[1-0.59(\lambda_s-0.8)]f_v \qquad (4\text{-}48b)$$

当 $\lambda_s>1.2$ 时

$$\tau_{cr}=1.1f_v/\lambda_s^2 \qquad (4\text{-}48c)$$

式中　f_v——钢材的抗剪切强度设计值。

　　塑性和弹性界限分别取 $\lambda_s=0.8$ 和 $\lambda_s=1.2$，前者参考欧盟规范 EC3-EVN—1993 采用。
后者认为钢材剪切比例极限为 $0.8f_{vy}$，再引入板件几何缺陷影响系数 0.9，弹性界限应为
$[1/(0.8\times0.9)]^{1/2}=1.18$，调整为 1.20。

当腹板不设横向加劲肋时，$k_s = 5.34$。若要求 $\sigma_{cr} = f_v$，则 λ_s 不应大于 0.8，由式（4-46）可得高厚比限值

$$\frac{h_0}{t_w} \leqslant 0.8 \times 41\sqrt{5.34}\sqrt{\frac{235}{f_y}} = 75.8\sqrt{\frac{235}{f_y}}$$

考虑区格平均剪力一般低于 f_v，所以《钢结构设计标准》（GB 50017—2017）规定限值为 $80\sqrt{235/f_y}$。

（3）局部压力作用下的临界应力。用于腹板抗局部压力作用时的通用高厚比

$$\lambda_c = \sqrt{\frac{f_y}{\sigma_{c,cr}}} \tag{4-49}$$

$$\sigma_{c,cr} = \frac{\chi_c k_c \pi^2 E}{12(1-\nu^2)}\left(\frac{t_w}{h_0}\right)^2$$

式中　$\sigma_{c,cr}$——理想平板受局部压力时的弹性临界应力。

将 $E = 206 \times 10^3 \text{N/mm}^2$，$\nu = 0.3$，代入式（4-49），得

$$\lambda_c = \frac{h_0/t_w}{28\sqrt{\chi_c k_c}}\sqrt{\frac{f_y}{235}} \tag{4-50}$$

承受局部压力的板翼缘对腹板的弹性嵌固系数

$$\chi_c = 1.81 - 0.255\frac{h_0}{a} \tag{4-51}$$

与弹性嵌固系数相配合的屈曲系数如下：

当 $0.5 \leqslant a/h_0 \leqslant 1.5$ 时

$$k_c = \left(7.4 + 4.5\frac{h_0}{a}\right)\frac{h_0}{a} \tag{4-52a}$$

当 $1.5 < a/h_0 \leqslant 2.0$ 时

$$k_c = \left(11 - 0.9\frac{h_0}{a}\right)\frac{h_0}{a} \tag{4-52b}$$

计算 $\chi_c k_c$ 比较复杂，进行简化后代入式（4-50），则 λ_c 的表达式如下：

当 $0.5 \leqslant a/h_0 \leqslant 1.5$ 时

$$\lambda_c = \frac{h_0/t_w}{28\sqrt{10.9 + 13.4(1.83 - a/h_0)^3}}\sqrt{\frac{f_y}{235}} \tag{4-53a}$$

当 $1.5 < a/h_0 \leqslant 2.0$ 时

$$\lambda_c = \frac{h_0/t_w}{28\sqrt{18.9 - 5a/h_0}}\sqrt{\frac{f_y}{235}} \tag{4-53b}$$

根据通用高厚比 λ_c 的范围不同，计算临界应力 $\sigma_{c,cr}$ 的公式如下：

当 $\lambda_c \leqslant 0.9$ 时

$$\sigma_{c,cr} = f \tag{4-54a}$$

当 $0.9 < \lambda_c \leqslant 1.2$ 时

$$\sigma_{c,cr} = [1 - 0.79(\lambda_c - 0.9)]f \tag{4-54b}$$

当 $\lambda_c > 1.2$ 时

$$\sigma_{c,cr} = 1.1f/\lambda_c^2 \tag{4-54c}$$

在以上三组临界应力公式［式（4-44）、式（4-48）和式（4-54）］中，式（4-44a）、式（4-48a）、式（4-54a）和式（4-44b）、式（4-48b）、式（4-54b）都引进了抗力分项系数，对高厚比很小的腹板，临界应力等于强度设计值 f 或 f_v，而不是屈服点 f_y 或 f_{vy}。但是式（4-44c）、式（4-48c）和式（4-54c）都乘以系数 1.1，它是抗力分项系数的近似值，即式（4-44c）、式（4-48c）和式（4-54c）的临界应力就是弹性屈服点的理论值，即不再除以抗力分项系数。这是因为板处于弹性范围时，具有较大的屈曲后强度。

2. 腹板局部稳定的计算

计算腹板的局部稳定时，应首先布置加劲肋，然后进行局部稳定验算，若不满足要求（不足或裕量太大），应调整加劲肋间距，重新验算。

经计算分析，不考虑腹板屈曲后强度时，组合梁腹板宜按下列规定配置加劲肋：

（1）当 $h_0/t_w \leqslant 80\sqrt{235/f_y}$ 时，对有局部压应力（$\sigma_c \neq 0$）的梁，应按构造配置横向加劲肋；但对无局部压应力（$\sigma_c \neq 0$）的梁，可不配置加劲肋。

（2）当 $h_0/t_w > 80\sqrt{235/f_y}$ 时，应配置横向加劲肋。其中，当 $h_0/t_w > 170\sqrt{235/f_y}$（受压翼缘扭转受到约束，如连有刚性铺板、制动板或焊有钢轨）或 $h_0/t_w > 150\sqrt{235/f_y}$（受压翼缘扭转未受到约束），或按计算需要时，应在弯曲应力较大区格的受压区配置纵向加劲肋。局部压应力很大的梁，必要时尚宜在受压区配置短加劲肋。

在任何情况下，h_0/t_w 均不应超过 250。此处 h_0 为腹板的计算高度，t_w 为腹板的厚度。对于单轴对称梁，当确定要配置纵向加劲肋时，h_0 应取为腹板受压区高度 h_c 的 2 倍。

（3）梁的支座处和上翼缘受较大固定集中荷载处，宜设置支承加劲肋。

1）配置横向加劲肋的腹板。在两横向加劲肋之间的板段，可能同时承受弯曲应力 σ、剪应力 τ 和局部压应力 σ_c 的共同作用，当这些应力的组合达到某一值时，腹板将由平板稳定状态转变为微曲的平衡状态。

仅配置横向加劲肋的腹板［见图 4-22（a）］，区格的局部稳定应按式（4-55）计算（取抗力分项系数 $\gamma_R = 1.0$），即

$$\left(\frac{\sigma}{\sigma_c}\right)^2 + \left(\frac{\tau}{\tau_{cr}}\right)^2 + \frac{\sigma_c}{\sigma_{c,cr}} \leqslant 1.0 \tag{4-55}$$

$$\tau = \frac{V}{h_w t_w}$$

$$\sigma_c = \frac{F}{t_w l_z}$$

式中　　σ——所计算腹板区格内，由平均弯矩产生的腹板计算高度边缘的弯曲压应力；

τ——所计算腹板区格内，由平均剪力产生的腹板平均剪应力；

h_w——腹板的高度；

σ_c——腹板计算高度边缘的局部压应力；

F——集中荷载，对动力荷载应考虑动力系数，当吊车为轻、中级工作制时，轮压设计值可以乘以折减系数 0.9；

σ_{cr}、τ_{cr}、$\sigma_{c,cr}$——弯矩、剪力和局部压力单独作用下的临界应力，分别按式（4-44）、式（4-48）和式（4-54）计算。

2）同时配置横向加劲肋和纵向加劲肋的腹板。同时配置横向加劲肋和纵向加劲肋的腹

板，一般纵向加劲肋设置在距离腹板上边缘的$(1/5\sim1/4)h_0$处，把腹板划分为上、下两个区格（见图 4-24）。

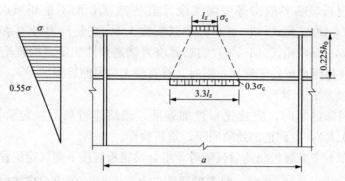

图 4-24　受压翼缘和纵向加劲肋之间区格

a. 上区格。上区格为狭长板幅，区格高度取平均值 $0.225h_0$。在弯曲应力作用下，非均匀受压，应力由 σ 变到 0.55σ，根据板稳定理论，其屈曲系数为 $k_b=5.13$。

梁受压翼缘的扭转受到约束时，取嵌固系数 $\chi_b=1.4$，由式（4-41）得相应的通用高厚比，即

$$\lambda_{b1}=\frac{h_1/t_w}{28.1\sqrt{\chi_b k_b}}\sqrt{\frac{f_y}{235}}=\frac{h_1/t_w}{75}\sqrt{\frac{f_y}{235}} \tag{4-56a}$$

梁受压翼缘扭转未受到约束时，取嵌固系数 $\chi_b=1.0$，则

$$\lambda_{b1}=\frac{h_1/t_w}{64}\sqrt{\frac{f_y}{235}} \tag{4-56b}$$

式中　h_1——纵向加劲肋至腹板计算高度受压边缘的距离。

在横向集中荷载作用下，区格上边缘作用局部压应力 σ_c，同时下边缘作用局部压应力 $0.3\sigma_c$，如图 4-24 所示。区格可假设为板状轴心受压柱计算其临界应力。板柱上端承受压应力 σ_c，分布宽度为 l_z，板柱高度中央的应力分布宽度为上、下边缘的平均值 $2.15l_z$，可以近似取为 $2h_1$。这样，可以把板柱看作截面面积为 $2h_1 t_w$ 的均匀受压构件。板柱的临界力按欧拉公式计算，但是对弹性模量 E 除以 $1-\nu^2$，则

$$N_{cr}=\frac{\pi^2 E}{(1-\nu^2)\lambda^2}2h_1 t_w$$

柱的计算长度为 h_1，截面回转半径为 $t_w\sqrt{12}$，代入上式得

$$N_{cr}=\frac{\pi^2 E}{6(1-\nu^2)}\left(\frac{t_w}{h_1}\right)^2 h_1 t_w$$

σ_{cr} 的临界值为

$$\sigma_{c,cr1}=\frac{N_{cr}}{h_1 t_w}=37.2\left(\frac{100t_w}{h_1}\right)^2$$

当梁受压翼缘扭转受到约束时，相当于板柱上端嵌固，计算长度为 $0.707h_1$，则

$$\lambda_{c1}=\frac{h_1/t_w}{56}\sqrt{\frac{f_y}{235}} \tag{4-57a}$$

当梁的受压翼缘扭转未受到约束时

$$\lambda_{c1} = \frac{h_1/t_w}{40}\sqrt{\frac{f_y}{235}} \tag{4-57b}$$

上区格的局部稳定性应按式（4-58）计算（取抗力分项系数 $\gamma_R = 1.0$），即

$$\frac{\sigma}{\sigma_{cr1}} + \left(\frac{\sigma_c}{\sigma_{c,cr1}}\right)^2 + \left(\frac{\tau}{\tau_{cr1}}\right)^2 \leqslant 1.0 \tag{4-58}$$

式中　σ_{cr1}——按式（4-44）计算，但式中的 λ_b 改用 λ_{b1} 代替；

　　　τ_{cr1}——按式（4-48）计算，但式中的 h_0 改为 h_1；

　　　$\sigma_{c,cr1}$——按式（4-54）计算，但式中的 λ_b 改用 λ_{c1} 代替。

b. 下区格。根据板稳定理论，下区格在弯矩作用下的屈曲系数 $k_b = 47.6$。相应的通用高厚比

$$\lambda_{b2} = \frac{h_2/t_w}{28.1\sqrt{47.6}}\sqrt{\frac{f_y}{235}} = \frac{h_2/t_w}{194}\sqrt{\frac{f_y}{235}} \tag{4-59}$$

这里 $h_2 = h - h_1$。

下区格的稳定计算公式为（取抗力分项系数 $\gamma_R = 1.0$）

$$\left(\frac{\sigma_2}{\sigma_{cr2}}\right)^2 + \left(\frac{\tau}{\tau_{cr2}}\right)^2 + \frac{\sigma_{c2}}{\sigma_{c,cr2}} \leqslant 1.0 \tag{4-60}$$

式中　σ_2——所计算区格内由平均弯矩产生的腹板在纵向加劲肋处的弯曲压应力；

　　　σ_{c2}——腹板在纵向加劲肋处的横向压应力，取 $0.3\sigma_c$；

　　　σ_{cr2}——按式（4-44）计算，但式中的 λ_b 改用 λ_{b2} 代替；

　　　τ_{cr2}——按式（4-48）计算，但式中的 h_0 改为 h_2；

　　　$\sigma_{c,cr2}$——按式（4-54）计算，但式中的 h_0 改为 h_2，当 $a/h_2 > 2$ 时，取 $a/h_2 = 2$。

3）受压翼缘与纵向加劲肋之间配置短加劲肋的区格。配置短加劲肋后，不影响弯曲压应力的临界值，与配置纵向加劲肋时一样，按式（4-56）和式（4-44）计算。临界剪应力虽然受到短加劲肋的影响，但计算方法不变，按式（4-46）和式（4-48）计算，计算时用 h_1 和 a_1 代替 h_0 和 a，其中 a_1 为短加劲肋的间距。

配置短加劲肋影响最大的为局部压应力的临界值。未配置短加劲肋时，腹板上区格为狭长板幅，在局部压力作用下性能接近两边支承板。配置短加劲肋后（见图 4-25），成为四边支承板，稳定承载力提高，并和比值 a_1/h_1 有关。屈曲系数如下：

当 $a_1/h_1 \leqslant 1.2$ 时

$$k_c = 6.8$$

当 $a_1/h_1 > 1.2$ 时

$$k_c = 6.8\sqrt{0.4 + 0.5\frac{a_1}{h_1}}$$

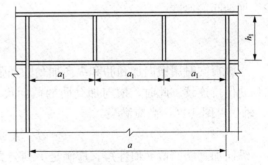

图 4-25　设置短加劲肋的腹板

对 $a_1/h_1 \leqslant 1.2$ 的区格，相应的通用宽厚比为：

当梁受压翼缘扭转受到约束时，取嵌固系数 $\chi_c = 1.4$，则

$$\lambda_{c1}=\frac{\alpha_1/t_w}{87}\sqrt{\frac{f_y}{235}} \tag{4-61a}$$

当梁受压翼缘扭转未受到约束时

$$\lambda_{c1}=\frac{\alpha_1/t_w}{73}\sqrt{\frac{f_y}{235}} \tag{4-61b}$$

对 $a_1/h_1>1.2$ 的区格，式（4-61）右侧应乘以 $1/\sqrt{0.4+0.5\dfrac{a_1}{h_1}}$。

受压翼缘与纵向加劲肋之间配置短加劲肋区格的局部稳定仍按式（4-58）计算，即

$$\frac{\sigma}{\sigma_{cr1}}+\left(\frac{\sigma_c}{\sigma_{c,cr1}}\right)^2+\left(\frac{\tau}{\tau_{cr1}}\right)^2\leqslant1.0$$

式中 σ_{cr1}——按式（4-44）计算，但式中的 λ_b 改用 λ_{b1} 代替；

τ_{cr1}——按式（4-48）计算，但将 h_0 和 a 改为 h_1 和 a_1；

$\sigma_{c,cr1}$——按式（4-54）计算，但式中的 λ_b 改用 λ_{c1} 代替。

4.4.3 加劲肋的构造和截面尺寸

焊接梁一般采用钢板制成的加劲肋，并在腹板两侧成对布置（见图 4-26），也可单侧布置。但支承加劲肋不应单侧布置。

横向加劲肋的间距 a 不应小于 $0.5h_0$，也不应大于 $2h_0$（对无局部压应力的梁，当 $h_0/t_w\leqslant100$ 时，可采用 $2.5h_0$）。

加劲肋应有足够的刚度才能作为腹板的可靠支撑，所以对加劲肋的截面尺寸和截面惯性矩应有一定要求。

双侧布置的钢板横向加劲肋的外伸宽度应满足

$$b_s\geqslant\frac{h_0}{30}+40(mm) \tag{4-62}$$

单侧布置时，外伸宽度应比式（4-62）增大 20%。

加劲肋的厚度

$$t_s\geqslant\frac{b_s}{15} \tag{4-63}$$

当腹板同时用横向加劲肋和纵向加劲肋加强时，应在其相交处切断纵向加劲肋而使横向加劲肋保持连续。此时，横向加劲肋的截面尺寸除应符合上述规定外，其截面惯性矩（对 z-z 轴，见图 4-26）尚应满足

$$I_z\geqslant3h_0t_w^3 \tag{4-64}$$

纵向加劲肋的截面惯性矩，应满足下列公式的要求：

当 $a/h_0\leqslant0.85$ 时

$$I_y\geqslant1.5h_0t_w^3 \tag{4-65}$$

当 $a/h_0>0.85$ 时

$$I_y\geqslant\left(2.5-0.45\frac{a}{h_0}\right)\left(\frac{a}{h_0}\right)^2h_0t_w^3 \tag{4-66}$$

对大型梁，可采用以肢尖焊于腹板的角钢加劲肋，其截面惯性矩不应小于相应钢板加劲

肋的惯性矩。计算加劲肋截面惯性矩的 y 轴和 z 轴，双侧加劲肋为腹板轴线，单侧加劲肋为与加劲肋相连的腹板边缘。

为了避免焊缝交叉，减小焊接应力，在加劲肋端部应切去宽约 $b_s/3$、高约 $b_s/2$ 的斜角（见图 4-26）。

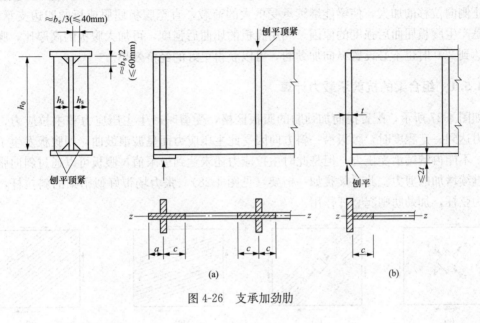

图 4-26　支承加劲肋

4.4.4　支承加劲肋的计算

支承加劲肋是指承受固定集中荷载或者支座反力的横向加劲肋。此种加劲肋应在腹板两侧成对设置，并应进行整体稳定和端面承压计算，其截面通常比中间横向加劲肋大。

（1）按轴心压杆计算支承加劲肋在腹板平面外的稳定。此压杆的截面包括加劲肋及每侧各 $15t_w\sqrt{235/f_y}$ 范围内的腹板面积（见图 4-26 中阴影部分），其计算长度近似取为 h_0。

（2）支承加劲肋一般刨平顶紧于梁的翼缘［见图 4-26（a）］或柱顶［见图 4-26（b）］，其端面承压强度的计算公式为

$$\sigma_{ce}=\frac{F}{A_{ce}}\leqslant f_{ce} \tag{4-67}$$

式中　F——集中荷载或支座反力设计值；

　　　A_{ce}——端面承压面积；

　　　f_{ce}——钢材端面承压强度设计值。

突缘支座［见图 4-26（b）］的伸出长度不应大于加劲肋厚度的 2 倍。

（3）支承加劲肋与腹板的连接焊缝，应按承受全部集中力或支反力进行计算，计算时假定应力沿焊缝长度均匀分布。

4.5　考虑腹板屈曲后强度的组合梁承载力计算

四边支承薄板的屈曲性能不同于压杆，压杆一旦屈曲，即表明其达到承载能力极限状

态,屈曲荷载也就是其极限荷载;四边支承薄板则不同,屈曲荷载并不是其极限荷载,薄板屈曲后还有较大的继续承载能力,称为屈曲后强度。

梁的腹板可视作支承在上、下翼缘板和两横向加劲肋的四边支承板。如果支承较强,则当腹板屈曲后发生侧向位移时,腹板中面内将产生薄膜拉应力形成薄膜张力场,薄膜张力场可阻止侧向位移的加大,使梁能继续承受更大的荷载,直至腹板屈服或板的四边支承破坏,这就是产生腹板屈曲后强度的原因。利用腹板的屈曲后强度,可加大腹板的高厚比,腹板高厚比达到 250 时也不必设置纵向加劲肋,可以获得更好的经济效果。

4.5.1　组合梁的抗剪承载力计算

如图 4-27 所示,配置横向加劲肋的腹板区格,受剪时产生主压应力和主拉应力,当主压应力达到一定程度时,腹板沿一斜方向因受此主压应力而呈波浪鼓曲,即腹板发生了受剪屈曲,不能再继续承受压力。但是此时主拉应力还未达到极限值,腹板可以通过斜向张力场承受继续增加的剪力。此时梁犹如一桁架(见图 4-28),张力场带好似桁架的斜拉杆,而翼缘则为弦杆,加劲肋则起竖杆作用。

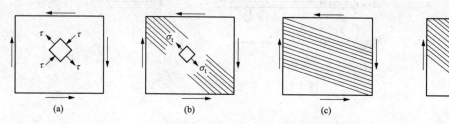

图 4-27　受剪腹板屈曲后的张力场

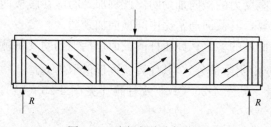

图 4-28　腹板的张力场作用

1. 梁的抗剪承载力理论计算公式

研究工作者提出了多种张力场的分布假定,从而有多种受腹板剪屈曲后强度的理论分析和计算方法。下面介绍一种适用于建筑结构钢梁的半张力理论。它的基本假定是:①屈曲后腹板中的剪力,一部分由小挠度理论计算的抗剪力承担,另一部分由斜张力场作用(薄膜效应)承担;②翼缘的弯曲刚度小,假定不能承担腹板斜张力场产生的垂直分力的作用。

根据基本假定①,腹板能够承担的极限剪力 V_u 为屈曲剪力 V_{cr} 与张力场剪力 V_t 之和,即

$$V_u = V_{cr} + V_t \tag{4-68}$$

屈曲剪力为

$$V_{cr} = h_w t_w \tau_{cr}$$

这里

$$\tau_{cr} = \frac{k\pi^2 E}{12(1-\nu^2)}\left(\frac{t_w}{h_w}\right)^2$$

式中　h_w、t_w——腹板的高度和厚度。

下面计算张力场剪力 V_t。

首先确定薄膜张力在水平方向的最优倾角 θ。根据基本假定②，可认为张力场仅为传力到加劲肋的带形场，其宽度为 s〔见图 4-29（a）〕，则

$$s = h_w \cos\theta - a \sin\theta$$

带形场的拉应力为 σ_t，所提供的剪力为

$$V_{t1} = \sigma_t t_w s \sin\theta = \sigma_t t_w (h_w \cos\theta - a\sin\theta)\sin\theta$$
$$= \sigma_t t_w (0.5 h_w \sin2\theta - a\sin^2\theta)$$

最优 θ 角应使张力场作用能提供最大的剪切抗力。因此，由 $\mathrm{d}V_{t1}/\mathrm{d}\theta = 0$，可得

$$\cot 2\theta = a/h_w$$

或

$$\sin 2\theta = 1/\sqrt{1 + (a/h_w)^2}$$

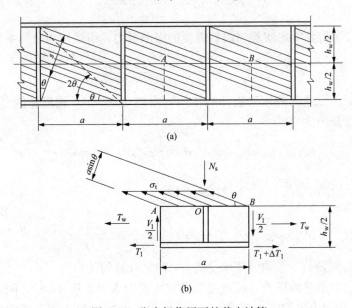

图 4-29　张力场作用下的剪力计算

实际上带形场以外部分也存在少量薄膜应力。为了求得更符合实际的张力场剪力 V_t，按图 4-29（b）所示的脱离体进行计算。根据此脱离体的受力情况，由水平力的平衡条件可求出翼缘的水平力增量（已包括腹板水平力增量的影响在内），即

$$\Delta T_1 = \sigma_t t_w a \sin\theta\cos\theta = \frac{1}{2}\sigma_t t_w a \sin2\theta$$

根据对 O 点的力矩之和 $\sum M_O = 0$，得

$$\frac{V_t}{2}a = \Delta T_1 \frac{h_w}{2}$$

或

$$V_t = \frac{h_w}{a}\Delta T_1 = \frac{1}{2}\sigma_t t_w h_w \sin2\theta$$

将 $\sin2\theta$ 代入，得

$$V_{t}=\frac{1}{2}\sigma_{t}t_{w}h_{w}\frac{1}{\sqrt{1+(a/h_{w})^{2}}} \tag{4-69}$$

式（4-69）中 σ_t 的值尚待确定。因腹板的实际受力情况涉及 σ_t 和 τ_{cr}，所以必须考虑两者共同作用的破坏条件。假定从屈曲到极限状态，τ_{cr} 保持常量，并假定 τ_{cr} 引起的主拉应力与 σ_t 的方向相同，则根据剪应力作用下的屈服条件，相应于拉应力 σ_t 的剪应力为 $\frac{\sigma_t}{\sqrt{3}}$，总剪应力达到其屈服值 f 时不能再增大，从而有

$$\frac{\sigma_{t}}{\sqrt{3}}+\tau_{cr}=f_{vy}$$

将其代入式（4-69），得

$$V_{t}=\frac{\sqrt{3}}{2}h_{w}t_{w}\frac{f_{vy}-\tau_{cr}}{\sqrt{1+(a+h_{w})^{2}}}$$

由式（4-68）即得到考虑腹板屈曲后强度的极限剪力，引进抗力分项系数 γ_R，则

$$V_{u}=\frac{h_{w}t_{w}}{\gamma_{R}}\left[\tau_{cr}+\frac{f_{vy}-\tau_{cr}}{1.15\sqrt{1+(a/h_{w})^{2}}}\right] \tag{4-70}$$

腹板屈曲后，加劲肋起到桁架竖杆的作用，由图 4-28（b）脱离体的竖向力平衡条件，可得到加劲肋所受压力为

$$N_{s}=(\sigma_{t}at_{w}\sin\theta)\sin\theta=\frac{1}{2}\sigma_{t}t_{w}a(1-\cos2\theta)$$

将 $\cos2\theta=\frac{a}{\sqrt{h^{2}+a^{2}}}$ 和 $\sigma_{t}=\sqrt{3}(f_{vy}-\tau_{cr})$ 代入，得

$$N_{s}=\frac{\sqrt{3}}{2}\frac{at_{w}}{\gamma_{R}}(f_{vy}-\tau_{cr})\left[1-\frac{a/h_{w}}{\sqrt{1+(a/h_{w})^{2}}}\right] \tag{4-71}$$

梁的中间横向加劲肋，必须能够承受式（4-71）计算的压力。

对于梁端加劲肋承受的压力，可直接取梁支座反力 R（见图 4-28），同时还承受拉力带的水平分力 H_t（作用点可取距上翼缘 $h/4$ 处）。为了增加抗弯能力，还应在梁外延的端部加设封头加劲板，一般可将封头板与支承加劲肋之间视为一竖向构件，简支于上、下翼缘，承受 H_t 和 R 产生的内力，计算其强度和稳定。

2.《钢结构设计标准》（GB 50017—2017）实用计算公式

欧盟规范 EC3-ENV—1993 给出了抗剪极限承载力较为精确的计算方法，认为拉力场不仅存在于横向加劲肋之间，同时也存在于上、下翼缘之间［见图 4-27（d）］，计算时需要首先确定拉力带宽度，计算比较复杂。为了减轻计算工作量，此规范同时还给出一种简化计算方法，此法算得的屈曲后强度相当于不同尺寸区格的承载力下限，《钢结构设计标准》（GB 50017—2017）参考了后一种简化方法，规定腹板极限剪力设计值的计算公式如下：

当 $\lambda_s\leqslant0.8$ 时

$$V_{u}=h_{w}t_{w}f_{v} \tag{4-72a}$$

当 $0.8<\lambda_s\leqslant1.2$ 时

$$V_{u}=h_{w}t_{w}f_{v}[1-0.5(\lambda_{s}-0.8)] \tag{4-72b}$$

当 $\lambda_s>1.2$ 时

$$V_u = h_w t_w f_v / \lambda_s^{1.2} \tag{4-72c}$$

4.5.2 组合梁的抗弯承载力计算

梁腹板在弯矩达到一定程度时受压区出现凸曲变形［见图 4-30（a）］。此时若边缘应力未达到屈服点，则梁还能继续承受更大的荷载，但截面上的应力出现重分布，凸曲部分的应力不再继续增大，甚至有所减小，而和翼缘相邻部分及压应力较小和受拉部分的应力继续增加，直至边缘应力达到屈服点。因为腹板屈曲后使梁的抗弯承载力下降不多，在计算梁腹板屈曲后的抗弯承载力时，一般采用近似公式确定。《钢结构设计标准》（GB 50017—2017）建议的梁抗弯承载力计算采用有效截面的概念，假定腹板受压区有效高度为 ρh_c，等分在 h_c 的两端，中部则扣去 $(1-\rho)h_c$ 的高度，梁的中和轴下降［见图 4-30（b）］。为计算简便，假定腹板受拉区与受压区同样扣去此高度，这样中和轴位置不变［见图 4-30（c）］。

梁有效截面惯性矩（忽略孔洞绕本身轴惯性矩）为

$$I_{xe} = I_x - 2(1-\rho)h_c t_w \left(\frac{h_c}{2}\right)^2 = I_x - \frac{1}{2}(1-\rho)h_c^3 t_w \tag{4-73}$$

梁截面模量折减系数为

$$a_e = \frac{W_{xe}}{W_x} = \frac{I_{xe}}{I_x} = 1 - \frac{(1-\rho)h_c^3 t_w}{2I_x} \tag{4-74}$$

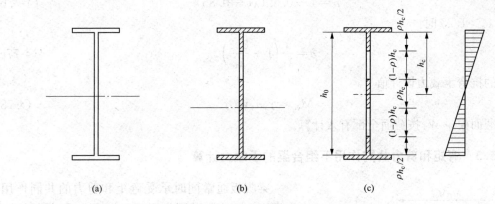

图 4-30　弯矩作用时腹板的有效高度

式（4-74）是按双轴对称截面、塑性发展系数 $\gamma_x = 1.0$ 得出的偏安全的近似公式，也可用于 $\gamma_x = 1.05$ 和单轴对称截面的情况。

腹板受压区有效高度系数 ρ 按下列原则确定：

临界应力公式

$$\sigma_{cr} = \frac{k\pi^2 E}{12(1-\nu^2)}\left(\frac{t}{b}\right)^2$$

板件受压屈曲后最大受压纤维屈服时

$$f_y = \frac{k\pi^2 E}{12(1-\nu)^2}\left(\frac{t}{b_e}\right)^2$$

式中　b_e——板屈服后有效宽度。

由此可得

$$\frac{b_e}{b} = \sqrt{\frac{\sigma_{cr}}{f_y}} \qquad (4\text{-}75)$$

对于受弯的腹板，式（4-75）左端为 $\frac{h_e}{h_c}$，而右端则为 $\frac{1}{\lambda_b}$。因此

$$\frac{h_e}{h_c} = \frac{1}{\lambda_b} \qquad (4\text{-}76)$$

令 $\rho = \frac{h_e}{h_c}$ 为腹板受压区有效高度系数，考虑几何缺陷和残余应力等不利影响，将式（4-76）修正，得

$$\rho = \frac{1}{\lambda_b}\left(1 - \frac{0.2}{\lambda_b}\right)$$

此式只适用于弹性范围，即适用于 $\lambda_b > 1.25$。

当 $\lambda_b \leqslant 0.85$ 时，腹板不发生屈曲，即全截面有效，$\rho = 1.0$。

《钢结构设计标准》（GB 50017—2017）规定 ρ 按下列公式计算：

当 $\lambda_b \leqslant 0.85$ 时

$$\rho = 1.0 \qquad (4\text{-}77a)$$

当 $0.85 < \lambda_b \leqslant 1.25$ 时

$$\rho = 1 - 0.82(\lambda_b - 0.85) \qquad (4\text{-}77b)$$

当 $\lambda_b > 1.25$ 时

$$\rho = \frac{1}{\lambda_b}\left(1 - \frac{0.2}{\lambda_b}\right) \qquad (4\text{-}77c)$$

梁的抗弯承载力设计值

$$M_{eu} = \gamma_x a_e W_x f \qquad (4\text{-}78)$$

式中梁截面模量 W_x 按截面全部有效计算。

4.5.3　弯矩和剪力共同作用下组合梁的承载力计算

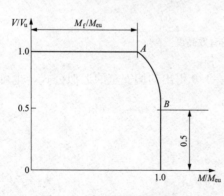

图 4-31　弯矩与剪力相关曲线

梁腹板通常同时承受弯矩和剪力的共同作用，在弯矩和剪力的共同作用下腹板屈曲后对梁承载力的影响，计算比较复杂，一般采用弯矩 M 和剪力 V 的相关关系曲线确定。

《钢结构设计标准》（GB 50017—2017）采用图 4-31 所示 M 和 V 的无量纲化的相关关系曲线。首先假定当弯矩不超过翼缘所提供的弯矩 M_f 时，腹板不参与承担弯矩作用，即在 $M \leqslant M_f$ 的范围内相关关系为一水平线 $V/V_u = 1.0$。

当截面全部有效而腹板边缘屈服时，腹板可以承受剪应力的平均值约为 $0.65 f_{vy}$。对于薄腹板梁，腹板也同样可以承担剪力，可偏安全地取为仅承受剪力最大值 V_u 的 0.5 倍，即当 $V/V_u \leqslant 0.5$ 时，取 $M/M_{eu} = 1.0$。

图 4-31 所示相关曲线的 A 点（M_f/M_{eu}，1）和 B 点（1，0.5）之间的曲线可用抛物线来表达，由此抛物线确定的验算式为

$$\left(\frac{V}{0.5V_{\mathrm{u}}}-1\right)^{2}+\frac{M-M_{\mathrm{f}}}{M_{\mathrm{eu}}-M_{\mathrm{f}}}\leqslant 1$$

这样，在弯矩和剪力共同作用下梁的承载力如下：

当 $M/M_{\mathrm{f}} \leqslant 1.0$ 时

$$V \leqslant V_{\mathrm{u}} \tag{4-79a}$$

当 $V/V_{\mathrm{u}} \leqslant 0.5$ 时

$$M \leqslant M_{\mathrm{eu}} \tag{4-79b}$$

其他情况

$$\left(\frac{V}{0.5V_{\mathrm{u}}}-1\right)^{2}+\frac{M-M_{\mathrm{f}}}{M_{\mathrm{eu}}-M_{\mathrm{f}}}\leqslant 1 \tag{4-79c}$$

$$M_{\mathrm{f}}=\left(A_{\mathrm{f1}}\frac{h_{1}^{2}}{h_{2}}+A_{\mathrm{f2}}h_{2}\right)f \tag{4-80}$$

式中 M、V——梁的同一截面处同时产生的弯矩和剪力设计值（当 $V \leqslant 0.5V_{\mathrm{u}}$，取 $V=0.5V_{\mathrm{u}}$；当 $M \leqslant M_{\mathrm{f}}$，取 $M=M_{\mathrm{f}}$）；

         M_{f}——梁两翼缘所承担的弯矩设计值；

    A_{f1}、h_{1}——较大翼缘的截面面积及其形心至梁中和轴的距离；

    A_{f2}、h_{2}——较小翼缘的截面面积及其形心至梁中和轴的距离；

M_{eu}、V_{u}——梁抗弯和抗剪承载力设计值，分别按式（4-78）和式（4-72）计算。

4.5.4 考虑腹板屈曲后强度组合梁的加劲肋设计

当腹板仅配置支承加劲肋不能满足式（4-79）的要求时，应在腹板两侧成对配置中间横向加劲肋。腹板高厚比超过 $170\sqrt{235/f_{\mathrm{y}}}$（受压翼缘扭转受到约束）或超过 $150\sqrt{235/f_{\mathrm{y}}}$（受压翼缘扭转未受到约束）也可只设置横向加劲肋，其间距一般采用 $a=(1.0\sim1.5)h_{0}$。

1. 中间横向加劲肋

梁腹板在剪力作用下屈曲后以斜向张力场的形式继续承受剪力，梁的受力类似桁架，横向加劲肋相当于竖杆，张力场的水平分力在相邻区格腹板之间传递和平衡，而竖向分力则由加劲肋承担，为此，横向加劲肋应按轴心受压构杆计算其在腹板平面外的稳定，其轴力

$$N_{\mathrm{s}}=V_{\mathrm{u}}-h_{\mathrm{w}}t_{\mathrm{w}}\tau_{\mathrm{cr}} \tag{4-81}$$

若中间横向加劲肋还承受固定集中荷载 F，则

$$N_{\mathrm{s}}=V_{\mathrm{u}}-h_{\mathrm{w}}t_{\mathrm{w}}\tau_{\mathrm{cr}}+F \tag{4-82}$$

其中 V_{u} 按式（4-72）计算，τ_{cr} 按式（4-48）计算。

2. 支座加劲肋

利用腹板屈曲后强度时，支座加劲肋需要特别处理。因为支座加劲肋除承受支座反力 R 外，还要承受张力场斜拉力的水平分力，水平分力使加劲肋受弯。

由图 4-32（a）可知，假设张力场倾角为 φ，则

$$\tan2\varphi=h_{0}/a=1/\alpha$$

由 $\tan2\varphi=\dfrac{2\tan\varphi}{1-\tan^{2}\varphi}$ 可得

$$\tan\varphi=\sqrt{1+\alpha^{2}}-\alpha$$

拉力带的竖向分力为

$$V_t = (\tau_u - \tau_{cr})t_w h_t$$

而

$$h_t = h_0 - a\tan\varphi = h_0(1 - a\tan\varphi)$$

拉力带水平分力为

$$H = \frac{V_t}{\tan\varphi} = (\tau_u - \tau_{cr})A_w \frac{1 - a\tan\varphi}{\tan\varphi}$$

代入 $\tan\varphi$ 和 a 的关系式可得

$$H_t = (\tau_u - \tau_{cr})A_w\sqrt{1 + a^2} \tag{4-83}$$

此力可近似地认为作用在距腹板上边缘 1/4 高度处。梁端加劲肋应按承受 H_t 和支座反力 R 的压弯构件计算其腹板平面外稳定性。如图 4-32（a）的构造方式，压弯构件的截面应包括相邻 $15t_w\sqrt{235/f_y}$ 宽的腹板。如采用图 4-32（b）所示构造，即增加一块封头肋板，则加劲肋 1 可作为承受轴压力 R 的杆件计算，而封头肋板 2 的截面面积不应小于

$$A_e = \frac{3h_0 H}{16ef} \tag{4-84}$$

式中　e——肋板 1 和 2 之间的距离。

　　不设中间横向加劲肋的梁，在计算 H_t 时，a 应取梁支座至跨内剪力为零点的距离，而不是梁的跨长。

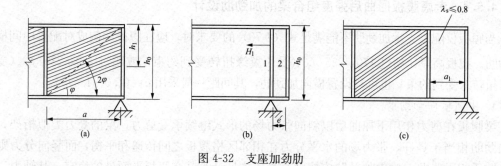

图 4-32　支座加劲肋

　　梁端构造处理的另一种方法就是缩小第一格区格的宽度 a_1，使此区格的通用高厚比 λ_s $\leqslant 0.8$，即不发生屈曲。第二个区格宽度较大，利用屈曲后强度的张力场的水平分力由整个第一格区格承担，影响不大。

4.6　型钢梁的设计

　　型钢梁中应用最广泛的是工字钢和 H 型钢。型钢梁设计一般应满足强度、整体稳定和刚度的要求。型钢梁腹板和翼缘的宽厚比都较小，局部稳定常可得到保证，不需进行验算。

4.6.1　单向弯曲的型钢梁

　　单向弯曲型钢梁的设计比较简单，下面以普通工字钢梁为例，简述型钢梁的设计步骤。
（1）计算内力。根据已知梁的荷载设计值计算梁的最大弯矩 M_x 和剪力 V。

(2) 计算需要的截面模量。当梁的整体稳定得到保证时，按抗弯刚度求出所需要的净截面模量

$$W_{nx} = \frac{M_x}{\gamma_x f}$$

当需要计算梁的整体稳定时

$$W_x = \frac{M_x}{\varphi_b f}$$

其中 γ_x 可取 1.05，根据计算的截面模量查型钢表选用合适的型钢。

(3) 抗弯强度验算。按式 (4-4) 计算，M_x 应包括所选型钢梁实际自重所产生的弯矩。W_{nx} 或 W_x 应为所选用型钢实际的截面模量。

(4) 抗剪强度验算。按式 (4-7) 计算，或采用近似方法，忽略翼缘板的作用，按式 (4-85) 进行验算，即

$$\tau = \frac{V}{h_w t_w} \leqslant f_v \tag{4-85}$$

当梁的翼缘有削弱时应加大一些，可将 V 乘以系数 1.2~1.5。

(5) 局部承压强度验算。按式 (4-8) 计算，若验算不满足，对于固定集中荷载可设置支承加劲肋，对于移动集中荷载则需重选腹板较厚的截面。

对于翼缘上承受均布荷载的梁，因腹板上边缘局部压应力不大，一般都忽略不计，不需进行局部承压强度的验算。

(6) 折算应力的验算。按式 (4-9) 计算。

(7) 整体稳定验算。需进行整体稳定计算的梁应进行此步骤。

(8) 刚度验算。

【例题 4-3】 图 4-33 所示为某车间工作平台平面布置简图，平台上无动力荷载，某恒荷载标准值为 2500N/mm²，活荷载标准值为 4000N/mm²，钢材为 Q235 钢，假定平台板为刚性，并与次梁牢固连接，试选择其中间次梁 A 的截面。恒荷载分项系数 $\gamma_G = 1.2$，活荷载分项系数 $\gamma_Q = 1.4$。

【解】 (1) 选择截面。将次梁 A 设计为简支梁，其计算简图如图 4-34 所示。

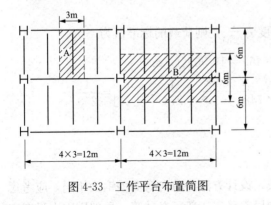

图 4-33 工作平台布置简图

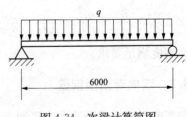

图 4-34 次梁计算简图

梁上的荷载标准值为

$$q_k = 2500 + 4000 = 6500(N/m^2)$$

荷载设计值为

$$q_d = 1.2 \times 2500 + 1.4 \times 4000 = 8600(\text{N/m}^2)$$

次梁单位长度上的荷载为

$$q = 8600 \times 3 = 25\ 800(\text{N/m})$$

跨中最大弯矩为

$$M_{max} = \frac{1}{8}ql^2 = \frac{1}{8} \times 25\ 800 \times 6^2 = 116\ 100(\text{N} \cdot \text{m})$$

支座处最大剪力为

$$V_{max} = \frac{1}{2} \times 25\ 800 \times 6 = 77\ 400(\text{N})$$

梁所需要的净截面抵抗矩为

$$M_{nx} = \frac{M_x}{\gamma_x f} = \frac{116\ 100 \times 10^2}{1.05 \times 215 \times 10^2} = 514(\text{cm}^3)$$

查附表 7-1,选用 I 28b 钢,单位长度的质量为 47.9kg/m,梁的自重为 $47.9 \times 9.8 = 469\text{N/m}$, $I_x = 7481\text{cm}^4$, $W_x = 534\text{cm}^3$, $I_x/S_x = 24.0\text{cm}$, $t_w = 10.5\text{mm}$。

(2) 截面强度验算。梁自重产生的弯矩为

$$M_g = \frac{1}{8} \times 469 \times 1.2 \times 6^2 = 2533(\text{N} \cdot \text{m})$$

总弯矩为

$$M = 116\ 100 + 2533 = 118\ 633(\text{N} \cdot \text{m})$$

弯曲正应力为

$$\sigma = \frac{M_x}{\gamma_x W_{nx}} = \frac{118\ 633 \times 10^3}{1.05 \times 534 \times 10^3} = 211.6(\text{N/mm}^2) < f = 215(\text{N/mm}^2)$$

支座处最大剪应力为

$$\tau = \frac{VS}{It_w} = \frac{77\ 400 + 469 \times 1.2 \times 3}{24 \times 10 \times 10.5} = 31.4(\text{N/mm}^2) < f_v = 125(\text{N/mm}^2)$$

可见,型钢梁由于其腹板较厚,剪应力一般不起控制作用。因此,只在截面有较大削弱时,才必须验算剪应力。

(3) 刚度验算。根据附表 3-1,已知容许挠度为 $\frac{l}{250}$,则荷载的标准值为

$$q = (2500 + 4000) \times 3 + 469 = 19\ 969(\text{N/m})$$

$$\frac{v}{l} = \frac{5}{384} \times \frac{ql^3}{EI_x} = \frac{5}{384} \times \frac{19\ 969 \times 10^{-3} \times 6000^3}{206 \times 10^3 \times 7481 \times 10^4} = \frac{1}{274} < \left[\frac{v}{l}\right] = \frac{1}{250}$$

所选截面刚度满足要求。

4.6.2 双向弯曲型钢梁

双向弯曲型钢梁承受两个主平面方向的荷载,设计方法与单向弯曲型钢梁相同,应考虑抗弯强度、整体稳定和刚度等的计算,剪应力和局部稳定一般不必计算,局部压应力只有在承受较大集中荷载或支座反力时方需验算。

双向弯曲梁的抗弯强度按式 (4-5) 计算,即

$$\frac{M_x}{\gamma_x W_{nx}} + \frac{M_y}{\gamma_y W_{ny}} \leqslant f$$

双向弯曲梁的整体稳定的理论分析较为复杂，一般按经验近似公式计算，《钢结构设计标准》（GB 50017—2017）规定，双向受弯的 H 型钢或工字形截面梁应按式（4-69）计算整体稳定，即

$$\frac{M_x}{\varphi_b W_x} + \frac{M_y}{\gamma_y W_y} \leqslant f \tag{4-86}$$

式中 φ_b——绕强轴（x 轴）弯曲所确定的梁整体稳定系数。

设计时应尽量满足不需计算整体稳定的条件，这样可按抗弯强度条件选择型钢截面，由式（4-5）可得

$$W_{nx} = \left(M_x + \frac{\gamma_x}{\gamma_y}\frac{W_{nx}}{W_{ny}}M_y\right)\frac{1}{\gamma_x f} = \frac{M_x + \alpha M_y}{\gamma_x f} \tag{4-87}$$

对小型号的型钢，可近似取 $\alpha=6$（窄翼缘 H 型钢和工字钢）或 $\alpha=5$（槽钢）。

双向弯曲型钢梁最常用于檩条，其截面一般为 H 型钢（跨度较大时）、槽钢（跨度较小时）或冷弯薄壁 Z 型钢（跨度不大且为轻型屋面时）等。型钢的腹板垂直于屋面放置，因而竖向线荷载 q 可分解为垂直于截面两个主轴 x 轴和 y 轴的分量荷载 $q_x = q\sin\varphi$ 和 $q_y = q\cos\varphi$（见图 4-35），从而引起双向弯曲。

槽钢和 Z 型钢檩条通常用于屋面坡度较大的情况，为了减少其侧向弯矩，提高檩条的承载能力，一般在跨中平行于屋面设置 1~2 道拉条（见图 4-36），檩条侧向跨度缩至 1/3~1/2 的连续梁。通常是跨度 $l \leqslant 6m$ 时，设置一道拉条；$l > 6m$ 时设置两道拉条。

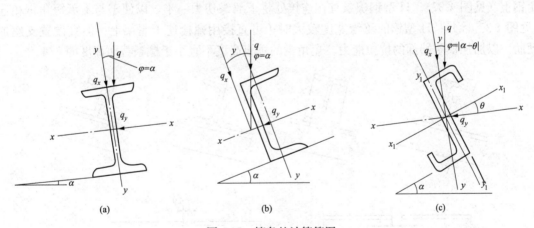

图 4-35　檩条的计算简图

拉条把檩条平行于屋面的反力向上传递，直到屋脊上左右坡面的力互相平衡［见图 4-36（a）］。为使传力更好，常在顶部区格（或天窗两侧区格）设置斜拉条和撑杆，将坡向力传至屋架［见图 4-36（b）~（f）］，Z 型钢檩条的主轴倾斜角 θ 可能接近或超过屋面坡角，拉力是向上还是向下，并不十分确定，故除在屋脊处（或天窗架两侧）用上述方法固定外，还应在檐檩处设置斜拉条和撑杆［见图 4-36（e）］或将拉条连于刚度较大的承重天沟或圈梁上［见图 4-36（f）］，以防止 Z 型钢檩条向上倾覆。

拉条应设置于距檩条顶部 30~40mm 处［见图 4-36（g）］。拉条不但减少檩条的侧向弯

矩，且大大增强檩条的整体稳定，可以认为设置拉条的檩条不必计算整体稳定。另外，屋面板刚度较大，且与檩条连接牢固时，也不必计算整体稳定。

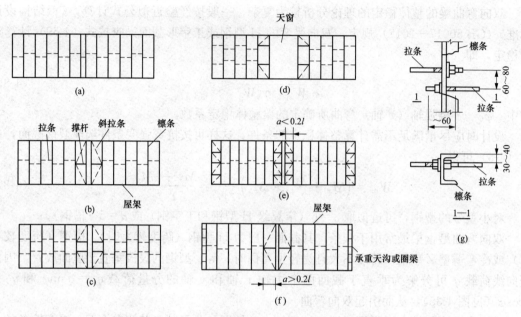

图 4-36　檩间拉条（尺寸单位：mm）

　　檩条的支座处应有足够的侧向约束，一般每端采用两个螺栓连于预先焊在屋架上弦的短角钢上（见图 4-37）。H 型钢檩条宜在连接处将下翼缘切去一半，以便于与支承短角钢相连〔见图 4-37（a）〕；H 型钢的翼缘宽度较大时，可直接用螺栓连于屋架上，但宜设置支座加劲肋，以加强檩条端部的抗拉能力。短角钢的垂直高度不宜小于檩条截面高度的 3/4。

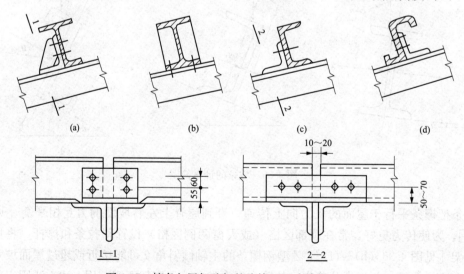

图 4-37　檩条与屋架弦杆的连接（尺寸单位：mm）

　　设计檩条时，按水平投影面积计算的屋面活荷载标准值取 0.5kN/m²（当承受荷载水平投影面积超过 60m²，可取为 0.3kN/m²）。此荷载不与雪荷载同时考虑，取两者较大值。积灰荷载应与屋面均布活荷载或雪荷载同时考虑。

在屋面天沟、阴角、天窗挡风板内，高低跨相接等处的雪荷载和积灰荷载应考虑荷载增大系数。对设有自由锻锤、铸件水爆池等振动较大设备的厂房，应考虑竖向振动的影响，应将屋面总荷载增大 $10\%\sim15\%$。

雪荷载、积灰荷载、风荷载，以及增大系数和组合值系数等应按《建筑结构荷载规范》(GB 50009—2015) 的规定采用。

【例题 4-4】　设计一支承波形石棉瓦屋面的檩条，屋面坡度为 1/3，无雪荷载和积灰载。檩条跨度为 5m，水平间距为 0.79m（沿屋面坡向间距为 0.823m），跨中设置一道拉条，采用槽钢截面，钢材为 Q235-B 钢。波形石棉瓦自重 $0.2kN/m^2$（坡向），预估檩条（包括拉条）自重 $0.15kN/m$；可变荷载无雪荷载，但屋面均布荷载为 $0.5kN/m^2$（水平投影面）。

【解】　檩条线荷载标准值为

$$q_k = 0.2 \times 0.832 + 0.15 + 0.5 \times 0.79 = 0.711 (kN/m) = 0.711 (N/mm)$$

线荷载设计值（只考虑可变荷载为主的组合）为

$$q = 1.2(0.2 \times 0.832 + 0.15) + 1.4 \times 0.5 \times 0.79 = 0.933 (kN/m)$$

$$q_x = 0.933 \times 3 / \sqrt{3^2 + 1^2} = 0.933 \times 3 / \sqrt{10} = 0.885 (kN/m)$$

$$q_y = 0.933 \times 1 / \sqrt{10} = 0.295 (kN/m)$$

弯矩设计值（见图 4-38）为

$$M_x = \frac{1}{8} \times 0.885 \times 5^2 = 2.77 (kN \cdot m)$$

$$M_y = \frac{1}{8} \times 0.295 \times 2.5^2 = 0.230 (kN \cdot m)$$

由抗弯强度要求的截面模量近似值为

$$W_{nx} = \frac{M_x \alpha M_y}{\gamma_x f} = \frac{(2.77 + 5 \times 0.230) \times 10^6}{1.05 \times 215}$$
$$= 17.36 \times 10^3 (mm^3)$$

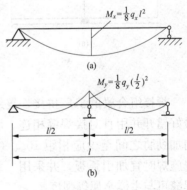

图 4-38　[例题 4-4] 图

选用 [8 钢，自重 0.08kN/m（加拉条重后与假设基本相符）。截面几何特性为

$$W_x = 25.3 cm^3, W_y = 5.8 cm^3, I_x = 101 cm^4, i_x = 3.14 cm, i_y = 1.27 cm$$

因有拉条，不必验算整体稳定，按式（4-5）验算强度，即

$$\frac{M_x}{\gamma_x W_{nx}} + \frac{M_y}{\gamma_y W_{ny}} = \frac{2.770 \times 10^6}{1.05 \times 25.3 \times 10^3} + \frac{0.230 \times 10^6}{1.2 \times 5.8 \times 10^3} = 137.3 (N/mm^2) < f = 215 (N/mm^2)$$

验算垂直于屋面方向的挠度，即

$$\frac{v}{l} = \frac{5}{384} \times \frac{ql^3}{EI_x} = \frac{5}{384} \times \frac{0.711 \times 3/\sqrt{10} \times 5000^3}{206 \times 10^3 \times 101 \times 10^4} = \frac{1}{190} < \left[\frac{v}{l}\right] = \frac{1}{150}$$

作为屋架上弦平面支撑的横杆或刚性撑杆的檩条，应验算其长细比，即

$$\lambda_x = \frac{500}{3.14} = 159.2 < [\lambda] = 200$$

$$\lambda_y = \frac{250}{1.27} = 196.9 < [\lambda] = 200$$

图 4-39　[例题 4-4] 图

综上所述，所选截面满足要求。如果经验算檩条在坡度方向刚度不足，可焊小角钢（见图 4-39）予以加强，不做支撑横杆或刚性系杆的一般檩条可不必加强。

4.7　梁的拼接和连接

4.7.1　梁的拼接

梁的拼接可分为工厂拼接和工地拼接两种。由于钢材规格和现有钢材尺寸的限制，必须将钢材进行拼接，这种拼接通常在工厂完成，称为工厂拼接。由于运输或安装条件的限制，梁必须分段运输，然后在工地进行拼装连接，称为工地拼接。

型钢梁的拼接可采用对接焊缝连接 [见图 4-40（a）]，但由于翼缘与腹板连接处不易焊透，故有时采用拼接板拼接 [见图 4-40（b）]。拼接位置均宜设在弯矩较小处。

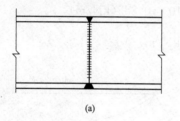
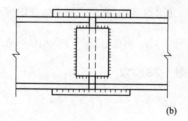
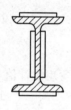

(a)　　　　　　　　　　　　　　　　(b)

图 4-40　型钢梁的拼接

焊接组合梁的工厂拼接，翼缘和腹板的拼接位置最好错开并用直对接焊缝相连。腹板的拼接焊缝与横向加劲肋之间至少应相距 $10t_w$（见图 4-41）。对接焊缝施焊时宜加引弧板，并采用一级或二级焊缝，这样焊缝可与主体金属等强度。

梁的工地拼接应使翼缘和腹板基本上在同一截面处断开，以便分段运输。为了便于焊接应将上、下翼缘的拼接边缘均制成向上开口的 V 形坡口，并采用引弧板施焊。为了便于在工地拼装和施焊，并减少焊接残余应力，工厂制造时，应把拼接焊缝两侧各约500mm 范围内的上、下翼缘与腹板的焊缝带到工地拼装后再行施焊 [见图 4-42（a）]。为了避免焊缝集中，在同一截面可将翼缘和腹板的接头适当错开 [见图 4-42（b）]，运输过程中应特别保护凸出部分，以免碰损。

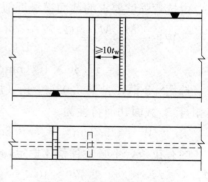

图 4-41　组合梁的工厂拼接

由于现场施焊条件较差，焊缝质量难以保证，所以较重要或受动力荷载的大型梁，其工地拼接宜采用高强度螺栓（见图 4-43）。

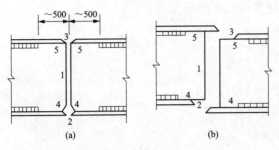

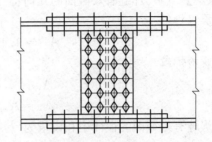

图 4-42　组合梁的工地拼接（尺寸单位：mm）　　图 4-43　采用高强度螺栓的工地拼接

当梁拼接处的对接焊缝不能与主体金属等强度时，例如采用三级对接焊缝，应对受拉区翼缘焊缝进行计算，使拼接处弯曲拉应力不超过焊缝抗拉强度设计值。采用拼接板的接头，应按等强度原则进行设计。

翼缘拼接板及其连接所承受的内力 N，为翼缘板的最大承载力

$$N_1 = A_{fn} f \tag{4-88}$$

式中　A_{fn}——被拼接的翼缘板净截面面积。

腹板拼接板及其连接，主要承受梁截面上的全部剪力 V 及按刚度分配的弯矩

$$M_w = M \frac{I_w}{I} \tag{4-89}$$

式中　I_w——腹板截面惯性矩；

I——整个梁截面的惯性矩。

【例题 4-5】　图 4-44（a）所示为梁的焊接工地拼接。拼接所在截面上的弯矩设计值 $M = 1200\text{kN} \cdot \text{m}$，剪力设计值 $V = 250\text{kN}$。梁截面如图 4-44（b）所示，钢材为 Q235-B 钢，焊条为 E43 型，手工电弧焊，焊缝质量为三级。试验算此拼接的强度。

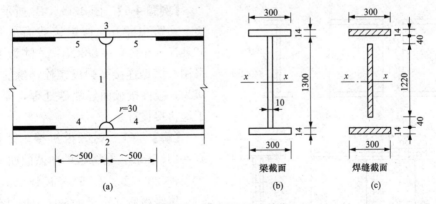

图 4-44　［例题 4-5］图（尺寸单位：mm）

为了便于翼缘焊缝的施焊，在拼接处截面的腹板上、下端各开一半圆孔，半径 $r = 30\text{mm}$。上、下翼缘板拼接采用 V 形坡口对接焊缝，应用引弧板施焊，并在焊根处设垫板。腹板采用 I 形焊缝，不应用引弧板。工地施焊程序：首先是腹板拼接焊缝，再依次为下翼缘板和上翼缘板的拼接焊缝，最后为留下未焊的翼缘与腹板的连接焊缝，如图 4-44（a）所示 1→2→3→4→5 的次序。

【解】（1）焊缝有效截面的几何特性。焊缝有效截面面积为：

翼缘焊缝

$$A_{w1} = 1.4 \times 30 \times 2 = 84 (\text{cm}^2)$$

腹板焊缝

$$A_{w2} = 1.0 \times 122 = 122 (\text{cm}^2)$$

$$A_w = A_{w1} + A_{w2} = 206 (\text{cm}^2)$$

焊缝有效截面的惯性矩和模量为

$$I_w = 2 \times 1.4 \times 30 \times 65.7^2 + \frac{1}{12} \times 1.0 \times 122^3 = 513\,906 (\text{cm})^4$$

$$W_w = \frac{513\,906}{66.4} = 7740 (\text{cm}^3)$$

（2）拼接焊缝的强度验算。翼缘焊缝最大弯曲应力为

$$\sigma = \frac{M}{W_w} = \frac{1200 \times 10^6}{7740 \times 10^3} = 155.0 (\text{N/mm})^2 < f_t^w = 185 (\text{N/mm}^2)$$

腹板焊缝的最大弯曲应力为

$$\sigma_1 = \frac{M}{I_w} y_1 = \frac{1200 \times 10^6}{513\,906 \times 10^4} \times \frac{1220}{2} = 142.4 (\text{N/mm}^2)$$

剪力假定全部由腹板焊缝平均承受，腹板平均剪应力为

$$\tau = \frac{V}{A_{w2}} = \frac{250 \times 10^3}{122 \times 10^2} = 20.5 (\text{N/mm}^2) < f_v^w = 125 (\text{N/mm}^2)$$

腹板端部焊缝中的折算应力为

$$\sqrt{\sigma_1^2 + 3\tau^2} = \sqrt{142.4^2 + 3 \times 20.5^2} = 146.8 (\text{N/mm}^2) < 1.1 f_t^w = 1.1 \times 185 = 203.5 (\text{N/mm}^2)$$

拼接焊缝的强度满足设计要求。

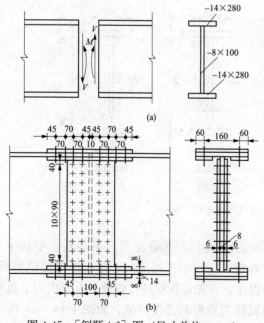

图 4-45　[例题 4-6] 图（尺寸单位：mm）

【例题 4-6】 图 4-45（a）所示焊接工字梁，在跨中断开，假定该截面承受的 $M = 920 \text{kN·m}$，$V = 88 \text{kN}$，钢材为 Q235 钢，采用摩擦型连接高强度螺栓，螺栓为 8.8 级 M20，板件接触面经喷砂处理，要求进行其工地拼接设计。

【解】（1）翼缘板拼接。螺栓孔径取 $d_0 = 21.5 \text{mm}$，翼缘板的净截面面积为

$$A_n = (28 - 2 \times 2.15) \times 1.4 = 33.2 (\text{cm}^2)$$

翼缘板所能承受的轴向力设计值为

$$N = A_n f = 33.2 \times 10^2 \times 215 \times 10^{-3} = 713.8 (\text{kN})$$

一个高强度螺栓的抗剪承载力设计值为

$$N_v^b = 0.9 n_f \mu p = 0.9 \times 2 \times 0.45 \times 125 = 101.3 (\text{kN})$$

需要螺栓数目为

$$n = \frac{713.8}{101.3} = 7.04(个),取 \, n = 8 \, 个$$

翼缘拼接板的截面采用 1— 8×280×610，2— 8× 120×610。

（2）腹板拼接。梁的毛截面惯性矩为

$$I = \frac{0.8 \times 100^3}{12} + 2 \times 28 \times 1.4 \times \left(\frac{100}{2} + 0.7\right)^2$$

$$= 66 \, 667 + 201 \, 526 = 268 \, 193 (\mathrm{cm}^4)$$

腹板的毛截面惯性矩为

$$I_\mathrm{w} = 66 \, 667 \, \mathrm{cm}^4$$

腹板所分担的弯矩为

$$M_\mathrm{w} = \frac{I_\mathrm{w}}{I} M = \frac{66 \, 667}{268 \, 193} \times 920 = 228.7 (\mathrm{kN \cdot m})$$

初步选用腹板拼接板为 2—6×330×980，在腹板拼接焊缝每侧排两列螺栓，共采用 22 个高强度螺栓，排列如图 4-45（b）所示。

每个高强度螺栓所承受的竖向剪力

$$V_1 = \frac{V}{n} = \frac{88}{22} = 4 (\mathrm{kN})$$

在弯矩作用下，受力最大螺栓所受的水平剪力为

$$T_1 = \frac{M_\mathrm{w} y_1}{\sum y_i^2} = \frac{228.7 \times 10^2 \times 45}{4 \times (45^2 + 36^2 + 27^2 + 18^2 + 9^2)} = 57.8 (\mathrm{kN})$$

$$N_1 = \sqrt{T_1^2 + V_1^2} = \sqrt{57.8^2 + 4^2} = 57.9 (\mathrm{kN}) < N_\mathrm{v}^\mathrm{b} = 101.3 (\mathrm{kN})$$

计算结果表明，螺栓数量偏多，但因受到螺栓最大容许距离 $12t = 12 \times 8 = 96 (\mathrm{mm})$ 的限制，故螺栓数量不再减少。

（3）净截面强度验算。近似地将受压与受拉翼缘孔眼面积同样扣除，则其净截面仍为双轴对称截面，可使计算更为简便。孔眼面积的惯性矩（计算中忽略各孔眼对本身形心轴的惯性矩）为

$$I_\mathrm{h} = 4 \times 1.4 \times 2.15 \times \frac{101.4^2}{4} + 2 \times 0.8 \times 2.15(45^2 + 36^2 + 27^2 + 18^2 + 9^2)$$

$$= 30 \, 948.7 + 15 \, 325.2 \approx 46 \, 274 (\mathrm{cm}^4)$$

梁的净截面惯性矩为

$$I_\mathrm{n} = I - I_\mathrm{h} = 268 \, 193 - 46 \, 274 = 221 \, 919 (\mathrm{cm}^4)$$

$$W_\mathrm{nx} = \frac{221 \, 919}{51.4} = 4317 (\mathrm{cm}^3)$$

$$\sigma = \frac{M}{W_\mathrm{nx}} = \frac{920 \times 10^6}{4317 \times 10^3} = 213.1 (\mathrm{N/mm}^2) < f = 215 (\mathrm{N/mm}^2)(满足要求)$$

在以上验算中，为简化计算且稍偏于安全，均未考虑孔前传力影响。

腹板拼接板验算

$$I_\mathrm{ws} = 2 \times \frac{0.6 \times 98^3}{12} - 4 \times 0.6 \times 2.15(45^2 + 36^2 + 27^2 + 18^2 + 9^2)$$

$$= 94 \, 119.2 - 22 \, 987.8 \approx 71 \, 131 (\mathrm{cm})^4$$

$$W_{ws} = \frac{71\,131}{49} = 1451.7(cm)^3$$

$$\sigma = \frac{M_w}{W_{ws}} = \frac{228.7 \times 10^6}{1451.7 \times 10^3} = 157.5(N/mm)^2 > f_v = 125(N/mm)^2$$

两块拼接板的净截面面积为

$$A_{wsn} = 2 \times 0.6 \times 98 - 2 \times 11 \times 0.6 \times 2.15 = 89.2(cm)^2$$

净截面上平均剪应力为

$$\tau = \frac{V}{A_{wsn}} = \frac{88 \times 10^3}{89.2 \times 10^2} = 9.9(N/mm)^2 < f_v = 125(N/mm)^2$$

所以，拼接设计满足要求。

4.7.2　次梁与主梁的连接

次梁与主梁的连接形式有叠接和平接两种。

叠接（见图 4-46）是将次梁置于主梁上面，采用螺栓或焊缝连接，构造简单，但需要的结构高度大，其应用常受到限制。图 4-46（a）是次梁为简支梁时与主梁连接的构造，图 4-46（b）是次梁为连续梁时与主梁连接的构造。如次梁截面较大，应另采取构造措施防止支承处截面的扭转。

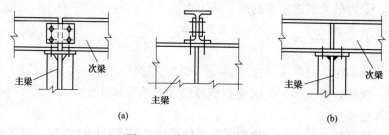

图 4-46　次梁与主梁的叠接

平接（见图 4-47）是使次梁顶面与主梁顶面相平或接近，从侧面与主梁的加劲肋或腹板上专门设置的短角钢或承托相连接。图 4-47（a）、（b）、（c）是次梁为简支梁时与主梁连接的构造，图 4-47（d）是次梁为连续梁时与主梁连接的构造。平接虽构造复杂，但可降低结构高度，在实际工程中应用较广泛。每一种连接构造都要将次梁支座的反力传给主梁，实质上这些支座反力就是主梁的剪力。而梁腹板的主要作用是抗剪，所以应将次梁腹板连接于主梁的腹板上，或连接于与主梁腹板相连的铅垂方向抗剪刚度较大的加劲肋上或承托的竖直板上。在次梁支座压力作用下，按传力的大小计算连接焊缝或螺栓的强度。由于主、次梁翼缘及承托水平板的外伸部分在铅垂方向的抗剪强度较小，分析受力时不考虑它们传给次梁的支座压力。在图 4-47（c）、（d）中，次梁支座压力 V 先由焊缝①传给支托竖直板，然后由焊缝②传给主梁腹板。在其他连接构造中，支座压力的传递途径与此相似，不一一分析。具体计算时，在形式上可不考虑偏心作用，而将次梁支座压力增大 20%～30%，以考虑实际上存在偏心的影响。

对于刚接构造，次梁与次梁之间还要传递支座弯矩。图 4-46（b）所示次梁本身是连续的，支座弯矩可以直接传递，不必计算。图 4-47（d）所示主梁两侧的次梁是断开的，支座弯矩靠焊接连接的次梁上翼缘盖板、下翼缘承托水平顶板传递。由于梁的翼缘承受弯矩的大部分，因此连接盖板的截面及其焊缝可按承受水平力偶 $H=M/h$ 计算（M 为次梁支座弯矩，h 为次梁高度）。承托顶板与主梁腹板的连接焊缝也按力 H 计算。

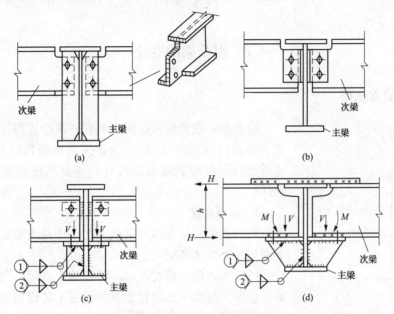

图 4-47　次梁与主梁的平接

【例题 4-7】　一工作平台的主、次梁截面如图 4-48（a）所示，次梁的支座反力为 $R=$ 80.45kN，钢材为 Q345 钢，拟将次梁连接在主梁侧面的加劲肋上，采用摩擦型连接高强度螺栓，高强度螺栓为 M20，8.8 级，孔径为 21.5mm，安装时用钢丝刷清除浮锈。试设计此工作平台的主、次梁连接。

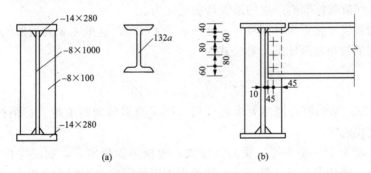

图 4-48　[例题 4-7] 图（尺寸单位：mm）

【解】　一个高强度螺栓的抗剪承载力设计值为

$$N_v^b = 0.9 n_f \mu P = 0.9 \times 1 \times 0.35 \times 125 = 39.4 \text{(kN)}$$

所需螺栓数量为

$$n = \frac{1.3 \times 80\,450}{39.4 \times 10^3} = 2.65 (\text{个}), 取 n = 3 \text{ 个}$$

其中 1.3 为考虑连接处约束作用，将次梁反力加大的系数。

螺栓排列如图 4-48（b）所示。螺栓间距、端距及边距均满足容许距离的要求。

次梁端部抗剪强度验算，稍偏于安全，验算近似公式为

$$\tau = \frac{3}{2} \times \frac{80\,450}{(280 - 3 \times 21.5) \times 9.5} = 58.9(\text{N/mm}^2) < f_v = 125(\text{N/mm}^2)(\text{满足要求})$$

4.8　组合梁的设计

4.8.1　截面选择

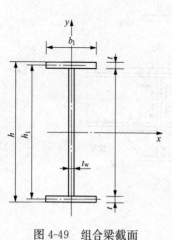

图 4-49　组合梁截面

组合梁一般常用两块翼缘板和一块腹板焊接成双轴对称工字形截面（见图 4-49）。设计人员可根据已知设计条件，适当选择翼缘板和腹板的尺寸，得到比较经济合理的截面设计。

1. 截面高度

梁的截面高度是组合梁截面的一个最重要的尺寸，可依下面三个条件选择决定。

（1）容许最大高度 $h_{\max}$。梁的截面高度必须满足净空要求，也即梁高度不能超过建筑设计或工艺设备需要的净空所允许的限值。依此条件所决定的截面高度常称为容许最大高度 $h_{\max}$。

（2）容许最小高度 $h_{\min}$。一般依刚度条件决定，即应使梁在全部荷载标准值作用下的挠度 v 不大于容许挠度 $[v]$。由 $\sigma_k = M_k h / (2I_x)$，得

$$\frac{v}{l} \approx \frac{M_k l}{10EI_x} = \frac{\sigma_k l}{5Eh} \leqslant \frac{[v]}{l}$$

式中　σ_k——全部荷载标准值产生的最大弯曲正应力。

若梁的抗弯强度 σ 接近设计强度 f，可令 $\sigma_k = f/1.3$，这里 1.3 为近似的平均荷载分项系数。由此得梁的最小高跨比的计算公式为

$$\frac{h_{\min}}{l} = \frac{\sigma_k l}{5E[v]} = \frac{f}{1.34 \times 10^6} \frac{l}{[v]} \tag{4-90}$$

由式（4-90）可知，梁的容许挠度要求越严格，则梁所需截面高度越大。钢材的强度越高，梁所需截面高度也越大。

（3）经济高度 h_e。一般来说，梁的高度大，腹板用钢量增多，而翼缘板用钢量相对减少；梁的高度小，则情况相反。最经济的截面高度应使梁的总用钢量为最小。设计时可参照下列经济高度的经验公式初选截面高度为

$$h_e = 7\sqrt[3]{W_x} - 300 \text{（mm）} \tag{4-91}$$

$$W_x = \frac{M_x}{\gamma_x f}$$

式中　W_x——梁所需要的截面模量。

根据上述三个条件，实际所取用的梁的截面高度 h 一般应满足

$$h_{\min} \leqslant h \leqslant h_{\max}$$

$$h \approx h_e$$

2. 腹板高度 h_w

梁翼缘板的厚度 t 相对较小，腹板高度 h_w 比梁的截面高度 h 小得不多。因此，当梁的截面高度 h 初步确定后，梁的腹板高度 h_w 可取稍小于梁的截面高度 h 的数值，并尽可能考虑钢板的规格尺寸，将腹板高度 h_w 取为 50mm 的整数倍。

3. 腹板厚度 t_w

梁的腹板主要承受剪力作用，可根据梁端最大剪力确定所需腹板厚度。在梁端翼缘有削弱的情况下，可取

$$t_w = \frac{1.2V}{h_w f_v} \tag{4-92}$$

根据最大剪力所算得的 t_w，一般较小。设计时，腹板厚度也可用下列经验公式估算，即

$$t_w = \frac{\sqrt{h_w}}{11} \tag{4-93}$$

其中 t_w 和 h_w 的单位均以 mm 计。

实际采用的腹板厚度应考虑钢板的规格，一般为 2mm 的整数倍。对于承受静力荷载的腹板厚度取值宜比式（4-75）和式（4-76）的计算值略小；对考虑腹板屈曲后强度的梁，腹板厚度可更小，但腹板高厚比不宜超过 250。

4. 翼缘板尺寸

翼缘板尺寸可以根据需要的截面模量和腹板截面尺寸计算。根据图 4-49 可以得出梁的截面惯性矩

$$I_x = \frac{1}{12} t_w h_w^3 + 2bt \left(\frac{h_1}{2} \right)^2$$

$$W_x = \frac{2I_x}{h} = \frac{1}{6} t_w \frac{h_w^3}{h} + bt \frac{h_1^2}{h}$$

初选截面时可取 $h \approx h_1 \approx h_w$，则上式为

$$W_x = \frac{t_w h_w^2}{6} + bt h_w$$

因此可得

$$bt = \frac{W_x}{h_w} - \frac{t_w h_w}{6} \tag{4-94}$$

根据式（4-94）可以算出一个翼缘板需要的面积 bt，再选定翼缘板宽度 b 和厚度 t 中的任一数值，即可求得其中的另一数值。一般翼缘宽度 b 值的范围为

$$\frac{h}{2.5} > b > \frac{h}{6} \tag{4-95}$$

这样可以根据使用要求初选宽度 b，再求出厚度 t。因为式（4-94）中均用腹板高度 h_w 代替 h 和 h_1，使所求得的 bt 并不准确，因此按上述步骤求得的厚度 t 可根据钢材规格选用与之相近的厚度，再根据式（4-94）对宽度进行调整，然后对截面进行验算。当宽度 b 和厚度 t 初步选出后，首先应检查是否满足局部稳定要求，梁受压翼缘的外伸宽度 b_1 与厚度 t 的比值应满足

$$\frac{b_1}{t} \leqslant 15\sqrt{\frac{235}{f_y}}$$

若能把 b_1/t 限制在 $13\sqrt{235/f_y}$ 以内，则可以使部分截面发展塑性（取 $\gamma = 1.05$），往往可取得较经济的效果。

4.8.2　截面验算

首先根据初选的截面尺寸进行实际截面的几何特性计算，如截面惯性矩、截面模量和截面面积矩等，然后按照与型钢梁截面验算基本相同的方法进行下列各项验算。验算中应注意，如初选截面时未包括自重作用，则此时应加入梁自重所产生的内力。具体验算内容包括：

（1）抗弯强度验算。

（2）抗剪强度验算。

（3）局部承压强度验算。

（4）折算应力验算。

（5）整体稳定验算。

（6）局部稳定验算。

（7）刚度验算。

（8）对于承受动力荷载作用的梁，必要时应按《钢结构设计标准》（GB 50017—2017）的规定进行疲劳验算。

4.8.3　组合梁截面沿长度的改变

梁的弯矩沿梁的长度方向是变化的，因此梁的截面如能随弯矩的变化而变化，则可节约钢材。对跨度较小的梁，加工量增加，不宜改变截面。

单层翼缘板的焊接梁改变截面时，宜改变翼缘板的宽度（见图 4-50）而不改变其厚度。

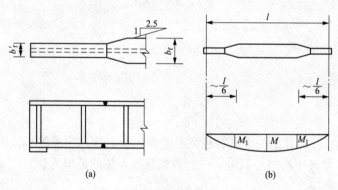

图 4-50　梁翼缘宽度的改变

梁改变一次截面可节约钢材 $10\% \sim 20\%$。如再改变一次，可再节约 $3\% \sim 4\%$，效果不显著。为了便于制造，一般只改变一次截面。

对承受均布荷载的梁，截面改变位置在距支座 1/6 处 [见图 4-50（b）] 最有利。较窄翼缘板宽度 b_f' 应由截面开始改变处的弯矩 M_1 值确定。为了减少应力集中，宽板应从截面开始改变处向一侧以不大于 1：2.5（动力荷载时不大于 1：4）的斜度放坡，然后与窄板对接多层翼缘板的梁，可用切断外层板的办法来改变梁的截面（见图 4-51）。理论切断点的位置可由计算确定。为了保证被切断的翼缘板在理论切断处能正常参加工作，其外伸长度 l_1 应满足下列要求：

端部有正面角焊缝：

当 $h_f \geqslant 0.75t$ 时

$$l_1 \geqslant b$$

当 $h_f < 0.75t$ 时

$$l_1 \geqslant 1.5b$$

端部无正面角焊缝

$$l_1 \geqslant 2b$$

式中　b、t——被切断翼缘板的宽度和厚度；

　　　h_f——侧面角焊缝和正面角焊缝的焊脚尺寸。

为了降低梁的建筑高度，简支梁可以在靠近支座处减小其高度，而使翼缘截面保持不变（见图 4-52），其中图 4-52（a）所示构造简单，制作方便。梁端部高度应根据抗剪强度要求确定，但不宜小于跨中高度的 1/2。

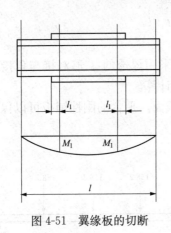

图 4-51　翼缘板的切断

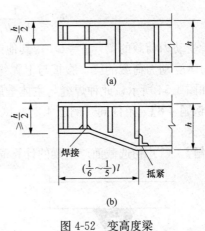

图 4-52　变高度梁

4.8.4　焊接组合梁翼缘焊缝的计算

当梁弯曲时，由于相邻截面中作用在翼缘截面的弯曲正应力有差值，翼缘与腹板间将产生水平剪应力（见图 4-53）。沿梁单位长度的水平剪力为

$$V_1 = \tau_1 t_w = \frac{VS_1}{I_x t_w} t_w = \frac{VS_1}{I_x}$$

式中　τ_1——腹板与翼缘交界处的水平剪应力；

　　　S_1——翼缘截面对梁中和轴的面积矩。

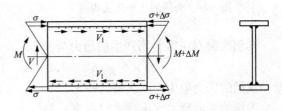

图 4-53　翼缘焊缝的水平剪力

当腹板与翼缘板采用角焊缝连接时，角焊缝有效截面上承受的剪应力 τ_{f}，不应超过角焊缝强度设计值 $f_{\mathrm{f}}^{\mathrm{w}}$，即

$$\tau_1 = \frac{V_1}{2 \times 0.7 h_{\mathrm{f}}} = \frac{VS_1}{1.4 h_{\mathrm{f}} I_x} \leqslant f_{\mathrm{f}}^{\mathrm{w}}$$

需要的焊脚尺寸为

$$h_{\mathrm{f}} \geqslant \frac{VS_1}{1.4 I_x f_{\mathrm{f}}^{\mathrm{w}}} \tag{4-96}$$

当梁的翼缘上受有固定集中荷载而未设置支承加劲肋，或受移动集中荷载（如吊车轮压）时，上翼缘与腹板之间的连接焊缝，除承受沿焊缝长度方向的剪应力 τ_{f} 外，还承受垂直于焊缝长度方向的局部压应力，即

$$\sigma_{\mathrm{f}} = \frac{\psi F}{2 h_{\mathrm{e}} l_x} = \frac{\psi F}{1.4 h_{\mathrm{f}} l_x}$$

因此，受局部压应力的上翼缘与腹板之间的连接焊缝应按式（4-97a）计算强度，即

$$\frac{1}{1.4 h_{\mathrm{f}}} \sqrt{\left(\frac{\psi F}{\beta_{\mathrm{f}} l_z}\right)^2 + \left(\frac{VS_1}{I_x}\right)^2} \leqslant f_{\mathrm{f}}^{\mathrm{w}} \tag{4-97a}$$

从而

$$h_{\mathrm{f}} \geqslant \frac{1}{1.4 h_{\mathrm{f}}} \sqrt{\left(\frac{\psi F}{\beta_{\mathrm{f}} l_z}\right)^2 + \left(\frac{VS_1}{I_x}\right)^2} \tag{4-97b}$$

直接承受动力荷载的梁，$\beta_{\mathrm{f}} = 1.0$；其他梁，$\beta_{\mathrm{f}} = 1.22$。

对承受动力荷载的梁，腹板与上翼缘的连接焊缝常采用焊透的 T 形对接与角接组合焊缝，如图 4-54 所示，此种焊缝与主体金属等强度，不需计算。

【**例题 4-8**】 条件同 [例题 4-2]，试设计主梁 B 的截面。平台的刚性铺板可以保证梁的整体稳定。

【**解**】 （1）初选截面。主梁的计算简图如图 4-55 所示。

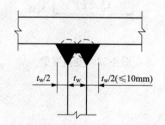 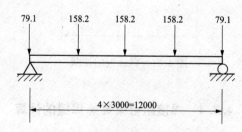

图 4-54   焊透的 T 形连接焊缝   图 4-55   主梁计算简图（尺寸单位：mm）

两侧次梁对主梁 B 所产生的压力为

$$25\,800 \times 6 + 469 \times 1.2 \times 6 = 158\,177(\mathrm{N}) \approx 158.2(\mathrm{kN})$$

梁端次梁的压力取为中间次梁的一半。

主梁的支座反力（未计主梁自重）为

$$R = 2 \times 158.2 = 316.4(\mathrm{kN})$$

梁跨中的最大弯矩为

$$M_{\max} = (316.4 - 79.1) \times 6 - 158.2 \times 3 = 949.2(\mathrm{kN \cdot m})$$

梁所需净截面抵抗矩为

$$W_{nx} = \frac{M_{max}}{\gamma_x f} = \frac{949.2 \times 10^6}{1.05 \times 215} = 4\,204\,651(mm^3) \approx 4204.7(cm^3)$$

梁的高度在净空方面无限制条件，依刚度要求，工作平台主梁的容许挠度为 $l/400$，参照附表 3-1 可知其容许最小高度为

$$h_{min} = \frac{l}{15} = \frac{1200}{15} = 80(cm)$$

再根据式（4-91）可得梁的经济高度为

$$h_e = 7\sqrt[3]{W_x} - 30 = 7\sqrt[3]{4204.7} - 30 = 83(cm)$$

参照以上数据，考虑梁截面高度大一些更有利于增加刚度，在该例题中初选梁的腹板高度 $h_w = 100cm$。

腹板厚度按负担支点处最大剪力需要（此处考虑主次梁连接构造方法未定，取梁的支座反力作为支点最大剪力），由式（4-92）可得

$$t_w = \frac{1.2V}{h_w f_v} = \frac{1.2 \times 316.4 \times 10^3}{1000 \times 125} = 3.04mm$$

可见依据剪力要求所需腹板厚度很小。

按式（4-93）估算

$$t_w = \frac{\sqrt{h_w}}{11} = \frac{\sqrt{100}}{11} = 0.909(cm)$$

选用腹板厚度 $t_w = 8mm$。

依据近似式（4-94）计算所需翼缘板面积，即

$$bt = \frac{W_x}{h_w} - \frac{t_w h_w}{6} = \frac{4204.7}{100} - \frac{0.8 \times 100}{6} = 28.7(cm^2)$$

试选翼缘板宽度为 250mm，则所需要的厚度为

$$t = \frac{2870}{250} = 11.5(mm)$$

考虑式（4-94）的近似性和钢梁自重作用等因素，选用 $t = 14mm$。梁的截面简图如图 4-56 所示。

梁翼缘的外伸宽度为

$$b_1 = (250 - 8)/2 = 121(mm)$$

则

$$\frac{b_1}{t} = \frac{121}{14} = 8.64 < 13\sqrt{235/f_y}$$

梁翼缘板的局部稳定可以保证，且截面可以考虑部分塑性发展。

（2）截面验算。

1）截面的实际几何性质计算

$$A = 8 \times 1000 + 2 \times 250 \times 14 = 15\,000(mm^2)$$

$$I_x = \frac{8 \times 1000^3}{12} + 2 \times 250 \times 14 \times \left(\frac{1000 + 14}{2}\right)^2 = 2\,466\,009\,667(mm^4)$$

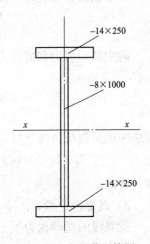

图 4-56 主梁截面简图

$$W_x = \frac{2\ 466\ 009\ 667}{514} = 4\ 797\ 684(\text{mm}^3)$$

$$S_{\max} = 8 \times 500 \times 250 + 250 \times 14 \times \left(500 + \frac{14}{2}\right) = 2\ 774\ 500(\text{mm}^3)$$

$$S_1 = 250 \times 14 \times \left(500 + \frac{14}{2}\right) = 1\ 774\ 500(\text{mm}^3)$$

2）截面强度验算。单位长度主梁的质量为

$$15000 \times 7850 \times 10^{-6} \times 1.2 = 141.3(\text{kg/m})$$

其中 1.2 为考虑腹板加劲肋等附加构造用钢材使自重增大的系数。因此梁的自重为

$$g = 141.3 \times 9.8 = 1385(\text{N/m})$$

自重产生的跨中最大弯矩为

$$M_g = \frac{1}{8} \times 1385 \times 1.2 \times 12^2 = 29\ 916(\text{N} \cdot \text{m}) \approx 29.9(\text{kN} \cdot \text{m})$$

其中 1.2 为恒荷载分项系数。

跨中最大总弯矩为

$$M_x = 949.2 + 29.9 = 979.1(\text{kN} \cdot \text{m})$$

正应力为

$$\sigma = \frac{979.1 \times 10^6}{1.05 \times 4\ 797\ 684} = 194.3(\text{N/mm}^2) < 215(\text{N/mm}^2)$$

支座处的最大剪力按梁的支座反力计算，其值为

$$V = 316.4 \times 10^3 + 1385 \times 1.2 \times 6 = 326\ 372(\text{N})$$

剪应力为

$$\tau = \frac{326\ 372 \times 2\ 774\ 500}{2\ 466\ 009\ 667 \times 8} = 45.9(\text{N/mm}^2) < 125(\text{N/mm}^2)$$

说明剪应力的影响很小，跨中弯矩最大处的截面剪应力无须再进行计算。次梁作用处应放置支承加劲肋，所以不需要验算腹板的局部压应力。

跨中截面腹板边缘弯曲应力为

$$\sigma = \frac{My}{I_{nx}} = \frac{979.1 \times 10^6 \times 500}{2\ 466\ 009\ 667} = 198.5(\text{N/mm}^2)$$

跨中截面剪力和剪应力为

$$V = 79.1\text{kN}$$

$$\tau = \frac{VS_1}{I_x t_w} = \frac{79.1 \times 10^3 \times 1\ 774\ 500}{2\ 466\ 009\ 667 \times 8} = 7.11(\text{N/mm}^2)$$

则跨中截面腹板边缘折算应力为

$$\sqrt{\sigma^2 + 3\tau^2} = \sqrt{198.5^2 + 7.11^2} = 198.6(\text{N/mm}^2) < 1.1f = 236.5(\text{N/mm}^2)$$

满足要求。

3）局部稳定验算。

梁翼缘的宽厚比为

$$\frac{b_1}{t} = \frac{(250 - 8)/2}{14} = 8.64 < 13\sqrt{235/f_y}$$

梁的腹板高厚比为

$$80\sqrt{\frac{235}{f_y}} < \frac{h_0}{t_w} = \frac{1000}{8} = 125 < 150\sqrt{\frac{235}{f_y}}$$

应按照计算配置横向加劲肋。

考虑次梁处应配置横向加劲肋，故取横向加劲肋的间距为 $a = 150\text{cm} < 2h_0 = 200\text{cm}$［见图 4-57（a）］。

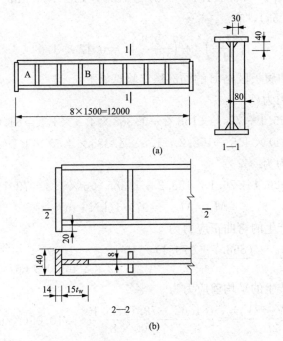

图 4-57 加劲肋设置（尺寸单位：mm）

加劲肋如此布置后，各区格就可作为无局部压应力的情形计算。

引用［例题 4-2］的相关数据，腹板区格 A 的局部稳定验算如下：

区格 A 左端的内力为

$$V_1 = 247.3\text{kN}, \quad M_1 = 0\text{kN} \cdot \text{m}$$

区格 A 右端的内力为

$$V_r = 247.3 - 1.385 \times 1.5 \times 1.2 = 244.8(\text{kN})$$

$$M_r = 247.3 \times 1.5 - 1.385 \times 1.5^2 \times 1.2/2 = 369.08(\text{kN} \cdot \text{m})$$

区格的平均弯矩产生的弯曲正应力为

$$\sigma = \frac{(M_1 + M_r)}{2} \frac{h_0}{2I_x} = \frac{(0 + 369.08) \times 10^6}{2} \frac{1000}{2 \times 2\,466\,009\,667} = 37.4(\text{N/mm}^2)$$

区格的平均剪力产生的平均剪应力为

$$\tau = \frac{(V_1 + V_r)}{2h_0 t_w} = \frac{(247.3 + 244.8) \times 10^3}{2 \times 1000 \times 8} = 30.8(\text{N/mm}^2)$$

设次梁不能有效地约束主梁受压翼缘的扭转，则

$$\lambda_b = \frac{h_0/t_w}{153}\sqrt{\frac{235}{f_y}} = \frac{1000/8}{153} = 0.817 < 0.85$$

则

$$\sigma_{cr} = f = 215(\text{N/mm}^2)$$

$$\lambda_s = \frac{h_0/t_w}{41\sqrt{k_s}}\sqrt{\frac{f_y}{235}} = \frac{1000/8}{41\sqrt{5.34+4(1000/1500)^2}} = 1.1\left(\frac{a}{h_0} = \frac{1500}{1000} = 1.5 > 1.0\right)$$

$$0.8 < \lambda_s < 1.2, \tau_{cr} = [1-0.59(\lambda_s-0.8)]f_v$$

$$= [1-0.59(1.1-0.8)] \times 125 = 102.8(\text{N/mm}^2)$$

将上列数据代入式（4-55），有

$$\left(\frac{37.4}{215}\right)^2 + \left(\frac{30.8}{102.8}\right)^2 = 0.12 < 1.0$$

同理，可作梁跨中腹板区格 B 的局部稳定验算如下：

区格 B 左端的内力为

$$V_1 = 326.4 - 79.1 - 158.2 - 1.385 \times 4.5 \times 1.2 = 81.62(\text{kN})$$

$$M_1 = (326.4-79.1) \times 4.5 - 158.2 \times 1.5 - 1.385 \times 4.5^2 \times 1.2/2 = 858.7(\text{kN} \cdot \text{m})$$

区格 B 右端的内力为

$$V_r = 326.4 - 79.1 - 158.2 - 1.385 \times 6 \times 1.2 = 79.13(\text{kN})$$

$$M_r = M_{max} = 979.1(\text{kN} \cdot \text{m})$$

区格的平均弯矩产生的弯曲正应力为

$$\sigma = \frac{(M_1+M_r)}{2}\frac{h_0}{2I_x} = \frac{(858.7+979.1) \times 10^6}{2}\frac{1000}{2 \times 2\,466\,009\,667} = 186.3(\text{N/mm}^2)$$

区格的平均剪力产生的平均剪应力为

$$\tau = \frac{(V_1+V_r)}{2h_0t_w} = \frac{(81.62+79.13) \times 10^3}{2 \times 1000 \times 8} = 10.05(\text{N/mm}^2)$$

故，有

$$\left(\frac{186.3}{215}\right)^2 + \left(\frac{10.05}{102.8}\right)^2 = 0.76 < 1.0$$

从区格 A、B 满足要求，易知其他区格必满足。

（3）支承加劲肋设计。梁的两端采用如图 4-57 所示突缘式支座。根据梁端截面尺寸（见图 4-56），选用支承加劲肋的截面为－140×14，伸出翼缘下面 20mm，小于 $2t$ =28mm。

1）稳定性计算。该例题的支座反力为

$$N = 326.4\text{kN}$$

计算用截面面积为

$$A = 28 \times 1.4 + 15 \times 0.8 = 51.2(\text{cm}^2)$$

绕腹板中线的截面惯性矩为

$$I_z = 1.4 \times 28^3/12 = 2561.0(\text{cm}^4)$$

$$i_z = \sqrt{I_z/A} = \sqrt{2561/51.2} = 7.07(\text{cm})$$

$$\lambda = \frac{l_0}{i_z} = \frac{100}{7.07} = 14.1$$

截面应属 c 类，依据附表 5-3 查得稳定系数 $\varphi = 0.983$，则

$$\frac{N}{\varphi A}=\frac{326.4\times10^3}{0.983\times51.2\times10^2}=64.9(\text{N/mm}^2)<215(\text{N/mm}^2)$$

满足要求。

2）承压强度计算。

承压面积为

$$A_{\text{ce}}=28\times1.4=39.2(\text{cm}^2)$$

钢材端面承压强度设计值为

$$f_{\text{ce}}=325\text{N/mm}^2$$

$$\sigma=N/A_{\text{ce}}=326.4\times10^3/39.2\times10^2=83.3(\text{N/mm}^2)<f_{\text{ce}}$$

满足要求。

3）焊缝连接计算。支承加劲肋与腹板采用直角角焊缝连接，焊脚尺寸为

$$h_{\text{f}}=\frac{326.4\times10^3}{2\times0.7\times1000\times160}=1.46(\text{mm})$$

取 $h_{\text{f}}=8\text{mm}>1.5\sqrt{t_{\text{max}}}=1.5\sqrt{14}=5.6\text{mm}$。

从以上计算看，支承加劲肋的截面用得偏大一些，但考虑支承加劲肋截面稍大，更有利于增强梁的支座处截面刚度，因此不再减小截面。

习 题

4-1 选择 Q235 工字钢 I32 a，用于跨度 $l=6\text{m}$，均布荷载作用的简支梁（不计自重），梁无侧向支撑。允许挠度 $[v_Q]=\dfrac{l}{500}$，$v=\dfrac{5ql^4}{384EI_x}$，$E=2.06\times10^5\text{N/mm}^2$，荷载分项系数为 1.4。试求梁能承受的最大设计荷载。

4-2 如图 4-58 所示工字形简支主梁，材料为 Q235 钢，承受两个次梁传来的集中荷载 $P=250\text{kN}$ 作用（设计值），次梁作为主梁的侧向支撑，不计主梁自重，$\gamma_x=1.05$。试：

（1）验算主梁的强度；

（2）判别梁的整体稳定性是否需要验算。

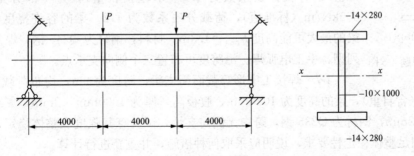

图 4-58 习题 4-2 图（尺寸单位：mm）

4-3 如图 4-59 所示，等截面简支梁跨度为 5.5m，跨中无侧向支撑点，上翼缘均布荷载设计值 $q=280\text{kN/m}$，钢材为 Q235 钢。已知：$A=172\text{cm}^2$，$y_1=41\text{cm}$，$y_2=62\text{cm}$，$I_x=2.84\times10^5\text{cm}^4$。试验算梁的整体稳定性。

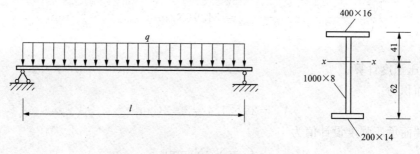

图 4-59 习题 4-3 图（尺寸单位：mm）

4-4 如图 4-60 所示，焊接工字形等截面简支梁跨度为 10m，跨中集中荷载 $P =$ 450kN（设计值），自重不计，钢材为 Q235 钢，跨中有一侧向支撑，已知：$I_x = 263\,279\text{cm}^4$，$I_y = 3646\text{cm}^4$。试验算其整体稳定性。

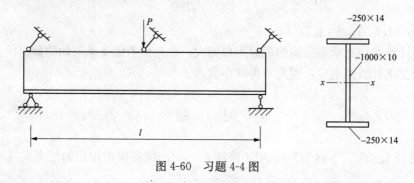

图 4-60 习题 4-4 图

4-5 一简支钢梁的钢材为 Q235-B 钢，梁的截面尺寸如图 4-61 所示，支承反力 $R = 200\text{kN}$。试设计支座处的支承加劲肋（加劲肋采用火焰切边，与梁腹板焊接）。

4-6 设计一承受直接动力荷载的焊接简支梁；跨度为 12m，承受均布荷载，均布荷载 q 由两部分组成，一部分是永久荷载 35kN/m（标准值），荷载分项系数为 1.2（未包括自重）；另一部分是可变荷载 805kN/m（标准值），荷载分项系数为 1.2。梁的容许挠度 $v = l/400$，梁的最大可能高度 $h_{max} = 1.3\text{m}$。材料：钢材为 Q345 钢，焊条为 E50 系列型，手工电弧焊。沿跨度可布置三个侧向支承点。

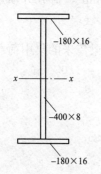

图 4-61 习题 4-5 图

4-7 焊接工字形等截面简支梁，跨度为 9m，均布荷载设计值 $q =$ 100kN/m（含自重），梁的高度为 1024mm，腹板高×厚为 1000mm×8mm，翼缘宽×厚为 360mm×12mm，钢材为 Q235 钢，跨中无侧向支承，试验算其强度和整体稳定性。若验算结果不能满足整体稳定性要求，说明应采取何种措施，并重新进行计算。

第 5 章 轴心受力构件

本章主要讨论轴心受力构件的特点、极限状态。比较详细地研究残余应力、初弯曲及初偏心对轴心受力构件整体稳定的影响。同时讲述实腹式受压构件的截面选择和强度、整体稳定、局部稳定和刚度的验算,针对格构式轴心受压构件剪切变形对虚轴稳定性的影响,用换算长细比来考虑对承载力的影响;讲述构件承载能力的验算方法和实腹式受压柱、格构式受压柱的简单计算步骤和设计计算方法。

5.1 概 述

在钢结构中轴心受力构件的应用十分广泛,如桁架、塔架和网架、网壳等的杆件体系。这类结构通常假设其节点为铰接连接,当无节点间荷载作用时,只受轴向拉力和压力的作用,分别称为轴心受拉构件和轴心受压构件。图 5-1 所示为轴心受力构件在工程中应用的一些实例。

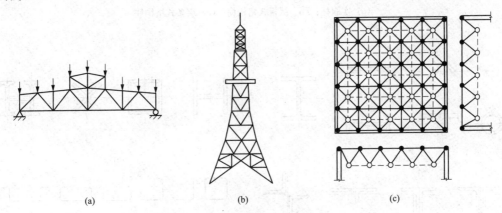

图 5-1 轴心受力构件在工程中的应用
(a) 桁架;(b) 塔架;(c) 网架

轴心受压构件也经常用作工业建筑的工作平台支柱。柱由柱头、柱身和柱脚三部分组成(见图 5-2)。柱头用来支承平台梁或桁架,柱脚的作用是将压力传至基础。

轴心受力构件的常用截面形式可分为实腹式和格构式两大类。

实腹式构件制作简单,与其他构件连接也比较方便,其常用截面形式很多。可直接选用单个型钢截面,如圆钢、钢管、T 型钢、槽钢、工字钢、H 型钢等 [见图 5-3 (a)],也可选用由型钢或钢板组成的组合截面 [见图 5-3 (b)]。一般桁架结构中的弦杆和腹杆,除 T 型钢外,常采用角钢或钢板组成的组合截面 [见图 5-3 (c)],在轻型结构中则可采用冷弯薄壁型钢截面 [见图 5-3 (d)]。以上这些截面中,截面紧凑(如圆钢和组合板件宽厚比较小的截面)或对两主轴刚度相差悬殊者(如单槽钢、工字钢),一般只可能用于轴心受拉构件。

而受压构件通常采用较为开展、组成板件宽而薄的截面。

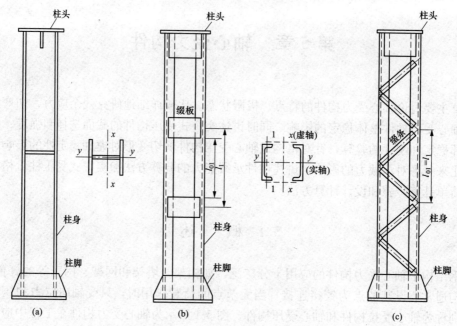

图 5-2 柱的形式和组成

（a）实腹柱；（b）缀板式格构柱；（c）缀条式格构柱

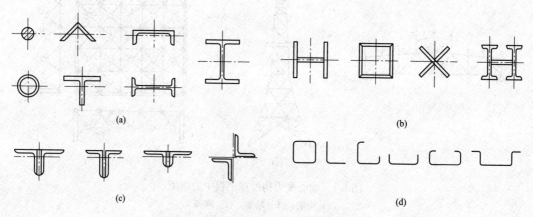

图 5-3 轴心受力实腹式构件的截面形式

格构式构件容易使压杆实现两主轴方向的等稳定性，刚度大，抗扭性能也好，用料较省。其截面一般由两个或多个型钢肢件组成（见图 5-4），肢件间采用缀条［见图 5-5（a）］或缀板［见图 5-5（b）］连成整体，缀板和缀条统称为缀材。

在进行轴心受力构件的设计时，应同时满足第一极限状态和第二极限状态的要求。对于承载能力极限状态，受拉构件一般以强度控制，而受压构件需同时满足强度和稳定的要求。对于正常使用极限状态，是通过保证构件的刚度——限制其长细比来达到的。因此，按其受力性质的不同，轴心受拉构件的设计需分别进行强度和刚度的验算，而轴心受压构件的设计需分别进行强度、稳定和刚度的验算。

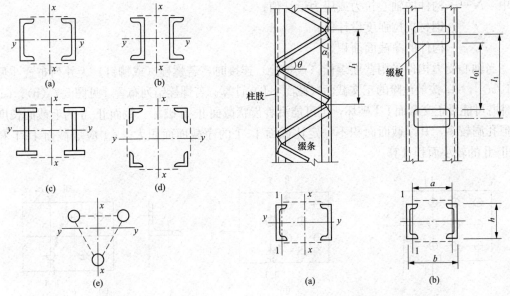

图 5-4 格构式构件的常用截面形式

图 5-5 格构式构件的缀材布置
（a）缀条柱；（b）缀板柱

5.2 轴心受力构件的强度和刚度

5.2.1 强度计算

轴心受力构件的强度承载力是以截面的平均应力达到钢材的屈服应力为极限。但当构件的截面有局部削弱时，截面上的应力分布不再是均匀的，在孔洞附近有图 5-6（a）所示的应力集中现象，在弹性阶段，孔壁边缘的最大应力 σ_{max} 可能达到构件毛截面平均应力 σ_0 的 3 倍。若拉力继续增加，当孔壁边缘的最大应力达到材料的屈服强度以后应力不再继续增加而只发展塑性变形，截面上的应力产生塑形重分布，最后达到均匀分布 [见图 5-6（b）]。因此，对于有孔洞削弱的轴心受力构件，仍以其净截面的平均应力达到其强度限值作为设计时的控制值。这就要求在设计时应选用具有良好塑性性能的材料。

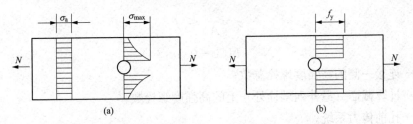

图 5-6 有孔洞拉杆的截面应力分布
（a）弹性状态应力；（b）极限状态应力

轴心受力构件的强度计算公式为

$$\sigma = \frac{N}{A_n} \leqslant f \tag{5-1}$$

式中　N——构件的轴心拉力或压力设计值；

　　　　f——钢材抗拉强度设计值；

　　　　A_n——构件的净截面面积。

当轴心受力构件采用普通螺栓（或螺栓）连接时，若螺栓（或铆钉）为并列布置［见图 5-7（a）］，A_n 按最危险的正交截面（截面 I-I）计算。若螺栓错列布置［见图 5-7（b）、(c)］，构件既可能沿正交截面 I-I 破坏，也可能沿着齿状截面 II-II 破坏。截面 II-II 的毛截面长度较大但孔洞较多，其净截面面积不一定比截面 I-I 的净截面面积大。A_n 应取截面 I-I 和截面 II-II 的较小面积计算。

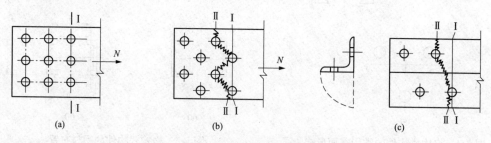

图 5-7　净截面面积计算

对于摩擦型连接高强度螺栓杆件，验算净截面强度时应考虑截面上每个螺栓所传之力的一部分已经由摩擦力在孔前传走（见图 5-8），净截面上所受内力应扣除已传走的力。

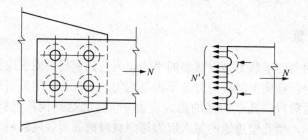

图 5-8　高强度螺栓的孔前传力

因此，验算最外列螺栓处危险截面的强度时，应按式（5-2）计算，即

$$\sigma = \frac{N'}{A_n} \leqslant f \tag{5-2a}$$

$$N' = N(1 - 0.5n_1/n) \tag{5-2b}$$

式中　n——连接一侧的高强度螺栓总数；

　　　　n_1——计算截面（最外列螺栓处）上的高强度螺栓数；

　　　0.5——孔前传力系数。

摩擦型连接高强度螺栓拉杆，除按式（5-2）验算净截面强度外，还应按式（5-3）验算毛截面强度，即

$$\sigma = \frac{N}{A} \leqslant f \tag{5-3}$$

式中　A——构件的毛截面面积。

5.2.2　刚度计算

为满足结构的正常使用要求，轴心受力构件不应做得过分柔细，应具有一定的刚度，以保证构件不会产生过度变形。

受拉和受压构件的刚度是以保证其长细比 λ 来实现的，即

$$\lambda = \frac{l_0}{i} \leqslant [\lambda] \tag{5-4}$$

式中　λ——构件的最大长细比；

　　l_0——构件的计算长度；

　　i——截面的回转半径；

　　$[\lambda]$——构件的容许长细比。

当构件的长细比太大时，会产生下列不利影响：

（1）在运输和安装过程中产生弯曲过大的变形。

（2）使用期间因其自重而明显下挠。

（3）在动力荷载作用下发生较大的振动。

（4）压杆的长细比过大时，除具有前述各种不利因素外，还使构件的极限承载力显著降低，同时，初弯曲和自重产生的挠度也将对构件的整体稳定带来不利影响。

《钢结构设计标准》（GB 50017—2017）在总结了钢结构长期使用经验的基础上，根据构件的重要性和荷载情况，对受拉构件的容许长细比规定了不同的要求和数值，见表 5-1。轴心受压构件容许长细比的规定更为严格，见表 5-2。

表 5-1　受拉构件的容许长细比

项次	构件名称	承受静力荷载或间接承受动力荷载的结构		直接承受动力荷载的结构
		一般建筑结构	有重级工作制吊车的厂房	
1	桁架的杆件	350	250	250
2	吊车梁或吊车桁架以下的柱间支撑	300	200	—
3	其他拉杆、支撑、系杆等（张紧的圆钢除外）	400	350	—

注　1. 承受静力荷载的结构中，可仅计算受拉构件在竖向平面内的长细比。

　　2. 在直接或间接承受动力荷载的结构中，计算单角钢受拉构件的长细比时，应采用角钢的最小回转半径，但在计算交叉杆件平面外的长细比时，应采用与角钢肢边平行轴的回转半径。

　　3. 中、重级工作制吊车桁架下弦杆的长细比不宜超过 200。

　　4. 在设有夹钳吊车或刚性料耙吊车的厂房中，支撑（表中第 2 项除外）的长细比不宜超过 300。

　　5. 受拉构件在永久荷载与风荷载作用下受压时，其长细比不超过 250。

　　6. 跨度等于或大于 60m 的桁架，其受拉弦杆和腹杆的长细比不宜超过 300（承受静力荷载）或 250（承受动力荷载）。

表 5-2　受压构件的容许长细比

项次	构件名称	容许长细比
1	桁架的杆件	150
	吊车梁或吊车桁架以下的柱间支撑	

续表

项次	构件名称	容许长细比
2	支撑（吊车梁或吊车梁桁架以下的柱间支撑除外）	200
	用以减小受压构件长细比的杆件	

注 1. 桁架（包括空间桁架）的受压腹杆，当其内力等于或小于承载能力的50%时，容许长细比值可取200。

2. 计算单角钢受压构件的长细比时，应采用角钢的最小回转半径，但在计算交叉杆件平面外的长细比时，应采用与角钢肢边平行轴的回转半径。

3. 跨度等于或大于60m的桁架，其受压弦杆和端压杆的容许长细比宜取为100，其他受压腹杆可取为150（承受静力荷载）或120（承受动力荷载）。

5.2.3 轴心受拉构件的设计

受拉构件没有整体稳定和局部稳定问题，极限承载力一般由强度控制，所以，设计时只考虑强度和刚度。

钢材比其他材料更适合于受拉，所以钢拉杆不但用于钢结构，还用于钢与钢筋混凝土或木材的组合结构中。此种组合结构的受压构件用钢筋混凝土或木材制作，而拉杆用钢材做成。

【例题 5-1】 图 5-9 所示一有中级工作制吊车的厂房屋架的双角钢拉杆，截面为 $2 \llcorner 100 \times 10$，角钢上有交错排列的普通螺栓孔，孔径 $d = 20\text{mm}$。试计算此拉杆所能承受的最大拉力及容许达到的最大计算长度。钢材为 Q235 钢。

【解】 查型钢表附表 7-4，$2 \llcorner 100 \times 10$ 角钢，$i_x = 3.05\text{cm}$，$i_y = 4.52\text{cm}$，$f = 215\text{N/mm}^2$，角钢的厚度为 10mm，在确定危险截面之前先把它按中面展开，如图 5-9（b）所示。

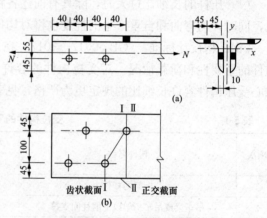

图 5-9 ［例题 5-1］图（尺寸单位：mm）

正交净截面面积为

$$A_n = 2 \times (4.5 + 10 + 4.5 - 2) \times 1.0 = 34.0(\text{cm}^2)$$

齿状净截面面积为

$$A_n = 2 \times (4.5 + \sqrt{10^2 + 4^2} + 4.5 - 2 \times 2) \times 1.0 = 31.5(\text{cm}^2)$$

危险截面是齿状截面，此拉杆所能承受的最大拉力为

$$N = A_n f = 31.5 \times 10^2 \times 215 = 677\,000(\text{N}) = 677(\text{kN})$$

容许的最大计算长度为：

对 x 轴

$$l_{0x} = [\lambda] i_x = 350 \times 30.5 = 10\,675(\text{mm})$$

对 y 轴

$$l_{0y} = [\lambda] i_y = 350 \times 45.2 = 15\,820 \ (\text{mm})$$

5.3　轴心受压构件的整体稳定

5.3.1　概述

在荷载作用下，钢结构的外力与内力必须保持平衡。但这种平衡状态有持久的稳定平衡状态和极限平衡状态。当结构或构件处于极限平衡状态时，外界轻微的扰动就会使结构或构件产生很大的变形而失稳。

失稳破坏是钢结构工程的一种重要破坏形式。特别是近年来，随着钢结构构件截面形式的不断丰富和高强度钢材的应用，使受压构件向着轻型、薄壁的方向发展，更容易引起受压构件失稳。因此，对受压构件稳定性的研究也就显得更加重要。

5.3.2　理想轴心受压构件的屈曲形式

轴心受压构件的稳定问题是最基本的稳定问题。为了便于理论分析，对轴心受压构件做了如下假设：

（1）杆件为等截面理想杆件。

（2）压力作用线与杆件形心轴重合。

（3）材料为均质、各向同性，且无限弹性，符合胡克定律。

（4）无初始应力影响。

实际工程中，轴心受压构件并不完全符合以上条件，且它们都存在初始缺陷（初始应力、初偏心、初弯曲等）的影响。因此把符合以上条件的轴心受压构件称为理想轴心受压构件。这种构件的失稳也称为屈曲。弯曲屈曲是理想轴心受压构件最简单、最基本的屈曲形式。

根据构件的变形情况，屈曲有以下 3 种形式：

（1）弯曲屈曲。构件只绕一个截面主轴旋转而纵轴由直线变为曲线的一种失稳形式，这是双轴对称截面构件最基本的屈曲形式。图 5-10（a）所示为工字钢的弯曲屈曲情况。

（2）扭转屈曲。失稳时，构件各截面均绕其纵轴旋转的一种失稳形式。当双轴对称截面构件的轴力较大而构件较短或为开口薄壁杆件时，可能发生此种失稳屈曲。图 5-10（b）所示为双轴对称的开口薄壁十字压杆的扭转屈曲。

（3）弯扭屈曲。构件发生弯曲变形的同时伴随着截面的扭转。这是单轴对称截面构件或无对称轴截面构件失稳的基本形式，如图 5-10（c）所示。

5.3.3　理想轴心受压构件的整体稳定

1. 确定整体稳定临界荷载的准则

轴心受压构件的整体稳定临界应力和许多因素有关，而这些因素的影响又是错综复杂的，这就给受压构件承载能力的计算带来了复杂性。确定轴心受压构件整体稳定临界应力的方法，一般有下列四种：

（1）屈曲准则。屈曲准则是建立在理想轴心受压构件的假定上的，弹性阶段以欧拉临界力为基础，弹塑性阶段以切线模量临界力为基础，通过提高安全系数来考虑初偏心、初弯曲

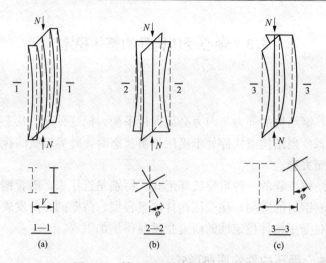

图 5-10 轴心受压构件的屈曲变形

（a）弯曲屈曲变形；（b）扭转屈曲变形；（c）弯扭屈曲变形

等不利因素。

（2）边缘屈服准则。实际的轴心受压构件与理想轴心受压构件的受力性能之间是有很大差别的，这是因为实际轴心受压构件是带有初始缺陷的构件，边缘屈服准则以有初偏心和初弯曲等的压杆为计算模型，截面边缘应力达到屈服点即视为极限承载能力。

（3）最大强度准则。以边缘屈服准则导出的柏利（Perry）公式实质上是强度公式而不是稳定公式，而且所表达的并不是轴心受压构件的极限承载能力。因为边缘纤维屈服以后塑性还可以深入截面，压力还可以继续增加，最大强度准则仍以有初始缺陷（初偏心、初弯曲和残余应力等）的轴心受压构件为依据；但考虑塑性深入截面，以构件最后破坏时所能达到的最大压力值作为轴心受压构件的极限承载能力值。

（4）经验公式临界应力。主要根据试验资料确定，这是由于早期对柱弹塑性阶段的稳定理论还研究得很少，只能从试验数据中提出经验公式。

2. 理想轴心受压构件整体稳定临界力的确定

（1）理想轴心受压构件的弹性弯曲屈曲——欧拉公式。对于理想的两端铰接的轴心受压构件，根据图 5-11 所示的计算简图，可建立杆呈微弯状态时的平衡微分方程

$$EI \frac{\mathrm{d}^2 y}{\mathrm{d}x^2} + Ny = 0 \qquad (5\text{-}5)$$

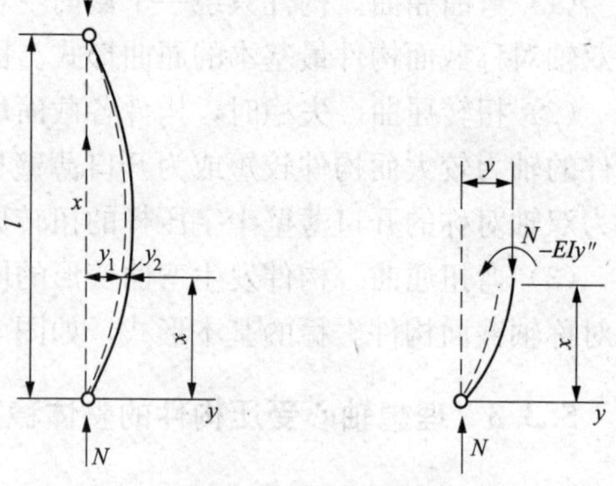

图 5-11 两端铰支轴心受压构件的临界状态

解此方程，可得两端铰接的轴心受压构件的临界力和临界应力，即欧拉临界力 N_E 和欧拉临界应力 σ_E，它们的表达式为

$$N_\mathrm{cr} = N_\mathrm{E} = \frac{\pi^2 EI}{l_0^2} = \frac{\pi^2 EA}{\lambda^2} \qquad (5\text{-}6)$$

$$\sigma_{cr} = \sigma_E = \frac{\pi^2 E}{\lambda^2} \tag{5-7}$$

$$l_0 = \mu l$$

式中 I ——截面绕屈曲轴的惯性矩；

$\qquad E$ ——材料的弹性模量；

$\qquad l_0$ ——对应方向的轴心受压构件计算长度；

$\qquad l$ ——轴心受压构件的计算长度；

$\qquad \mu$ ——轴心受压构件的计算长度系数（由端部约束决定），见表 5-3；

$\qquad \lambda$ ——与回转半径 i 相对应的轴心受压构件的长细比；

$i = \sqrt{\dfrac{I}{A}}$ ——截面绕屈曲轴的回转半径。

根据理想轴心受压构件符合胡克定律的假设，要求临界应力 σ_{cr} 不超过材料的比例极限 f_p，即

$$\sigma_{cr} = \frac{\pi^2 E}{\lambda^2} \leqslant f_p$$

由此可解得

$$\lambda \geqslant \pi \sqrt{\frac{E}{f_p}} = \lambda_p$$

符合上述条件时轴心受压构件处于弹性屈曲阶段。

表 5-3 轴心受压构件的计算长度系数

构件的屈曲形式			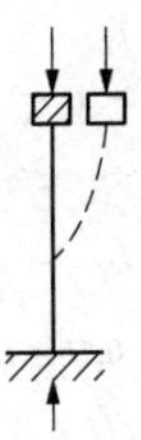			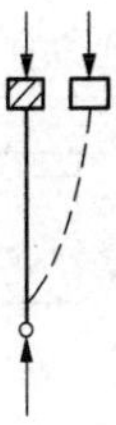
理论 μ 值	0.5	0.7	1.0	1.0	2.0	2.0
建议 μ 值	0.65	0.080	1.2	1.0	2.1	2.0
端部条件示意	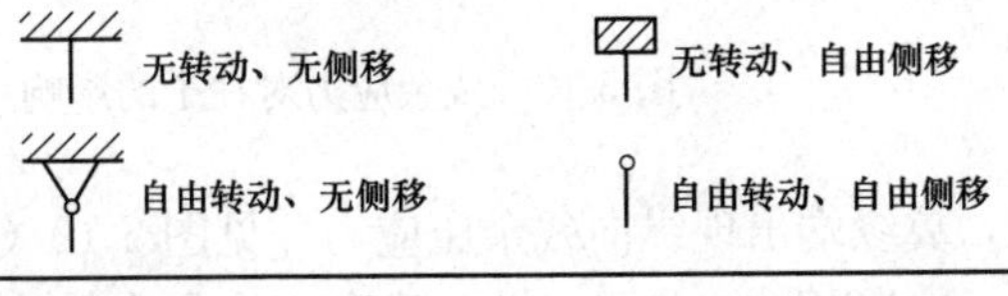 无转动、无侧移 无转动、自由侧移 自由转动、无侧移 自由转动、自由侧移					

（2）理想轴心受压构件的弹塑性弯曲屈曲。对于长细比 $\lambda = \lambda_p$ 的轴心受压构件发生弯曲屈曲时，构件截面应力已超过材料的比例极限，并很快进入弹塑性状态，由于截面应力与应变的非线性关系，这时确定构件的临界力较为困难。对此历史上曾出现过两种理论来解决，一种是双模量理论，另一种是切线模量理论。大量试验表明，用切线模量理论能较好地反映轴心受压构件在弹塑性屈曲时的承载能力。因此，理想轴心受压构件的弹塑性屈曲临界力和临界应力分别为

$$N_{cr} = \frac{\pi^2 E_t I}{l_0^2} \tag{5-8}$$

$$\sigma_{cr} = \frac{\pi^2 E_t}{\lambda^2} \tag{5-9}$$

5.3.4　实际轴心受压构件的整体稳定

1. 初始缺陷对轴心受压构件稳定性的影响

理想轴心受压构件在实际工程中是不存在的。实际的杆件都有各种初始缺陷，如初应力、初偏心、初弯曲等。随着现代计算手段和测试技术的发展，发现这些初始缺陷对轴心受压构件的稳定性有着较大的影响，下面分别予以讨论。

（1）残余应力的影响。残余应力是在杆件承受荷载前，残存于杆件截面内，且能自相平衡的初始应力。

残余应力产生的主要原因有：焊接时的不均匀受热和不均匀冷却，型钢热轧后的不均匀冷却，板边缘经火焰切割后的热塑性收缩；构件经冷校正产生的塑性变形。其中，以热残余应力的影响最大。

残余应力对轴心受压构件稳定性的影响与截面上残余应力的分布有关。下面以热轧 H 型钢为例说明残余应力对轴心受压构件的影响（见图 5-12）。为了简化，将对受力性能不大的腹板部分略去，假设柱截面集中于两翼缘。

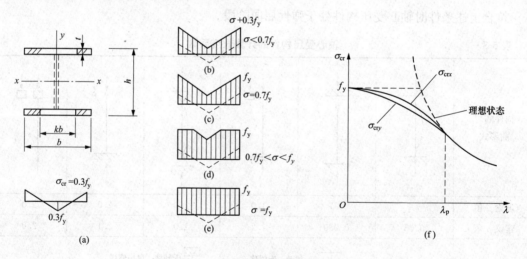

图 5-12　残余应力对柱子的影响

H 型钢轧制时，翼缘端出现纵向残余压应力［见图 5-12（a）中阴影，称为 I 区］，其余部分存在纵向拉应力（称为 II 区），并假定纵向残余应力最大值为 $0.3f_y$。由于轴心压应力与残余应力相叠加，使 I 区先进入塑性状态，而 II 区仍工作于弹性状态，图 5-12（b）～（e）反映了弹性区域的变化过程。

I 区进入塑性状态后其截面应力不可能再增加，能够抵抗外力矩（屈曲弯矩）的只有截面的弹性区，此时构件的欧拉临界力和临界应力分别为

$$N_{cr} = \frac{\pi^2 E_t I_e}{l_0^2} = \frac{\pi^2 E_t I}{l_0^2} \frac{I_e}{I} \tag{5-10}$$

$$\sigma_{cr} = \frac{\pi^2 E_t}{\lambda^2} \frac{I_e}{I} \tag{5-11}$$

式中 I_e——截面弹性区惯性矩（弹性惯性矩）；

I——全截面惯性矩。

由于 $I_e / I < 1$，因此残余应力使轴心受压构件的临界力和临界应力降低了。图 5-4（f）所示为仅考虑残余应力的柱子曲线。

（2）初弯曲的影响。初弯曲的形式是多样的，对两端铰接的轴心受压构件，可假设初弯曲为半波正弦曲线，且最大初始挠度为 v_0，则

$$y_0 = v_0 \sin\left(\frac{\pi z}{l}\right) \tag{5-12}$$

在轴心力作用下，受压构件的挠度增加 y，则轴心力产生的偏心矩为 $N(y + y_0)$，截面内力抵抗矩为 $-EIy''$（见图 5-13），根据平衡条件可建立如下平衡方程

$$-EIy'' = N(y + y_0) \tag{5-13}$$

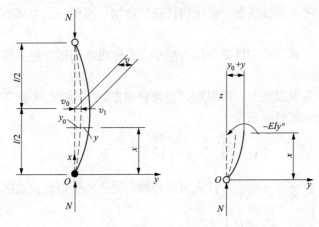

图 5-13 有初弯曲的轴心受压构件

对两端铰接的受压构件，在弹性阶段有

$$y_0 = v_1 \sin\left(\frac{\pi z}{l}\right) \tag{5-14}$$

式中 v_1——新增挠度的最大值（受压构件长度中点所增加的最大挠度）。

将式（5-12）、式（5-14）代入式（5-13），得

$$\sin\left(\frac{\pi z}{l}\right) \left[-v_1 \frac{\pi^2 EI}{l_0^2} + N(v_1 + v_0)\right] = 0 \tag{5-15}$$

解得

$$v_1 = \frac{N v_0}{N_E - N}$$

则受压构件中点的总挠度为

$$v = v_0 + v_1 = \frac{N_E v_0}{N_E - N} = \frac{1}{1 - N/N_E v_0} = \beta v_0 \tag{5-16}$$

此即受压构件中点总挠度的计算式，其中 β 为挠度放大系数。

根据式（5-16）可绘出 N-v 变化曲线，如图
5-14 所示，实线为无限弹性体理想材料的挠度变
化曲线，虚线为非无限弹性体材料弹塑性阶段的
挠度变化曲线。其中 $B(B')$ 点为弹塑性阶段的极
限压力点，由图 5-14 可知：

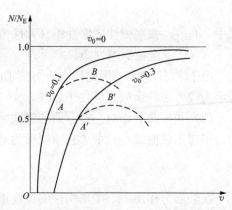

（1）当轴心压力较小时，总挠度增加较慢，
到达 A 点或 A' 点后，总挠度增加变快。

（2）当轴心压力小于欧拉临界力时，受压构
件处于弯曲平衡状态，这与理想轴心受压构件的
直线平衡状态不同。

（3）对无限弹性材料，当轴心压力达到欧拉

图 5-14　有初弯曲受压构件的压力挠度曲线

临界力时，总挠度无限增大，而实际材料是当轴心压力达到 B 点或 B' 点时，受压构件中点
截面边缘纤维屈服而进入塑性状态，受压构件挠度增加，而轴心压力减小，受压构件开始弹
性卸载。

（4）初弯曲越大，其受压构件临界压力越小，即使很小的初弯曲，其受压构件临界力也
小于欧拉临界力。

若以边缘屈曲作为极限状态，即根据"边缘屈曲准则"，对无残余应力只有初弯曲的轴
心受压构件截面，开始屈曲的条件为

$$\frac{N}{A}+\frac{Nv}{W}=\frac{N}{A}+\frac{N}{W}\frac{N_E v_0}{N_E-N}=f_y \tag{5-17}$$

令 $\varepsilon_0=\dfrac{Av_0}{W}$，$\sigma_E=\dfrac{N_E}{A}$，$\sigma=\dfrac{N}{A}$，代入可解得轴心受压构件以截面边缘作为准则的临界应
力为

$$\sigma_{cr}=\frac{f_y+(1+\varepsilon_0)\sigma_E}{2}-\sqrt{\left[\frac{f_y+(1+\varepsilon_0)\sigma_E}{2}\right]^2-f_y\sigma_E} \tag{5-18}$$

式中　ε_0——初弯曲率；

　　　σ_E——欧拉临界应力；

　　　W——截面模量。

式（5-18）称为柏利（Perry）公式，按
此式算出的临界应力 σ_{cr} 均小于 σ_E，图 5-15
绘出的是相同初弯曲 v_0 情况下的工字形截面
柱的 σ_{cr}-λ 曲线。

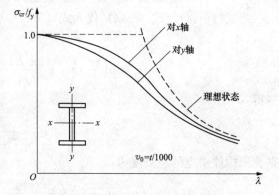

由于初偏心与初弯曲的影响类似，各国
在制定设计标准时，通常只考虑其中一个来
模拟两个缺陷都存在的影响。故在此不再介
绍初偏心的影响。

2. 轴心受压柱的稳定性计算

（1）轴心受压柱的极限承载力 N_u 将取

图 5-15　仅考虑初弯曲时柱的 σ_{cr}-λ 曲线

决于柱的初弯曲、荷载的初始偏心、材料的不均匀性、截面形状和尺寸、残余应力的分布峰值等因素。

（2）由于受压柱承载力的这些影响因素不会同时出现，计算中主要考虑初始弯曲和残余应力两个最不利因素，将相对初始弯曲的矢高取柱长的 1/1000 作为"换算的几何缺陷"，对残余应力则根据受压构件的加工条件确定。

（3）然后，把轴心受压柱作为压弯构件对待，采用数值积分法算出它的极限承载力，并以截面平均极限应力 σ_u 与屈服强度的比值 $\bar{\sigma_u} = \dfrac{\sigma_u}{f_y} = \dfrac{N_u}{A f_y}$ 为纵坐标，以长细比 $\bar{\lambda} = \lambda\sqrt{\dfrac{f_y}{235}}$ 为横坐标，借用柏利公式的形式，画出轴心受压柱的承载力曲线（见图 5-16）。该曲线是压杆失稳时临界应力 σ_{cr} 与长细比 λ 之间的关系曲线，称为柱子曲线。《钢结构设计标准》（GB 50017—2017）所采用的轴心受压柱曲线是按最大强度准则确定的，计算结果与国内各单位的试验结果进行了比较，较为吻合，这说明了计算理论和方法的正确性。过去采用单一柱曲线，即考虑受压构件的极限承载能力只与长细比 λ 有关。事实上，受压构件的极限承载能力并不仅仅取决于长细比。由于残余应力的影响，即使长细比相同的构件，随着截面形状、弯曲方向、残余应力水平及分布情况的不同，构件的极限承载能力有很大差异。所计算的轴心受压柱曲线分布在图 5-16 所示虚线所包的范围内，呈相当宽的带状分布。这个范围的上、下限相差较大，特别是中等长细比的常用情况尤其显著。因此，若用一条曲线来代表，显然不合理。《钢结构设计标准》（GB 50017—2017）在上述计算资料的基础上，结合工程实际，将这些柱曲线合并归纳为四组，取每组中柱曲线的平均值作为待变曲线，即图 5-16 中的 a、b、c、d 四条曲线。在 $\lambda = 40 \sim 120$ 的常用范围，柱曲线 a 比曲线 b 高出 $4\% \sim 15\%$；而曲线 c 比曲线 b 低 $7\% \sim 13\%$。曲线 d 则更低，主要用于厚板截面。

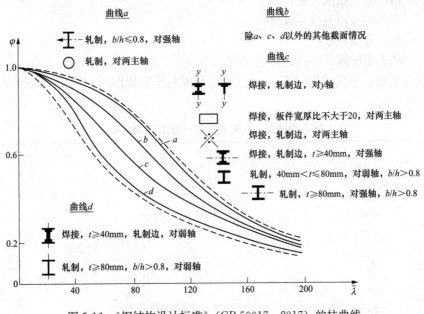

图 5-16　《钢结构设计标准》（GB 50017—2017）的柱曲线

组成板件厚度 $t<40\text{mm}$ 的轴心受压构件的截面分类见表 5-4，而 $t \geqslant 40\text{mm}$ 的截面分类见表 5-5。一般的截面情况属于 b 类。轧制圆管及轧制普通工字钢绕 x 轴失稳时其残余应力影响较小，故属于 a 类。

格构式构件绕虚轴的稳定计算，由于此时不宜采用塑性深入截面的最大强度准则，参考《冷弯薄壁型钢结构技术规范》（GB 50018—2016），采用边缘屈服准则确定的 φ 值与曲线 b 接近，故取用曲线 b。

当槽钢截面用于格构式柱的分肢时，由于分肢的扭转变形受到缀材的牵制，所以计算分肢绕其自身对称轴的稳定时，可用曲线 b。翼缘为轧制或剪切边的焊接工字形截面，绕弱轴失稳时边缘为残余压应力，使承载能力降低，故将其归入曲线 c。

板件厚度大于 40mm 的轧制工字形截面和焊接实腹式截面，残余应力不但沿板件宽度方向变化，在厚度方向的变化也比较显著；另外，厚板质量较差也会对稳定带来不利影响，故应按照表 5-5 进行分类。

（4）轴心受压构件所受应力不应大于整体稳定的临界应力，考虑抗力分项系数 γ_R 后，即为

$$\sigma = \frac{N}{A} \leqslant \frac{\sigma_{cr}}{\gamma_R} = \frac{\sigma_{cr}}{f_y} \frac{f_y}{\gamma_R} = \varphi f \tag{5-19}$$

《钢结构设计标准》（GB 50017—2017）对轴心受压构件的整体稳定计算采用下列形式

$$\frac{N}{\varphi A} \leqslant f \tag{5-20}$$

$$f = \frac{f_y}{\gamma_R}$$

$$\varphi = \frac{N_u}{A f_y} = \frac{\sigma_u}{f_y}$$

式中　N——轴心压力；

　　　A——构件的毛截面面积；

　　　f——钢材的抗压强度设计值；

　　　γ_R——抗力分项系数；

　　　φ——轴心受压构件的整体稳定系数。

整体稳定系数 φ 值应根据表 5-4、表 5-5 的截面分类和构件的长细比，按附表 5-1～附表 5-4 查出。

表 5-4　　　　　　　　　　　　轴心受压构件的截面分类（板厚 $t<40\text{mm}$）

截面形式和对应轴			类别
⬤	轧制，对任意轴		a 类
工字形截面	轧制，$b/h \leqslant 0.8$	对 x 轴	a 类
		对 y 轴	b 类
	轧制，$b/h > 0.8$	对 x 轴	a* 类
		对 y 轴	b* 类
等边角钢截面	轧制（等边角钢），对 x、y 轴		a* 类

续表

截面形式和对应轴			类别
[截面图：轧制矩形、焊接圆管]	轧制矩形和焊接圆管对任意轴；焊接矩形，板件宽厚比大于 20，对 x、y 轴		
[截面图] 焊接，翼缘为焰切边，对 x、y 轴		[截面图] 焊接，翼缘为轧制或剪切边，对 x 轴	
[截面图] 轧制，对 x、y 轴		[截面图] 轧制，对 x、y 轴	b 类
[截面图] 轧制或焊接，对 x、y 轴	[截面图] 轧制截面和翼缘为焰切边焊接截面，对 x、y 轴	[截面图] 焊接，翼缘为轧制或剪切边，对 x 轴	
[截面图] 焊接，对 x、y 轴		[截面图] 焊接，板件边缘焰切，对 x、y 轴	
[截面图]		格构式，对 x、y 轴	
[截面图] 焊接，翼缘为轧制或剪切边，对 y 轴		[截面图] 焊接，翼缘为轧制或剪切边，对 y 轴	c 类
[截面图] 焊接，板件边缘轧制或剪切，对 x、y 轴		[截面图] 焊接，板件宽厚比小于等于 20，对 x、y 轴	

注　1. a* 类含义为 Q235 钢取 b 类，Q345、Q390、Q420 和 Q460 钢取 a 类；b* 类含义为 Q235 钢取 c 类，Q345、Q390、Q420 和 Q460 钢取 b 类。

2. 无对称轴，且剪心和形心不重合的截面，其截面分类可按有对称轴的类似截面确定，如不等边角钢采用等边角钢的类别；当无类似截面时，可取 c 类。

表 5-5 　　　　　　　　　　　轴心受压构件的截面分类（板厚 $t \geqslant 40\text{mm}$）

截面情况			对 x 轴	对 y 轴
轧制工字形或 H 形截面		$t < 80\text{mm}$	b	c
		$t \geqslant 80\text{mm}$	c	d
焊接工字形截面		翼缘为焰切边	b	b
		翼缘为轧制或剪切边	c	d
焊接箱形截面		板件宽厚比大于 20	b	b
		板件宽厚比小于等于 20	c	c

5.4　实腹式轴心受压构件的局部稳定

5.4.1　局部稳定

实腹式轴心受压构件是靠腹板和翼缘来承受轴向压力的。在轴向压力作用下，腹板和翼缘都有达到极限承载力而丧失稳定的危险，但对整个构件来说，此种失稳是局部现象，因此称为局部失稳。图 5-17（a）和（b）分别表示在轴心压力作用下，腹板和翼缘发生侧向鼓出和翘曲的失稳现象。

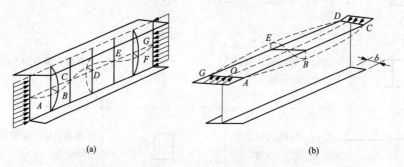

(a)　　　　　　　　　　　　　(b)

图 5-17　轴心受压构件的局部失稳

（a）腹板失稳；（b）翼缘失稳

虽然构件丧失了局部稳定后还可以继续维持构件的整体平衡，但由于部分板件屈曲而退出工作，使构件有效承载截面减少，从而加速了构件的整体失稳而丧失整体承载力。

　　实践证明，实腹式轴心受压构件的局部稳定与其自由外伸部分翼缘的宽厚比和腹板的高厚比有关，通过对这两方面的宽厚比的有效限制可以保证构件的局部稳定。

5.4.2　实腹式轴心受压板的局部稳定

　　（1）实腹式轴心受压板在单向压应力作用下，板件屈曲时的临界应力为

$$\sigma_{cr} = \frac{\sqrt{\eta}\chi\beta\pi^2 E}{12(1-\nu^2)}\left(\frac{t}{b_1}\right)^2 \tag{5-21}$$

$$\eta = 0.1013\lambda^2(1-0.0248\lambda^2 f_y/E)f_y/E$$

式中　χ——板边缘的弹性约束系数，外伸翼缘取 1.0；

　　　β——屈曲系数，外伸翼缘取 0.425；

　　　η——弹性模量折减系数；

　　　ν——材料的泊松比，取 0.3；

　　　b_1——工字形或箱形翼缘板的自由外伸宽度；

　　　t——腹板的厚度。

　　（2）局部稳定验算考虑等稳定性要求时，应保证板件的局部失稳临界力不小于板件整体稳定的临界应力，即

$$\frac{\sqrt{\eta}\chi\beta\pi^2 E}{12(1-\nu^2)}\left(\frac{t}{b_1}\right)^2 \geqslant \varphi f_y \tag{5-22}$$

其中整体稳定系数 φ 可用柏利公式来表达。显然，φ 值与构件的长细比 λ 有关。

　　由式（5-22）即可确定出板件宽厚比的限制。

5.4.3　工字形截面板件的局部稳定

　　下面以工字形截面板件为例，确定板件宽厚比的限值。

　　1. 外伸翼缘的宽厚比

　　由于工字形截面腹板一般比翼缘板薄，腹板对翼缘几乎没有嵌固作用，因此，翼缘可视为三边简支、一边自由的均匀受压板，取 $\beta=0.425$，$\chi=1.0$，根据偏于安全考虑，式中 φ 按 c 类取值，可得 $\frac{b_1}{t}$ 与 λ 的关系式，为便于使用，将其简化为如下直线关系式，即

$$\frac{b_1}{t} \leqslant (10+0.1\lambda)\sqrt{\frac{235}{f_y}} \tag{5-23}$$

式中　λ——构件两方向长细比的较大值，当 $\lambda<30$ 时，取 $\lambda=30$；当 $\lambda>100$ 时，取 $\lambda=100$。

　　式（5-23）即实腹式轴心受压构件外伸翼缘宽厚比的验算式，此式适用于 Ⅰ 字形、T 形、H 形截面构件。

　　2. 腹板宽厚比的限值

　　在轴心力作用下，腹板可视为两端简支、两端弹性固接的约束形式，因此把 $\beta=4.0$，$\chi=1.3$，代入式（5-22），得腹板高厚比 h_0/t_w 的简化表达式为

$$\frac{h_0}{t_w} \leqslant (25+0.5\lambda)\sqrt{\frac{235}{f_y}} \tag{5-24}$$

式中　h_0、t_w——腹板的高度和厚度。

　　　　　λ——构件两方向长细比的最大值，当 $\lambda < 30$ 时，取 $\lambda = 30$；当 $\lambda > 100$ 时，取 $\lambda = 100$。

　　当腹板高厚比不满足式（5-24）的要求时，除了加厚腹板外，还可以采用有效截面的概念进行计算。计算时，腹板截面面积仅考虑两侧宽度各为 $20t_w\sqrt{235/f_y}$ 的部分，如图 5-18 所示，但计算构件的稳定系数 φ 时仍可采用全截面。

　　当腹板高厚比不满足要求时，也可在腹板中部设置纵向加劲肋，用纵向加劲肋加强后的腹板仍按式（5-24）计算，但 h_0 应取翼缘与纵向加劲肋之间的距离（见图 5-19）。

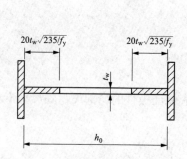

图 5-18　腹板屈曲后的有效截面

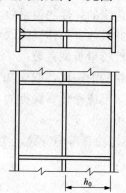

图 5-19　实腹柱的腹板加劲肋

对箱形截面，腹板高厚比限值为

$$\frac{h_0}{t_w} \leqslant 40\sqrt{\frac{235}{f_y}} \tag{5-25}$$

对圆管，其直径与壁厚之比应满足

$$\frac{D}{t} \leqslant 100\frac{235}{f_y} \tag{5-26}$$

5.5　实腹式轴心受压构件的设计

5.5.1　截面形式

　　实腹式轴心受压构件一般采用双轴对称截面，以避免弯扭失稳。常见的截面形式有轧制普通工字钢、H 型钢、焊接工字形截面、型钢和钢板的组合截面、圆管和方管截面等，见图 5-20。

5.5.2　设计原则

　　实腹式轴心受压构件的截面形式，一般按图 5-20 选用，设计时为了取得安全、经济的效果，选择截面时，应遵循以下几个原则：

　　（1）等稳定性原则。使杆件在两个主轴方向上的稳定承载力相同，以充分发挥其承载能力。因此应尽可能使其两个方向上的稳定性系数或长细比相等，即 $\varphi_x = \varphi_y$ 或 $\lambda_x = \lambda_y$。

　　（2）宽肢薄壁。在满足板件宽厚比限值的条件下，面积的分布应尽量展开，使截面面积

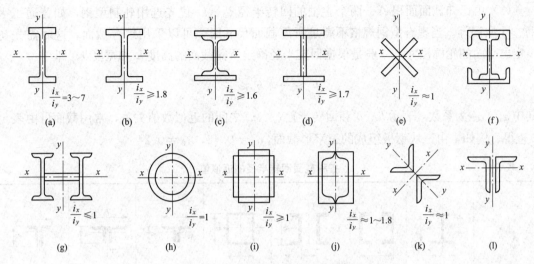

图 5-20　实腹式轴心受压柱常用截面

分布尽量远离形心轴，以增大截面惯性矩和回转半径，提高杆件整体稳定承载力和刚度。

（3）制造省工。在现有型钢截面不能满足要求的情况下减少施工现场焊接，充分利用工厂自动焊接等现代设备制作，以节约成本，保证质量。

（4）连接方便。杆件截面应便于与梁或柱间支撑连接和传力。

因此，进行截面选择时一般应根据内力大小、两方向的计算长度值及制造加工量、材料供应等情况综合进行考虑。单根轧制普通工字钢［图 5-20（a）］由于对 y 轴的回转半径比对 x 轴的回转半径小得多，因而只适用于计算长度 $l_{0x} \geqslant 3l_{0y}$ 的情况。热轧宽翼缘 H 型钢［见图 5-20（b）］的最大优点是制造省工、腹板较薄、翼缘较宽，可以做到与截面的高度相同（HW 型），因而具有良好的截面特性。用三块板焊成的工字钢［见图 5-20（d）］及十字形截面［图 5-20（e）］组合灵活，容易使截面分布合理，制造并不复杂。用型钢组成的截面［见图 5-20（c）、（f）、（g）］适用于压力很大的柱。管形截面［见图 5-20（h）、（i）、（j）］从受力性能来看，由于两个方向的回转半径相近，因而最适合于两方向计算长度相等的轴心受压柱。这类构件为封闭式，内部不易生锈，但与其他构件的连接和构造稍嫌麻烦。

5.5.3　截面设计

截面设计时，首先按上述原则选定合适的截面形式，再初步选择截面尺寸，然后进行强度、整体稳定、局部稳定、刚度等的验算。具体步骤如下：

（1）假定柱的长细比 λ，求出需要的截面面积 A。一般假定 $\lambda = 50 \sim 100$，当压力大而计算长度小时取较小值；反之，取较大值。当荷载小于 1500kN，计算长度为 5～6m 时，可假定 $\lambda = 80 \sim 100$；当荷载为 1500～3500kN 时，可假定 $\lambda = 60 \sim 80$。根据 λ、截面分类和钢种可查得稳定系数 φ，则需要的截面面积为

$$A = \frac{N}{\varphi f}$$

（2）求两个主轴所需要的回转半径

$$i_x = \frac{l_{0x}}{\lambda}, \quad i_y = \frac{l_{0y}}{\lambda}$$

（3）由已知截面面积 A、两个主轴的回转半径 i_x、i_y 优先选用轧制型钢，如普通工字钢、H 型钢等。当现有型钢规格不满足所需截面尺寸时，可以采用组合截面，这时需先初步定出截面的轮廓尺寸，一般是根据回转半径确定所需截面的高度 h 和宽度 b，即

$$h \approx \frac{i_x}{\alpha_1}, \ b \approx \frac{i_y}{\alpha_2}$$

其中 α_1、α_2 为系数，表示 h、b 和回转半径 i_x、i_y 之间的近似数值关系，常用截面可由表 5-6 查得。例如，由三块钢板组成的工字形截面，$\alpha_1 = 0.43$，$\alpha_2 = 0.24$。

表 5-6   各种截面回转半径的近似值

截面							
$i_x = \alpha_1 h$	$0.43h$	$0.38h$	$0.38h$	$0.40h$	$0.30h$	$0.28h$	$0.32h$
$i_y = \alpha_2 b$	$0.24b$	$0.44b$	$0.60b$	$0.40b$	$0.215b$	$0.24b$	$0.20b$

（4）由所需要的 A、h、b 等，再考虑构件要求、局部稳定及钢材规格等，确定截面的初选尺寸。

（5）构件强度、稳定和刚度验算。

1）当截面有削弱时，需进行强度验算，即

$$\sigma = \frac{N}{A_n} \leqslant f$$

式中 A_n——构件的净截面面积。

2）整体稳定验算，即

$$\sigma = \frac{N}{\varphi A} \leqslant f$$

3）局部稳定验算。如上所述，轴心受压构件的局部稳定是以限制其组成板件的宽厚比来保证的。对于热轧型钢截面，由于其板件的宽厚比较小，一般能满足要求，可不验算。对于组合截面，则应根据式（5-23）~式（5-26）的规定对板件的宽厚比进行验算。

4）刚度验算。实腹式轴心受压柱的长细比应符合规范所规定的容许长细比要求。事实上，在进行整体稳定验算时，构件的长细比已预先求出，以确定整体稳定系数 φ，因而刚度验算可与整体稳定验算同时进行。

轴心受压构件设计时应满足强度、刚度、整体稳定和局部稳定要求，所以验算初选截面是否满足设计要求。若不满足，需调整截面规格尺寸，再进行验算，只到满足为止。

如果初步选出的截面不合适，即不能找出同时满足所需要的 A、h 和 b_1 的数据，这就说明开始假定的长细比 λ 不够合适，因此应适当调整截面。调整方法：如果选择的截面面积过大而 h 和 b_1 相对较小，应适当扩展截面的轮廓尺寸，减小截面面积，也即长细比 λ 应假定得小一些；相反，如果选择的截面面积过小而 h 和 b_1 过分扩展，则应减小截面的轮廓尺寸，增大截面面积，也即长细比 λ 应假定得大一些。截面调整后，再重新进行验算。

5.5.4　构造要求

（1）当工字形或箱形截面柱的翼缘自由外伸宽厚比不满足要求时，可采用增大翼缘板厚的方法。但对于腹板，当其宽厚比不满足要求时，常沿腹板腰部两侧对称设置纵向加劲肋，其厚度 t 不小于 $0.75t_w$，外伸长度 b 不小于 $10t_w$，设置纵向加劲肋后，应根据新的腹板高度重新验算腹板的宽厚比。

（2）当实腹式 H 形截面柱的腹板宽厚比大于或等于 80 时，在运输和安装过程中可能产生扭转变形，为此，常在腹板两侧上、下翼缘间对称设置横向加劲肋，其间距不得大于 $3h$。截面尺寸要求为双侧加劲肋的外伸宽度 b_s 应不小于 $\left(\dfrac{h_0}{30}+40\right)$mm，厚度 t_s 应大于外伸宽度的 1/15。

（3）柱在承受集中水平荷载及运输单元端部等处，应设置横隔，其间距不大于 $9h$ 和 8m 的较小值。

工字形截面实腹式构件的横隔只能用钢板，它与横向加劲肋的区别在于与翼缘同宽［见图 5-21（a）］，而横向加劲肋则通常较窄。箱形截面实腹式构件的横隔，有一边或两边不能预先焊接，可先焊两边或三边，装配后再在构件壁钻孔用电渣焊焊接其他边［见图 5-21（b）］。

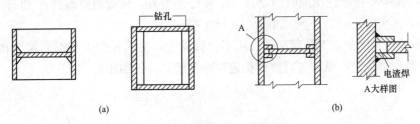

(a)　　　　　　　　　　　　　　　　　(b)

图 5-21　实腹式轴心受压柱的横隔

（4）实腹式轴心受压柱的纵向焊缝（腹板与翼缘之间的连接焊缝）主要起连接作用，受力很小，一般不做强度验算，可按构造要求确定焊缝尺寸。

【例题 5-2】　图 5-22（a）所示为一管道支架，其支柱的设计压力为 $N=1500$kN（设计值），柱两端铰接，钢材为 Q235 钢，截面无孔洞削弱。试设计此柱的截面：（1）用普通轧制工字钢；（2）用热轧 H 型钢；（3）用焊接工字形截面，翼缘板为火焰切边。

【解】　支柱在两个方向的计算长度不相等，故取如图 5-22（b）所示的截面朝向，将强轴顺 x 轴方向，弱轴顺 y 轴方向。这样，柱在两个方向的计算长度分别为

$$l_{0x}=600\text{cm},\ l_{0y}=300\text{cm}$$

（1）热轧工字钢。

1）试选截面［见图 5-22（b）］。假定 $\lambda=90$，对于轧制工字钢，当绕 x 轴失稳时属于 a 类截面，由附表 5-1 查得 $\varphi_x=0.714$；绕 y 轴失稳时，属于 b 类截面，由附表 5-2 查得 $\varphi_y=0.621$。需要的截面几何量为

$$A=\frac{N}{\varphi_{\min}f}=\frac{1500\times10^3}{0.621\times215\times10^2}=112.3(\text{cm}^2)$$

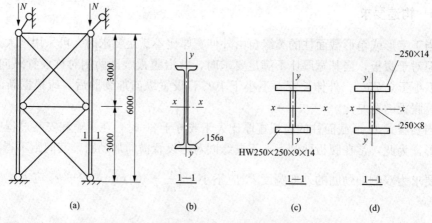

图 5-22 ［例题 5-2］图（尺寸单位：mm）

$$i_x = \frac{l_{0x}}{\lambda} = \frac{600}{90} = 6.67(\text{cm})$$

$$i_y = \frac{l_{0y}}{\lambda} = \frac{300}{90} = 3.33(\text{cm})$$

由附表 7-1 中不可能选出同时满足 A、i_x 和 i_y 的型号，可适当照顾到 A 和 i_y 进行选择。现试选 I56a，$A = 135\text{cm}^2$，$i_x = 22.0\text{cm}$，$i_y = 3.18\text{cm}$。

2）截面验算。因截面无孔洞削弱，可不验算强度，又因轧制工字钢的翼缘和腹板均较厚，可不验算局部稳定，只需进行整体稳定和刚度验算。长细比为

$$\lambda_x = \frac{l_{0x}}{i_x} = \frac{600}{22.0} = 27.3 < [\lambda] = 150$$

$$\lambda_y = \frac{l_{0y}}{i_y} = \frac{300}{3.18} = 27.3 < [\lambda] = 150$$

因 λ_y 远大于 λ_x，故由 λ_y 查附表 5-2，得 $\varphi = 0.591$，则

$$\frac{N}{\varphi A} = \frac{1500 \times 10^3}{0.591 \times 135 \times 10^2} = 188.0(\text{N/mm}^2) < f = 205(\text{N/mm}^2)$$

（2）热轧 H 型钢。

1）试选截面 ［见图 5-22（c）］。由于热轧 H 型钢可以选用宽翼缘的形式，截面宽度较大，因此长细比的假设值可适当减小，假设 $\lambda = 60$。对宽翼缘 H 型钢，因 $b/h > 0.8$，所以不论对 x 轴或 y 轴都属于 b 类截面，当 $\lambda > 60$ 时，由附表 5-2 查得 $\varphi = 0.807$，所需截面几何量为

$$A = \frac{N}{\varphi f} = \frac{1500 \times 10^3}{0.807 \times 215 \times 10^2} = 86.5(\text{cm}^2)$$

$$\lambda_x = \frac{l_{0x}}{i_x} = \frac{600}{60} = 10(\text{cm})$$

$$\lambda_y = \frac{l_{0y}}{i_y} = \frac{300}{60} = 5.0(\text{cm})$$

由附表 7-2 中试选 HW250×250×9×14，$A = 92.18\text{cm}^2$，$i_x = 10.8\text{cm}$，$i_y = 6.29\text{cm}$。

2) 截面验算。因截面无孔洞削弱，可不验算强度，又因为热轧型钢，也可不验算局部稳定，只需要进行整体稳定和刚度验算。长细比为

$$\lambda_x = \frac{l_{0x}}{i_x} = \frac{600}{10.8} = 55.6 < [\lambda] = 150$$

$$\lambda_y = \frac{l_{0y}}{i_y} = \frac{300}{6.29} = 47.7 < [\lambda] = 150$$

因对 x 轴和 y 轴 φ 值均属 b 类，故由长细比的较大值 $\lambda_x = 55.6$，查附表 5-2 得 $\varphi = 0.83$，则

$$\frac{N}{\varphi A} = \frac{1500 \times 10^3}{0.83 \times 92.18 \times 10^2} = 196.1 (\text{N/mm}^2) < f = 215 (\text{N/mm}^2)$$

(3) 焊接工字形截面。

1) 试选截面 [见图 5-22 (d)]。参照 H 型钢截面，选用截面如图 5-22 (d) 所示，翼缘 2-250×14，腹板 1-250×8，其截面面积为

$$A = 2 \times 25 \times 1.4 + 25 \times 0.8 = 90 (\text{cm}^2)$$

$$I_x = \frac{1}{12}(25 \times 27.8^3 - 24.2 \times 25^3) = 13\,250 (\text{cm}^4)$$

$$I_y = 2 \times \frac{1}{12} \times 1.4 \times 25^3 = 3650 (\text{cm}^4)$$

$$i_x = \sqrt{\frac{13\,250}{90}} = 12.13 (\text{cm})$$

$$i_y = \sqrt{\frac{3650}{90}} = 6.37 (\text{cm})$$

2) 整体稳定和长细比验算。长细比为

$$\lambda_x = \frac{l_{0x}}{i_x} = \frac{600}{12.13} = 49.5 < [\lambda] = 150$$

$$\lambda_y = \frac{l_{0y}}{i_y} = \frac{300}{6.37} = 47.1 < [\lambda] = 150$$

因对 x 轴和 y 轴 φ 值均属 b 类，故由长细比的较大值，查附表 5-2 得 $\varphi = 0.859$，则

$$\frac{N}{\varphi A} = \frac{1500 \times 10^3}{0.859 \times 90 \times 10^2} = 194 (\text{N/mm}^2) < f = 215 (\text{N/mm}^2)$$

3) 局部稳定验算。

翼缘外伸部分

$$\frac{b}{t} = \frac{12.5}{1.4} = 8.9 < (10 + 0.1\lambda)\sqrt{\frac{235}{f_y}} = 14.95$$

腹板的局部稳定

$$\frac{h_0}{t_w} = \frac{25}{0.8} = 31.25 < (25 + 0.5\lambda)\sqrt{\frac{235}{f_y}} = 49.75$$

因截面无孔洞削弱，不必验算强度。

4) 构造。因腹板高厚比小于 80，故不必设置横向加劲肋。翼缘与腹板的连接焊缝最小焊脚尺寸 $h_{\text{fmin}} = 1.5\sqrt{t} = 1.5\sqrt{14} = 5.6 (\text{mm})$，采用 $h_f = 6\text{mm}$。

以上采用三种不同截面的形式对该例中的支柱进行了设计，由计算结果可知，轧制工字钢截面要比热轧 H 型钢截面和焊接工字形截面约大 50%，这是由于普通工字钢绕弱轴的回转半径太小。在该例情况中，尽管弱轴方向的计算长度仅为强轴方向计算长度的 1/2，前者的长细比仍远大于后者，因而支柱的承载能力是由弱轴所控制的，对强轴则有较大富余，这显然是不经济的，若必须采用此种截面，宜再增加侧向支撑的数量。对于轧制 H 型钢和焊接工字形截面，由于其两个方向的长细比非常接近，基本上做到了等稳定性，用料最经济。但焊接工字形截面的焊接工作量大，在设计实腹式轴心受压柱时宜优先选用 H 型钢。

5.6　格构式轴心受压构件的设计

5.6.1　截面形式

在截面积不变的情况下，将截面中的材料布置在远离形心的位置，可使截面惯性矩增大，从而节约材料，提高截面的抗弯刚度，也可使截面对 x 轴和 y 轴两个方向的稳定性相等，由此而形成格构式组合柱的截面形式。

格构式轴心受压柱一般采用双轴对称截面，如用两根槽钢 [见图 5-4 (a)、(b)] 或 H 型钢 [见图 5-4 (c)] 作为肢件，两肢间用缀条 [见图 5-4 (a)] 或缀板 [见图 5-4 (b)] 连成整体。格构式轴心受压柱调整两肢间的距离很方便，易于实现对两个主轴的等稳定性。槽钢肢件的翼缘可以向内 [见图 5-4 (a)]，也可以向外 [见图 5-4 (b)]，前者外观平整优于后者。

在柱的横截面上穿过肢件腹板的轴叫实轴（见图 5-5 中的 y 轴），穿过两肢之间缀材面的轴称为虚轴（见图 5-5 中的 x 轴）。

用四根角钢组成的四肢柱 [见图 5-4 (d)]，适用于长度较大而受力不大的柱，四面皆以缀材相连，两个主轴 $x\text{-}x$ 和 $y\text{-}y$ 都为虚轴。三面用缀材相连的三肢柱 [见图 5-4 (e)]，一般用圆管作肢件，其截面是几何不变的三角形，受力性能较好，两个主轴也都为虚轴。四肢柱和三肢柱的缀材一般采用缀条而不用缀板。

缀条一般用单根角钢做成，而缀板通常用钢板做成。

5.6.2　整体稳定计算

1. 对实轴的整体稳定计算

格构式双肢柱相当于两个并列的实腹式杆件，故其对实轴的整体稳定承载力与实腹式相同，因此可用对实轴的长细比 λ 查得稳定系数 φ，由式（5-20）计算。

2. 对虚轴的整体稳定计算

轴心受压构件整体弯曲后，沿杆长各截面将存在弯矩和剪力。对实腹式轴心受压构件，剪力引起的附加变形极小，对临界力的影响只占 3/1000 左右，因此，在确定实腹式轴心受压构件的整体稳定临界力时，仅仅考虑了弯矩作用所产生的变形，而忽略了剪力所产生变形的影响。对于格构式轴心受压柱，由于缀材较细，构件初始缺陷或因构件弯曲产生的横向剪力不可忽略。在格构式轴心受压柱的设计中，对虚轴的整体稳定计算，《钢结构设计标准》（GB 50017—2017）以加大长细比的办法来考虑剪切变形对整体稳定承载力的影响，加大后的长细比称为换算长细比，如图 5-23 所示。

（1）双肢缀条柱的换算长细比。根据弹性稳定理论，当考虑剪力的影响后，其构件临界应力计算公式为

$$\sigma_{cr}=\frac{\pi^2 E}{\lambda_x^2}\frac{1}{1+\frac{\pi^2 EA}{\lambda_x^2}\gamma}=\frac{\pi^2 EA}{\lambda_{0x}^2} \tag{5-27}$$

$$\lambda_{0x}=\sqrt{\lambda_x^2+\pi^2 EA\gamma} \tag{5-28}$$

式中　λ_{0x}——格构式轴心受压柱绕虚轴临界力换算为实腹式轴心受压柱临界力的换算长细比；

　　　　A——组合压杆截面面积；

　　　　λ_x——对虚轴的长细比；

　　　　γ——单位剪力作用下的轴线转角。

现取图 5-23（b）所示的一段柱进行分析，以求出单位剪切角。如图 5-23（c）所示，设各节点均为铰接，并忽略横缀条的变形影响，假设剪切角是有限的微小值，则在单位剪力 $V=1$ 作用下产生的角变位为

$$\gamma=\frac{\Delta d}{a\cos\alpha}$$

式中　a——节间长度；

　　　Δd——$V=1$ 时斜缀条的伸长。

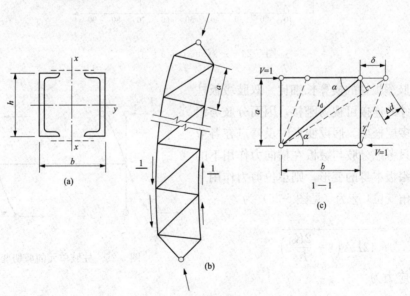

图 5-23　格构式轴心受压柱的剪切变形
（a）截面形式；（b）整体分析；（c）局部分析

设一个节间内两侧斜缀条的面积之和为 A_1，其内力 $N_d=\dfrac{1}{\cos\alpha}$，斜缀条长 $l_d=\dfrac{a}{\sin\alpha}$，则斜缀条的轴向变形为

$$\Delta d=\frac{N_d l_d}{EA_1}=\frac{a}{\sin\alpha\cos\alpha EA_1}$$

故剪切角为

$$\gamma = \frac{\Delta d}{a\cos\alpha} = \frac{1}{\sin\alpha\,\cos^2\alpha\,EA_1} \tag{5-29}$$

代入式（5-28），得

$$\lambda_{0x} = \sqrt{\lambda_x^2 + \frac{\pi^2}{\sin\alpha\cos^2\alpha}\frac{A}{A_1}} \tag{5-30}$$

一般斜缀条与柱轴线间的夹角为 $40°\sim70°$，在此范围内 $\pi^2/(\sin\alpha\cos^2\alpha)$ 的值变化不大（见图 5-24），简化取为常数 27，由此得双肢缀条柱的换算长细比为

$$\lambda_{0x} = \sqrt{\lambda_x^2 + 27\frac{A}{A_1}} \tag{5-31}$$

需要注意的是，当斜缀条与柱轴线间的夹角不在 $40°\sim70°$ 范围内时，$\pi^2/(\sin\alpha\cos^2\alpha)$ 值将比 27 大很多，式（5-31）是偏于不安全的，此时应按式（5-30）计算换算长细比 λ_{0x}。

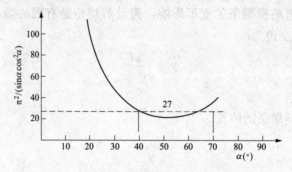

图 5-24 $\pi^2/(\sin\alpha\cos^2\alpha)$ 值

（2）双肢缀板柱的换算长细比。双肢缀板柱中缀板与肢件的连接可视为刚接，因而分肢与缀板组成一个多层框架。假设变形时反弯点在各节点的中间，只考虑分肢与缀板在横向力作用下的变形，忽略缀板本身的变形，则单位剪力作用下的剪切角（角变位）γ 为（见图 5-25）为

$$\gamma = \frac{\lambda_1^2}{12EA\left(1 + \frac{2K_1}{K_b}\right)}$$

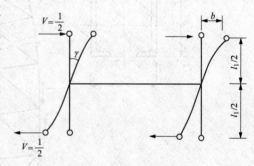

图 5-25 柱肢单元的剪切变形

则柱的临界应力为

$$\sigma_{cr} = \frac{\pi^2 E}{\lambda_x^2}\frac{1}{1 + \frac{\pi^2}{12}\left(1 + 2\frac{K_1}{K_b}\right)\frac{\lambda_1^2}{\lambda_{0x}^2}} = \frac{\pi^2 E}{\lambda_{0x}^2}$$

其中，换算长细比为

$$\lambda_{0x} = \sqrt{\lambda_x^2 + \frac{\pi^2}{12}\left(1 + 2\frac{K_1}{K_b}\right)\lambda_1^2} = \sqrt{\lambda_x^2 + \alpha\lambda_1^2}$$

$$\lambda_1 = l_{01}/i_1$$

$$K_1 = I_1/l_1$$
$$K_b = I_b/a$$

式中　λ_1——分肢的长细比；

　　　i_1——分肢弱轴的回转半径；

　　　l_{01}——缀板间的净距离［见图 5-4（b）］；

　　　K_1——一个分肢的线刚度；

　　　l_1——缀板的中心距离；

　　　I_1——分肢绕缀板的惯性矩；

　　　K_b——两侧缀板线刚度之和；

　　　I_b——两侧缀板的惯性矩；

　　　a——分肢轴线间距离。

　　根据《钢结构设计标准》（GB 50017—2017）的规定，缀板线刚度之和 K_b 应大于 6 倍的分肢线刚度，即 $K_b/K_1 \geqslant 6$。此时，$\alpha \approx 1°$。因此双肢缀板柱的换算长细比计算公式为

$$\lambda_{0x} = \sqrt{\lambda_x^2 + \lambda_1^2} \tag{5-32}$$

　　四肢柱和三肢柱的换算长细比，在此不再详细列出，可参见《钢结构设计标准》（GB 50017—2017）。

　　3. 分肢肢件的整体稳定计算

　　格构式轴心受压柱的分肢可视为单独的实腹式轴心受压构件，因此，应保证它不先于构件整体失去承载能力。故计算公式不能简单地用 $\lambda_1 < \lambda_x$，因为由于初弯曲等缺陷的影响，可能使构件受力时呈弯曲状态，从而产生附加弯矩和剪力。

　　对于缀条构件

$$\lambda_1 \leqslant 0.7\lambda_{max} \tag{5-33}$$

　　对于缀板构件

$$\lambda_1 \geqslant 0.5\lambda_{max} \tag{5-34}$$

$$\lambda_1 = \frac{l_{01}}{i_1}$$

式中　λ_{max}——构件两方向长细比（对虚轴取换算长细比）的较大值，当 $\lambda_{max} < 50$ 时，取 $\lambda_{max} = 50$；

　　　λ_1——长细比。

　　缀条式，l_{01} 为节间距离；缀板式，当采用焊接时，l_{01} 为相邻两缀板间的净距，当采用螺栓连接时，l_{01} 为相邻两缀板间边螺栓的最近距离。

5.6.3　缀材的计算

1. 格构式轴心受压构件的横向剪力

　　《钢结构设计标准》（GB 50017—2017）在规定受力时，以压杆弯曲至中央截面边缘纤维屈服为条件（见图 5-26），导出最大剪力与轴心压力的关系，经简化后得

$$V = \frac{Af}{85}\sqrt{\frac{f_y}{235}} \tag{5-35}$$

式中　A——两肢截面面积；

　　f_y——钢材屈服强度；

　　f——钢材设计强度。

　　设计时，将剪力 V 沿柱长度方向取为定值，相当于简化为图 5-26（c）所示的分布图形。下面推导轴心受压构件的横向剪力。

　　图 5-26 所示为两端铰支轴心受压柱，绕虚轴弯曲时，假定最终的挠曲线为正弦曲线，跨中最大挠度为 v_0，则沿杆长任一点的挠度为

$$y = v_0 \sin \frac{\pi z}{l}$$

任一点的弯矩为

$$M = Ny = N v_0 \sin \frac{\pi z}{l}$$

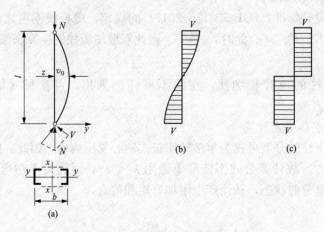

图 5-26　剪力计算简图

(a) 荷载图形与截面形式；(b) 实际剪力分布；(c) 简化剪力分布

　　任一点的剪力为

$$M = \frac{\mathrm{d}M}{\mathrm{d}y} = N \frac{\pi v_0}{l} \cos \frac{\pi z}{l}$$

即剪力按余弦曲线分布，如图 5-26（b）所示，最大值在杆件的两端，为

$$V_{\max} = \frac{N\pi}{l} v_0 \tag{5-36}$$

　　跨度中点的挠度 v_0 可由边缘纤维屈服准则导出。当截面边缘最大应力达屈服强度时，有

$$\frac{N}{A} + \frac{N v_0}{I_x} \frac{b}{2} = f_y$$

即

$$\frac{N}{A f_y} \left(1 + \frac{v_0}{i_x^2} \frac{b}{2}\right) = 1$$

其中令 $\dfrac{N}{A f_y} = \varphi$，并取 $\dot{b} \approx i_x / 0.44$，得

$$v_0 = 0.88i_x(1-\varphi)\frac{1}{\varphi} \tag{5-37}$$

将式（5-37）代入式（5-36）中，得

$$V_{\max} = \frac{0.88\pi(1-\varphi)}{\lambda_x}\frac{N}{\varphi} = \frac{1}{k}\frac{N}{\varphi}$$

$$k = \frac{\lambda_x}{0.88\pi(1-\varphi)}$$

在常用的长细比范围内，k 可取为常数，对 Q235 钢构件，取 $k=85$；对 Q345、Q390 钢和 Q420 钢构件，取 $k \approx 85\sqrt{235/f_y}$。

因此，格构式轴心受压柱平行于缀材面的剪力为

$$V_{\max} = \frac{N}{85\varphi}\sqrt{\frac{f_y}{235}}$$

式中　φ——按虚轴换算长细比确定的整体稳定系数。

令 $N=\varphi Af$，即得式（5-35）。

2. 缀条的计算

缀条的布置一般采用单系缀条［见图 5-27（a）］，也可采用交叉缀条［见图 5-27（b）］。缀条可视为以柱肢为弦杆的平行弦桁架的腹杆，内力与桁架腹杆的计算方法相同。将格构式轴心受压柱的全部斜缀条一律视为受压，则每一个缀条面承受的剪力为

$$V_1 = \frac{V}{2}$$

缀条的轴心压力为

$$N_t = \frac{V_1}{n\cos\alpha} = \frac{V}{2n\cos\alpha} \tag{5-38}$$

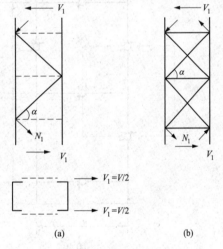

图 5-27　缀条的内力
(a) 单系缀条；(b) 交叉缀条

式中　n——承受剪力 V_1 的斜缀条数，单缀条时

　　　　$n=1$，双缀条时 $n=2$；

　　　α——缀条的水平倾角，一般取 $40°\sim70°$。

由于剪力方向难以确定，缀条可能受拉也可能受压。《钢结构设计标准》（GB 50017—2017）规定，均按轴心压杆选择截面。

缀条一般采用单角钢与肢件单面连接，因此，缀条实际上是偏心受压。故《钢结构设计标准》（GB 50017—2017）规定，将钢材强度乘以折减系数 γ 后，仍按轴心受压验算强度和稳定性，折减系数取值如下：

（1）按轴心受压计算构件的强度和连接时，$\gamma=0.85$。

（2）按轴心受压计算构件的稳定性时：

1）对等边角钢，$\gamma=0.6+0.0015\lambda$，且不大于 1.0。

2）对短边相连的不等边角钢，$\gamma=0.5+0.0025\lambda$，且不大于 1.0。

3）对长边相连的不等边角钢，$\gamma=0.70$。

其中 λ 为缀条的长细比，对中间无联系的单角钢，按角钢最小回转半径确定，$\lambda<20$

时，取 $\lambda=20$。交叉缀条体系的横缀条假设不受力或按 V_1 计算，截面可取与斜缀条相同，不论横缀条或斜缀条，均应满足容许长细比 $[\lambda]=150$ 的要求。

3. 缀板的计算

缀板柱可视作多层框架。当它整体挠曲时，假设各层分肢中点和缀板中点为反弯点［见图 5-28（a）］。从柱中取出如图 5-28（b）所示的脱离体，得缀板内力为：

对 O 点取矩可得剪力

$$T=\frac{V_1 l_1}{a} \tag{5-39}$$

弯矩（与肢件连接处）

$$M=T\frac{a}{2}=\frac{V_1 l_1}{2} \tag{5-40}$$

式中　a——肢件轴线间的距离；

　　　l_1——缀板中心线间的距离。

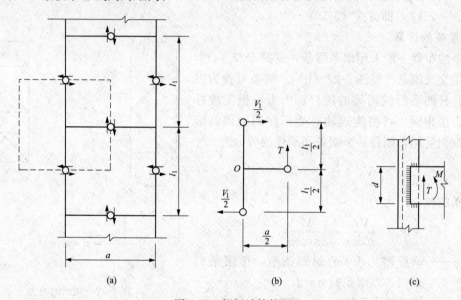

图 5-28　缀板计算简图

(a) 整体受力分析；(b) 局部受力分析；(c) 缀板尺寸

缀板应有一定的刚度，同一截面处两侧缀板线刚度之和不应小于一个分肢件线刚度的 6 倍，一般取宽度 $d\geqslant 2a/3$，如图 5-28（c）所示，厚度 $t\geqslant a/40$，且不小于 6mm；构件端部第一缀板应适当加宽，一般取 $d=a$；与肢件的搭接长度一般不小于 30mm。

格构式轴心受压柱的横截面为中部空心的矩形，抗扭刚度较差。为了提高格构式轴心受压柱的抗扭刚度，保证柱子在运输和安装过程中的截面形状不变，应每隔一段距离设置横隔，如图 5-29 所示。横隔的间距不大于柱子较大宽度的 9 倍或 8m，且每个运送单元的端部均应设置横隔。

5.6.4　截面设计

第一步：根据轴心压力的大小、两个主轴方向的计算长度、使用要求及供料情况，决定

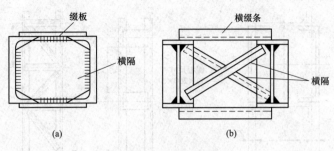

图 5-29　柱的横隔

(a) 形式一；(b) 形式二

采用缀板式轴心受压柱或缀条式轴心受压柱。

　　缀材面剪力较大或宽度较大的宜用缀条式轴心受压柱（即大型柱）。中、小型柱采用缀板式轴心受压柱或缀条式轴心受压柱。

　　第二步：根据对实轴（y-y）稳定性的计算，选择柱肢截面，方法与实腹式轴心受压构件的计算相同。

　　第三步：根据对虚轴（x-x）稳定性的计算，决定分肢间距（肢件间距）。

　　按等稳定性条件，即以对虚轴的换算长细比与对实轴的长细比相等，$\lambda_{0x}=\lambda_y$，代入换算长细比公式得：

　　缀板式轴心受压柱对虚轴的长细比为

$$\lambda_x=\sqrt{\lambda_{0x}^2-\lambda_1^2}=\sqrt{\lambda_y^2-\lambda_1^2} \tag{5-41}$$

计算时可假定 λ_1 为 30～40，且 $\lambda_1\leqslant0.5\lambda_y$。

　　缀条式轴心受压柱对虚轴的长细比为

$$\lambda_x=\sqrt{\lambda_{0x}^2-27\frac{A}{A_1}}=\sqrt{\lambda_y^2-27\frac{A}{A_1}} \tag{5-42}$$

　　按上述公式得出 λ_x 后，求虚轴所需回转半径，即

$$i_x=\frac{l_{0x}}{\lambda_x}$$

　　按表 5-6，可得柱在缀材方面的宽度，也可由已知截面的几何量直接算出柱的宽度 $b=\frac{i_x}{\alpha_2}$。一般按 10mm 进级，且两肢间距宜大于 100mm，便于内部刷漆。

　　第四步：验算。按选出的实际尺寸对虚轴和分肢的稳定性进行验算，如不合适，进行修改再验算，直至合适为止。

　　第五步：计算缀板或缀条，并应使其符合上述各种构造的要求。

　　第六步：按规定设置横隔。

　　【例题 5-3】　试设计一两端铰接的格构式轴心受压柱。柱肢采用两个热轧槽钢（见图 5-30），钢材为 Q235 钢，柱高 9m，承受轴心压力设计值 $N=2000$kN。

　　【解法 1】　按缀板式轴心受压柱设计 [见图 5-30 (b)]。已知：两端铰接格构式轴心受压柱承受轴心压力设计值 $N=2000$kN，柱的计算长度 $l_x=l_y=900$cm，格构式轴心受压柱的容许长系比 $[\lambda]=150$；Q235 钢的强度设计值 $f=215$N/mm^2，$f_y=235$N/mm^2。

　　(1) 确定柱肢截面——对实轴计算。假定 $\lambda=70$，由表 5-4 查截面分类，假定热轧槽钢

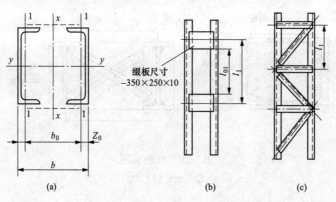

图 5-30 ［例题 5-3］图

截面对实轴（y-y）属于 b 类截面。查附表 5-2，得 $\varphi_y=0.751$，则所需截面几何参数为

$$A'=\frac{N}{\varphi_y f}=\frac{2000\times10^3}{0.751\times215}=12\,387(\text{mm}^2)=123.87(\text{cm}^2)$$

$$i'_y=\frac{l_y}{\lambda}=\frac{900}{70}=12.9(\text{cm})$$

查附表 7-4，可选柱肢为 2［36a，见图 5-30（a），$A=2A_{z1}=2\times60.9=121.8$（$\text{cm}^2$），$i_y=$ 14cm，$I_1=455\text{cm}^4$，$i_1=2.73\text{cm}$，$z_0=2.44\text{cm}$，一个柱肢单位长度的自重为 47.8kg/m，考虑缀材、柱头和柱脚等构造的用钢量，则柱的重力为

$$G=2\times47.8\times9.8\times7\times1.2\times1.3=10\,231(\text{N})\approx1(\text{kN})$$

其中 1.2 为荷载分项系数；1.3 为考虑附加重量影响系数。

验算实轴的整体稳定性，即

$$\lambda_y=\frac{l_y}{i_y}=\frac{900}{14}=64.3<[\lambda]=150(刚度满足)$$

查附表 5-2，得 $\varphi_y=0.784$，则

$$\frac{N+G}{\varphi_y A}=\frac{(2000+1)\times10^3}{0.784\times121.8\times10^2}=209.5(\text{N/mm}^2)<215(\text{N/mm}^2)(实轴稳定性满足)$$

（2）确定柱肢间距——对虚轴按等稳定性计算。由单肢稳定性要求

$$0.5\lambda_y=0.5\times64.3=32.2，可取 \lambda_1=35(满足 25\leqslant\lambda_1\leqslant40)$$

根据等稳定性条件 $\lambda_y=\lambda_{0x}$，因 $\lambda_{0x}=\sqrt{\lambda_x^2+\lambda_1^2}$，故

$$\lambda_x=\sqrt{64.3^2-35^2}=53.9$$

截面所需回转半径为

$$i'_x=\frac{l_x}{\lambda_x}=\frac{900}{53.9}=16.7(\text{cm})$$

两槽钢翼缘向内组合成格构式截面，如图 5-30（a）所示，依据表 5-6 可得两柱肢间距 b，$i'_x=0.44b$，故 $b=16.7/0.44=38$（cm），为方便设计取 $b=40\text{cm}$。

验算虚轴的整体稳定性，即

$$I_x=2\left[I_1+A_{z1}\left(\frac{b-2z_0}{2}\right)^2\right]=2\times\left[455+60.9\times\left(\frac{40-2\times2.44}{2}\right)^2\right]=38\,467.5(\text{cm}^2)$$

$$i_x = \sqrt{\frac{I_x}{A}} = \sqrt{\frac{38\,467.5}{60.9 \times 2}} = 17.77(\text{cm})$$

$$\lambda_x = \frac{l_x}{i_x} = \frac{900}{17.77} = 50.6$$

虚轴换算长细比为

$$\lambda_{0x} = \sqrt{\lambda_x^2 + \lambda_1^2} = \sqrt{50.6^2 + 35^2} = 61.5 < [\lambda] = 150(\text{刚度满足})$$

查附表 5-2，得 $\varphi_x = 0.78$，则

$$\frac{N+G}{\varphi_x A} = \frac{2001 \times 10^3}{0.78 \times 121.8 \times 10^2} = 210.6(\text{N/mm}^2) < 215(\text{N/mm}^2)(\text{虚轴稳定性满足})$$

(3) 缀板设计 [见图 5-30 (b)]。

1) 缀板尺寸。

柱分肢轴线距离为

$$b_0 = b - 2z_0 = 40 - 2 \times 2.44 = 35.12(\text{cm}) = 351.2(\text{mm})$$

缀板长度为

$$l_p = 350\text{mm}$$

缀板宽度为

$$b_p = b_0 \times 2/3 = 351.2 \times 2/3 = 234.1(\text{mm})，取 b_p = 250\text{mm}$$

缀板厚度为

$$t_p = b_0 \times 1/40 = 351.2/40 = 8.78(\text{mm})，取 t_p = 10\text{mm}$$

缀板间净距离为

$$l_{01} = \lambda_1 i_1 = 35 \times 2.73 = 95.55(\text{cm})，取 l_{01} = 950\text{mm}$$

缀板中心间距离为

$$l_1 = l_{01} + b_p = 950 + 250 = 1200(\text{mm})$$

柱分肢线刚度为

$$I_1/l_1 = 455/120 = 3.79(\text{cm}^3)$$

两缀板线刚度和为

$$2I_p/b_0 = 2 \times (1/12) \times 1 \times 25^3/35.12 = 74.2(\text{cm}^3)$$

线刚度比值为

$$74.2/3.79 = 19.6 > 6 \text{（缀板刚度满足）}$$

2) 内力计算。

柱中剪力为

$$V = \frac{Af}{85}\sqrt{\frac{f_y}{235}} = \frac{121.8 \times 215}{85}\sqrt{\frac{235}{235}} \times 10^{-1} = 30.8(\text{kN})$$

缀板内力为

$$V_1 = V/2 = 15.4(\text{kN})$$

剪力为

$$T = \frac{V_1 l_1}{b_0} = \frac{15.4 \times 1200}{351.2} = 52.6(\text{kN})$$

弯矩为

$$M = T\frac{b_0}{2} = 52.6 \times \frac{351.2}{2} \times 10^{-3} = 9.2(\text{kN} \cdot \text{m})$$

3）焊缝计算。采用 $h_f = 8\text{mm}$，满足构造要求；$l_w = b_p = 250\text{mm}$（略去绕焊部分），则

$$\sqrt{\left(\frac{\sigma_f}{\beta_f}\right)^2 + \tau_f^2} = \sqrt{\left(\frac{6 \times 9.24 \times 10^6}{1.22 \times 0.7 \times 8 \times 250^2}\right)^2 + \left(\frac{52.6 \times 10^3}{0.7 \times 8 \times 250}\right)^2}$$

$$= 135.2(\text{N/mm}^2) < f_f^w = 160(\text{N/mm}^2)（满足要求）$$

【解法 2】 按缀条式轴心受压柱设计［见图 5-30（c）］。

（1）确定柱肢截面——对实轴计算，同缀板式轴心受压柱计算，选柱肢为 2［36a。

（2）确定柱肢间距——对虚轴按等稳定性计算，初选缀条规格为—45×4，$A_t = 349\text{mm}^2$，$i_{\min} = 8.9\text{mm}$。

根据等稳定性条件 $\lambda_{0x} = \lambda_y = 64.3$，因 $\lambda_{0x} = \sqrt{\lambda_x^2 + 27\frac{A}{A_{1x}}}$，故

$$\lambda_x = \sqrt{64.3^2 - \frac{27 \times 121.8 \times 10^2}{2 \times 349}} = 60.5$$

截面所需回转半径为

$$i_x' = \frac{l_x}{\lambda_x} = \frac{900}{60.5} = 14.88(\text{cm})$$

两槽钢翼缘向内组合成格构式截面如图 5-30（a）所示，依据表 5-6 可得两柱肢间距 b，$i_x' = 0.44b$，故 $b = 14.88/0.44 = 33.82(\text{cm})$，取 $b = 35\text{cm}$。

验算虚轴的整体稳定性，即

$$I_x = 2\left[I_1 + A_{z1}\left(\frac{b-2z_0}{2}\right)^2\right] = 2 \times \left[455 + 60.9 \times \left(\frac{35 - 2 \times 2.44}{2}\right)^2\right] = 28\ 534.7(\text{cm}^4)$$

$$i_x = \sqrt{\frac{I_x}{A}} = \sqrt{\frac{28\ 534.7}{60.9 \times 2}} = 15.31(\text{cm})$$

$$\lambda_x = \frac{l_x}{i_x} = \frac{900}{15.31} = 58.8$$

虚轴换算长细比为

$$\lambda_{0x} = \sqrt{\lambda_x^2 + 27\frac{A}{A_{1x}}} = \sqrt{58.8^2 + \frac{27 \times 12\ 180}{2 \times 349}} = 62.7 < [\lambda] = 150（刚度满足）$$

查附表 5-2，得 $\varphi_x = 0.793$，则

$$\frac{N+G}{\varphi_x A} = \frac{2001 \times 10^3}{0.793 \times 121.8 \times 10^2} = 207.2(\text{N/mm}^2) < 215(\text{N/mm}^2)（虚轴稳定性满足）$$

（3）格构式轴心受压柱分肢验算。柱分肢轴线距离为

$$b_0 = b - 2z_0 = 35 - 2 \times 2.44 = 30.12(\text{cm}) = 301.2(\text{mm})$$

缀条布置如图 5-30（c）所示，斜缀条与水平缀条夹角取 $\alpha = 45°$，取 $l_1 = 300\text{mm}$，则

$$\lambda_1 = \frac{l_1}{i_1} = \frac{300}{23.3} = 12.9$$

$$0.7\lambda_{\max} = 0.7\max(64.3,\ 62.7) = 0.7 \times 64.3 = 45$$

因为 $\lambda_1 < 0.7\lambda_{\max}$，故分肢不先于整体失稳。

（4）缀条设计。

柱中剪力为

$$V = \frac{Af}{85}\sqrt{\frac{f_y}{235}} = \frac{121.8 \times 215}{85}\sqrt{\frac{235}{235}} \times 10^{-1} = 30.8(\text{kN})$$

一侧缀材内力为

$$V_1 = V/2 = 15.4(\text{kN})$$

斜缀条的轴力为

$$N_t = V_1/(n\cos\alpha) = 15.4/(1 \times \cos 45°) = 21.78(\text{kN})$$

斜缀条计算长度为

$$l_0 = 0.9l = 0.9b_0/\cos 45° = 0.9 \times 426 = 383.4(\text{mm})$$

（单角钢压杆为斜向屈曲，计算长度取 $0.9l$）

斜缀条的长细比为

$$\lambda_t = l_0/i_{min} = 383.4/8.9 = 43.1$$

查附表 5-2，得 $\varphi_t = 0.887$，缀条为单角钢单面连接，强度设计值应乘以折减系数

$$\gamma = 0.6 + 0.0015\lambda_t = 0.6 + 0.0015 \times 43.1 = 0.665$$

缀条的稳定性验算，即

$$\frac{N_t}{\varphi_t A_t} = \frac{21.78 \times 10^3}{0.887 \times 349} = 70.4(\text{N/mm}^2) < \gamma f = 0.665 \times 215 = 143(\text{N/mm}^2)(\text{满足要求})$$

所选角钢为最小规格要求，横缀条与斜缀条取相同截面规格。

习　题

5-1　某车间工作平台柱高 2.6m，按两端铰接的轴心受压柱考虑。如果柱采用 I 16（16 号热轧工字钢），试经计算解答：

（1）钢材采用 Q235 钢时，设计承载力是多少？

（2）改用 Q345 钢时，设计承载力是否显著提高？

（3）如果轴心压力为 330kN（设计值），I 16 能否满足要求？如不满足，从构造上采取什么措施能够满足要求？

5-2　设某工业平台柱承受轴心压力 5000kN（设计值），柱高 8m，两端铰接。要求设计一 H 型钢或焊接工字形截面柱（钢材为 Q235 钢）。基础混凝土的强度等级为 C15（$f_{cc} = 7.5\text{N/mm}^2$）。

5-3　如图 5-31 所示，两种截面（焰切边缘）的面积相等，钢材均为 Q235 钢，当用作长度为 10m 的两端铰接轴心受压柱时，是否能安全承受设计荷载 3200kN？

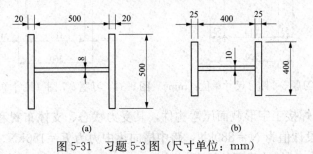

图 5-31　习题 5-3 图（尺寸单位：mm）

5-4 设计由两槽钢组成的缀板柱,柱长 7.5m,两端铰接,设计轴心压力为 1500kN,钢材为 Q235-B 钢,截面无削弱。

5-5 如图 5-32 所示焊接工字形截面轴压柱,在柱 1/3 处有两个 M20 的 C 级螺栓孔,并在跨中有一侧向支撑,试验算该柱的强度、整体稳定性。已知:钢材为 Q235-AF 钢,$A=6500\text{mm}^2$,$i_x=63.3\text{mm}$,$f_y=215\text{N/mm}^2$,$F=1000\text{kN}$。

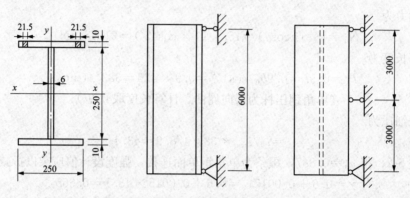

图 5-32 习题 5-5 图(尺寸单位:mm)

5-6 如图 5-33 所示,某缀板式轴心受压柱由两槽钢 2[20a 组成,钢材为 Q235-AF 钢,柱高 7m,两端铰接,在柱中间设有一侧向支撑,$i_y=78.6\text{mm}$,$f=215\text{N/mm}^2$,试确定其最大承载力设计值(已知单个槽钢[20a 的几何特性:$A=28.84\text{cm}^2$,$I_1=128\text{cm}^4$,$\lambda_1=35$,φ 值见附录 5)。

5-7 如图 5-34 所示,某缀板式轴心受压柱由 2[28a 组成,钢材为 Q235-AF 钢,$L_{0x}=L_{0y}=8.4\text{m}$,外压力 $F=100\text{kN}$,试验算该柱虚轴稳定承载力。已知:$A=40\times2=80\text{cm}^2$,$I_1=218\text{cm}^4$,$z_0=21\text{mm}$,$\lambda_1=24$,$f=215\text{N/mm}^2$。

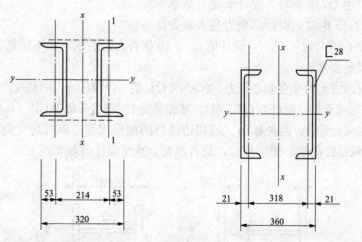

图 5-33 习题 5-6 图(尺寸单位:mm)   图 5-34 习题 5-7 图(尺寸单位:mm)

5-8 双轴对称焊接工字形截面压弯构件,其受力状态、支撑布置和截面尺寸如图 5-35 所示。承受的荷载设计值为 $N=880\text{kN}$,跨中横向集力为 $F=180\text{kN}$。构件长度 $l=10\text{m}$,材料用 Q235-BF 钢。试校核截面的强度、刚度。

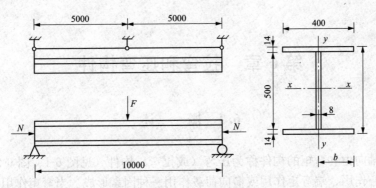

图 5-35　习题 5-8 图（尺寸单位：mm）

5-9　如图 5-36 所示支架，支柱的压力设计值 $N = 1800\mathrm{kN}$，柱两端铰接，钢材为 Q235 钢，容许长细比 $[\lambda] = 150$，$f = 215\mathrm{N/mm^2}$。截面无孔眼削弱。支柱选用焊接工字形截面，已知面积 $A = 90\mathrm{cm^2}$，$i_x = 12.13\mathrm{cm}$，$i_y = 63.6\mathrm{cm}$。试验算此支柱的整体稳定性。

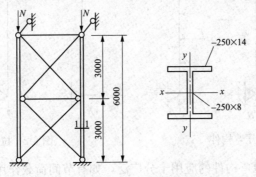

图 5-36　习题 5-9 图（尺寸单位：mm）

第6章　拉弯和压弯构件

6.1　概　述

同时承受轴向力和弯矩的构件称为压弯（或拉弯）构件（见图 6-1、图 6-2）。弯矩可能由轴向力的偏心作用、端弯矩作用或横向荷载作用三种因素形成。当弯矩作用在截面的一个主轴平面内时称为单向压弯（或拉弯）构件，作用在两主轴平面的称为双向压弯（或拉弯）构件。

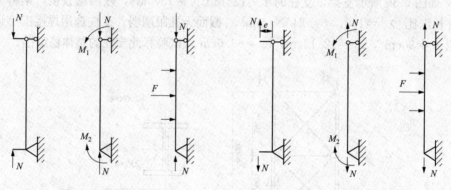

图 6-1　压弯构件　　　　　　　　　　　　　　图 6-2　拉弯构件

在钢结构中压弯和拉弯构件的应用十分广泛，如有节间荷载作用的桁架上下弦杆、受风荷载作用的墙架柱及天窗架的侧立柱等。

压弯构件也广泛用作柱子，如工业建筑中的厂房框架柱（见图 6-3）、多层（或高层）建筑中的框架柱（见图 6-4）及海洋平台的立柱等。它们不仅要承受上部结构传下来的轴向压力，同时还受有弯矩和剪力。

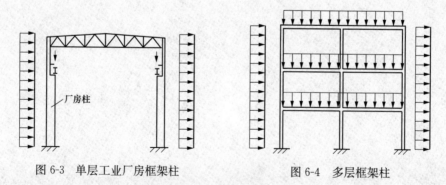

图 6-3　单层工业厂房框架柱　　　　　　　　图 6-4　多层框架柱

与轴心受力构件一样，在进行拉弯和压弯构件设计时，应同时满足承载能力极限状态和正常使用极限状态的要求。拉弯构件需要计算其强度和刚度（限制长细比）；对压弯构件，则需要计算强度、整体稳定（弯矩作用平面内稳定和弯矩作用平面外稳定）、局部稳定和刚度（限制长细比）。

拉弯构件的容许长细比与轴心受拉构件相同（见表 5-1）；压弯构件的容许长细比与轴心受压构件相同（见表 5-2）。

6.2　拉弯和压弯构件的强度

考虑钢材的塑性性能，拉弯和压弯构件是以截面出现塑性铰作为其强度极限。在轴心压力及弯矩的共同作用下，工字形截面上应力的发展过程如图 6-5 所示（在拉力及弯矩的共同作用下与此类似，仅应力图形上下相反）。

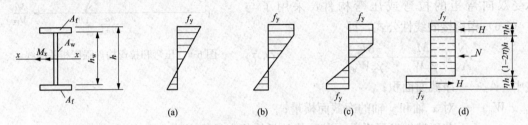

图 6-5　压弯构件截面应力的发展过程

假设轴向力不变而弯矩不断增加，截面上应力的发展过程为：①边缘纤维的最大应力达屈服点［见图 6-5（a）］；②最大应力一侧塑性部分深入截面［见图 6-5（b）］；③两侧均有部分塑性深入截面［见图 6-5（c）］；④全截面进入塑性［见图 6-5（d）］，此时达到承载能力极限状态。

由全塑性应力图形［见图 6-5（d）］可知，根据内外力的平衡条件，即由一对水平力 H 所组成的力偶应与外力矩 M_x 平衡，合力 N 应与外轴力平衡，可以获得轴心压力 N 和弯矩 M_x 的关系式。为了简化，取 $h \approx h_w$。令 $A_f = \alpha A_w$，则全截面面积 $A = (2\alpha + 1)A_w$。

内力的计算分为两种情况：

（1）当中和轴在腹板范围内（$N \leqslant A_w f_y$）时

$$N = (1 - 2\eta)ht_w f_y = (1 - 2\eta)A_w f_y \tag{6-1}$$

$$M_x = A_f h f_y + \eta A_w f_y (1 - \eta)h = A_w h f_y(\alpha + \eta - \eta^2) \tag{6-2}$$

消去式（6-1）和式（6-2）中的 η，并令

$$N_p = A f_y = (2\alpha + 1)A_w f_y$$

$$M_{px} = W_{px} f_y = (\alpha A_w h + 0.25 A_w h)f_y = (\alpha + 0.25)A_w h f_y$$

则得 N 和 M_x 的相关公式

$$\frac{(2\alpha + 1)^2}{4\alpha + 1} \frac{N^2}{N_p^2} + \frac{M_x}{M_{px}} = 1 \tag{6-3}$$

（2）当中和轴在翼缘范围内（即 $N = A_w f_y$）时，按上述相同方法可以得到

$$\frac{N}{N_p} + \frac{4\alpha + 1}{2(\alpha + 1)} \frac{M_x}{M_{px}} = 1 \tag{6-4}$$

式（6-3）和式（6-4）均为曲线，图 6-6 中的实线即为工字形截面构件当弯矩绕强轴作用时的相关曲线。此曲线是外凸的，但腹板面积 A_w 较小（即 $\alpha = A_f/A_w$ 较大）时，外凸不多。为了便于计算，同时分析中没有考虑附加挠度的不利影响，采用了直线式相关公式，即

用斜直线代替曲线（见图 6-6 中的虚线）

$$\frac{N}{N_p} + \frac{M_x}{M_{px}} = 1 \qquad (6\text{-}5)$$

令 $N_p = A_n f_y$，并令 $M_{px} = \gamma_x W_{nx} f_y$（像梁那样，考虑塑性部分深入），再引入抗力分项系数后，得拉弯和压弯构件的强度计算公式，即

$$\frac{N}{A_n} + \frac{M_x}{\gamma_x W_{nx}} \leqslant f \qquad (6\text{-}6)$$

承受双向弯矩的拉弯或压弯构件，采用了与式（6-6）相衔接的线性公式，即

$$\frac{N}{A_n} + \frac{M_x}{\gamma_x W_{nx}} + \frac{M_y}{\gamma_y W_{ny}} \leqslant f \qquad (6\text{-}7)$$

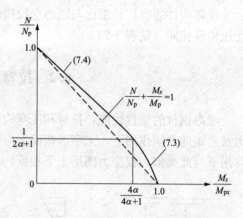

图 6-6　压弯和拉弯构件强度相关曲线

式中　A_n——净截面面积；

W_{nx}、W_{ny}——对 x 轴和 y 轴的净截面模量；

γ_x、γ_y——截面塑性发展系数，其取值的具体规定见本书第 4 章表 4-1。

当压弯构件受压翼缘的自由外伸宽度与其厚度之比 $b/t > 13\sqrt{235/f_y}$（但不超过 $15\sqrt{235/f_y}$）时，应取 $\gamma_x = 1.0$。

对需要计算疲劳的拉弯和压弯构件，宜取 $\gamma_x = \gamma_y = 1.0$，即不考虑截面塑性发展，按弹性应力状态［见图 6-5（a）］计算。

【例题 6-1】　图 6-7 所示的拉弯构件，间接承受动力荷载，轴向拉力的设计值为 850kN，横向均布荷载的设计值为 6kN/m。试选择其截面，设截面无削弱，材料为 Q345 钢。

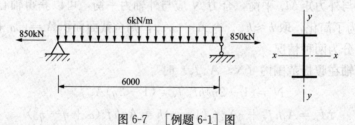

图 6-7　［例题 6-1］图

【解】　设采用普通工字钢 I22a，截面面积 $A = 42.1\text{cm}^2$，自重为 0.33kN/m，$W_x = 310\text{cm}^3$，$i_x = 8.99\text{cm}$，$i_y = 2.32\text{cm}$。

强度验算

$$M_x = \frac{1}{8}(6 + 0.33 \times 1.2) \times 6^2 = 28.8(\text{kN} \cdot \text{m})$$

$$\frac{N}{A_n} + \frac{M_x}{\gamma_x W_{nx}} = \frac{850 \times 10^3}{42.1 \times 10^2} + \frac{28.8 \times 10^6}{1.05 \times 310 \times 10^3} = 290.4(\text{N/mm}^2) < f = 310(\text{N/mm}^2)$$

长细比验算

$$\lambda_x = \frac{600}{8.99} = 66.7 < [\lambda] = 350$$

$$\lambda_y = \frac{600}{2.32} = 259 < [\lambda] = 350$$

由此可知，所选截面满足设计要求。

6.3　压弯构件的稳定

压弯构件的截面尺寸通常由稳定承载力确定。对双轴对称截面一般将弯矩绕强轴作用，而单轴对称截面则将弯矩作用在对称轴平面内。这些构件可能在弯矩作用平面内弯曲失稳，也可能在弯矩作用平面外弯扭失稳。所以，压弯构件要分别计算弯矩作用平面内和弯矩作用平面外的稳定。

6.3.1　弯矩作用平面内的稳定

目前确定压弯构件弯矩作用平面内极限承载力的方法很多，可分为两大类。一类是边缘纤维屈服准则的计算方法；另一类是精度较高的数值计算方法。

1. 边缘纤维屈服准则

对于两端铰支，跨中最大初弯曲值为 v_0 的弹性压弯构件，沿全长均匀弯矩作用下，截面的受压最大边缘屈服时，其边缘纤维应力的计算公式为

$$\frac{N}{A} + \frac{M_x + N v_0}{W_{1x}\left(1 - \dfrac{N}{N_{Ex}}\right)} = f_y$$

若 $M_x = 0$，则轴心压力 N 即为有初始缺陷的轴心压杆的临界力 N_0，得

$$\frac{N_0}{A} + \frac{N_0 v_0}{W_{1x}\left(1 - \dfrac{N_0}{N_{Ex}}\right)} = f_y \tag{6-8}$$

式（6-8）应与轴心受压构件的整体稳定计算公式协调，即 $N_0 = \varphi_x A f_y$，代入式（6-8），解得 v_0 为

$$v_0 = \left(\frac{1}{\varphi_x} - 1\right)\left(1 - \varphi_x \frac{A f_y}{N_{Ex}}\right)\frac{W_{1x}}{A} \tag{6-9}$$

将此 v_0 值代入式（6-8）中，经整理得

$$\frac{N}{\varphi_x A} + \frac{M_x}{W_{1x}\left(1 - \varphi_x \dfrac{N}{N_{Ex}}\right)} = f_y \tag{6-10}$$

式中　φ_x ——在弯矩作用平面内的轴心受压构件整体稳定系数。

式（6-10）即为压弯构件按边缘屈服准则导出的相关公式。

2. 最大强度准则

边缘纤维屈服准则考虑当构件截面最大纤维刚一屈服时构件即失去承载能力而发生破坏，较适用于格构式构件。实腹式压弯构件当受压最大边缘刚开始屈服时尚有较大的强度储备，即容许截面塑性深入。因此若要反映构件的实际受力情况，宜采用最大强度准则，即以具有各种初始缺陷的构件为计算模型，求解其极限承载力。

本书第 5 章介绍了具有初始缺陷（初弯曲、初偏心和残余应力）的轴心受压构件的稳定计算方法。实际上考虑初弯曲和初偏心的轴心受压构件就是压弯构件，只不过弯矩由偶然因素引起，主要内力是轴向压力。

采用数值计算方法（逆算单元长度法），考虑构件存在 1/1000 的初弯曲和实测的残余应力分布，算出了近 200 条压弯构件极限承载力曲线。图 6-8 绘出了翼缘为火焰切割边的焊接工字形截面压弯构件在两端相等弯矩作用下的相关曲线，其中实线为理论计算的结果。

对于不同的截面形式，或虽然截面形式相同但尺寸不同、残余应力的分布不同及失稳方向的不同等，其计算曲线都将有很大的差异。很明显，包括各种截面形式的近 200 条曲线，很难用一个统一公式来表达。但经过分析证明，发现采用相关公式的形式可以较好地解决上述困难。由于影响稳定极限承载力的因素很多，且构件失稳时已进入弹塑性工作阶段，要得到精确的、符合各种不同情况的理论相关公式是不可能的。因此，只能根据理论分析的结果，经过数值运算，得出比较符合实际又能满足工程精度要求的实用相关公式。

将用数值方法得到的压弯构件的极限承载力 N_u 与用边缘纤维屈服准则导出的相关公式 [见式（6-10）] 中的轴心压力 N 进行比较发现，对于短粗的实腹式压弯构件，式（6-10）偏于安全；而对于细长的实腹式压弯构件，式（6-10）偏于不安全。因此，借用弹性压弯构件边缘纤维屈服时计算公式的形式，但在计算弯曲应力时考虑了截面的塑性发展和二阶弯矩，对于初弯曲和残余应力的影响则综合在一个等效偏心距 v_0 内，最后提出一近似相关公式，即

$$\frac{N}{\varphi_x A} = \frac{M_x}{W_{px}\left(1 - 0.8\dfrac{N}{N_{Ex}}\right)} = f_y \tag{6-11}$$

式中 W_{px}——截面塑性模量。

式（6-11）中的相关曲线即图 6-8 所示的虚线，其计算结果与理论值的误差很小。

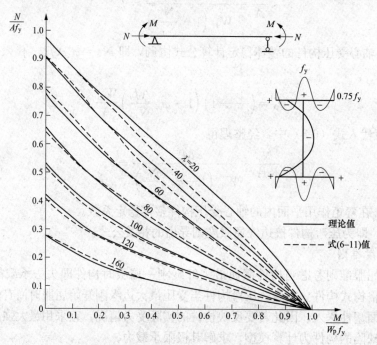

图 6-8 焊接工字钢压弯构件的相关曲线

3. 实腹式压弯构件整体稳定计算公式

式（6-11）仅适用于弯矩沿杆长为均匀分布的两端铰支压弯构件。当弯矩为非均匀分布

时，构件的实际承载能力将比由式（6-11）算得的值高。为了把式（6-11）推广应用于其他荷载作用时的压弯构件，可用等效弯矩 $\beta_{mx}M_x$（M_x 为最大弯矩，$\beta_{mx} \leqslant 1$）代替 M_x 来考虑这种有利因素。另外，考虑部分塑性深入截面，采用 $W_{px} = \gamma_x W_{1x}$，并引入抗力分项系数，即得到实腹式压弯构件弯矩作用平面内的稳定计算公式，即

$$\frac{N}{\varphi_x A} + \frac{\beta_{mx}M_x}{\gamma_x W_{1x}\left(1 - 0.8\dfrac{N}{N'_{Ex}}\right)} \leqslant f \tag{6-12}$$

$$N'_{Ex} = \frac{\pi^2 EA}{1.1\lambda_x^2}$$

式中　N ——轴向压力；

M_x ——所计算构件段范围内的最大弯矩；

φ_x ——轴心受压构件的稳定系数；

W_{1x} ——受压最大纤维的毛截面抵抗矩；

N'_{Ex} ——参数，为欧拉临界力除以抗力分项系数 γ_R（不分钢种，取 $\gamma_R=1.1$）；

β_{mx} ——等效弯矩系数。

β_{mx} 按下列情况取值：

（1）框架柱和两端支承的构件。

1）无横向荷载作用时，$\beta_{mx} = 0.65 + 0.35M_2/M_1$，$M_1$ 和 M_2 为端弯矩，使构件产生同向曲率（无反弯点）时取同号，使构件产生反向曲率（有反弯点）时取异号，$|M_1| \geqslant |M_2|$。

2）有端弯矩和横向荷载同时作用，使构件产生同向曲率时，$\beta_{mx}=1.0$；使构件产生反向曲率时，$\beta_{mx}=0.85$。

3）无端弯矩但有横向荷载作用时，$\beta_{mx}=1.0$。

（2）悬臂构件，$\beta_{mx}=1.0$。

对于 T 型钢、双角钢 T 形等单轴对称截面压弯构件，当弯矩作用于对称轴平面，且使较大翼缘受压时，构件失稳时出现的塑性区除存在前述受压区屈服和受压、受拉区同时屈服两种情况外，还可能在受拉区出现屈服而导致构件失去承载能力，故除了按式（6-12）计算外，还应按式（6-13）计算，即

$$\left|\frac{N}{A} + \frac{\beta_{mx}M_x}{\gamma_x W_{2x}\left(1 - 1.25\dfrac{N}{N'_{Ex}}\right)}\right| \leqslant f \tag{6-13}$$

式中　W_{2x} ——受拉侧最外纤维的毛截面模量；

γ_x ——与 W_{2x} 相应的截面塑性发展系数。

其余符号同式（6-12），式（6-13）第二项分母中的 1.25 也是经过与理论计算结果比较后引进的修正系数。

6.3.2　弯矩作用平面外的稳定

开口薄壁截面压弯构件的抗扭刚度及弯矩作用平面外的抗弯刚度通常较小，当构件在弯

矩作用平面外没有足够的支承以阻止其产生侧向位移和扭转时，构件可能因弯扭屈曲而破坏。构件在发生弯扭失稳时，其临界条件为

$$\left(1-\frac{N}{N_{Ey}}\right)\left(1-\frac{N}{N_{Ey}}\frac{N_{Ey}}{N_z}\right)-\left(\frac{M_x}{M_{crx}}\right)^2=0 \tag{6-14}$$

以 $\dfrac{N_z}{N_{Ey}}$ 的不同比值代入式（6-14），可以画出 $\dfrac{N}{N_{Ey}}$ 和 $\dfrac{M_x}{M_{crx}}$ 之间的相关曲线，如图 6-9 所示。

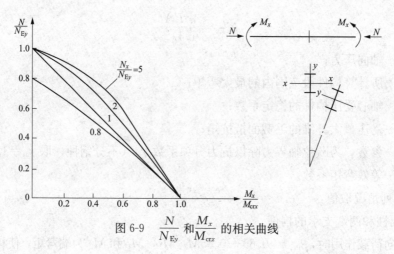

图 6-9 $\dfrac{N}{N_{Ey}}$ 和 $\dfrac{M_x}{M_{crx}}$ 的相关曲线

这些曲线与 $\dfrac{N_z}{N_{Ey}}$ 的比值有关，$\dfrac{N_z}{N_{Ey}}$ 值越大，曲线越外凸。对于钢结构中常用的双轴对称工字形截面，$\dfrac{N_z}{N_{Ey}}$ 值总是大于 1.0，如偏安全地取 $\dfrac{N_z}{N_{Ey}}=1.0$，则式（6-14）成为

$$\left(\frac{M_x}{M_{crx}}\right)^2=\left(1-\frac{N}{N_{Ey}}\right)^2$$

$$\frac{N}{N_{Ey}}+\frac{M_x}{M_{crx}}=1 \tag{6-15}$$

式（6-15）是根据弹性工作状态的双轴对称截面导出的理论式经简化而得出的。理论分析和试验研究表明，它同样适用于弹塑性压弯构件的弯扭屈曲计算，而且对于单轴对称截面的压弯构件，只要用该单轴对称截面轴心受压构件的弯扭屈曲临界力 N_{cr} 代替 N_{Ey}，相关公式仍然适用，式（6-15）是一个简单的直线式。

在式（6-15）中，用 $N_{Ey}=\varphi_y A f_y$，$M_{crx}=\varphi_b W_{1x} f_y$ 代入，并引入非均匀弯矩作用时的等效弯矩系数 β_{mx}、箱形截面的调整系数 η 及抗力分项系数 γ_R 后，就得到压弯构件在弯矩作用平面外稳定计算的相关公式，即

$$\frac{N}{\varphi_y A}+\eta\frac{\beta_{tx}M_x}{\varphi_b W_{1x}}\leqslant f \tag{6-16}$$

式中 M_x——所计算构件段范围内（构件侧向支承点间）的最大弯矩；

   β_{tx}——等效弯矩系数，应根据所计算构件段的荷载和内力情况确定，取值方法与弯矩作用平面内的等效弯矩系数 β_{mx} 相同；

η——调整系数，箱形截面 $\eta=0.7$，其他截面 $\eta=1.0$；

φ_y——弯矩作用平面外轴心受压构件的稳定系数；

φ_b——压弯构件的整体稳定系数。

为了设计上的方便，对压弯构件的整体稳定系数 φ_b 用近似计算公式，这些公式已考虑构件的弹塑性失稳问题，因此当 φ_b 大于 0.6 时不必再换算。

（1）工字形截面（含 H 型钢）。

双轴对称时

$$\varphi_b=1.07-\frac{\lambda_y^2}{44\,000}\frac{f_y}{235}\leqslant 1 \tag{6-17}$$

单轴对称时

$$\varphi_b=1.07-\frac{W_{1x}}{(2\alpha_b+0.1)Ah}\frac{\lambda_y^2}{14\,000}\frac{f_y}{235}\leqslant 1 \tag{6-18}$$

$$\alpha_b=I_1/(I_1+I_2)$$

式中 I_1、I_2——受压翼缘和受拉翼缘对 y 轴的惯性矩。

（2）T 形截面。

1）弯矩使翼缘受压时。

双角钢 T 形

$$\varphi_b=1-0.0017\lambda_y\sqrt{f_y/235}$$

两板组合 T 形（含 T 型钢）

$$\varphi_b=1-0.0022\lambda_y\sqrt{f_y/235}$$

2）弯矩使翼缘受拉时

$$\varphi_b=1.0-0.0005\lambda_y\sqrt{f_y/235}$$

（3）箱形截面

$$\varphi_b=1.0$$

6.3.3 双向弯曲实腹式压弯构件的整体稳定

前面所述压弯构件，弯矩仅作用在构件的一个对称轴平面内，为单向弯曲压弯构件。弯矩作用在两个主轴平面内为双向弯曲压弯构件，在实际工程中较为少见。双轴对称的工字形截面（含 H 型钢）和箱形截面的压弯构件，当弯矩作用在两个主平面内时，可用下列与式（6-12）和式（6-16）相衔接的线性公式计算其稳定性，即

$$\frac{N}{\varphi_x A}+\frac{\beta_{mx}M_x}{\gamma_x W_{1x}\left(1-0.8\frac{N}{N'_{Ex}}\right)}+\eta\frac{\beta_{ty}M_y}{\varphi_{by}W_{1y}}\leqslant f \tag{6-19}$$

$$\frac{N}{\varphi_y A}+\eta\frac{\beta_{tx}M_x}{\varphi_{bx}W_{1x}}+\frac{\beta_{my}M_y}{\gamma_y W_{1y}\left(1-0.8\frac{N}{N'_{Ey}}\right)}\leqslant f \tag{6-20}$$

式中　M_x、M_y——对 x 轴（工字形截面和 H 型钢 x 轴为强轴）和 y 轴的弯矩；

　　　　φ_x、φ_y——对 x 轴和 y 轴的轴心受压构件稳定系数；

　　　　φ_{bx}、φ_{by}——梁的整体稳定系数，双轴对称工字形截面和 H 型钢，φ_{bx} 按式（6-17）计算，而 $\varphi_{by}=1.0$，箱形截面，$\varphi_{bx}=\varphi_{by}=1.0$。

等效弯矩系数 β_{mx} 和 β_{my}，应按式（6-12）中有关弯矩作用平面内的规定选取；β_{tx}、β_{ty} 和 η 应按式（6-16）中有关弯矩作用平面外的规定选取。

6.3.4　压弯构件的局部稳定

为保证压弯构件中板件的局部稳定，采取同轴心受压构件相同的方法，限制翼缘和腹板的宽厚比及高厚比，见表 6-1。

现将表 6-1 中规定的宽厚比限值的来源简要说明如下：

（1）翼缘的宽厚比。压弯构件的受压翼缘板，其应力情况与梁受压翼缘基本相同，尤其是由强度控制设计时更是如此，因此其自由外伸宽度与厚度之比（项次 1、4），以及箱形截面翼缘在腹板之间的宽厚比（项次 5）均与梁受压翼缘的宽厚比限值相同。前者须满足式（4-38b）的要求，后者须满足式（4-39）的要求。当强度和稳定计算中取 $\gamma_x=1.0$ 时，前者须满足式（4-38a）的要求。

（2）腹板的宽厚比。

1）工字形截面腹板。工字形截面腹板的受力状态如图 6-10 所示。在平均剪应力 τ 和不均匀正应力 σ 的共同作用下，其临界条件为

$$\left[1-\left(\frac{\alpha_0}{2}\right)^5\right]\frac{\sigma_1}{\sigma_{cr1}}+\left(\frac{\alpha_0}{2}\right)^5\left(\frac{\sigma_1}{\sigma_{cr1}}\right)^2+\left(\frac{\tau}{\tau_{cr}}\right)^2\leqslant 1 \tag{6-21}$$

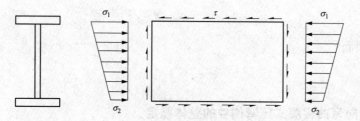

图 6-10　压弯构件的腹板

对压弯构件，腹板中剪应力 τ 的影响不大，经分析，平均剪应力 τ 可取腹板弯曲应力 σ_M 的 0.3 倍，即 $\tau=0.3\sigma_M$（σ_M 为弯曲正应力），这样由式（6-21）可以得到腹板弹性屈曲临界应力为

$$\sigma_{cr}=K_e\frac{\pi^2 E}{12(1-\nu^2)}\left(\frac{t_w}{h_0}\right)^2 \tag{6-22}$$

$$\alpha_0=(\sigma_1-\sigma_2)/\sigma_1$$

式中　K_e——弹性屈曲系数，其值与应力梯度 α_0 有关，见表 6-2；

　　　σ_1、σ_2——腹板两边缘应力，以压应力为正，拉应力为负。

表 6-1 　　　　　　　　压弯构件（弯矩作用在截面的竖直平面）的板件宽厚比限值

项次	截面	宽厚比极限值
1		$\dfrac{b}{t} \leqslant 15\sqrt{235/f_y}$（弹性设计） $\dfrac{b}{t} \leqslant 13\sqrt{235/f_y}$（弹塑性设计）
2		角钢截面和弯矩使翼缘受拉的 T 形截面： 当 $\alpha_0 \leqslant 1.0$ 时 $\dfrac{b_1}{t_1}$ 或 $\dfrac{b_1}{t} \leqslant 15\sqrt{235/f_y}$ 当 $\alpha_0 > 1.0$ 时 $\dfrac{b_1}{t_1}$ 或 $\dfrac{b_1}{t} \leqslant 18\sqrt{235/f_y}$ 弯矩使翼缘受压的 T 型钢： 热轧剖分 T 型钢 $\dfrac{b_1}{t_1} \leqslant (15+0.2\lambda)\sqrt{235/f_y}$ 热轧 T 型钢 $\dfrac{b_1}{t_1} \leqslant (13+0.17\lambda)\sqrt{235/f_y}$
3		当 $0 \leqslant \alpha_0 \leqslant 1.6$ 时 $\dfrac{h_0}{t_w} \leqslant (16\alpha_0+0.5\lambda+25)\sqrt{235/f_y}$ 当 $1.6 \leqslant \alpha_0 \leqslant 2$ 时 $\dfrac{h_0}{t_w} \leqslant (48\alpha_0+0.5\lambda-26.2)\sqrt{235/f_y}$
4		b/t 同项次 1
5		$\dfrac{b_0}{t} \leqslant 40\sqrt{235/f_y}$
6		$\dfrac{h_0}{t_w}$ 小于或等于项次 3 右侧乘以 0.8 的值 （当此值小于 $40\sqrt{235/f_y}$ 时，用 $40\sqrt{235/f_y}$ ）
7		$\dfrac{d}{t} \leqslant 100(235/f_y)$

注　1. λ 为构件在弯矩作用平面内的长细比。当 $\lambda < 30$ 时，取 $\lambda=30$；当 $\lambda > 100$ 时，取 $\lambda=100$。

　　2. $\alpha_0 = (\sigma_{max} - \sigma_{min})/\sigma_{max}$，$\sigma_{max}$、$\sigma_{min}$ 分别为腹板计算高度边缘的最大压应力和另一边缘的应力（压应力取正值，拉应力取负值），按构件的强度公式进行计算，且不考虑塑性发展系数。

　　3. 当翼缘自由外伸宽度与其厚度之比在 $13\sqrt{235/f_y} < \dfrac{b}{t} \leqslant 15\sqrt{235/f_y}$ 范围内时，在构件的强度和稳定计算中应取以 $\gamma_x = 1.0$。

由式（6-22）得到的临界应力只适用于弹性状态屈曲的板，压弯构件失稳时，截面的塑性变形将不同程度地发展。腹板的塑性发展深度与构件的长细比和板的应力梯度 α_0 有关，腹板的弹塑性临界应力为

$$\sigma_{cr} = K_p \frac{\pi^2 E}{12(1-\nu^2)} \left(\frac{t_w}{h_0}\right)^2 \tag{6-23}$$

式中　K_p——塑性屈曲系数，当 $\tau=0.3\sigma_M$，截面塑性深度为 $0.25h_0$ 时，其值见表 6-2。

表 6-2　　　　　　　　　　　　压弯构件中腹板的屈曲系数和高厚比 h_0/t_w

α_0	0.0	0.2	0.4	0.6	0.8	1.0	1.2	1.4	1.6	1.8	2.0
K_e	4.000	4.443	4.992	5.689	6.595	7.812	9.503	11.868	15.183	19.524	23.922
K_p	4.000	3.914	3.874	4.242	4.681	5.214	5.886	6.678	7.576	9.738	11.301
h_0/t_w	56.24	55.64	55.35	57.92	60.84	64.21	68.23	72.67	77.40	87.76	94.54

式（6-23）中如取临界应力 $\sigma_{cr}=235\text{N/mm}^2$，泊松比 $\nu=0.3$ 和 $E=206\times10^3\text{N/mm}^2$，可以得到腹板高厚比 h_0/t_w 与应力梯度 α_0 之间的关系（见表 6-2），此关系可近似地用直线式表示：

当 $0\leqslant\alpha_0\leqslant1.6$ 时

$$h_0/t_w = 16\alpha_0 + 50$$

当 $1.6<\alpha_0\leqslant2.0$ 时

$$h_0/t_w = 48\alpha_0 - 1$$

对于长细比较小的压弯构件，整体失稳时截面的塑性深度实际上已超过了 $0.25h_0$，对于长细比较大的压弯构件，截面塑性深度则不到 $0.25h_0$，甚至腹板受压最大的边缘还没有屈服。因此，h_0/t_w 之值宜随长细比的增大而适当放大。同时，当 $\alpha_0=0$ 时，应与轴心受压构件腹板高厚比的要求相一致；而当 $\alpha_0=2$ 时，应与受弯构件中考虑了弯矩和剪力联合作用的腹板高厚比的要求相一致。故以表 6-1 项次 3 中的公式作为工字形截面压弯构件腹板的高厚比限值。

2）T 形截面的腹板。当 $\alpha_0\leqslant1.0$（弯矩较小）时，T 形截面腹板中压应力分布不均的有利影响不大，其宽厚比限值采用与翼缘板相同；当 $\alpha_0>1.0$（弯矩较大）时，此有利影响较大，故提高 20%（见表 6-1 中项次 2）。

3）箱形截面的腹板。考虑两腹板受力可能不一致，而且翼缘对腹板的约束因常为单侧角焊缝，也不如工字形截面，因而箱形截面的宽厚比限值取为工字形截面腹板的 0.8 倍。

4）圆管截面。一般圆管截面构件的弯矩不大，故其直径与厚度之比的限值与轴心受压构件的规定相同。

6.4　压弯构件（框架柱）的设计

6.4.1　框架柱的计算长度

单根压弯构件的计算长度可根据构件端部的约束条件按弹性稳定理论确定。对于端部约束条件比较简单的单根压弯构件，利用计算长度系数 μ（见表 5-3）可直接得到计算长度。但对于框架柱，框架平面内的计算长度需通过对框架的整体稳定分析得到，框架平面外的计算长度则需根据支承点的布置情况确定。

1. 单层等截面框架柱在框架平面内的计算长度

对于无支撑纯框架，在进行框架的整体稳定分析时，一般取平面框架作为计算模型，不

考虑空间作用。框架的可能失稳形式有两种，一种是有支撑框架，其失稳形式一般为无侧移
[见图 6-11（a）、（b）]；另一种是无支撑纯框架，其失稳形式为有侧移 [见图 6-11
（c）、（d）]。有侧移失稳的框架，其临界力比无侧移失稳的框架低得多。因此，除非有阻止
框架侧移的支撑体系（包括支撑架、剪力墙等），一般框架的承载能力以有侧移失稳时的临
界力确定。

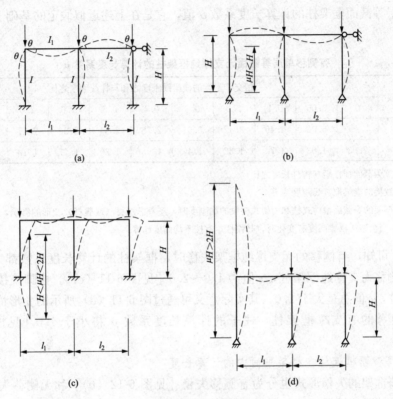

图 6-11　单层框架的失稳形式

框架柱的上端与横梁刚性连接。横梁对柱的约束作用取决于横梁线刚度 I_1/l 与柱线刚
度 I/H 的比值 K_1，即

$$K_1 = \frac{I_1/l}{I/H} \tag{6-24}$$

对于单层多跨框架，K_1 值为与柱相邻的两根横梁的线刚度之和 $I_1/l_1 + I_2/l_2$ 与柱线刚
度 I/H 之比，即

$$K_1 = \frac{I_1/l_1 + I_2/l_2}{I/H} \tag{6-25}$$

确定框架柱的计算长度通常根据弹性稳定理论，并做如下近似假定：

（1）框架只承受作用于节点的竖向荷载，忽略横梁荷载和水平荷载产生梁端弯矩的影
响。分析比较表明，在弹性工作范围内，此种假定带来的误差不大，可以满足设计工作的要
求。但需注意，此假定只能用于确定计算长度，在计算柱的截面尺寸时必须同时考虑弯矩和
轴心力。

（2）所有框架柱同时失稳，即所有框架柱同时达到临界荷载。

（3）失稳时横梁两端的转角相等。框架柱在框架平面内的计算长度 H_0 可示为

$$H_0 = \mu H$$

式中　H——柱的几何长度；

　　　μ——计算长度系数。

显然，μ 值与框架柱柱脚和基础的连接形式及 K_1 值有关。表 6-3 为采用一阶弹性分析计算内力时单层等截面框架柱的计算长度系数 μ 值，它是在上述近似假定的基础上用弹性稳定理论求得的。

表 6-3　　　　　　　　有侧移单层等截面无支撑纯框架柱的计算长度系数 μ

柱与基础的连接	相交于上端的横梁线刚度之和与柱线刚度之比										
	0	0.05	0.1	0.2	0.3	0.4	0.5	1.0	2.0	5.0	≥10
铰接	—	6.02	4.46	3.42	3.01	2.78	2.64	2.33	2.17	2.07	2.03
刚接固定	2.03	1.83	1.70	1.52	1.42	1.35	1.30	1.17	1.10	1.05	1.03

注　1. 线刚度为截面惯性矩与构件长度之比。

　　2. 与柱铰接的横梁取其线刚度为零。

　　3. 计算框架的等截面格构式柱和桁架式横梁的线刚度时，应考虑缀材（或腹杆）变形的影响，将其惯性矩乘以 0.9。当桁架式横梁高度有变化时，其惯性矩宜按平均高度计算。

由表 6-3 可知，有侧移的无支撑纯框架失稳时，框架柱的计算长度系数都大于 1.0。柱脚刚接的有侧移无支撑纯框架柱，μ 值为 1.0～2.0 [见图 6-11（c）]。柱脚铰接的有侧移无支撑纯框架柱，μ 值总是大于 2.0，其实际意义可通过图 6-11（d）所示的变形情况来理解。

对于无侧移的有支撑框架柱，柱子的计算长度系数 μ 将小于 1.0 [见图 6-11（a）、（b）]。

2. 多层等截面框架柱在框架平面内的计算长度

多层多跨框架的失稳形式也分为有侧移失稳 [见图 6-12（b）] 和无侧移失稳 [见图 6-12（a）] 两种情况，计算时的基本假定与单层框架相同。对于未设置支撑结构（支撑架、剪力墙、抗剪筒体等）的纯框架，属于有侧移反对称失稳。对于有支撑框架，根据抗侧向刚度的大小，又可分为强支撑框架和弱支撑框架。

（1）当支撑结构的侧向刚度（产生单位侧倾角的水平力）S_b 满足式（6-26）的要求时，为强支撑框架，属于无侧移失稳，即

$$S_b \geqslant 3(1.2\sum N_{bi} - \sum N_{0i}) \tag{6-26}$$

式中　$\sum N_{bi}$、$\sum N_{0i}$——第 i 层层间所有框架柱用无侧移框架和有侧移框架柱计算长度系数算得的轴心受压构件稳定承载力之和。

（2）当支撑结构的侧向刚度 S_b 不满足式（6-26）的要求时，为弱支撑框架。

有支撑结构的框架在一般情况下均能满足式（6-26）的要求，因而可按无侧移失稳计算。

多层框架无论在哪一类形式下失稳，每一根柱都要受到柱端构件及远端构件的影响。因多层多跨框架的未知节点位移数较多，需要展开高阶行列式和求解复杂的超越方程，计算工作量大且很困难。故在实际工程设计中，引入简化杆端约束条件的假定，即将框架简化为图 6-12（c）、（d）所示的计算单元，只考虑与柱端直接相连构件的约束作用。在确定柱的计算

长度时，假设柱开始失稳时相交于上下两端节点的横梁对于柱提供的约束弯矩，按其与上下两端节点柱的线刚度之和的比值 K_1 和 K_2 分配给柱。这里，K_1 为相交于柱上端节点的横梁线刚度之和与柱线刚度之和的比值；K_2 为相交于柱下端节点的横梁线刚度之和与柱线刚度之和的比值。以图 6-12 中的杆 1、2 为例，即

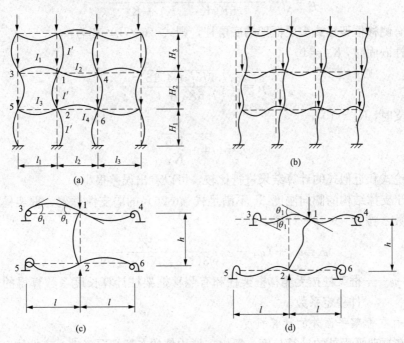

图 6-12 多层框架的失稳形式

$$K_1 = \frac{I_1/l_1 + I_2/l_2}{I'''/H_3 + I''/H_2}$$

$$K_2 = \frac{I_3/l_1 + I_4/l_2}{I''/H_2 + I'/H_1}$$

多层框架的计算长度系数 μ 见附表 6-1（无侧移框架）和附表 6-2（有侧移框架）。实际上，表 6-3 中单层框架柱的 μ 值已包括在附表 6-2 中，令附表 6-2 中的 $K_2 = 0$，即表 6-3 中与基础铰接的 μ 值。柱与基础刚接时，从理论上来说 $K_2 = \infty$，但考虑实际工程情况，取 $K_2 \geqslant 10$ 时的 μ 值。

μ 值也可采用下列近似公式计算：

（1）无侧移失稳

$$\mu = \frac{3 + 1.4(K_1 + K_2) + 0.64K_1K_2}{3 + 2(K_1 + K_2) + 1.28K_1K_2} \tag{6-27a}$$

对无侧移单层框架柱或多层框架的底层柱，则式（6-27a）变为：

柱脚刚性嵌固时，$K_2 = 10$

$$\mu = \frac{0.74 + 0.34K_1}{1 + 0.643K_1}$$

柱脚铰支时，$K_2 = 0$

$$\mu = \frac{3 + 1.4 K_1}{3 + 2 K_1}$$

（2）有侧移失稳

$$\mu = \sqrt{\frac{7.5 K_1 K_2 + 4(K_1 + K_2) + 1.6}{7.5 K_1 K_2 + K_1 + K_2}} \tag{6-27b}$$

对单层有侧移框架柱或多层框架的底层柱，则式（6-27b）变为：

柱脚刚性嵌固时，$K_2 = 10$

$$\mu = \sqrt{\frac{7.9 K_1 + 4.16}{7.6 K_1 + 1}}$$

柱脚铰支时，$K_2 = 10$

$$\mu = \sqrt{4 + \frac{1.6}{K_1}}$$

如将理论式和近似式的计算结果进行比较，可以看出误差很小。

（3）对于支撑结构的侧向刚度 S_b 不满足式（6-26）的弱支撑框架，框架柱的轴心受压构件稳定系数 φ 按式（6-28）计算，即

$$\varphi = \varphi_0 + (\varphi_1 - \varphi_0) \frac{S_b}{3(1.2 \sum N_{bi} - \sum N_{0i})} \tag{6-28}$$

式中　φ_1、φ_0——框架柱按无侧移框架柱和有侧移框架柱计算长度系数算得的轴心受压构件稳定系数。

3. 框架柱在框架平面外的计算长度

框架柱在框架平面外的计算长度一般由支撑构件的布置情况确定。支撑体系提供柱在平面外的支承点，柱在平面外的计算长度即取决于支撑点间的距离。这些支撑点应能阻止柱沿厂房的纵向发生侧移，如单层厂房框架柱，柱下段的支撑点常常是基础的表面和吊车梁的下翼缘处，柱上段的支撑点是吊车梁上翼缘的制动梁和屋架下弦纵向水平支撑或者托架的弦杆。

【例题 6-2】　图 6-13 所示为一有侧移的双层框架，图中圆圈内的数字为横梁或柱子的线刚度。试求出各柱在框架平面内的计算长度系数 μ 值。

【解】　根据附表 6-2，得各柱的计算长度系数如下：

柱 C_1、C_3

$$K_1 = \frac{3}{1} = 3, \quad K_2 = \frac{5}{1+2} = 1.67, \quad 得 \ \mu = 1.16$$

柱 C_2

$$K_1 = \frac{3+3}{2} = 3, \quad K_2 = \frac{5+5}{2+4} = 1.67, \quad 得 \ \mu = 1.16$$

柱 C_4、C_6

$$K_1 = \frac{5}{1+2} = 1.67, \quad K_2 = 10, \quad 得 \ \mu = 1.12$$

柱 C_5

$$K_1 = \frac{5+5}{2+4} = 1.67, \quad K_2 = 0, \quad 得 \ \mu = 2.22$$

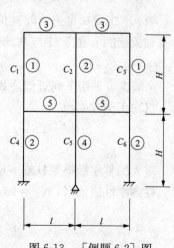

图 6-13　［例题 6-2］图

6.4.2　实腹式压弯构件的设计

1. 截面形式

对于压弯构件，当承受的弯矩较小时其截面形式与一般的轴心受压构件相同（见图 5-3）。当弯矩较大时，宜采用在弯矩作用平面内截面高度较大的双轴对称截面或单轴对称截面（见图 6-14），图 6-14 中的双箭头为用矢量表示的绕 z 轴的弯矩 M_x（右手法则）。

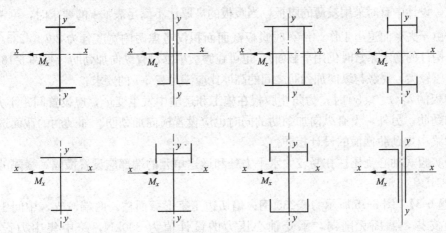

图 6-14　弯矩较大的实腹式压弯构件截面

2. 截面选择及验算

设计时需首先选定截面的形式，再根据构件所承受的轴心压力 N、弯矩 M 和构件的计算长度 l_{0x}、l_{0y}，初步确定截面的尺寸，然后进行强度、整体稳定、局部稳定和刚度的验算。由于压弯构件的验算式中所牵涉的未知量较多，初选的截面尺寸不一定合适，因此初选的截面尺寸往往需要进行多次调整。

（1）强度验算。承受单向弯矩的压弯构件其强度验算用式（6-6），即

$$\frac{N}{A_n} + \frac{M_x}{\gamma_x W_{nx}} \leqslant f$$

当截面无削弱，且 N、M_x 的取值与整体稳定验算的取值相同而等效弯矩系数为 1.0 时，不必进行强度验算。

（2）整体稳定验算。实腹式压弯构件弯矩作用平面内的稳定计算采用式（6-12），即

$$\frac{N}{\varphi_x A} + \frac{\beta_{mx} M_x}{\gamma_x W_{1x}\left(1 - 0.8\dfrac{N}{N'_{Ex}}\right)} \leqslant f$$

对 T 形截面（包括双角钢 T 形截面），还应按式（6-13）进行计算，即

$$\left| \frac{N}{A} + \frac{\beta_{mx} M_x}{\gamma_x W_{2x}\left(1 - 1.25\dfrac{N}{N'_{Ex}}\right)} \right| \leqslant f$$

弯矩作用平面外稳定计算采用式（6-16），即

$$\frac{N}{\varphi_y A} + \eta\frac{\beta_{tx} M_x}{\varphi_b W_{1x}} \leqslant f$$

（3）局部稳定验算。组合截面压弯构件翼缘和腹板的宽厚比应满足表 6-1 的要求。

（4）刚度验算。压弯构件的长细比不应超过表 5-2 中规定的容许长细比限值。

3. 构造要求

压弯构件的翼缘宽厚比必须满足局部稳定的要求，否则翼缘屈曲必然导致构件整体失稳。但当腹板屈曲时，由于存在屈曲后强度，构件不会立即失稳只会使其承载力有所降低。当工字形截面和箱形截面由于高度较大，为了保证腹板的局部稳定而需要采用较厚的板时，显得不经济。因此，设计中有时采用较薄的腹板，当腹板的高厚比不满足表 6-1 的要求时，可考虑腹板中间部分由于失稳而退出工作，计算时腹板截面面积仅考虑两侧宽度各为 $20t_w\sqrt{235/f_y}$ 的部分（计算构件的稳定系数时仍用全截面）；也可在腹板中部设置纵向加劲肋（见图 5-18），此时腹板的受压较大，翼缘与纵向加劲肋之间的高厚比应满足表 6-1 的要求。

当腹板的 $h_0/t_w > 80$ 时，为防止腹板在施工和运输中发生变形，应设置间距不大于 $3h_0$ 的横向加劲肋。另外，设有纵向加劲肋的同时也应设置横向加劲肋。加劲肋的截面选择与本书第 4 章梁中加劲肋截面的设计相同。

大型实腹式轴心受压柱在受较大水平力处和运送单元的端部应设置横隔，横隔的设置方法见图 5-21。

【例题 6-3】 图 6-15 所示为 Q235 钢火焰切边工字形截面柱，两端铰支，中间 1/3 长度处有侧向支撑，截面无削弱，承受轴心压力的设计值为 800kN，跨中集中力设计值为 100kN。试验算此构件的承载力。

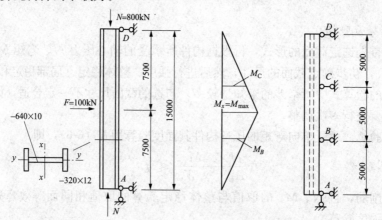

图 6-15　[例题 6-3] 图（尺寸单位：mm）

【解】 （1）截面的几何特性

$$A = 2 \times 32 \times 1.2 + 64 \times 1.0 = 140.8 (\text{cm}^2)$$

$$I_x = \frac{1}{12} \times (32 \times 66.4^3 - 31 \times 64^2) = 103\ 475 (\text{cm}^4)$$

$$I_y = 2 \times \frac{1}{12} \times 1.2 \times 32^3 = 6554 (\text{cm}^4)$$

$$W_{1x} = \frac{103\ 475}{33.2} = 3117 (\text{cm}^3)$$

$$i_x = \sqrt{\frac{103\ 475}{140.8}} = 27.11 (\text{cm}),\ i_y = \sqrt{\frac{6554}{140.8}} = 6.82 (\text{cm})$$

（2）验算强度

$$M_x = \frac{1}{4} \times 100 \times 15 = 375 (\text{kN} \cdot \text{m})$$

$$\frac{N}{A_n} + \frac{M_x}{\gamma_x W_{nx}} = \frac{800 \times 10^3}{140.8 \times 10^2} + \frac{375 \times 10^6}{1.05 \times 3117 \times 10^3} = 171.4 (\text{N/mm}^2) < f = 215 (\text{N/mm}^2)$$

（3）验算弯矩作用平面内的稳定

$$\lambda_x = \frac{1500}{27.11} = 55.3 < [\lambda] = 150$$

查附表 5-2（b 类截面），$\varphi_x = 0.831$，则

$$N'_{Ex} = \frac{\pi^2 EA}{1.1\lambda_x^2} = \frac{\pi^2 \times 206\,000 \times 140.8 \times 10^2}{1.1 \times 55.3^2} = 8510 \times 10^3 (\text{N}) = 8510 (\text{kN})$$

$$\beta_{mx} = 1.0$$

$$\frac{N}{\varphi_x A} + \frac{\beta_{mx} M_x}{\gamma_x W_{1x} \left(1 - 0.8\dfrac{N}{N'_{Ex}}\right)} = \frac{800 \times 10^3}{0.831 \times 140.8 \times 10^2} = \frac{1.0 \times 375 \times 10^6}{1.05 \times 3117 \times 10^3 \times \left(1 - 0.8 \times \dfrac{800}{8510}\right)}$$

$$= 192.2 (\text{N/mm}^2) < f = 215 (\text{N/mm}^2)$$

（4）验算弯矩作用平面外的稳定性

$$\lambda_y = \frac{500}{6.82} = 73.3 < [\lambda] = 150$$

查附表 5-2（b 类截面），$\varphi_y = 0.730$，则

$$\varphi_b = 1.07 - \frac{\lambda_y^2}{44\,000} = 1.07 - \frac{73.3^2}{44\,000} = 0.948$$

所计算构件段为 BC 段，有端弯矩和横向荷载作用，但使构件段产生同向曲率，故取 $\beta_{tx} = 1.0$，令 $\eta = 1.0$，则

$$\frac{N}{\varphi_y A} + \eta \frac{\beta_{tx} M_x}{\varphi_b W_{1x}} = \frac{800 \times 10^3}{0.730 \times 140.8 \times 10^2} + \frac{1.0 \times 1.0 \times 375 \times 10^6}{0.948 \times 3117 \times 10^3}$$

$$= 204.7 (\text{N/mm}^2) < f = 215 (\text{N/mm}^2)$$

由以上计算可知，此压弯构件是由弯矩作用平面外的稳定控制设计的。

（5）局部稳定验算

$$\sigma_{\max} = \frac{N}{A} + \frac{M_x}{I_x} \frac{h_0}{2} = \frac{800 \times 10^3}{140.8 \times 10^2} + \frac{375 \times 10^6}{103\,475 \times 10^4} \times 320 = 172.8 (\text{N/mm}^2)$$

$$\sigma_{\min} = \frac{N}{A} - \frac{M_x}{I_x} \frac{h_0}{2} = \frac{800 \times 10^3}{140.8 \times 10^2} - \frac{375 \times 10^6}{103\,475 \times 10^4} \times 320 = -59.2 (\text{N/mm}^2)（拉应力）$$

$$\alpha_0 = \frac{\sigma_{\max} - \sigma_{\min}}{\sigma_{\max}} = \frac{172.8 + 59.2}{172.8} = 1.34 < 1.6$$

腹板

$$\frac{h_0}{t_w} = \frac{640}{10} = 64 < (16\alpha_0 + 0.5\lambda_x + 25)\sqrt{235/f_y} = 16 \times 1.29 + 0.5 \times 55.3 + 25 = 73.29$$

翼缘

$$\frac{b}{t} = \frac{160 - 5}{12} = 12.9 < 13\sqrt{235/f_y} = 13（构件计算时可取 \gamma_x = 1.05）$$

【例题 6-4】 有一两端为双向铰接、长 10m 的箱形截面压弯构件，材料为 Q235 钢，截面尺寸和内力设计值如图 6-16 所示，验算其承载力。

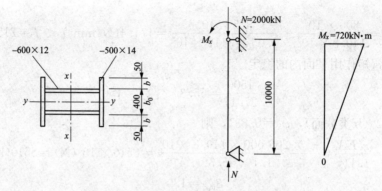

图 6-16 　［例题 6-4］图（尺寸单位：mm）

【解】 （1）截面的几何特性

$$A = 2 \times 60 \times 1.2 + 2 \times 50 \times 1.4 = 284 (\text{cm}^2)$$

$$I_x = \frac{1}{2} \times (50 \times 62.8^2 - 47.6 \times 60^3) = 175\ 200 (\text{cm}^4)$$

$$I_y = 2 \times \frac{1}{12} \times 1.4 \times 50^3 + 2 \times 60 \times 1.2 \times 19.4^2 = 83\ 360 (\text{cm}^4)$$

$$W_{1x} = \frac{175\ 200}{31.4} = 5580 (\text{cm}^3)$$

$$i_x = \sqrt{\frac{175\ 200}{284}} = 24.8 (\text{cm}), \ i_y = \sqrt{\frac{83\ 360}{284}} = 17.1 (\text{cm})$$

（2）验算强度

$$\frac{N}{A_n} + \frac{M_x}{\gamma_x W_{nx}} = \frac{2000 \times 10^3}{284 \times 10^2} + \frac{720 \times 10^6}{1.05 \times 5580 \times 10^3} = 193.3 (\text{N/mm}^2) < f = 215 (\text{N/mm}^2)$$

（3）验算弯矩作用平面内的稳定性

$$\lambda_x = \frac{1000}{24.8} = 40.3 < [\lambda] = 150$$

查附表 5-2（b 类截面），$\varphi_x = 0.898$，则

$$N'_{Ex} = \frac{\pi^2 EA}{1.1\lambda_x^2} = \frac{\pi^2 \times 206\ 000 \times 284 \times 10^2}{1.1 \times 40.3^2} = 31\ 790 \times 10^3 (\text{N}) = 31\ 790 (\text{kN})$$

$$\beta_{mx} = 0.65 + 0.35 \frac{M_2}{M_1} = 0.65$$

$$\frac{N}{\varphi_x A} + \frac{\beta_{mx} M_x}{\gamma_x W_{1x}\left(1 - 0.8\frac{N}{N'_{Ex}}\right)} = \frac{2000 \times 10^3}{0.898 \times 284 \times 10^2} + \frac{0.65 \times 720 \times 10^6}{1.05 \times 5580 \times 10^3 \times \left(1 - 0.8 \times \frac{2000}{31\ 790}\right)}$$

$$= 162.5 (\text{N/mm}^2) < f = 215 (\text{N/mm}^2)$$

（4）验算弯矩作用平面外的稳定性

$$\lambda_y = \frac{1000}{17.1} = 58.5 < [\lambda] = 150$$

查附表 5-2（b 类截面），$\varphi_y = 0.815$，$\varphi_b = 1.0$，$\beta_{tx} = 0.65$，令 $\eta = 0.7$，则

$$\frac{N}{\varphi_y A} + \eta \frac{\beta_{tx} M_x}{\varphi_b W_{1x}} = \frac{2000 \times 10^3}{0.815 \times 284 \times 10^2} + \frac{0.7 \times 0.65 \times 720 \times 10^6}{1.0 \times 5580 \times 10^3}$$
$$= 145.1(\text{N/mm}^2) < f = 215(\text{N/mm}^2)$$

由以上计算可知，此压弯构件是由支承处的强度控制设计的。

（5）局部稳定验算

$$\sigma_{max} = \frac{N}{A} + \frac{M_x}{I_x} \frac{h_0}{2} = \frac{2000 \times 10^3}{284 \times 10^2} + \frac{720 \times 10^6}{175\,200 \times 10^4} \times 300 = 193.7(\text{N/mm}^2)$$

$$\sigma_{min} = \frac{N}{A} - \frac{M_x}{I_x} \frac{h_0}{2} = \frac{2000 \times 10^3}{284 \times 10^2} - \frac{720 \times 10^6}{175\,200 \times 10^4} \times 300 = -52.9(\text{N/mm}^2)(\text{拉应力})$$

$$\alpha_0 = \frac{\sigma_{max} - \sigma_{min}}{\sigma_{max}} = \frac{193.7 + 52.9}{193.7} = 1.27 < 1.6$$

腹板

$$\frac{h_0}{t_w} = \frac{600}{12} = 50 < 0.8 \times (16\alpha_0 + 0.5\lambda_x + 25) \sqrt{235/f_y}$$
$$= 0.8 \times 16 \times 1.19 + 0.5 \times 40.3 + 25 = 51.4$$

翼缘

$$\frac{b}{t} = \frac{50}{14} = 3.6 < 13\sqrt{235/f_y} = 13$$

$$\frac{b_0}{t} = \frac{400}{14} = 28.6 < 40\sqrt{235/f_y} = 40$$

由此可知，腹板、翼缘满足局部稳定要求。

6.4.3 格构式压弯构件的设计

截面高度较大的压弯构件，采用格构式可以节省材料，所以格构式压弯构件一般用于厂房的框架柱和高大的独立支柱。由于截面的高度较大，且受较大的外剪力，故构件常常用缀条连接。缀板连接的格构式压弯构件很少采用。

常用的格构式压弯构件截面如图 6-17 所示。当柱中弯矩不大或正负弯矩的绝对值相差不大时，可采用对称的截面形式 ［见图 6-17 (a)、(b)、(d)］；当正负弯矩的绝对值相差较大时，常采用不对称截面 ［见图 6-17 (c)］，并将较大肢放在压力较大的一侧。

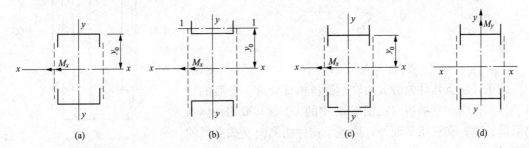

(a)   (b)   (c)   (d)

图 6-17 格构式压弯构件常用截面

1. 弯矩绕实轴作用的格构式压弯构件

当弯矩作用在与缀材面相垂直的主平面内时［见图 6-17 (d)］，构件绕实轴产生弯曲失稳，它的受力性能与实腹式压弯构件完全相同。因此，弯矩绕实轴作用的格构式压弯构件，在弯矩作用平面内和平面外的整体稳定计算均与实腹式构件相同，在计算弯矩作用平面外的整体稳定时，长细比应取换算长细比，整体稳定系数取 $\varphi_b=1.0$。

缀材（缀板或缀条）所受剪力按式（5-35）计算。

2. 弯矩绕虚轴作用的格构式压弯构件

格构式压弯构件通常使弯矩绕虚轴作用［见图 6-17 (a)、(b)、(c)］，对此种构件应进行下列计算：

（1）弯矩作用平面内的整体稳定计算。弯矩绕虚轴作用的格构式压弯构件，由于截面中部空心，不能考虑塑性的深入发展，故弯矩作用平面内的整体稳定计算适宜采用边缘纤维屈服准则。在根据此准则导出的相关式（6-10）中，引入等效弯矩系数 β_{mx}，并考虑抗力分项系数后，得

$$\frac{N}{\varphi_x A}+\frac{\beta_{mx}M_x}{W_{1x}\left(1-\varphi_x\dfrac{N}{N'_{Ex}}\right)}\leqslant f \tag{6-29}$$

$$W_{1x}=\frac{I_x}{y_0}$$

式中　I_x——对 x 轴（虚轴）的毛截面惯性矩；

　　y_0——由 x 轴到压力较大分肢轴线的距离或者至压力较大分肢腹板边缘的距离，两者取较大值；

　φ_x、N_{Ex}——轴心受压构件的整体稳定系数和考虑抗力分项系数 γ_R 的欧拉临界力，均由对虚轴（x 轴）的换算长细比 λ_{0x} 确定。

（2）分肢的稳定计算。弯矩绕虚轴作用的压弯构件，在弯矩作用平面外的整体稳定性一般由分肢的稳定计算得到保证，故不必再计算整个构件在平面外的整体稳定性。

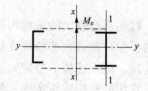

将整个构件视为一平行弦桁架，并将构件的两个分肢看作桁架体系的弦杆，两分肢的轴心压力应按下列公式计算（见图 6-18）：

分肢 1

$$N_1=N\frac{y_2}{a}+\frac{M}{a} \tag{6-30a}$$

分肢 2

$$N_2=N-N_1 \tag{6-30b}$$

缀条式压弯构件的分肢按轴心受压构件计算。分肢的计算长度，在缀材平面内（见图 6-18 中的 1-1 轴）取缀条体系的节间长度；在缀条平面外，取整个构件两侧向支撑点间的距离。

进行缀板式压弯构件的分肢计算时，除轴心压力 N_1（或

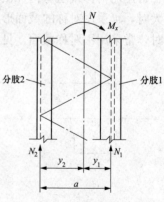

图 6-18　分肢的内力计算

N_2）外，还应考虑由剪力作用引起的局部弯矩，按实腹式压弯构件验算单肢的稳定性。

（3）缀材的计算。计算压弯构件的缀材时，应取构件实际剪力和按式（5-35）计算所得剪力两者中的较大值。其计算方法与格构式轴心受压构件相同。

3. 双向受弯的格构式压弯构件

弯矩作用在两个主平面内的双肢格构式压弯构件（见图 6-19），其稳定性按下列规定计算：

（1）整体稳定计算。采用与边缘纤维屈服准则导出的弯矩绕虚轴作用的格构式压弯构件平面内整体稳定计算式（6-26）相衔接的直线式进行计算，即

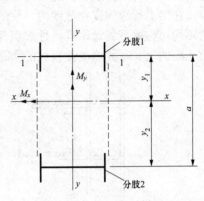

图 6-19 双向受弯格构柱

$$\frac{N}{\varphi_x A} + \frac{\beta_{mx} M_x}{W_{1x}\left(1 - \varphi_x \dfrac{N}{N'_{Ex}}\right)} + \frac{\beta_{ty} M_y}{W_{1y}} \leqslant f \quad (6\text{-}31)$$

其中 φ_x、N_{Ex} 由换算长细比确定。

（2）分肢的稳定计算。分肢按实腹式压弯构件计算，将分肢作为桁架弦杆计算其在轴心压力和弯矩共同作用下产生的内力（见图 6-19）。

分肢 1

$$N_1 = N\frac{y_2}{a} + \frac{M_x}{a} \quad (6\text{-}32)$$

$$M_{y1} = \frac{I_1/y_1}{I_1/y_1 + I_2/y_2} M_y \quad (6\text{-}33)$$

分肢 2

$$N_2 = N - N_1 \quad (6\text{-}34)$$

$$M_{y2} = M_y - M_{y1} \quad (6\text{-}35)$$

式中 I_1、I_2——分肢 1 和分肢 2 对 y 轴的惯性矩；

y_1、y_2——M_y 作用的主轴平面至分肢 1 和分肢 2 轴线的距离。

式（6-35）适用于当 M_y 作用在构件的主平面时的情形，当 M_y 不是作用在构件的主轴平面而是作用在一个分内轴线平面（见图 6-19 中分肢 1 的 1-1 轴线平面）时，则 M_y 视为全部由该分肢承受。

4. 格构式轴心受压柱的横隔及分肢的局部稳定

对格构式轴心受压柱，不论截面大小，均应设置横隔，横隔的设置方法与实腹式轴心受压柱相同，构造可参见图 5-21。

格构式轴心受压柱分肢的局部稳定与实腹式轴心受压柱相同。

6.5 框架中梁与柱的连接

在框架结构中，梁与柱的连接节点一般采用刚接，少数情况采用铰接，铰接时柱弯矩由横向荷载或偏心压力产生。梁端采用刚接可以减小梁跨中的弯矩，但制作施工较复杂。

梁与柱刚接不仅要求连接节点能可靠地传递剪力，而且能有效地传递弯矩。图 6-20 所示为梁与柱刚接。图 6-20（a）是通过上下两块水平板将弯矩传给柱，梁端剪力则通过支托传递。图 6-20（b）是通过翼缘连接焊缝将弯矩全部传给柱，而剪力则全部由腹板焊缝传递。为使翼缘连接焊缝能在平焊位置施焊，要在柱侧焊上衬板，同时在梁腹板端部预先留出

槽口，上槽口是为了让出衬板的位置，下槽口是为了满足施焊的要求。图 6-20（c）为梁采用高强度螺栓连于预先焊在柱上的牛腿形成的刚接，梁端的弯矩和剪力是通过牛腿的焊缝传递给柱，而高强度螺栓传递梁与牛腿连接处的弯矩和剪力。

在梁上翼缘的连接范围内，柱的翼缘可能在水平拉力的作用下向外弯曲致使连接焊缝受力不均；在梁下翼缘附近，柱腹板又可能因水平压力的作用而局部失稳。因此，一般需在对应于梁的上、下翼缘处设置柱的水平加劲肋或横隔。

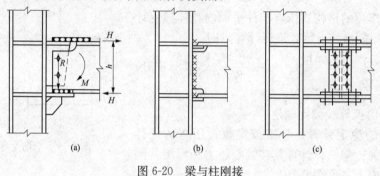

图 6-20　梁与柱刚接

6.6　框架柱的柱脚

框架柱（受压、受弯柱）的柱脚可做成铰接和刚接。铰接柱脚只传递轴心压力和剪力，其计算和构造与轴心受压柱的柱脚相同，只不过所受的剪力较大，往往需采取抗剪的构造措施。框架柱的刚接柱脚除传递轴心压力和剪力外，还要传递弯矩。

图 6-21、图 6-22 和图 6-23 所示为常用的几种刚接柱脚。其中，图 6-21 和图 6-22 为整

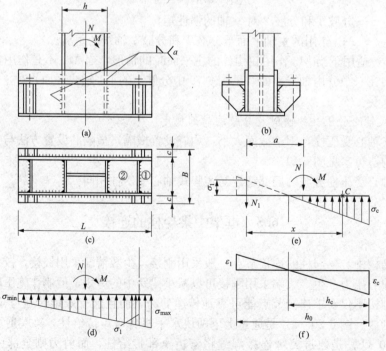

图 6-21　整体式刚接柱脚

体式的刚接柱脚，用于实腹式轴心受压柱和分肢距离较小的格构式轴心受压柱。一般格构式轴心受压柱由于两分肢的距离较大，采用整体式柱脚所耗费的钢材较多，故多采用分离式柱脚，如图 6-23 所示，每个分肢下的柱脚相当于一个轴心受力的铰接柱脚。为了加强分离式柱脚在运输和安装时的刚度，宜设置缀材把两个柱脚连接起来。

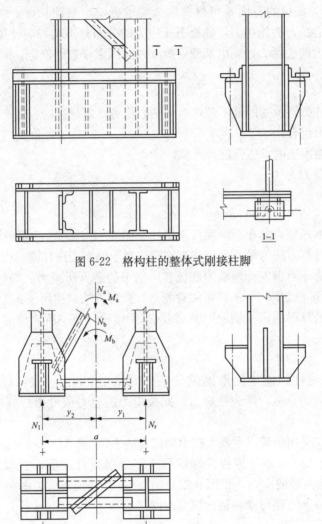

图 6-22　格构柱的整体式刚接柱脚

图 6-23　分离式柱脚

　　刚接柱脚在弯矩作用下产生的拉力需由锚栓来承受，所以锚栓需要经过计算。为了保证柱脚与基础能形成刚接，锚栓不宜固定在底板上，而应采用图 6-23 所示的构造，在靴梁侧面焊接两块肋板，锚栓固定在与肋板相连的水平板上。为了便于安装，锚栓不宜穿过底板。

　　为了安装时便于调整柱脚的位置，水平板上锚栓孔的直径应是锚栓直径的 1.5~2.0 倍，待柱就位并调整到设计位置后，再用垫板套住锚栓并与水平板焊牢，垫板上的孔径只比锚栓直径大 1~2mm。

　　如前所述，刚接柱脚的受力特点是在与基础连接处同时存在弯矩、轴心压力和剪力。与铰接柱脚一样，剪力由底板与基础间的摩擦力或专门设置的抗剪键传递，柱脚按承受弯矩和轴心压力计算。

6.6.1 整体式刚接柱脚

1. 底板的计算

如图 6-21 所示，底板的宽度 b 可根据构造要求确定，悬伸长度 c 一般取 $20 \sim 30mm$。在最不利弯矩与轴心压力的作用下，底板下压应力的分布是不均匀的［见图 6-21（d）］。底板在弯矩作用平面内的长度 L，应由基础混凝土的抗压强度条件确定，即

$$\sigma_{max} = \frac{N}{bL} + \frac{6M}{bL^2} \leqslant f_{cc} \qquad (6-36)$$

式中 N、M——柱脚所承受的最不利弯矩和轴心压力，取使基础一侧产生最大压应力的内力组合；

f_{cc}——混凝土的承压强度设计值。

这时另一侧的应力为

$$\sigma_{min} = \frac{N}{bL} - \frac{6M}{bL^2} \qquad (6-37)$$

由此，底板下的压应力分布图形便可确定［见图 6-21（d）］。底板的厚度即由此压应力产生的弯矩计算。计算方法与轴心受压柱脚相同。对于偏心受压柱脚，由于底板压应力分布不均匀，分布压应力 q 可偏安全地取为底板各区格下的最大压应力。例如，图 6-21（c）中区格①取 $q = \sigma_{max}$，区格②取 $q = \sigma_1$。需注意的是，此种方法只适用于 σ_{min} 为正（即底板全部受压）时的情况，若算得的 σ_{min} 为拉应力，则应采用锚栓计算中所算得的基础压应力进行底板的厚度计算。

2. 锚栓的计算

锚栓的作用是使柱脚能牢固地固定于基础并承受拉力。显然，若弯矩较大，由式（6-37）所得的 σ_{min} 将为负值，即为拉应力，此拉应力的合力假设由柱脚锚栓承受［见图 6-21（e）］。

计算锚栓时，应采用使其产生最大拉力的组合内力 N' 和 M'（通常是 N 偏小、M 偏大的一组）。一般情况下，可不考虑锚栓和混凝土基础的弹性性质，近似地按式（6-36）和式（6-37）求得底板两侧的应力［见图 6-21（e）］。这时基础压应力的分布长度及最大压应力为已知，根据 $\sum M_c = 0$ 便可求得锚栓拉力，即

$$N_t = \frac{M' - N'(x-a)}{x} \qquad (6-38)$$

式中 a、x——锚栓至轴心压力 N' 和至基础受压区合力作用点的距离。

按此锚栓拉力即可计算出（或按附表 2-2 查出）一侧锚栓的个数和直径。

按式（6-38）计算锚栓拉力比较方便，缺点是理论上不严密，并且算出的 N_t 往往偏大。因此，当按式（6-38）所得的拉力确定的锚栓直径大于 $60mm$ 时，则宜考虑锚栓和混凝土基础的弹性性质，按下述方法计算锚栓的拉力。

假定变形符合平截面假定，在 N' 和 M' 的共同作用下，其应力-应变图形如图 6-21（e）、（f）所示，则

$$\frac{\sigma_t}{\sigma_c} = \frac{E \varepsilon_t}{E_c \varepsilon_c} \doteq n_0 \frac{h_0 - h_c}{h_c} \qquad (6-39)$$

式中　σ_t——锚栓的拉应力；

　　　σ_c——基础混凝土的最大边缘压应力；

　　　n_0——钢和混凝土弹性模量之比；

　　　h_0——锚栓至混凝土受压边缘的距离；

　　　h_c——底板受压区长度。

根据竖向力的平衡条件，得

$$N' + N_t = \frac{1}{2}\sigma_c b h_c \tag{6-40}$$

式中　b——底板宽度；

　　　N_t——锚栓拉力。

根据绕锚栓轴线的力矩平衡条件，得

$$M' + N'a = \frac{1}{2}\sigma_c b h_c\left(h_0 - \frac{h_c}{3}\right) \tag{6-41}$$

将式（6-39）、式（6-40）两式中的 σ_c 消去，并令 $h_c = \alpha h_0$，得

$$\alpha^2\left(\frac{3-\alpha}{1-\alpha}\right) = \frac{6(M'+N'a)}{bh_0^2}\frac{n_0}{\sigma_t} \tag{6-42}$$

令式（6-42）右侧为

$$\beta = \frac{6(M'+N'a)}{bh_0^2}\frac{n_0}{\sigma_t} \tag{6-43}$$

则

$$\alpha^2\left(\frac{3-\alpha}{1-\alpha}\right) = \beta \tag{6-44}$$

再由式（6-40）、式（6-41）两式消去 σ_c，得

$$N_t = k\frac{(M'+N'a)}{h_0} - N' \tag{6-45}$$

式中系数 k 与 α 值有关，即

$$k = \frac{3}{3-\alpha} \tag{6-46}$$

为方便计算，将 β、k 系数的关系列于表 6-4 中。计算步骤为：①根据式（6-43）假定 σ_t 等于锚栓的抗拉强度设计值 f_t^a，算出 β；②由表 6-4 查出最为接近的 k 值（不必用插入法）；③按式（6-45）求出锚栓拉力 N_t；④由附表 2-2 确定一侧锚栓的直径和个数。

表 6-4　　　　　　　　　　　　　　　　　　系数 β、k

β	0.068	0.098	0.134	1.176	0.225	0.279	0.340	0.407	0.482
k	1.05	1.06	1.07	1.08	1.09	1.10	1.11	1.12	1.13
β	0.565	0.656	0.755	0.864	0.981	1.110	1.250	1.403	1.567
k	1.14	1.15	1.16	1.17	1.18	1.19	1.20	1.21	1.22
β	1.748	1.944	2.160	2.394	2.653	2.935	3.248	3.592	3.977
k	1.23	1.24	1.25	1.26	1.27	1.28	1.29	1.30	1.31
β	4.407	4.888	5.431	6.047	6.756	7.576	8.532	9.663	10.02
k	1.32	1.33	1.34	1.35	1.36	1.37	1.38	1.39	1.40

锚栓的拉应力为

$$\sigma_t' = \frac{N_t}{nA_e} \leqslant f_t^a \tag{6-47}$$

由式（6-47）算得的 σ_t' 与假定的 $\sigma_t(=f_t^a)$ 不会正好相等，多少会有些误差，锚栓的实际应力在 σ_t' 与 f_t^a 之间。如果必须求出其实际应力，则可重新假定 σ_t 值，再计算一次，但一般无此必要。

还须指出，由于锚栓的直径一般较大，对粗大的螺栓，受拉时不能忽略螺纹处应力集中的不利影响；此外，锚栓是保证柱脚刚接的最主要部件，应使其弹性伸长不致过大，所以取较低的抗拉强度设计值。例如，对 Q235 钢锚栓，取 $f_t^a=140\text{N/mm}^2$；对 Q345 钢锚栓，取 $f_t^a=180\text{N/mm}^2$，分别相当于受拉构件强度设计值（第二组钢材）的 0.7 倍和 0.6 倍。

锚栓不宜直接连于底板上，因底板刚度不足，不能保证锚栓受拉的可靠性。锚栓通常支承在焊于靴梁的肋板上，肋板上同时搁置水平板和垫板（见图 6-21）。

肋板顶部的水平焊缝及肋板与靴梁的连接焊缝（此焊缝为偏心受力）应根据每个锚栓的拉力来计算。锚栓支承垫板的厚度根据其抗弯强度计算。

3. 靴梁、隔板及其连接焊缝的计算

靴梁与柱身的连接焊缝"a"（见图 6-21），应按可能产生的最大内力 N_1 计算，并以此焊缝所需要的长度来确定靴梁的高度。这里

$$N_1 = \frac{N}{2} + \frac{M}{h} \tag{6-48}$$

靴梁按支于柱边缘的悬伸梁来验算其截面强度。靴梁的悬伸部分与底板间的连接焊缝共有四条，应按整个底板宽度下的最大基础反力来计算。在柱身范围内，靴梁内侧不便施焊，只考虑外侧两条焊缝受力，可按该范围内最大基础反力计算。

隔板的计算同轴心受力柱脚，它所承受的基础反力均偏安全地取该计算段内的最大值。

6.6.2　分离式柱脚

每个分离式柱脚按分肢可能产生的最大压力作为承受轴向力的柱脚设计。但锚栓应由计算确定。分离式柱脚的两个独立柱脚所承受的最大压力为：

右肢

$$N_R = \frac{N_a y_2}{a} + \frac{M_a}{a}$$

左肢

$$N_L = \frac{N_b y_1}{a} + \frac{M_b}{a}$$

式中　N_a、M_a——使右肢受力最不利的柱的组合内力；

N_b、M_b——使左肢受力最不利的柱的组合内力；

y_1、y_2——右肢及左肢至柱轴线的距离；

a——柱截面宽度（两分肢轴线距离）。

每个柱脚的锚栓也按各自的最不利组合内力换算成的最大拉力计算。

6.6.3　插入式柱脚

单层厂房柱的刚接柱脚消耗钢材较多，即使采用分离式，柱脚重量也为整个柱重的 10%～15%。为了节约钢材，可以采用插入式柱脚，即将柱端直接插入钢筋混凝土杯形基础的杯口中（见图 6-24）。杯口构造和插入深度可参照钢筋混凝土结构的有关规定。

插入式柱脚主要需验算钢柱与二次浇灌层（采用细石混凝土）之间的黏剪力及杯口的抗冲切强度。

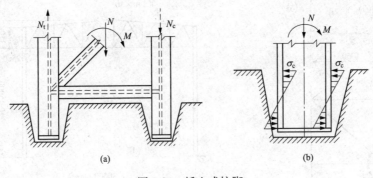

图 6-24　插入式柱脚

习　题

6-1　有一两端铰接、长度为 4m 的偏心受压柱，用 Q235 钢的 HN400×200×8×13 做成，压力的设计值为 490kN，两端偏心距相同，皆为 20cm。试验算其承载力。

6-2　图 6-25 所示悬臂柱，承受偏心距为 25cm 的设计压力 1600kN。在弯矩作用平面外有支撑体系对柱上端形成支承点 [见图 6-25（b）]，要求选定热轧 H 型钢或焊接工字形截面，材料为 Q235 钢（注：当选用焊接工字形截面时，可试用翼缘 2—400×20，火焰切边，腹板为—460×12）。

6-3　习题 6-2 中，如果弯矩作用平面外的支撑改为如图 6-26 所示形式，所选截面需要如何调整才能适应？调整后柱截面面积可以减少多少？

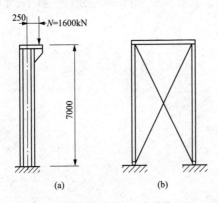
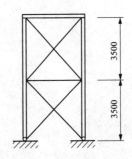

图 6-25　习题 6-2 图（尺寸单位：mm）　　　图 6-26　习题 6-3 图（尺寸单位：mm）

6-4　已知某厂房柱的下柱截面和缀条布置如图 6-27 所示,柱的计算长度 $l_{0x}=29.3\mathrm{m}$, $l_{0y}=18.2\mathrm{m}$,钢材为 Q235 钢,最大设计内力为 $N=2800\mathrm{kN}$, $M_x=\pm2300\mathrm{kN\cdot m}$,试验算此柱是否安全。

6-5　图 6-28 所示刚接框架,柱为等截面实腹式,横梁为桁架式,试确定柱的计算长度。

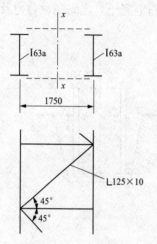

图 6-27　习题 6-4 图 (尺寸单位:mm)　　　　图 6-28　习题 6-5 图 (尺寸单位:mm)

6-6　用轧制工字钢 I36a(材料为 Q235 钢)做成的 10m 长两端铰接柱,轴心压力的设计值为 650kN,在腹板平面承受均布荷载设计值为 6.24kN/m。试验算此压弯柱在弯矩作用平面内的稳定有无保证?为保证弯矩作用平面外的稳定需设置几个侧向中间支承点?

6-7　图 6-29 所示天窗架侧柱 AB,承受轴心压力的设计值为 85.8kN,风荷载设计值为 $w=\pm2.87\mathrm{kN/m}$(正号为压力,负号为吸力),计算长度 $l_{0x}=l=3.5\mathrm{m}$, $l_{0y}=3.0\mathrm{m}$。要求选出双角钢截面。材料为 Q235 钢。

6-8　设计习题 6-2 的悬臂柱的柱脚和锚栓。

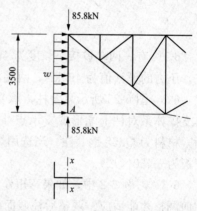

图 6-29　习题 6-7 图 (尺寸单位:mm)

第 7 章　单层工业厂房钢结构

工业建筑有单层和多层之分。单层工业厂房一般是由屋盖结构、柱、吊车梁、制动梁（或制动桁架）、各种支撑及墙架等组成的空间结构体系，大多由许多平行等间距放置的横向平面框架作为其基本承重结构。

为满足各类工业生产工艺的要求，单层工业厂房的建筑平面和立面空间都向着大型化发展，且进行厂房改、扩建以适应生产工艺革新的情况也越来越多，对建设施工速度的要求也越来越重视。因此，单层工业厂房的钢结构比例无论在国内还是国外，都日益增多，是单层工业厂房的发展趋势。

在我国，早期由于钢产量的限制，单层工业厂房钢结构主要用于冶金、造船、机械制造等行业，即所谓的重型厂房钢结构，它们的显著特点是跨度大、高度大、吨位大。在重型厂房中，习惯上把配置了 20～100t 起重机的车间称作中型车间，把配置了 100～350t 起重机的车间称作重型车间，起重机吨位更大者可称作特重型车间。

20 世纪 90 年代以前，国内绝大多数单层工业厂房钢结构的屋面和墙体材料大多采用预制钢筋混凝土板，围护结构自重较大，承重结构也做得比较粗大。但随着我国建筑技术的快速发展，以及轻型屋面和墙体材料的不断涌现，针对单层工业厂房钢结构出现了许多轻型化新技术，形成了所谓的"轻型门式刚架结构"。轻型门式刚架结构能形成大空间、大跨度，其主要优势在于能更有效地利用材料，具有自重轻、抗震性能好、施工安装方便、建设周期短、适应性强、造价低、易维护等优点，主要用于厂房、仓库、超市、体育馆、展览厅及活动房屋、加层建筑等。由于该结构体系采用了较大宽厚比的钢构件，结构自重相对较小，因此对其设计往往要考虑结构的受力整体性，这与传统的单层工业（重型）厂房钢结构设计方法和构造措施均有所不同，为此，我国专门制定了《门式刚架轻型房屋钢结构技术规范》（GB 51022—2015），来保证其安全性和合理性。

7.1　轻型门式刚架结构

7.1.1　结构组成和特点

轻型门式刚架主要是指以轻型焊接 H 形截面（等截面或变截面）、热轧 H 型钢（等截面）或冷弯薄壁型钢等构成的实腹式或格构式门式刚架作为主要承重骨架，用冷弯薄壁型钢（槽形、卷边槽形、Z 形等）做檩条、墙梁，以压型金属板（压型钢板、压型铝板）做屋面、墙面，采用聚苯乙烯泡沫塑料、岩棉、矿棉、玻璃棉等作为保温隔热材料并适当设置支撑的一种轻型房屋结构体系，如图 7-1 所示。

在目前的工程实践中，轻型门式刚架的梁、柱构件多采用焊接 H 形变截面形式；单跨刚架的梁、柱节点采用刚接，多跨者常刚接和铰接并用；柱脚可与基础刚接或铰接；围护结构多采用压型钢板；玻璃棉则由于其自重轻、保温隔热性能好及安装方便等特点，用作保温隔热材料最为普遍。轻型门式刚架上可设置起重量不大于 20t 的 A1～A5 工作级别桥式吊车或 3t 悬挂式起重机。

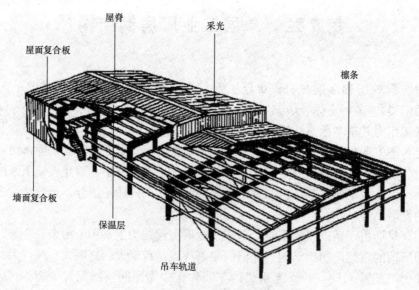

图 7-1 轻型门式刚架结构的组成

与钢筋混凝土结构相比，轻型门式刚架结构主要有以下特点：

（1）质量轻，地震作用小。由于围护结构采用压型金属板、玻璃棉及冷弯薄壁型钢等材料，因此屋面、墙面的质量较轻，其支承刚架所用材料也较少。据统计，轻型门式刚架的承重结构用钢量一般为 $10～30kg/m^3$，仅为相同跨度和荷载条件情况下钢筋混凝土结构自重的 $1/30～1/20$。

由于轻型门式刚架质量轻，其基础可做得较小，地基处理费用也相对较低。同时，由于地震反应小，地震作用参与的内力组合通常对刚架设计不起控制作用。但应注意，风荷载对门式刚架结构和构件的受力影响往往却较大，风荷载产生的吸力可能会使屋面金属压型板、檩条的受力反向，当风荷载较大或房屋较高时，风荷载可能是刚架设计的控制因素。

（2）工业化程度高，综合经济效益好。轻型门式刚架结构的主要构件和配件均为工厂制作，质量易于保证，构件之间的连接多采用高强度螺栓连接，工地安装方便。除基础施工外，基本没有湿作业，现场施工人员的需要量也很少。

虽然由于材料价格的原因，轻型门式刚架结构的造价比钢筋混凝土结构等其他结构形式略高，但由于原材料种类较少，易于筹措，且构件采用先进的自动化设备制造，运输简便，故其工程周期短，资金回报快，投资效益高。

（3）柱网布置比较灵活，不受模数限制。传统结构形式由于受屋面板、墙板等尺寸的限制，柱距应符合模数，多为 6m。而轻型门式刚架结构由于围护体系采用金属压型板，因此柱网布置可不受模数限制，柱距大小主要根据使用要求和用钢量最省的原则来确定。

（4）结构应按整体受力设计，尽可能实现轻型化。轻型门式刚架结构的受力性能与结构的整体性密切相关，其结构整体性可依靠檩条、墙梁及隅撑来保证，屋面、柱间支撑多采用张紧的圆钢做成。对支撑体系和隅撑的布置，以及屋面板、墙面板与构件的连接构造等，应予以足够重视，使各部件都能参与到结构的整体工作中。

为使结构最大限度地达到轻型化，门式刚架的梁、柱常采用变截面形式（见图 7-2），即形成所谓的楔形构件，并充分利用板件的屈曲后强度（主要是柱腹板）来节省材料。但应注意，由于可能在多个截面处会同时形成塑性铰使刚架瞬间成为机动体系，因此塑性设计对变截面门式刚架不再适用。此外，在多跨刚架中把中柱做

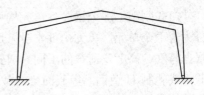

图 7-2　变截面门式刚架

成只承担重力荷载的两端铰接柱（摇摆柱），对平板式铰接柱脚考虑其实际存在的转动约束，利用屋面板的蒙皮效应，以及适当放宽柱顶侧移限值等，都体现出门式刚架的轻型化设计目标及结构整体受力的设计思路。

（5）组成结构的板件较薄，制作安装要求高。组成轻型门式刚架构件的板件通常较薄（焊接构件中板的最小厚度为 3.0mm，冷弯薄壁型钢构件中板的最小厚度为 1.5mm，压型钢板的最小厚度为 0.4mm），使构件的抗弯刚度、抗扭刚度较小，在外力撞击下容易发生局部变形，同时锈蚀对构件截面削弱带来的后果也十分严重。因此，在制作、涂装、运输、安装过程中，对轻型门式刚架结构和构件应采取必要的防护措施，防止其发生过大的变形和损伤。

7.1.2　结构形式和结构布置

1. 结构形式

门式刚架又称山形门式刚架，其结构形式按跨度可分为单跨［见图 7-3（a）］、双跨［见图 7-3（b）］和多跨［见图 7-3（c）］刚架，以及带挑檐［见图 7-3（d）］和带毗屋［见图 7-3（e）］的刚架等。多跨刚架宜采用双坡［见图 7-3（c）、（h）］或单坡屋盖［见图 7-3（f）］，但尽量少采用由多个双坡屋盖组成的多跨刚架形式，因多脊多坡刚架的内天沟容易产生渗漏及堆雪现象。当需要设置夹层时，夹层可沿纵向设置［见图 7-3（g）］或在横向端跨设置［见图 7-3（h）］。

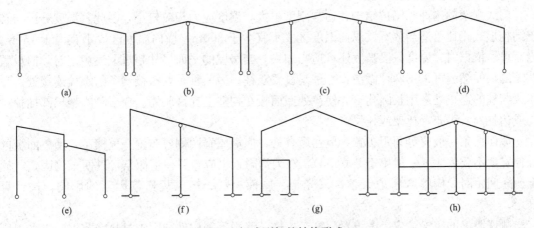

图 7-3　门式刚架的结构形式

(a) 单跨刚架；(b) 双跨刚架；(c) 多跨刚架；(d) 带挑檐刚架；(e) 带毗屋刚架；

(f) 单坡刚架；(g) 纵向带夹层刚架；(h) 端跨带夹层刚架

门式刚架由多个梁、柱单元构件组成，柱宜为单独的单元构件，斜梁可根据运输条件划分为若干个单元。单元构件本身采用焊接，单元构件之间宜通过端板采用高强度螺栓连接。根据跨度、高度及荷载的不同，门式刚架的梁、柱可采用变截面或等截面实腹式焊接工字形截面或轧制 H 型钢。等截面梁的截面高度一般取跨度的 1/40～1/30，变截面梁的端高不宜小于跨度的 1/40～1/35，中段高度则不小于跨度的 1/60。当设有桥式吊车时，柱宜采用等截面构件，截面高度不小于柱高度的 1/20。变截面构件宜做成改变腹板高度的楔形，其在铰接柱脚处的截面高度不宜小于 200～250mm。结构构件在制作单元内不宜改变翼缘截面，必要时仅可改变翼缘厚度；邻接的制作单元可采用不同的翼缘截面，两个单元相邻的截面高度宜相等。

单脊双坡多跨刚架，用于无桥式吊车房屋时，当刚架柱不是很高，且风荷载也不很大时，中柱宜采用两端铰接的摇摆柱形式［见图 7-3 (b)、(c)］。中间摇摆柱和梁的连接构造简单，且由于不参与抵抗侧向力，柱截面也较小。但当设有桥式吊车时，中柱宜为两端刚接，以增加刚架的侧向刚度。

门式刚架的柱脚宜按铰接支承设计，通常为平板支座，设一对或两对地脚螺栓。当用于工业厂房，且有 5t 以上桥式吊车时，可将柱脚设计成刚接。

2. 结构布置

门式刚架的跨度取横向刚架柱轴线间的距离，单跨跨度常为 12～36m，宜以 3m 为模数，但也可不受模数限制。门式刚架的高度应根据使用要求的室内净高确定（有吊车的厂房应根据轨顶标高和吊车净空要求确定），取室外地面至柱轴线与斜梁轴线交点的高度，宜取 4.5～9m。柱的轴线可取通过柱下端（较小端）中心的竖向轴线，工业建筑边柱的定位轴线宜取柱外皮。斜梁的轴线可取通过变截面梁段最小端中心与斜梁上表面平行的轴线。

门式刚架的合理间距应综合考虑刚架跨度、荷载条件及使用要求等因素，一般取 6、7.5m 或 9m，超过 10m 者，屋面结构的用钢量会显著增加。挑檐长度可根据使用要求确定，宜为 0.5～1.2m，其上翼缘坡度取与刚架斜梁坡度相同。屋面坡度宜取 1/80～1/20，在雨水较多的地区取其中的较大值。

门式刚架的构件和围护结构，通常刚度不大，温度应力相对较小，因此其温度分区与传统结构形式相比可适当放宽，纵向温度区段不宜大于 300m；横向温度区段不宜大于 150m；当有可靠依据时，温度区段长度还可适当加大。当房屋的平面尺寸超过上述规定时，需设置伸缩缝，伸缩缝可采用两种做法：一种是设置双柱；另一种是在搭接檩条的螺栓连接处、吊车梁与柱的连接处采用长圆孔，并使该处屋面板在构造上允许胀缩。在多跨刚架局部抽掉中柱或边柱处，可布置托架或托梁。

屋面檩条一般应等间距布置，但在屋脊处，应沿屋脊两侧各布置一道檩条，使屋面板的外伸宽度不要太大（一般小于 200mm），在天沟附近也应布置一道檩条，以便天沟固定。确定檩条间距时，应综合考虑天窗、采光带、屋面材料、檩条规格等因素的影响，按计算确定。

侧墙墙梁的布置，应考虑设置门窗、挑檐、遮雨篷等构件和围护材料的要求。当采用压型钢板作围护面时，墙梁宜布置在刚架柱的外侧，其间距应随墙板板型和规格确定，且不应大于计算确定的数值。山墙可设置由斜梁、抗风柱、墙梁及其支撑组成的山墙墙架，或采用门式刚架形式。

每个温度区段、结构单元或分期建设的区段、结构单元应设置独立的支撑系统，与刚架结构一同构成独立的空间稳定体系。柱间支撑与屋盖横向支撑宜设置在同一开间，同一柱列不宜混用刚度差异大的支撑形式。

柱间和屋面支撑系统应符合下列规定：

(1) 柱间支撑可采用门式框架、圆钢或钢索交叉支撑、型钢交叉支撑、方管或圆管人字支撑等形式，其设计按支承于柱脚基础上的竖向悬臂桁架计算。当有吊车时，吊车牛腿以下的交叉支撑应选用型钢交叉支撑。屋面支撑多采用圆钢或钢索交叉支撑，其设计按支承于柱间支撑柱顶的水平桁架计算。当屋面斜梁承受悬挂吊车荷载时，屋面支撑应选用型钢交叉支撑。

(2) 柱间和屋面支撑的设置应根据房屋纵向柱距、受力情况和温度区段等条件来确定。当无吊车时，支撑间距宜取 30～45m，端部支撑宜设置在房屋或温度区段的端部第一个或第二个开间。当端部支撑设在端部第二个开间时，在第一个开间的相应位置均应设置刚性系杆。当有吊车时，吊车牛腿下部柱间支撑宜设置在温度区段中部，当温度区段较长时，宜设置在三分点内，且支撑间距不应大于 50m；牛腿上部柱间支撑设置原则与无吊车时的支撑设置原则相同。

(3) 柱间支撑应设在侧墙柱列，当房屋宽度大于 60m 时，在内柱列宜设置柱间支撑。当有吊车时，每个吊车跨两侧柱列均应设置吊车柱间支撑。当房屋高度大于纵向柱距 2 倍时，柱间支撑宜分层设置。

(4) 屋面横向交叉支撑节点布置应与抗风柱相对应，并应在屋面梁转折处布置节点。对设有带驾驶室，且起重量大于 15t 桥式吊车的跨间，应在屋盖边缘设置纵向支撑。在有抽柱的柱列，沿托架长度应设置屋面纵向支撑。

(5) 柱间和屋面支撑的杆件与相连构件的夹角宜接近 45°，不超出 30°～60°的范围，按拉杆设计。采用圆钢支撑时，应采用特制的连接件与梁、柱腹板连接，校正定位后常采用花篮螺栓张紧固定。

(6) 在刚架转折处（边柱柱顶、屋脊及多跨刚架的中柱柱顶），应沿房屋全长设置刚性系杆。若刚性系杆由檩条兼任，则檩条应满足压弯构件的承载力和刚度要求。

7.1.3 荷载组合和结构计算

1. 荷载

设计门式刚架结构所涉及的荷载，包括永久荷载和可变荷载，除《门式刚架轻型房屋钢结构技术规范》（GB 51022—2015）有专门规定者外，一律按《建筑结构荷载规范》（GB 50009—2012）采用。

永久荷载包括结构构件的自重和悬挂在结构上的非结构构件的重力荷载，如屋面、檩条、支撑、吊顶、墙面构件和刚架自身等。

可变荷载包括屋面活荷载、屋面雪荷载和积灰荷载、吊车荷载、风荷载、地震作用和温度作用等。

(1) 屋面活荷载。当采用压型钢板轻型屋面时，按水平投影面积计算的屋面竖向均布活荷载标准值为 $0.5kN/m^2$，对承受荷载水平投影面积大于 $60m^2$ 的刚架构件，屋面竖向均布活荷载标准值可取不小于 $0.3kN/m^2$。设计屋面板和檩条时，应考虑施工和检修集中荷载的作用，其标准值可取 1.0kN，且作用在结构的最不利位置上，但当施工荷载有可能超过时，应按实际情况采用。

（2）屋面雪荷载和积灰荷载。屋面雪荷载和积灰荷载的标准值应按《建筑结构荷载规范》（GB 50009—2012）的规定采用。设计屋面板、檩条时应综合考虑屋面天沟、阴角、天窗挡风板和高低跨连接处等对积雪不均匀分布的影响，按最不利情况考虑，具体按《门式刚架轻型房屋钢结构技术规范》（GB 51022—2015）的规定执行。

（3）吊车荷载。包括竖向荷载和纵向及横向水平荷载，按《建筑结构荷载规范》（GB 50009—2012）的规定执行，但当吊车荷载位置固定不变时，也可按永久荷载考虑。

（4）风荷载。垂直于建筑物表面的单位面积风荷载标准值应按式（7-1）计算，即

$$w_k = \beta\mu_s\mu_z w_0 \tag{7-1}$$

式中　w_k——风荷载标准，kN/m^3；

　　　　w_0——基本风压；

　　　　μ_z——风压高度变化系数，当高度小于 10m 时，应按 10m 高度处的数值采用；

　　　　μ_s——风荷载系数，考虑内、外风压最大值的组合；

　　　　β——系数，计算主刚架时取 1.1，计算檩条、墙梁、屋面板和墙面板及其连接时取 1.5。

式（7-1）中的风荷载系数与《建筑结构荷载规范》（GB 50009—2012）规定的风荷载体形系数差异较大，主要是借鉴美国金属房屋制造商协会（MBMA）《金属房屋系统手册 2006》拟定的。同时，由于轻型门式刚架结构属于对风荷载较敏感的结构，相比传统结构的基本风压应适当提高，因此计算主刚架时，β 取 1.1；计算檩条、墙梁、屋面板和墙面板及其连接时，β 取 1.5，主要是考虑了阵风作用。

（5）地震作用。按《建筑抗震设计规范》（GB 50011—2010）的规定计算，计算时应考虑墙体对地震作用的影响。

（6）温度作用。基本气温应按《建筑结构荷载规范》（GB 50009—2012）的规定采用，若房屋纵向结构采用全螺栓连接，则对温度作用可进行折减，折减系数常取 0.35。

2. 荷载组合

荷载效应的组合一般应遵从《建筑结构荷载规范》（GB 50009—2012）的规定。针对门式刚架的特点，《门式刚架轻型房屋钢结构技术规范》（GB 51022—2015）给出了下列组合原则：

（1）屋面均布活荷载不与雪荷载同时考虑，应取两者中的较大值。

（2）积灰荷载与雪荷载或屋面均布活荷载中的较大值同时考虑。

（3）施工或检修集中荷载不与屋面材料或檩条自重以外的其他荷载同时考虑。

（4）多台吊车的组合应符合《建筑结构荷载规范》（GB 50009—2012）的规定。

（5）风荷载不与地震作用同时考虑。

在进行刚架内力分析时，荷载效应组合应按式（7-2）确定，即

$$S_d = \gamma_G S_{Gk} + \psi_Q \gamma_Q S_{Qk} + \psi_w \gamma_w S_{wk} \tag{7-2}$$

式中　S_d——荷载组合效应设计值；

　　　　γ_G——永久荷载分项系数，当其效应对结构承载力不利时，由可变荷载效应控制的组合取 1.2，对由永久荷载效应控制的组合取 1.35，当其效应对结构承载力有

利时，取 1.0；

γ_Q、γ_w——竖向可变荷载和风荷载的分项系数，都取 1.4；

S_{Gk}——永久荷载标准值的效应；

S_{Qk}——竖向可变荷载标准值的效应；

S_{wk}——风荷载标准值的效应；

ψ_Q、ψ_w——可变荷载和风荷载的组合值系数，当永久荷载效应起控制作用时分别取 0.7 和 0，当可变荷载效应起控制作用时分别取 1.0 和 0.6 或 0.7 和 1.0。

由于门式刚架结构自重较轻，地震作用的荷载效应通常较小，当抗震设防烈度不超过 7 度，而风荷载标准值大于 $0.35kN/m^2$ 时，地震作用组合一般不起控制作用。8 度以上考虑地震作用时，荷载和地震作用组合的效应设计值按式（7-3）确定，即

$$S_E = \gamma_G S_{GE} + \gamma_{Eh} S_{Ehk} + \gamma_{Ev} S_{Evk} \tag{7-3}$$

式中　S_E——荷载和地震作用组合的效应设计值；

γ_G——重力荷载分项系数，取 1.2；

γ_{Eh}——水平地震作用分项系数，取 1.3；

γ_{Ev}——竖向地震作用分项系数，对仅重力荷载及竖向地震作用参与的组合取 1.3，否则取 0.5；

S_{GE}——重力荷载代表值的效应；

S_{Ehk}——水平地震作用标准值的效应；

S_{Evk}——竖向地震作用标准值的效应。

对轻型钢结构房屋，当由地震作用效应组合控制设计时，尚应针对轻型钢结构的特点采取相应的抗震构造措施，例如：构件之间的连接应尽量采用螺栓连接；斜梁下翼缘与刚架柱的连接处宜加腋，该处附近翼缘受压处的宽厚比宜适当减小；柱脚的受剪、抗拔承载力宜适当提高，柱脚底板宜设计抗剪键，并采取提高锚栓抗拔力的相应构造措施；支撑的连接应按支撑屈服承载力的 1.2 倍设计。

3. 内力计算

门式刚架应采用弹性分析方法进行计算。进行内力分析时，可把门式刚架结构分解为横向框架和纵向铰接排架分别进行，不考虑应力蒙皮效应（只当作安全储备）。所谓应力蒙皮效应，是指通过屋面板的面内刚度，将分摊到屋面的水平力传递到山墙结构的一种效应，它可以减小门式刚架梁柱受力，减小梁柱截面，从而节省材料。但是，应力蒙皮效应的实现需要满足一定构造措施，例如：自攻螺钉连接屋面板与檩条、屋面不得有大开口；屋面与屋面梁之间要增设剪力传递件；房屋总长度不大于总跨度的 2 倍；山墙结构要增设柱间支撑以将应力蒙皮效应传递来的水平力传至基础等。变截面门式刚架的横向框架内力计算可采用杆系单元有限元法（直接刚度法）进行，计算时将变截面的梁、柱构件分为若干段，每段的几何特性看作常量，或采用楔形单元上机电算。

单跨、多跨等高房屋可采用底部剪力法进行横向刚架的水平地震作用计算，不等高房屋可按振型分解反应谱法计算。纵向柱列的地震作用采用底部剪力法计算时，应保证每一集中质量处，均能将按高度和质量大小分配的地震力传递到纵向支撑或纵向框架。但当房屋的纵向长度不大于横向宽度的 1.5 倍，且纵向和横向均有高低跨时，宜按整体空间刚架模型对纵向支撑体系进行计算。

根据不同荷载组合下的内力分析结果，找出控制截面的最不利内力组合。控制截面的位置一般在柱底、柱顶、柱牛腿连接处及梁端、梁跨中等截面，控制截面的内力组合主要有：

(1) 最大轴心压力 $N_{\max}$ 和同时出现的弯矩 M 及剪力 V 的较大值。

(2) 最大弯矩 $M_{\max}$ 和同时出现的剪力 V 及轴心压力 N 的较大值。

(3) 最小轴心压力 $N_{\min}$ 和相应的弯矩 M 及剪力 V，当柱脚铰接时 $M=0$。

鉴于轻型门式刚架自重很轻，锚栓在强风作用下有可能受到拔起力，还需要进行第三种内力组合（通常出现在永久荷载和风荷载共同作用下）。

4. 侧移计算

门式刚架的柱顶侧移（横向）应采用弹性分析力法确定，计算时荷载取标准值，不考虑荷载分项系数。

单层门式刚架在风荷载或多遇地震作用下的柱顶侧移限值虽然不涉及安全承载，却是不可忽视的设计指标。对单层门式刚架的柱顶侧移（横向）限值，当采用轻型钢墙板，且室内无吊车时，为 $h/60$；当采用砌体墙，且室内无吊车时，为 $h/240$；当有桥式吊车，且吊车有驾驶室时，为 $h/400$；当桥式吊车由地面操作时，为 $h/180$；夹层处柱顶的水平侧移限值宜为 $H/250$。其中，h 为刚架柱高度，H 为夹层处柱高度。

若刚架侧移不满足要求，则可考虑下列措施进行调整：放大柱或（和）梁的截面尺寸；改铰接柱脚为刚接柱脚；把多跨框架中的部分摇摆柱改为上端和梁刚接等。

7.1.4 刚架柱和梁的设计

1. 梁、柱板件的宽厚比限值

工字形截面梁、柱受压翼缘的宽厚比限值为

$$\frac{b_1}{t} \leqslant 15\sqrt{\frac{235}{f_y}} \tag{7-4}$$

工字形截面梁、柱腹板的宽厚比限值为

$$\frac{h_w}{t_w} \leqslant 250 \tag{7-5}$$

式中 b_1、t——受压翼缘的自由外伸宽度与厚度，如图 7-4 所示；

        h_w、t_w——腹板的高度与厚度，如图 7-4 所示。

受压翼缘一般不利用屈曲后强度，式（7-4）是局部屈曲的限值，而腹板常利用屈曲后强度，式（7-5）是防止其几何缺陷过大而设定的限值。

2. 腹板屈曲后强度的利用

(1) 考虑屈曲后强度的腹板抗剪承载力计算。在进行刚架梁、柱截面设计时，为了节省钢材允许腹板发生局部屈曲，利用其屈曲后强度。工字形截面构件腹板的受剪板幅，考虑屈曲后强度时，应设置横向加劲肋，板幅的长度与板幅范围内的大端截面高度相比不应大于 3，其抗剪承载力设计值可按下列公式计算

$$V_d = \chi_{tap} \varphi_{ps} h_{w1} t_w f_v \leqslant h_{w0} t_w f_v \tag{7-6}$$

$$\varphi_{ps} = \frac{1}{(0.51 + \lambda_s^{3.2})^{1/2.6}} \leqslant 1.0 \tag{7-7}$$

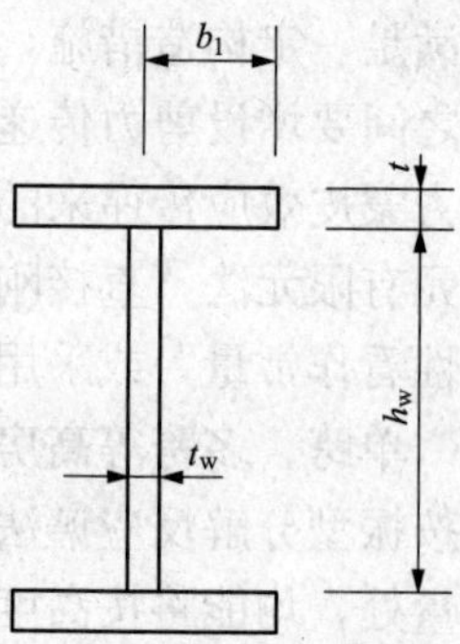

图 7-4 工字形
截面尺寸

$$\chi_{tap} = 1 - 0.35\alpha^{0.2}\gamma_p^{2/3} \qquad (7\text{-}8)$$

$$\gamma_p = \frac{h_{w1}}{h_{w0}} - 1 \qquad (7\text{-}9)$$

$$\alpha = \frac{a}{h_{w1}} \qquad (7\text{-}10)$$

式中　f_v——钢材的抗剪强度设计值；

h_{w1}、h_{w0}——楔形腹板大端和小端腹板高度；

t_w——腹板的厚度；

χ_{tap}——腹板屈曲后抗剪强度的楔率折减系数；

γ_p——腹板区格的楔率；

α——区格的长度与高度之比；

a——加劲肋间距；

λ_s——腹板剪切屈曲通用高厚比。

λ_s 按下列公式计算

$$\lambda_s = \frac{h_{w1}/t_w}{37\sqrt{k_\tau}\sqrt{235/f_y}} \qquad (7\text{-}11)$$

当 $a/h_{w1} < 1$ 时

$$k_\tau = 4 + 5.34/(a/h_{w1})^2 \qquad (7\text{-}12a)$$

当 $a/h_w \geqslant 1$ 时

$$k_\tau = \eta_s[5.34 + 4/(a/h_{w1})^2] \qquad (7\text{-}12b)$$

$$\eta_s = 1 - \omega_1\sqrt{\gamma_p} \qquad (7\text{-}13)$$

$$\omega_1 = 0.41 - 0.897\alpha + 0.363\alpha^2 - 0.041\alpha^3 \qquad (7\text{-}14)$$

式中　k_τ——受剪板件的屈曲系数，当不设横向加劲肋时，取 $k_\tau = 5.34\eta_s$。

（2）腹板的有效宽度。当工字形截面梁、柱的腹板受弯及受压板幅利用屈曲后强度时，应按有效宽度计算其截面几何特性。受压区有效宽度应按式（7-15）计算，即

$$h_e = \rho h_c \qquad (7\text{-}15)$$

式中　h_e——腹板受压区有效宽度；

h_c——腹板受压区宽度；

ρ——有效宽度系数。

ρ 按下列公式进行计算

$$\rho = \frac{1}{(0.243 + \lambda_\rho^{1.25})^{0.9}} \leqslant 1.0 \qquad (7\text{-}16)$$

$$\lambda_\rho = \frac{h_w/t_w}{28.1\sqrt{k_\sigma}\sqrt{235/f_y}} \qquad (7\text{-}17)$$

$$k_\sigma = \frac{16}{\sqrt{(1+\beta)^2 + 0.112(1-\beta)^2} + (1+\beta)} \qquad (7\text{-}18)$$

$$\beta = \sigma_1/\sigma_2$$

式中　λ_ρ——与板件受弯、受压有关的参数，当 $\sigma_1 < f$ 时，计算 λ_ρ 时可用 $\gamma_R\sigma_1$ 代替式（7-

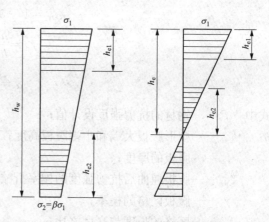

17）中的 f_y，γ_R 为抗力分项系数，对 Q235 钢和 Q345 钢，取 $\gamma_R=1.1$；

h_w——腹板的高度，对楔形腹板取板幅平均高度；

t_w——腹板的厚度；

k_σ——板件在正应力作用下的屈曲系数；

β——腹板边缘正应力比值，$1\geqslant\beta\geqslant-1$；

σ_1、σ_2——板边最大应力和最小应力，且 $|\sigma_2|\leqslant|\sigma_1|$。

图 7-5　腹板有效宽度的分布

根据式（7-15）算得的腹板有效宽度 h_e，沿腹板高度按下列规则分布（见图 7-5）：

当腹板全部受压，即 $\beta\geqslant0$ 时

$$h_{e1}=2h_e/(5-\beta) \tag{7-19a}$$

$$h_{e2}=h_e-h_{e1} \tag{7-19b}$$

当腹板部分受拉，即 $\beta<0$ 时

$$h_{e1}=0.4h_e \tag{7-20a}$$

$$h_{e2}=0.6h_e \tag{7-20b}$$

3. 考虑屈曲后强度的刚架梁、柱截面强度计算

（1）工字形截面受弯构件在剪力 V 和弯矩 M 共同作用下的强度，应满足下列要求：

当 $V\leqslant0.5V_d$ 时

$$M\leqslant M_e \tag{7-21a}$$

当 $0.5V_d<V\leqslant V_d$ 时

$$M\leqslant M_f+(M_e-M_f)\left[1-\left(\frac{V}{0.5V_d}-1\right)^2\right] \tag{7-21b}$$

$$M_e=W_e f$$

当截面为双轴对称时

$$M_f=A_f(h_w+t_f)f \tag{7-22}$$

式中　M_f——两翼缘所承受的弯矩；

　　　M_e——构件有效截面所承受的弯矩；

　　　W_e——构件有效截面最大受压纤维的截面模量；

　　　A_f——构件翼缘的截面面积；

　　　h_w——计算截面的腹板高度；

　　　t_f——计算截面的翼缘厚度；

　　　V_d——腹板抗剪承载力设计值，按式（7-6）计算。

（2）工字形截面受弯构件在剪力 V、弯矩 M 和轴心压力 N 共同作用下的强度，应满足下列要求：

当 $V\leqslant0.5V_d$ 时

$$\frac{N}{A_{\mathrm{e}}} + \frac{M}{W_{\mathrm{e}}} \leqslant f \tag{7-23a}$$

当 $0.5V_{\mathrm{d}} < V \leqslant V_{\mathrm{d}}$ 时

$$M \leqslant M_{\mathrm{f}}^{N} + (M_{\mathrm{e}}^{N} - M_{\mathrm{f}}^{N})\left[1 - \left(\frac{V}{0.5V_{\mathrm{d}}} - 1\right)^{2}\right] \tag{7-23b}$$

$$M_{\mathrm{e}}^{N} = M_{\mathrm{e}} - NW_{\mathrm{e}}/A_{\mathrm{e}} \tag{7-23c}$$

当截面为双轴对称时

$$M_{\mathrm{f}}^{N} = A_{\mathrm{f}}(h_{\mathrm{w}} + t)(f - N/A_{\mathrm{e}}) \tag{7-24}$$

式中　A_{e}——有效截面面积；

M_{e}^{N}——兼承压力 N 时构件有效截面所承受的弯矩；

M_{f}^{N}——兼承压力 N 时两翼缘所承受的弯矩。

4. 梁腹板加劲肋的配置

梁腹板应在中柱连接处、较大固定集中荷载作用处和翼缘转折处设置横向加劲肋。其他部位是否设置中间加劲肋，根据计算需要确定，但当利用腹板屈曲后强度时，横向加劲肋间距 a 宜取 $h_{\mathrm{w}} \sim 2h_{\mathrm{w}}$。

当梁腹板在剪应力作用下发生屈曲后，将以拉力带的方式承受继续增加的剪力，也即产生类似桁架斜腹杆的作用，此时横向加劲肋可看作桁架的受压竖杆（见图 7-6）。因此，中间横向加劲肋除承受集中荷载和翼缘转折产生的压力外，还要承受拉力场产生的压力，该压力可按下列公式计算，即

$$N_{\mathrm{s}} = V - 0.9\varphi_{\mathrm{s}}h_{\mathrm{w}}t_{\mathrm{w}}f_{\mathrm{v}} \tag{7-25}$$

$$\varphi_{\mathrm{s}} = \frac{1}{\sqrt[3]{0.738 + \lambda_{\mathrm{s}}^{6}}} \leqslant 1.0 \tag{7-26}$$

式中　N_{s}——拉力场产生的压力；

V——梁受剪承载力设计值；

φ_{s}——腹板剪切屈曲稳定系数；

λ_{s}——腹板剪切屈曲通用高厚比，按式（7-11）计算。

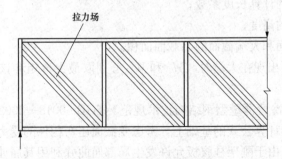

图 7-6　腹板屈曲后受力模型

加劲肋稳定性验算应按《钢结构设计标准》（GB 50017—2017）的有关规定进行，计算长度取腹板高度 h_{w}，截面取加劲肋全部和其两侧各 $15t_{\mathrm{w}}\sqrt{235/f_{\mathrm{y}}}$ 宽度范围内的腹板面积，

按两端铰接轴心受压构件进行计算。

5. 变截面柱在刚架平面内的整体稳定计算

变截面柱在刚架平面内的整体稳定按下列公式计算，即

$$\frac{N_1}{\eta_t \varphi_x A_{e1}} + \frac{\beta_{mx} M_1}{(1 - N_1/N_{cr}) W_{e1}} \leqslant f \tag{7-27}$$

$$N_{cr} = \pi^2 E A_{e1} / \lambda_1^2 \tag{7-28}$$

当 $\bar{\lambda}_1 \geqslant 1.2$ 时

$$\eta_t = 1 \tag{7-29a}$$

当 $\bar{\lambda} < 1.2$ 时

$$\eta_t = \frac{A_0}{A_1} + \left(1 - \frac{A_0}{A_1}\right) \frac{\bar{\lambda}_1^2}{1.44} \tag{7-29b}$$

$$\bar{\lambda}_1 = \frac{\lambda_1}{\pi} \sqrt{\frac{f_y}{E}} \tag{7-30}$$

$$\lambda_1 = \frac{\mu_\gamma H}{i_{x1}} \tag{7-31}$$

式中　N_1——大端的轴向压力设计值；

M_1——大端的弯矩设计值；

A_{e1}——大端的有效截面面积；

W_{e1}——大端有效截面最大受压纤维的截面模量；

φ_x——杆件轴心受压稳定系数，按楔形柱确定其计算长度，然后由《钢结构设计标准》（GB 50017—2017）查得，计算长细比时取大端截面的回转半径；

β_{mx}——等效弯矩系数，由于轻型门式刚架属于有侧移失稳，故 $\beta_{mx} = 1.0$；

N_{cr}——欧拉临界力；

λ_1——按大端截面计算的，考虑计算长度系数的长细比；

$\bar{\lambda}_1$——通用长细比；

i_{x1}——大端截面绕强轴的回转半径；

μ_γ——楔形柱的计算长度系数；

H——楔形柱的高度；

A_0、A_1——小端截面和大端截面的毛截面面积。

当柱的最大弯矩不出现在大端时，M_1 和 W_{e1} 分别取最大弯矩和该弯矩所在截面的有效截面模量。

式（7-27）是在《冷弯薄壁型钢结构技术规范》（GB 50018—2002）中双轴对称截面压弯构件平面内整体稳定计算公式的基础上，考虑变截面压弯构件的受力特点，经过适当修正后得到的。应当注意，由于刚架柱腹板允许发生局部屈曲并利用其屈曲后强度，故柱的截面几何特性应按有效截面确定。

对于变截面柱，变化截面高度的目的是适应弯矩的变化，合理的截面变化方式应使两端截面的最大应力纤维同时达到限值。但实际上，大端截面应力往往大于小端截面，因此式（7-27）左端第二项的弯矩 M_1 和有效截面模量 W_{e1} 以大端为准。此外，刚架柱的小端截

面轴力通常较大，式（7-27）左端第一项若直接取用大端截面计算，可能偏于不安全，故引入系数 η_t 来考虑柱截面变化的影响。

6. 变截面柱在刚架平面内的计算长度

截面高度呈线形变化的楔形柱，在刚架平面内的计算长度应取为 $H_0 = \mu_\gamma H$，μ_γ 为楔形柱的计算长度系数；H 为楔形柱的高度。下端（小端）铰接的变截面门式刚架柱的计算长度可按下列公式计算，即

$$\mu_\gamma = 2\left(\frac{I_\text{c1}}{I_\text{c0}}\right)^{0.145}\sqrt{1+\frac{0.38}{K}} \tag{7-32}$$

$$K = \frac{K_\text{z}}{6i_\text{c1}}\left(\frac{I_\text{c1}}{I_\text{c0}}\right)^{0.29} \tag{7-33}$$

$$i_\text{c1} = \frac{EI_1}{H}$$

式中　μ_γ ——楔形变截面柱换算成以大端截面为准的等截面柱的计算长度系数；

I_c0 ——变截面柱小端截面的惯性矩；

I_c1 ——变截面柱大端截面的惯性矩；

i_c1 ——变截面柱的线刚度；

K_z ——梁对柱提供的转动约束。

K_z 按刚架梁变截面情况由下列公式计算：

（1）刚架梁为一段变截面［见图 7-7（a）］

$$K_\text{z} = 3i_1\left(\frac{I_0}{I_1}\right)^{0.2} \tag{7-34}$$

$$i_1 = \frac{EI_1}{s} \tag{7-35}$$

式中　I_0、I_1 ——变截面梁跨中小端截面和檐口大端截面的惯性矩；

s ——变截面梁的斜长（半跨斜梁长度）。

（2）刚架梁为两段变截面［见图 7-7（b）］

$$\frac{1}{K_\text{z}} = \frac{1}{K_{11,1}} + \frac{2s_2}{s}\frac{1}{K_{12,1}} + \left(\frac{s_2}{s}\right)^2\frac{1}{K_{22,1}} + \left(\frac{s_2}{s}\right)^2\frac{1}{K_{22,21}} \tag{7-36}$$

$$K_{11,1} = 3i_{11}R_1^{0.2}, \ K_{12,1} = 6i_{11}R_1^{0.44}$$

$$K_{22,1} = 3i_{11}R_1^{0.712}, \ K_{22,2} = 3i_{21}R_2^{0.712} \tag{7-37}$$

$$R_1 = \frac{I_{10}}{I_{11}}, \ R_2 = \frac{I_{20}}{I_{21}} \tag{7-38}$$

$$i_{11} = \frac{EI_{11}}{s_1}, \ i_{21} = \frac{EI_{21}}{s_2} \tag{7-39}$$

$$s = s_1 + s_2$$

式中　　　R_1 ——与柱相连的第 1 变截面梁段，远端截面惯性矩与近端截面惯性矩之比；

R_2 ——第 2 变截面梁段，近端截面惯性矩与远端截面惯性矩之比；

s_1、s_2 ——两段变截面梁斜长；

s ——变截面梁的斜长（半跨斜梁长度）；

I_{10}、I_{11}、I_{20}、I_{21}——各梁段端部截面的惯性矩。

（3）刚架梁为三段变截面［见图 7-7（c）］

$$\frac{1}{K_z}=\frac{1}{K_{11,1}}+2\left(1-\frac{s_1}{s}\right)\frac{1}{K_{12,1}}+\left(1-\frac{s_1}{s}\right)^2\left(\frac{1}{K_{22,1}}+\frac{1}{3i_2}\right)$$

$$+\frac{2s_3(s_2+s_3)}{s^2}\frac{1}{6i_2}+\left(\frac{s_3}{s}\right)^2\left(\frac{1}{3i_2}+\frac{1}{K_{22,3}}\right) \tag{7-40}$$

$$K_{11,1}=3i_{11}R_1^{0.2},\ K_{12,1}=6i_{11}R_1^{0.44}$$

$$K_{22,1}=3i_{11}R_1^{0.712},\ K_{22,3}=3i_{31}R_3^{0.712} \tag{7-41}$$

$$R_1=\frac{I_{10}}{I_{11}},\ R_3=\frac{I_{30}}{I_{31}} \tag{7-42}$$

$$i_{11}=\frac{EI_{11}}{s_1},\ i_2=\frac{EI_2}{s_2},\ i_{31}=\frac{EI_{31}}{s_3} \tag{7-43}$$

$$s=s_1+s_2+s_3$$

式中　　　　　　R_1——与柱相连的第 1 变截面梁段，远端截面惯性矩与近端截面惯性矩之比；

　　　　　　　　R_3——第 3 变截面梁段，近端截面惯性矩与远端截面惯性矩之比；

　　s_1、s_2、s_3——三段变（等）截面梁斜长；

　　　　　　　　s——变截面梁的斜长（半跨斜梁长度）；

I_{10}、I_{11}、I_2、I_{30}、I_{31}——各梁段端部截面的惯性矩。

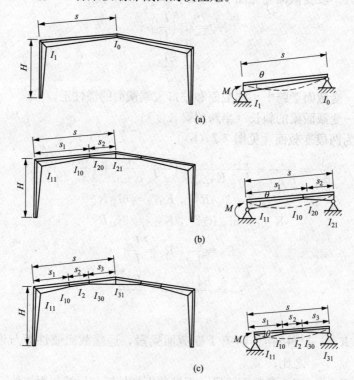

图 7-7　刚架梁的形式及其相关计算参数示意

（a）刚架梁为一段变截面；（b）刚架梁为两段变截面；（c）刚架梁为三段变截面

采用上述转动刚度计算模型计算转动约束时，应注意当刚架梁远端简支，或刚架梁的远端是摇摆柱时，变截面梁的斜长 s 应取全跨的梁长。若刚架梁近端与柱子简支，则转动约束应为 0。当刚架柱为阶形柱或二阶柱时，各柱段的计算长度要分别确定，《门式刚架轻型房屋钢结构技术规范》（GB 51022—2015）中附录 A 给出了计算模型和相应的计算公式，此处从略。

多跨刚架的中间柱若为摇摆柱（见图 7-8），则确定梁对刚架柱的转动约束时应假设梁远端简支在摇摆柱的柱顶，且确定的刚架柱的计算长度系数应乘以放大系数 η，即

$$\eta = \sqrt{1 + \frac{\sum (N_j / h_j)}{1.1 \sum (P_i / h_i)}} \tag{7-44}$$

$$N_j = \frac{1}{h_j} \sum_k N_{jk} h_{jk} \tag{7-45}$$

$$P_i = \frac{1}{H_i} \sum_k P_{ik} H_{ik} \tag{7-46}$$

式中　N_j——换算到柱顶的摇摆柱的轴心压力；

N_{jk}、h_{jk}——第 j 个摇摆柱上第 k 个竖向荷载和其作用的高度；

P_i——换算到柱顶的刚架（框架）柱的竖向荷载；

P_{ik}、H_{ik}——第 i 个柱子上第 k 个竖向荷载和其作用的高度；

h_j——第 j 个摇摆柱的高度；

H_i——第 i 个刚架柱的高度。

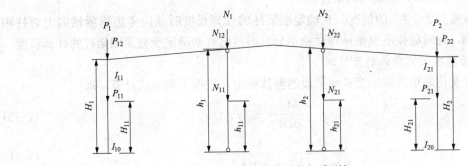

图 7-8　带有摇摆柱的门式刚架

引进放大系数 η 的主要原因是，当刚架趋于侧移或有初始侧倾时，不仅刚架（框架）柱上的荷载对刚架起倾覆作用，摇摆柱上的荷载也存在类似效应，故刚架柱除承受自身荷载的不稳定效应外，还要加上中间摇摆柱的荷载影响，需对刚架柱的计算长度进行调整。当摇摆柱仅上、下端作用有竖向荷载时，摇摆柱的计算长度系数取 1.0；当摇摆柱的柱中作用有竖向荷载时，可考虑上、下柱段的相互作用，确定各柱段的计算长度系数。

单层多跨刚架，当各跨刚架梁的标高无突变（无高低跨）时，发生的是一种有侧移整体失稳，存在着柱子间的相互支援作用，此时可采用以下修正的计算长度系数进行刚架柱的平面内稳定计算（当计算值小于 1.0 时，取 1.0），即

$$\eta'_j = \frac{\pi}{h_j} \sqrt{\frac{EI_{cj}\left[1.2\sum(P_i/H_i)+\sum(N_k/h_k)\right]}{P_j K}} \tag{7-47a}$$

$$\eta'_j = \frac{\pi}{h_j} \sqrt{\frac{EI_{cj}\left[1.2\sum(P_i/H_i)+\sum(N_k/h_k)\right]}{1.2P_j\sum(P_{crj}/H_j)}} \tag{7-47b}$$

式中　N_k、h_k——摇摆柱上的轴心压力和高度；

　　　P_i、H_i——刚架柱上的竖向荷载和高度；

　　　　　K——檐口高度作用水平力求得的刚架侧向刚度；

　　　P_{crj}——按传统方法计算的刚架柱临界荷载，其计算长度系数按式（7-32）计算。

当采用计入竖向荷载-侧移效应（即 P-Δ 效应）的二阶分析程序计算内力时，若是等截面柱，计算长度系数取 1.0，即计算长度等于几何长度。对有吊车厂房的二阶或三阶柱，各柱段的计算长度系数，应按柱顶不侧移、柱顶铰接的模型来确定；对有夹层或高低跨情形，各柱段的计算长度系数可取 1.0。柱脚铰接的单段变截面柱的计算长度系数 μ_γ 可按下列公式计算，即

$$\mu_\gamma = \frac{1+0.035\gamma}{1+0.54\gamma}\sqrt{\frac{I_1}{I_0}} \tag{7-48}$$

$$\gamma = h_1/h_0 - 1 \tag{7-49}$$

式中　γ——变截面柱的楔率；

　h_0、h_1——柱小端和大端截面的高度；

　I_0、I_1——柱小端和大端截面的惯性矩。

对屋面坡度大于 1∶5 的情况，在确定刚架柱的计算长度时还应考虑横梁轴向力对柱刚度的不利影响，此时应按刚架整体弹性稳定分析通过电算来确定变截面刚架柱的计算长度。

7. 变截面刚架梁的整体稳定计算

承受线性变化弯矩的楔形变截面梁段的整体稳定，应按下列公式计算，即

$$\frac{M_1}{\gamma_x \varphi_b W_{x1}} \leqslant f \tag{7-50}$$

$$\varphi_b = \frac{1}{(1-\lambda_{b0}^{2n}+\lambda_b^{2n})^{1/n}} \tag{7-51}$$

$$\lambda_{b0} = \frac{0.55-0.25k_\sigma}{(1+\gamma)^{0.2}} \tag{7-52}$$

$$n = \frac{1.51}{\lambda_b^{0.1}}\sqrt[3]{\frac{b_1}{h_1}} \tag{7-53}$$

$$k_\sigma = k_M \frac{W_{x1}}{W_{x0}} \tag{7-54}$$

$$\lambda_b = \sqrt{\frac{\gamma_x W_{x1} f_y}{M_{cr}}} \tag{7-55}$$

$$k_M = \frac{M_0}{M_1} \tag{7-56}$$

式中　φ_b——楔形变截面梁段的整体稳定系数，$\varphi_b \leqslant 1.0$；

　　k_σ——小端截面与大端截面压应力的比值；

　　k_M——小端截面与大端截面的弯矩比；

　　λ_b——梁的通用长细比；

　　γ_x——截面塑性发展系数，按《钢结构设计标准》（GB 50017—2017）的规定取值；

　b_1、h_1——大端截面的受压翼缘宽度和上、下翼缘板中心间的距离；

　　W_{x1}——大端截面受压边缘的截面模量；

　　γ——变截面梁楔率，按式（7-49）计算；

　　M_{cr}——变截面楔形梁弹性屈曲临界弯矩值。

M_{cr}按下列公式计算，即

$$M_{cr}=C_1\frac{\pi^2 EI_y}{L^2}\left[\beta_{x\eta}+\sqrt{\beta_{x\eta}^2+\frac{I_{\omega\eta}}{I_y}\left(1+\frac{GJ_\eta L^2}{\pi^2 EI_{\omega\eta}}\right)}\right] \tag{7-57}$$

$$C_1=0.46k_M^2\eta_i^{0.346}-1.32k_M\eta_i^{0.132}+1.86\eta_i^{0.023} \tag{7-58}$$

$$\beta_{x\eta}=0.45(1+\gamma\eta)h_0\frac{I_{yT}-I_{yB}}{I_y} \tag{7-59}$$

$$\eta=0.55+0.04(1-k_\sigma)\sqrt[3]{\eta_i} \tag{7-60}$$

$$I_{\omega\eta}=I_{\omega0}(1+\gamma\eta)^2 \tag{7-61}$$

$$I_{\omega0}=I_{yT}h_{sT0}+I_{yB}h_{sB0} \tag{7-62}$$

$$J_\eta=J_0+\frac{1}{3}\gamma\eta(h_0-t_f)t_w^3 \tag{7-63}$$

$$\eta_i=I_{yB}=/I_{yT} \tag{7-64}$$

式中　C_1——等效弯矩系数，$C_1 \leqslant 2.75$；

　　η_i——惯性矩比；

I_{yT}、I_{yB}——弯矩最大截面受压翼缘和受拉翼缘绕弱轴的惯性矩；

　　$\beta_{x\eta}$——截面不对称系数；

　　I_y——变截面梁绕弱轴的惯性矩；

　　$I_{\omega\eta}$——变截面梁的等效翘曲惯性矩；

　　$I_{\omega0}$——小端截面的翘曲惯性矩；

　　J_η——变截面梁等效圣维南扭转常数；

　　J_0——小端截面自由扭转常数；

h_{sT0}、h_{sB0}——小端截面上、下翼缘的中面到剪切中心的距离；

　t_f、t_w——截面翼缘和腹板的厚度；

　　L——梁段平面外计算长度。

8. 变截面柱在刚架平面外的整体稳定计算

变截面柱在刚架平面外的整体稳定应分段按下列公式计算，即

$$\frac{N_1}{\eta_{ty}\varphi_y A_{e1}f}+\left(\frac{M_1}{\varphi_b\gamma_x W_{e1}f}\right)^{1.3-0.3k_\sigma}\leqslant 1 \tag{7-65}$$

当$\overline{\lambda}_{ly}\geqslant 1.3$时

$$\eta_{ty} = 1 \tag{7-66a}$$

当 $\overline{\lambda}_{1y} < 1.3$ 时

$$\eta_{ty} = \frac{A_0}{A_1} + \left(1 - \frac{A_0}{A_1}\right)\frac{\overline{\lambda}_{1y}^2}{1.69} \tag{7-66b}$$

$$\overline{\lambda}_{1y} = \frac{\lambda_{1y}}{\pi}\sqrt{\frac{f_y}{E}} \tag{7-67}$$

$$\lambda_{1y} = \frac{H_y}{i_{y1}} \tag{7-68}$$

式中 N_1、M_1——所计算柱段大端截面的轴压力和弯矩;

φ_y——轴心受压构件弯矩作用平面外的稳定系数,以大端截面为准,按《钢结构设计标准》(GB 50017—2017)的规定采用,计算长度取纵向柱支撑点间的距离;

φ_b——受弯变截面构件段的整体稳定系数,按式(7-51)计算;

$\overline{\lambda}_{1y}$——绕弱轴的通用长细比;

λ_{1y}——绕弱轴的长细比;

i_{y1}——大端截面绕弱轴的回转半径;

H_y——柱段平面外计算长度,取侧向支承点间的距离,若各柱段线刚度差别较大,确定计算长度时可考虑各段间的相互约束。

9. 斜梁和隅撑的设计

(1) 斜梁的设计。实腹式刚架斜梁在平面内可按压弯构件计算强度,在平面外应按压弯构件计算稳定。实腹式刚架斜梁的平面外计算长度,应取侧向支承点间的距离。当斜梁两翼缘侧向支承点间的距离不等时,应取最大受压翼缘侧向支承点间的距离。

斜梁的侧向支承点由刚性系杆(或檩条)配合支撑结构来提供。当实腹式刚架斜梁的下翼缘受压时,支承在屋面斜梁上翼缘的檩条,不能单独作为刚架斜梁的侧向支撑。斜梁的负弯矩区由隅撑提供的侧向支承只是弹性支承,一般以 2 倍隅撑间距作为梁的计算长度。当隅撑单面布置时,应考虑隅撑作为檩条的实际支座承受的压力对屋面斜梁下翼缘的水平作用,在屋面进行斜梁的强度和稳定计算时,宜考虑此影响。

当斜梁上翼缘承受集中荷载处不设横向加劲肋时,除应按《钢结构设计标准》(GB 50017—2017)的规定验算腹板上边缘正应力、剪应力和局部压应力共同作用的折算应力外,尚应按下列公式进行腹板压皱验算,即

$$F \leqslant 15\alpha_{am}t_w^2 f\sqrt{\frac{t_f}{t_w}}\sqrt{\frac{235}{f_y}} \tag{7-69}$$

$$\alpha_{am} = 1.5 - M/(W_e f) \tag{7-70}$$

式中 F——上翼缘所受的集中荷载;

t_f、t_w——斜梁翼缘和腹板的厚度;

α_{am}——弯曲压应力影响系数,$\alpha_{am} \leqslant 1.0$,在斜梁负弯矩区取 $\alpha_{am} = 1.0$(忽略弯曲拉应力的影响);

M——集中荷载作用处的弯矩;

W_e——有效截面最大受压纤维的截面模量。

刚架斜梁也应进行挠度验算，当门式刚架斜梁（全跨）仅支承压型钢板屋面和冷弯型钢檩条时，挠度限值为 $L/180$；尚有吊顶时，为 $L/240$；有悬挂起重机时，为 $L/400$。

（2）隔撑的设计。实腹式刚架斜梁的两端为负弯矩，下翼缘在该处受压。为保证斜梁的稳定，常在受压翼缘两侧布置隔撑（山墙处端部刚架仅布置在一侧）作为斜梁的侧向支撑，隔撑的另一端连接在檩条上，如图 7-9 所示。

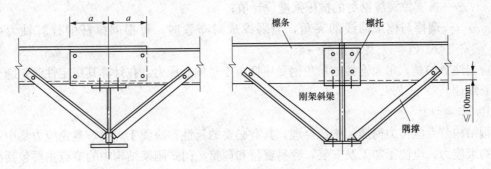

图 7-9　隔撑的连接

当考虑隔撑对下翼缘受压屋面斜梁平面外计算长度的作用时，除保证隔撑有足够的承载力外，还应保证屋面斜梁的两侧均设置隔撑，且隔撑的上支承点位置不应低于檩条形心线。隔撑支承斜梁的稳定系数仍可按式（7-51）计算，但其中的大、小端应力比 $k_σ$，取 3 倍隔撑间距范围内的梁段应力比；楔率 $γ$ 取 3 倍隔撑间距计算；弹性屈曲临界弯矩 M_{cr} 应按下列公式计算，即

$$M_{cr}=\frac{GJ+2e\sqrt{k_b(EI_ye_1^2+EI_ω)}}{2(e_1-β_x)} \tag{7-71}$$

$$k_b=\frac{1}{l_{kk}}\left[\frac{(1-2β)l_p}{2EA_p}+(a+h)\frac{(3-4β)l_p}{6EI_p}βl_p^2\tanα+\frac{l_k^2}{βl_pEA_k\cosα}\right] \tag{7-72}$$

$$β_x=0.45h\frac{I_1-I_2}{I_y} \tag{7-73}$$

式中　J、I_y、$I_ω$——大端截面的自由扭转常数、绕弱轴的惯性矩和翘曲惯性矩；

e——隔撑下支承点到檩条形心线的垂直距离；

e_1——梁截面的剪切中心到檩条形心线的距离；

a——檩条截面形心到梁上翼缘中心的距离；

h——大端截面上、下翼缘板中心间的距离；

$α$——隔撑与檩条轴线的夹角；

$β$——隔撑和檩条的连接点离开主梁的距离与檩条跨度的比值；

l_p、I_p、A_p——檩条的跨度、截面绕强轴的惯性矩、截面面积；

l_{kk}——隔撑的间距；

l_k——隔撑杆的长度；

I_1——被隔撑支撑的翼缘绕弱轴的惯性矩；

I_2——与檩条连接的翼缘绕弱轴的惯性矩。

隔撑应根据《钢结构设计标准》（GB 50017—2017）的规定按轴心受压构件设计。隔撑截面常选用单根等边角钢，轴力设计值 N 可按式（7-74）计算，即

$$N = \frac{Af}{60\cos\alpha} \tag{7-74}$$

式中　A——被支撑翼缘的截面面积；

　　　f——被支撑翼缘钢材的抗压强度设计值；

　　　α——隔撑与檩条轴线的夹角，当隔撑成对布置时，每根隔撑杆的计算轴力可取式（7-74）计算值的一半。

应当注意的是，单面连接的单角钢受压杆由于是偏心压力，在计算其稳定性时，须采用换算长细比。

10. 节点设计

钢结构节点应传力简捷、构造合理，具有必要的延性；应便于焊接，避免应力集中和过大的约束应力；应便于加工及安装，容易就位和调整。门式刚架结构中的节点主要包括梁与柱连接节点、梁和梁拼接节点，以及柱脚、牛腿（当有桥式吊车时）。

（1）斜梁与柱的连接及斜梁拼接。门式刚架斜梁与柱的连接，在保证必要强度的同时，应能提供足够的转动刚度，一般采用高强度螺栓—端板连接方式，具体构造有端板竖放、斜放和平放三种形式［见图 7-10（a）、（b）、（c）］。斜梁拼接时也可采用高强度螺栓—端板连接方式，宜使端板与构件外边缘垂直［见图 7-10（d）］。斜梁拼接应按所受最大内力设计，当内力较小时，也应能承受不小于较小被连接截面承载力的一半。

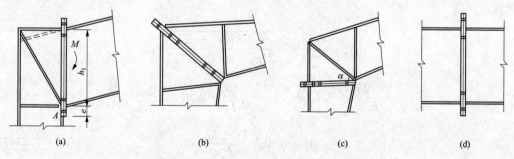

图 7-10　刚架斜梁与柱的连接及斜梁拼接

(a) 端板竖放；(b) 端板斜放；(c) 端板平放；(d) 斜梁拼接

为满足强度需要，刚架构件间的连接，大多采用高强度螺栓连接方式，所施加的预拉力可以增强连接节点的转动刚度。高强度螺栓连接可以是摩擦型或承压型，摩擦型连接按剪力大小确定端板与柱翼缘接触面的处理方法，当只承受轴向力和弯矩作用或剪力小于其抗滑移承载力时，摩擦面可不做专门处理。

端板螺栓宜成对布置，在受拉和受压翼缘的内外两侧各设一排，并宜使每个翼缘的四个螺栓中心与翼缘中心重合。为此，常将端板伸出截面高度范围以外，形成外伸式连接，如图 7-10（a）所示。但若把端板斜放，因斜截面高度大，受压一侧端板也可不外伸［见图 7-10（b）］。外伸式连接在节点负弯矩作用下，可假定转动中心位于下翼缘中心线上，因此对

如图 7-10（a）所示上翼缘两侧对称设置 4 个螺栓的情形，可按式（7-75）确定每个螺栓承受的拉力，并依此确定螺栓直径

$$N = \frac{M}{4h_1} \tag{7-75}$$

式中　h_1——梁上、下翼缘板中心间的距离。

　　力偶 M/h_1 产生的压力由端板与柱翼缘通过承压面传递，端板从下翼缘中心伸出的宽度不应小于 $e = \dfrac{M}{h_1}\dfrac{1}{2bf}$，其中 b 为端板宽度。为减小力偶作用下的局部变形，有必要在梁上、下翼缘中心线处设柱加劲肋，以增大节点的转动刚度。

　　当受拉翼缘两侧各设一排螺栓不能满足承载力要求时，可在翼缘内侧增设螺栓，如图 7-11（a）所示。按照绕下翼缘中心点 A［见图 7-10（a）］转动仍保持在弹性范围内的原则，此时第三排螺栓的拉力可按 $N_t \dfrac{h_3}{h_1}$（其中 h_3 为点 A 至第三排螺栓的距离）计算，两个螺栓可承担弯矩 $M = \dfrac{2N_t h_3^2}{h_1}$。

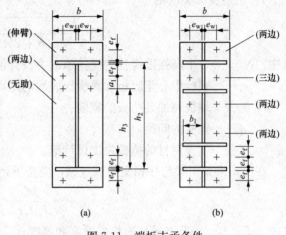

图 7-11　端板支承条件

　　节点上剪力可认为由上边两排抗拉螺栓以外的其他螺栓承受，第三排螺栓拉力由于未用足，可以和下面两排（或两排以上）螺栓共同抗剪。

　　螺栓排列应符合构造要求，图 7-11 中的 e_w 和 e_f 应满足拧紧螺栓时的施工要求，不宜小于 45mm；螺栓端距不应小于 2 倍螺栓孔径；两排螺栓之间的最小距离为 3 倍螺栓直径，最大距离不应超过 400mm。

　　端板连接节点设计应包括连接螺栓设计、端板厚度确定、节点域剪应力验算、端板螺栓处构件腹板强度验算、端板连接刚度验算等。连接螺栓应按《钢结构设计标准》（GB 50017—2017）验算螺栓在拉力、剪力或拉剪共同作用下的强度。端板厚度 t 应根据支承条件按下列公式计算确定，但不应小于 16mm 及 0.8 倍的高强度螺栓直径，与梁端板相连的柱翼缘部分应与端板等厚度。

　　1）伸臂类区格

$$t \geqslant \sqrt{\frac{6e_f N_t}{bf}} \tag{7-76a}$$

　　2）无加劲肋类区格

$$t \geqslant \sqrt{\frac{3e_w N_t}{(0.5a + e_w)f}} \tag{7-76b}$$

　　3）两邻边支承类区格。

当端板外伸时

$$t \geqslant \sqrt{\frac{6e_f e_w N_t}{[e_w b + 2e_f(e_f + e_w)]f}} \qquad (7\text{-}76c)$$

当端板平齐时

$$t \geqslant \sqrt{\frac{12e_f e_w N_t}{[e_w b + 4e_f(e_f + e_w)]f}} \qquad (7\text{-}76d)$$

4）三边支承类区格

$$t \geqslant \sqrt{\frac{6e_f e_w N_t}{[e_w(b + 2b_s) + 4e_f^2]f}} \qquad (7\text{-}76e)$$

式中　N_t——一个高强度螺栓的受拉承载力设计值；

　e_w、e_f——螺栓中心至腹板和翼缘板表面的距离；

　b、b_s——端板和加劲肋板的宽度；

　a——螺栓的间距；

　f——端板钢材的抗拉强度设计值。

在门式刚架斜梁与柱相交的节点域，应按下列公式验算剪应力，即

$$\tau = \frac{M}{d_b d_c t_c} \leqslant f_v \qquad (7\text{-}77)$$

式中　d_c、t_c——节点域柱腹板的宽度和厚度；

　d_b——斜梁端部高度或节点域高度；

　M——节点承受的弯矩，对多跨刚架中间柱处，应取两侧斜梁端弯矩的代数和或柱端弯矩；

　f_v——节点域钢材的抗剪强度设计值，当不满足式（7-77）的要求时，应加厚腹板或设置斜加劲肋。

刚架构件翼缘与端板的连接应采用全熔透对接焊缝，腹板与端板的连接应采用角焊缝。在端板设置螺栓处，应按下列公式验算构件腹板的强度，即

当 $N_{t2} \leqslant 0.4p$ 时

$$\frac{0.4p}{e_w t_w} \leqslant f \qquad (7\text{-}78a)$$

当 $N_{t2} > 0.4p$ 时

$$\frac{N_{t2}}{e_w t_w} \leqslant f \qquad (7\text{-}78b)$$

式中　N_{t2}——翼缘内第二排一个螺栓的轴向拉力设计值；

　p——高强度螺栓的预拉力设计值；

　e_w——螺栓中心至腹板表面的距离；

　t_w——腹板厚度；

　f——腹板钢材的抗拉强度设计值，当不满足式（7-78a）、式（7-78b）的要求时，可设置腹板加劲肋或局部加厚腹板。

梁柱连接节点还需验算连接的转动刚度。若连接的实际刚度远低于理想刚性节点，会造成刚架承载力偏低，故梁柱连接节点的转动刚度 R 应满足

$$R \geqslant 25EI_b/l_b \tag{7-79}$$

式中　I_b——刚架横梁跨间的平均截面惯性矩;

　　　l_b——刚架横梁跨度,当中柱为摇摆柱时,取摇摆柱与刚架柱距离的 2 倍。

造成梁和柱相对转动的因素有两个:一个是节点域的剪切变形角;另一个是端板和柱翼缘的弯曲变形及螺栓的拉伸变形。节点域的剪切变形刚度 R_1 由式(7-80)计算,即

$$R_1 = Gh_1d_ct_p \tag{7-80}$$

式中　h_1——梁端上、下翼缘板中心间的距离;

　　　d_c——柱节点域腹板宽度;

　　　t_p——柱节点域腹板厚度。

当节点域设有斜加劲肋时[见图 7-10 (c)],刚度 R_1 变为

$$R_1 = Gh_1d_ct_p + Ed_bA_{st}\cos^2\alpha\sin\alpha \tag{7-81}$$

式中　A_{st}——两条斜加劲肋的总截面面积;

　　　d_b——斜梁端部节点域腹板高度;

　　　α——斜加劲肋的倾角。

端板和柱翼缘弯曲变形及螺栓拉伸变形对应的转动刚度 R_2 可按式(7-82)计算,即

$$R_2 = \frac{6EI_eh_1^2}{1.1e_f^2} \tag{7-82}$$

式中　I_e——端板横截面惯性矩;

　　　e_f——外伸部分的螺栓中心到其加劲肋外边缘的距离[见图 7-11 (a)]。

由此,可得节点的总转动刚度为

$$R = \frac{1}{1/R_1 + 1/R_2} = \frac{R_1R_2}{R_1 + R_2} \tag{7-83}$$

(2)柱脚。门式刚架的柱脚宜采用平板式铰接柱脚[见图 7-12 (a)、(b)],当有桥式吊车或刚架侧向刚度过弱时,则应采用刚接柱脚[图 7-12 (c)、(d)]。

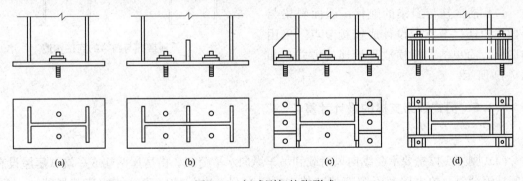

(a)　　　　　　　　(b)　　　　　　　　(c)　　　　　　　　(d)

图 7-12　门式刚架柱脚形式

柱脚锚栓应采用 Q235 钢或 Q345 钢制作,直径不宜小于 24mm。锚栓端部应设置弯钩或锚件,且应符合《混凝土结构设计规范》(GB 50010—2010)的有关规定。锚栓的锚固长度还应符合《建筑地基基础设计规范》(GB 50007—2011)的规定,且应采用双螺母以防松动。

计算风荷载作用下柱脚锚栓的上拔力时,应计入柱间支撑产生的最大竖向分力,且不考虑活荷载、雪荷载、积灰荷载和附加荷载的影响,同时永久荷载分项系数取 1.0。计算柱脚

锚栓的承载力时，应采用螺纹处的有效截面面积。

带靴梁的锚栓不宜受剪，柱底受剪承载力应按底板与混凝土基础间的摩擦力取用（摩擦系数可取 0.4），计算摩擦力时应考虑屋面风吸力产生的上拔力影响。当剪力由不带靴梁的锚栓承担时，应将螺母、垫板与底板焊接，柱底的受剪承载力可按 0.6 倍的锚栓受剪承载力取用。当柱底水平剪力大于受剪承载力时，应设置抗剪键。

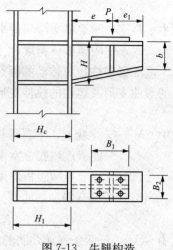

（3）牛腿。当有桥式吊车时，需在刚架柱上设置牛腿，牛腿与柱焊接连接，其构造如图 7-13 所示。牛腿根部所受剪力 V 和弯矩 M 可按下列公式确定，即

$$V = 1.2 p_D + 1.4 p_{max} \qquad (7\text{-}84a)$$
$$M = Ve \qquad (7\text{-}84b)$$

图 7-13　牛腿构造

式中　p_D——吊车梁及轨道在牛腿上产生的反力；

　　　p_{max}——吊车最大轮压在牛腿上产生的最大反力；

　　　e——吊车梁中心线离柱面的距离。

牛腿截面一般采用焊接工字形截面，既可做成等截面，也可做成变截面。采用变截面牛腿时，牛腿悬臂端截面高度 h 不宜小于根部高度 H 的 1/2。柱在牛腿上、下翼缘的相应位置处应设置横向加劲肋，在吊车梁支座对应的牛腿腹板处应设置支承加劲肋。在牛腿上翼缘吊车梁支座处应设置垫板，垫板与牛腿上翼缘连接应采用围焊。吊车梁与牛腿的连接宜设置长圆孔，高强度螺栓的直径可根据需要选用，通常采用 M16～M24 螺栓。牛腿上、下翼缘与柱的连接焊缝均采用焊透的对接焊缝，牛腿腹板与柱的连接可采用角焊缝，焊脚尺寸由牛腿根部的剪力 V 确定。

（4）摇摆柱与斜梁的连接。屋面斜梁与摇摆柱的连接节点应设计成铰接节点，采用构造较为简单的端板横放顶接连接方式，如图 7-14 所示。

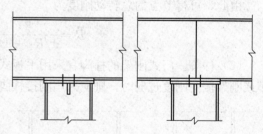

图 7-14　摇摆柱与斜梁的连接构造

7.1.5　门式刚架支撑的设计计算

1. 支撑荷载

门式刚架支撑主要承受纵向风荷载和吊车纵向水平荷载。由房屋两端或一端（房屋设有中间伸缩缝时）的山墙及天窗架端壁传来的纵向风荷载，按《建筑结构荷载规范》（GB 50009—2012）的相关规定确定其设计值。由吊车在轨道上纵向行驶产生的刹车制动力，一般按不多于两台吊车计算，该荷载的设计值可由式（7-85）确定，即

$$P = 0.1 p_{max} \qquad (7\text{-}85)$$

式中　p_{max}——吊车刹车车轮的最大轮压，刹车轮数一般为吊车一侧轮数的一半。

轻型门式刚架结构的屋面荷载通常较轻，支撑的纵向抗震能力较强，历次地震的震害调查中均未发现该结构体系有纵向震害，故支撑按《建筑抗震设计规范》（GB 50011—2010）

的规定设置时，一般可不再进行抗震计算。

2. 支撑内力计算

（1）计算各支撑杆件内力时，假设各连接节点均为铰接，并忽略各杆件的偏心影响，即各杆件均可按拉杆或压杆计算。

（2）交叉支撑和柔性系杆可按拉杆设计，非交叉支撑中的受压杆件及刚性系杆按压杆设计。

（3）刚架斜梁上横向水平支撑的内力，应根据纵向风荷载按支承于柱顶的水平桁架计算，并计入支撑对斜梁起减少计算长度作用而承受的力。

（4）柱间支撑的内力，应根据该柱列所承受的纵向风荷载（如有吊车，还应计入吊车纵向制动力）按支承于柱脚基础上的竖向悬臂桁架计算，并计入支撑对柱起减小计算长度而应承受的力。如图 7-1 所示的柱间支撑，作用在柱顶的支撑力可按式（7-86）计算，即

$$F = \frac{\sum N}{300}\left(1.5 + \frac{1}{n}\right) \tag{7-86}$$

式中　F——柱间支撑对柱顶提供的支撑力；

　　$\sum N$——所撑各柱的轴心压力之和；

　　n——所撑柱的数目，当同一柱列设有多道柱间支撑时，纵向力在支撑间可平均分配。

3. 支撑杆件设计

支撑杆件的截面尺寸一般由长细比要求确定，按《门式刚架轻型房屋钢结构技术规范》（GB 51022—2015）的有关规定执行。计算支撑杆件的最大长细比 λ_{max} 时，应符合下列规定：

（1）张紧圆钢（拉杆）的长细比不受长细比要求限制。

（2）十字交叉支撑的斜杆仅作受拉杆件验算时，其平面外的计算长度取节点中心间的距离（交叉点不作为节点考虑），其平面内的计算长度取节点中心至交叉点间的距离。

（3）计算单角钢受拉杆件的长细比时，应采用角钢最小回转半径。但在计算单角钢交叉拉杆在支撑平面外的长细比时，应采用与角钢肢平行的形心轴的回转半径。

（4）双片支撑的单肢杆件在平面外的计算长度，可取横向联系杆之间的距离。

支撑杆件的强度和稳定性验算应按《钢结构设计标准》（GB 50017—2017）关于轴心受拉或轴心受压构件的相关规定进行。

轻型门式刚架的支撑杆件，拉杆常采用圆钢制作，用特制的连接件与梁、柱腹板相连，并以花篮螺栓张紧；压杆宜采用双角钢组成的 T 形截面或十字形截面，刚性系杆也可采用圆管截面。

7.2　重型厂房钢结构

7.2.1　结构形式和结构布置

1. 结构形式

与轻型门式刚架结构类似，重型厂房钢结构一般取单层刚（框）架结构作为承重主体，

但也有多层刚架的情况。如图 7-15 所示的典型单层单跨重型厂房结构,其屋顶既可采用钢屋架—大型屋面板结构体系,也可采用钢屋架—檩条—轻型屋面板结构体系,或横梁—檩条—轻型屋面板结构体系。前两种体系是重型厂房结构的传统做法,后一种做法和图 7-1 相近,适用于吊车吨位较小的情形。

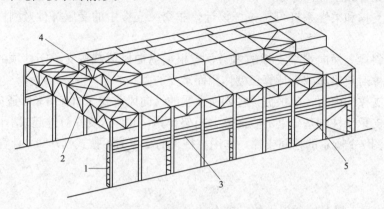

图 7-15　单层单跨重型厂房结构
1—柱;2—屋架;3—吊车梁;4—天窗架;5—柱间支撑

吊车是重型厂房中常见的起重设备,按照吊车使用的繁重程度(也即吊车的利用次数和荷载大小),可将其划分为八个工作级别(A1~A8),也可按传统习惯将吊车以轻、中、重和特重四个工作制等级来划分,它们之间的对应关系见表 7-1。

表 7-1　　　　　　　　　　　吊车的工作制等级与工作级别的对应关系

工作制等级	轻级	中级	重级	特重级
工作级别	A1~A3	A4、A5	A6、A7	A8

设置有 A6~A8 级吊车的重型厂房结构主要有以下特点:

(1) 荷载很重,且厂房高度较大,构件尺寸很大。

(2) 为保证吊车的平稳运行,要求刚(框)架具有较大的横向刚度。

(3) 吊车运行频繁,需要避免对疲劳敏感的构造。

(4) 吊车梁属于生产设备,需要注意经常维修。

2. 柱网布置和计算单元

厂房的柱网布置要综合考虑工艺、结构和经济等诸多因素来确定,同时还应注意符合标准化模数的要求。柱网布置首先要满足生产工艺流程的要求,包括预期的扩建和工艺设备更新的需要。柱网布置除应保证厂房具有足够的强度和刚度外,柱距(纵向)和跨度(横向)的类别应尽量少些,以利施工,并最大限度地实现厂房骨架构件的定型化和标准化。柱距的大小,直接影响着结构构件(如檩条、吊车梁等)的截面大小,以及地基基础的建造费用。因此,合理的柱网布置应使总的经济性最佳。当采用钢筋混凝土大型屋面板时,以 6m 柱距最宜,但高而重的厂房,在跨度不小于 30m、高度不小于 14m、吊车额定起重量不小于 50t 时,则取 12m 柱距较为经济。若采用轻型屋面板,柱距也以 12m 为宜,但对软弱地基上的重型厂房,柱距应尽量大些。

《钢结构设计标准》(GB 50017—2017)规定,当厂房的纵向或横向尺度较大(超出表

7-2 所列数值）时，在厂房平面布置中应设置伸缩缝，以避免在结构内部产生过大的温度应力，否则应考虑温度应力和温度变形的影响。当采用金属压型钢板作为围护结构时，可将表 7-2 中容许的温度区段长度适当放宽。双柱或单柱温度伸缩缝原则上皆可采用，但在地震区域宜布置双柱伸缩缝。

表 7-2　　　　　　　　　　　　温度区段长度　　　　　　　　　　　　　　m

结　构　情　况	纵向温度区段 （垂直屋架或构架跨度方向）	横向温度区段 （屋架或构架跨度方向）	
		柱顶为刚接	柱顶为铰接
采暖房屋面和非采暖地区的房屋	220	120	150
热车间和采暖地区的非采暖房屋	180	100	125
露天结构	120	—	—

　　由于工艺要求或其他原因，有时需要将柱距局部加大。如图 7-16 所示在纵向轴线 B 与横向轴线 l 相交处需要抽柱（或称"拔柱"），将导致轴线 k 和 m 之间的柱距增大，此时常在抽柱处设置一构件过渡（如图 7-16 所示的构件 T_1），上承屋架（或其他屋面结构），下传柱子。该构件一般做成简支受弯构件，实腹式的称为托梁，桁架式的称为托架。托梁可采用焊接工字形截面，其截面高度取其跨度的 $1/10 \sim 1/8$，翼缘宽度取截面高度的 $1/5 \sim 1/2.5$，若为箱形托梁，其双腹板之间的距离可取其截面高度的 $1/4 \sim 1/2$，且不宜小于 400mm。托架高度可取其跨度的 $1/10 \sim 1/5$，节间距可取 3m。托梁或托架与屋架的连接有叠接和平接两种，前者构造简单，便于施工，但存在使托梁或托架受扭的缺点；而后者能有效减轻托梁或托架受扭的不利影响，较常用。

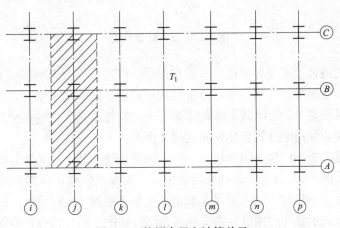

图 7-16　柱网布置和计算单元

　　进行结构分析前，必须明确横向框架所承担的荷载，通常以计算单元来表示。如图 7-16 所示的阴影部分，即为位于轴线 j 上的两跨框（排）架计算单元，它的宽度一般各取相邻柱距的一半。对于等柱距，且无抽柱的平面布置，显然只有一种计算单元，否则应根据实际情况进行划分。

　　在柱网布置和剖面、立面设计中还会涉及诸多几何参数的相互协调问题，尤其是吊车外轮廓与屋架下弦下表面之间的净距 a、吊车大轮的中心线与柱纵向定位轴线之间的净距 b、

吊车外轮廓与柱体内表面之间的净距 c 等，
具体见图 7-17 中的取值。

3. 横向框架及截面选择

重型厂房的横向框架有多种形式（见图
7-18），其柱脚通常做成刚接，这不仅减少
了柱段的弯矩值，而且增大了横向框架的刚
度。横梁与柱子的连接可以是铰接［见图
7-18（c）］，也可以是刚接［见图 7-18
（a）、（b）所示］，相应地，称为铰接框架或
刚接框架。对刚度要求较高的厂房（如设有
双层吊车、装备硬钩吊车等），需采用刚接
框架。对多跨厂房，特别是在吊车起重量不
是很大和采用轻型围护结构时，可采用铰接
框架［见图 7-18（c）］。随着屋面材料的轻
型化，实腹梁有逐渐取代屋架的趋势，实腹

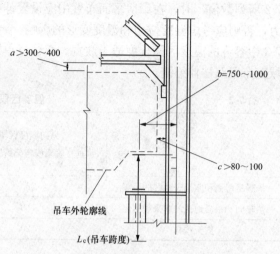

图 7-17　吊车外轮廓与邻近构件的净距要求
（尺寸单位：mm）

梁和实腹上柱一般采用刚接，也可采用半刚性连接。但应注意，实腹梁的线刚度和端部连接
刚度对框架侧向刚度有直接影响，设有吊车的框架，横梁多为等截面。

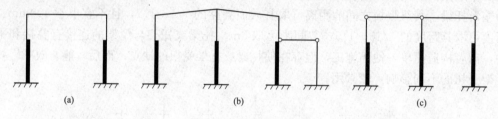

图 7-18　横向框架形式

厂房结构形式的选取不仅要考虑吊车的起重量，而且还要考虑吊车的工作级别及吊钩类
型。装备 A6～A8 级吊车的厂房，除了要求结构具有较大的横向刚度外，还应保证足够的纵
向刚度。因此，对装备 A6～A8 级吊车的单跨厂房，宜将屋架和柱的连接及柱和基础的连接
均作刚性构造处理，纵向刚度则依靠柱间支撑来保证。

从用钢量考虑，重型厂房中的承重柱一般采用阶形柱，其下段通常为缀条格构式，上段
既可采用实腹式［图 7-19（a）］，也可采用格构式。实腹式等截面柱构造简单，加工制作费
用低，常在厂房高度不超过 10m，且吊车额定起重量不超过 20t 时采用，吊车梁可直接支承
在柱牛腿上。分离式承重柱的两肢分别支承屋盖结构和吊车梁，具有构造简单、分工明确的
优点，其吊车肢和屋盖肢通常用水平板做成柔性连接［图 7-19（b）］，以减小两肢在框架平
面内的计算长度和实现两肢分别单独承担吊车荷载和屋盖（包括围护结构）荷载的设计意
图。特别是对位置不高的大吨位吊车或车间有可能改、扩建时，分离式承重柱更显优势。

双肢格构式柱是重型厂房阶形下柱的常见形式，图 7-20 给出了几种常用截面类型：阶
形柱的上柱截面通常取实腹式等截面焊接工字形或类型 a［见图 7-20（a）］；下柱截面依吊
车起重量的大小确定，类型 b 常见于吊车起重量较小的边列柱截面［见图 7-20（b）］；吊车
起重量不超过 50t 的中列柱可选用类型 c［见图 7-20（c）］，否则需做成类型 d［见图 7-

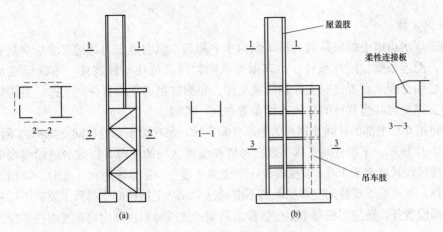

图 7-19　格构式柱与分离式柱

(a) 格构式柱；(b) 分离式柱

20 (d)]；类型 e 适合于吊车起重量较大的边列柱下柱 [见图 7-20 (e)]；特大型厂房的下柱截面可做成类型 f [见图 7-20 (f)]。

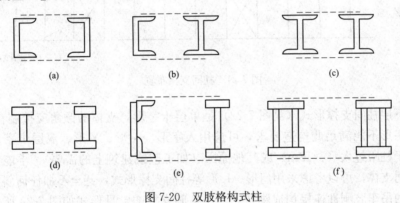

图 7-20　双肢格构式柱

等截面柱和阶形柱的截面高度和宽度，可按表 7-3 或其他相关设计参考资料初步确定。

表 7-3　　　　　　　　　　　　　　　柱截面的高度和宽度

类别		柱高（m）	无吊车	$Q \leqslant 30t$	$50t \leqslant Q \leqslant 100t$	$125t \leqslant Q \leqslant 250t$	$Q \geqslant 300t$
等截面柱		$H \leqslant 10$	$(1/20 \sim 1/15)H$	$(1/18 \sim 1/12)H$	—	—	—
		$10 < H \leqslant 20$	$(1/25 \sim 1/18)H$	$(1/20 \sim 1/15)H$	—	—	—
		$H > 20$	$(1/30 \sim 1/20)H$	—	—	—	—
阶形柱	上阶柱	$H_1 \leqslant 5$	—	$(1/10 \sim 1/7)H_1$	$(1/9 \sim 1/6)H_1$	—	—
		$5 < H_1 \leqslant 10$	—	—	$(1/10 \sim 1/8)H_1$	$(1/10 \sim 1/7)H_1$	$(1/9 \sim 1/6)H_1$
		$H_1 > 10$	—	—	$(1/12 \sim 1/9)H_1$	$(1/12 \sim 1/8)H_1$	$(1/10 \sim 1/7)H_1$
	下阶柱	$H \leqslant 20$	—	$(1/15 \sim 1/12)H$	$(1/15 \sim 1/10)H$	$(1/12 \sim 1/9)H$	$(1/10 \sim 1/8)H$
		$20 < H \leqslant 30$	—	—	$(1/18 \sim 1/12)H$	$(1/15 \sim 1/10)H$	$(1/12 \sim 1/9)H$
		$H > 30$	—	—	$(1/20 \sim 1/15)H$	$(1/18 \sim 1/12)H$	$(1/15 \sim 1/10)H$

注　Q 为吊车吨位；H 为全柱长度；H_1 为上阶柱长度。

4. 柱间支撑

作用于厂房山墙上的风荷载、吊车纵向水平荷载、纵向地震力等均要求厂房具有足够的纵向刚度，而连系梁、刚性系杆、吊车梁等纵向构件又往往与柱铰接，不能形成足够的刚度，因此必须合理地设置柱间支撑和屋盖支撑。每列柱都必须设置柱间支撑，多跨厂房中列柱的柱间支撑宜与其边列柱的柱间支撑布置在同一柱间。

一般将吊车梁上部的柱间支撑称为上层柱间支撑，吊车梁下部的柱间支撑称为下层柱间支撑，如图 7-21 所示。下层柱间支撑一般宜布置在温度区段的中部，以减少纵向温度应力的影响。当温度区段长度大于 150m 或抗震设防烈度为 8 度Ⅲ、Ⅳ类场地和 9 度时，应增设一道下层柱间支撑，且两道下层柱间支撑的距离不应超过 72m。上层柱间支撑除了要在下层柱间支撑布置的柱间设置外，还应当在每个温度区段的两端设置。每列柱顶均要布置刚性系杆。

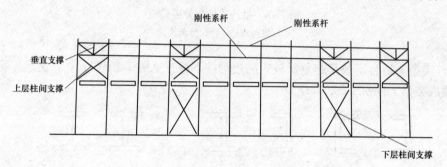

图 7-21　柱间支撑布置

常见的下层柱间支撑形式（见图 7-22）是单层十字形，支撑的倾角应控制在 35°～55°，如果单层十字形不能满足此构造要求，可选用人字形、K 形、Y 形、双层十字形或单斜杆形。如果由于柱距过大（≥12m）或其他原因（如工艺或建筑上的需要），不能设置上述形式的下层柱间支撑，可以考虑采用门形、L 形等柱间支撑形式，甚至不加任何斜撑而将吊车梁与下段柱的吊车肢刚性连接构成刚架。上层柱间支撑的常见形式如图 7-23 所示，一般采用十字形、人字形或 K 形，柱距较大时可采用八字形或 V 形。

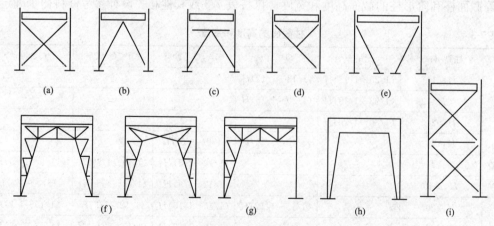

图 7-22　下层柱间支撑形式

(a) 单层十字形；(b) 人字形；(c) K 形；(d) Y 形；(e) 单斜杆形；
(f) 门形；(g) L 形；(h) 刚架形；(i) 双层十字形

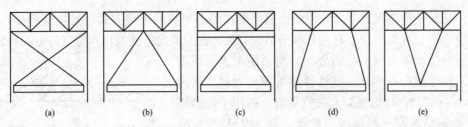

图 7-23 上层柱间支撑形式

(a) 十字形；(b) 人字形；(c) K 形；(d) 八字形；(e) V 形

柱间支撑的截面及连接均要由计算确定。采用角钢时，柱间支撑的截面不宜小于∟75×6；采用槽钢时，不宜小于[12。下层柱间支撑一般设置双片，分别与吊车肢和屋盖肢相连，以便有效减小柱在框架平面外的计算长度。双片支撑之间以缀条相连，缀条常采用单角钢，其长细比不应超过 200，且不小于∟50×5 为宜。上层柱间支撑一般设置为单片，如果上柱设有人孔或截面高度过大（≥800mm），也应采用双片。支撑可采用焊缝连接或高强度螺栓连接，当采用焊缝连接时，焊脚尺寸不应小于 6mm，焊缝长度不应小于 80mm，同时要在连接处设置安装螺栓，一般不小于 M16。对人字形、八字形之类的支撑还要注意采取构造措施，使其与吊车梁（或制动结构、辅助桁架等）的连接仅传递水平力，不传递竖向力，以免支撑成为吊车梁的中间支承点。

7.2.2 屋架外形及形式

重型厂房的屋盖结构常采用屋架（桁架）形式，其组成杆件主要承受轴力，材料性能可充分发挥，且易于构成不同外形以适应各种需要。

1. 屋架外形及腹杆形式

屋架外形主要分为三角形 [见图 7-24 (a)、(b)、(c)]、梯形 [见图 7-24 (d)、(e)] 及平行弦 [见图 7-24 (f)、(g)] 三种，其腹杆形式常用的有人字式 [见图 7-24 (b)、(d)、(f)]、芬克式 [见图 7-24 (a)]、豪式 [也称单向斜杆式，见图 7-24 (c)]、再分式 [见图 7-24 (e)] 及交叉式 [见图 7-24 (g)] 五种（前四种为单系腹杆，第五种为复系腹杆）。

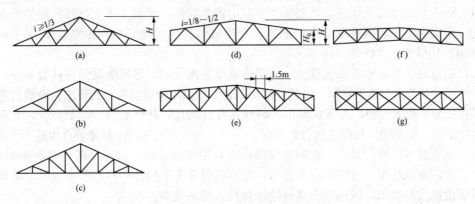

图 7-24 屋架外形

2. 确定屋架形式的原则

屋架（桁架）外形与腹杆形式的确定，主要从以下几方面考虑：

（1）满足使用要求。屋架外形应根据屋架在端部与柱的连接方式（铰接或刚接）、房屋内部净空要求、有无吊顶、有无悬挂吊车、有无天窗及天窗形式及建筑造型等方面确定，上弦坡度还应适合防水材料的需要。三角形屋架上弦坡度较陡，适用于波形石棉瓦、瓦楞铁皮等屋面材料，坡度一般为 $1/3 \sim 1/2$；梯形屋架上弦较平坦，适用于压型钢板和大型钢筋混凝土屋面板，坡度一般为 $1/12 \sim 1/8$；当采用长压型钢板顺坡铺设屋面时，可采用 $1/20$ 甚至更小的坡度。

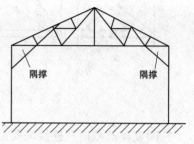

图 7-25　带隔撑的三角形屋架

三角形屋架端部高度小，需设置隔撑（见图 7-25）才能与柱形成刚接，否则仅能看作铰接。梯形屋架的端部可做成足够的高度，既可简支于柱，也可通过两个节点与柱相连而形成刚接框架。平行弦屋架可做成不同大小的坡度，其端部可以铰接，也可以刚接，并能用于单坡和双坡屋面。

（2）受力合理。对屋架弦杆，应使各节间弦杆的内力相差不大，用一根通长弦杆对内力较小的节间不致产生太大浪费，从而节省材料。一般来说，若简支屋架外形与均布荷载作用下的抛物线形弯矩图接近，则弦杆各处内力相近，但将弦杆做成折线形时节点往往费料费工，因此桁架弦杆一般不做成多处转折，而是做成三角形、梯形等形式，弦杆只在屋脊处转折。

对屋架腹杆，应使长杆受拉、短杆受压，且腹杆数量宜少，腹杆总长度也应较小。芬克式腹杆屋架中腹杆数量虽多，但短杆受压、长杆受拉，受力合理，且屋架可拆成三部分，方便运输。人字式腹杆体系杆件数量少，腹杆总长度较小，且下弦节点少，有利于减少制造工作量。单向斜杆式腹杆常用于梯形和平行弦屋架中，可使较长腹杆受拉、较短腹杆受压，受力较合理，但相比人字式腹杆体系，杆数多、节点多。而在三角形屋架中，单向斜杆式腹杆不仅杆件数量多、节点多，且长杆受压、短杆受拉，受力不合理，因此单向斜杆式腹杆仅适用于房屋有吊顶，且需要下弦节间长度较小的情况。再分式腹杆的优点是可以使受压上弦的节间尺寸缩小，常在有 $1.5m \times 6m$ 大型屋面板时采用，以便屋架只受节点荷载作用，同时也使大尺寸屋架的斜杆式腹杆与其他杆件有合适的夹角。再分式腹杆虽然增加了腹杆和节点的数量，但上弦是轴心受压杆，既避免了节间的附加弯矩，也减少了上弦杆在屋架平面内的长细比，所以也是一种常采用的腹杆形式。交叉式腹杆［见图 7-24（g）］主要用于可能从不同方向，甚至相反方向受力的情况。

（3）制造简单及运输与安装方便。从制造简单方面看，应尽可能做到杆件数量少、节点少，杆件尺寸及节点构造形式划一，就外形而言，平行弦桁架最易符合此要求。就腹杆形式来说，芬克式屋架便于运输，人字式与单向斜杆式腹杆相比，杆件数目少、节点少，有利于制造。但应注意，屋架中杆与杆之间的夹角以 $30° \sim 60°$ 为宜，夹角过小易使节点构造不合理。

（4）综合技术经济效果好。在确定屋架形式与主要尺寸时，应充分考虑各种影响因素，如跨度大小、荷载状况、材料供应条件等，而不应仅着眼于构件省料与节省工时，尤其是应该考虑建设速度的要求，以期获得良好的综合技术经济效果。

3. 屋架主要尺寸的确定

屋架主要尺寸是指它的跨度 L 和高度 H（梯形屋架也包括其端部高度 H_0），如图 7-24 所示。屋架跨度 L 通常由使用和工艺方面的要求决定，屋架高度 H 则由经济条件、刚度条件（屋架挠度限值为 $L/500$）、运输界限（铁路运输界限高度为 $3.85m$）及屋面坡度等因素来决定。按上述原则，各种屋架中部高度的大致范围为：三角形屋架 $H \approx (1/6 \sim 1/4)L$；梯形屋架 $H \approx (1/10 \sim 1/6)L$。当跨度较大时，还应注意运送单元不应超出运输界限。

梯形屋架的端部高度 H_0 与中部高度及屋面坡度有关，当为多跨屋架时，H_0 应取一致，以利屋面构造。当屋架与柱刚接时，H_0 应有足够的大小，以便能较好地传递支座弯矩而不使端部弦杆产生过大内力，端部高度的常用范围是 $H_0 \approx (1/16 \sim 1/10)L$。

7.2.3　屋盖支撑

当采用屋架作为主要承重构件时，支撑（包括屋架支撑和天窗架支撑）是屋盖结构的必要组成部分。

1. 屋盖支撑作用

（1）保证屋盖结构的几何稳定性和空间整体性。各榀屋架若仅依靠檩条和屋面板联系，而未设置必要的支撑，则屋盖结构在空间上属于几何可变体系。在荷载作用下，甚至在安装时，各榀屋架将会向一侧倾倒 [见图 7-26 (a) 中虚线]。只有合理设置支撑将各榀屋架连接起来，形成几何不变体系，才能充分发挥屋架的作用，保证屋盖结构在各种荷载作用及安装时的几何稳定性。

屋盖结构空间稳定体首先是由两相邻屋架 [见图 7-26 (b) 中的屋架 $ABB'A'$ 与屋架 $DCC'D'$] 和它们之间的上弦横向水平支撑、下弦横向水平支撑，以及两端和跨中竖直平面内的垂直支撑所组成，然后用檩条及上、下弦平面内的系杆将其余各榀屋架与此空间稳定体连接起来，形成几何不变的屋盖结构体系 [见图 7-26 (b)]。当采用三角形屋架时，空间稳定体中没有端部垂直支撑，而只在跨度中央或跨中的某处设置。

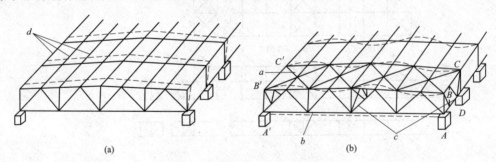

图 7-26　屋盖支撑作用示意图
a—上弦横向水平支撑；b—下弦横向水平支撑；c—垂直支撑；d—檩条或大型屋面板

由屋面系统（檩条、压型钢板或大型屋面板等）及各类支撑、系杆和屋架一起组成的屋盖结构，在各个方向都具有一定的刚度，保证了其空间整体性。

（2）承担并传递水平荷载，保证屋盖的整体刚度。横向水平支撑是一个水平放置（或接近水平放置）的桁架，桁架两端的支座是柱或垂直支撑，桁架的高度（柱距方向）通常不小于 6m，在屋面内具有很大的抗弯刚度，承担并传递山墙风荷载、悬挂吊车纵向刹车力及地震作用等，保证屋盖结构不产生过大的变形。若设置下弦纵向水平支撑（见图 7-27），则由此提供的抗弯刚度能促使各屋架的空间协同工作，减少横向水平荷载作用下的变形。

（3）为弦杆提供侧向支承点。支撑可作为屋架弦杆的侧向支承点 [见图 7-26 (b)]，减小弦杆在屋架平面外的计算长度，保证受压上弦杆的侧向稳定，并使受拉下弦杆保持足够的

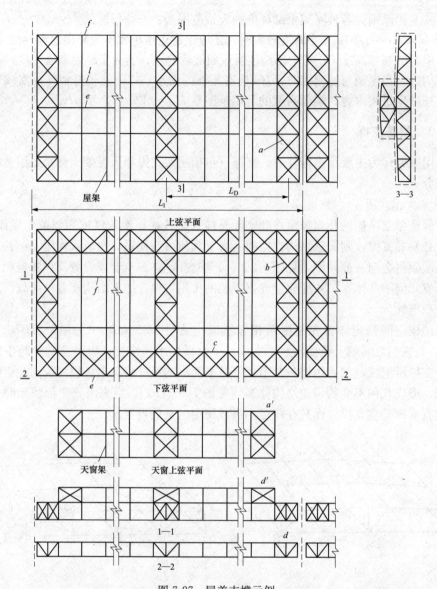

图 7-27　屋盖支撑示例

a—上弦横向水平支撑；b—下弦横向水平支撑；c—纵向水平支撑；d—屋架垂直支撑；

a'—天窗架横向水平支撑；d'—天窗架垂直支撑；e—刚性系杆；f—柔性系杆

侧向刚度。

2. 屋盖支撑布置

（1）上弦横向水平支撑。在有檩条（有檩体系）或不用檩条而只采用大型屋面板（无檩体系）的屋盖中，都应设置屋架上弦横向水平支撑，当有天窗架时，天窗架上弦也应设置。若能保证每块大型屋面板与屋架三个焊点的焊接质量，则大型屋面板在屋架上弦平面内会形成刚度很大的盘体，此时可不设上弦横向水平支撑。但考虑焊接的施工条件往往不易保证焊点质量，一般仅考虑大型屋面板作为系杆的作用。

上弦横向水平支撑应设置在房屋或当有横向伸缩缝时在温度区段的两端，一般设在第一个柱间（见图 7-27）或设在第二个柱间。横向水平支撑的间距 L_o 不宜超过 60m，否则在一个温度区段的中间区域还要布置。

（2）下弦横向水平支撑。只有当跨度较小（$L \leqslant 18m$），且没有悬挂式吊车，或虽有悬挂式吊车但起重吨位不大，且厂房内也没有较大振动设备时，可不设下弦横向水平支撑。下弦横向水平支撑与上弦横向水平支撑应设在同一柱间，以形成空间稳定体。

（3）纵向水平支撑。当厂房内设有托架，或有较大吨位的中、重级工作制桥式吊车，或有壁行吊车，或有锻锤等大型振动设备，以及房屋较高、跨度较大、空间刚度要求较高时，均应在屋架下弦（三角形屋架可在下弦或上弦）端节间设置纵向水平支撑。纵向水平支撑与横向水平支撑应形成闭合框，以加强屋盖结构的整体性并能提高厂房的纵、横向刚度。

（4）垂直支撑。垂直支撑均应设置，应与上、下弦横向水平支撑沿房屋纵向布置在同一柱间（见图 7-27）。梯形屋架在跨度 $L \leqslant 30m$、三角形屋架在跨度 $L \leqslant 24m$ 时，仅在跨度中央设置一道 [见图 7-28（a）、（b）]；当跨度大于上述数值时宜在跨度 1/3 附近或天窗架侧柱外设置两道 [见图 7-28（c）、（d）]。梯形屋架不分跨度大小，其两端还应各设置一道 [见图 7-28（b）、（d）]，当有托架时也可由托架代替。垂直支撑其本质是一个平行弦桁架，根据尺寸的不同，一般可设计成如图 7-28（e）、（f）、（g）所示形式。

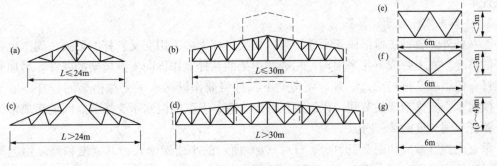

图 7-28　屋架的垂直支撑

天窗架的垂直支撑，一般在两侧设置 [见图 7-29（a）]，当天窗宽度大于 12m 时还应在中央设置一道 [见图 7-29（b）]。两侧的垂直支撑，考虑通风与采光的需要，常采用如图 7-29（c）、（d）所示形式。

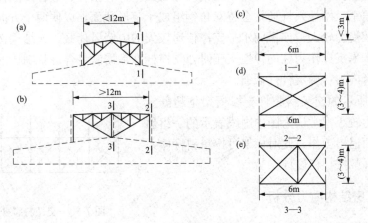

图 7-29　天窗架垂直支撑

（5）系杆。没有参与组成空间稳定体的屋架，其上、下弦的侧向支承点由系杆来提供，系杆的另一端最终连接于垂直支撑或上、下弦横向水平支撑的节点上。能承受拉力也能承受压力的系杆称为刚性系杆，只能承受拉力的系杆称为柔性系杆。

在上弦平面内，大型屋面板的板肋将起到系杆的作用，此时可仅在屋脊及两端设置系杆，当采用檩条时，檩条也可代替系杆。有天窗时，由于屋架在天窗范围内没有屋面板或檩条，此时屋脊节点的系杆对保证屋架的稳定有重要作用。安装时，在屋面板就位前，屋脊及两端的系杆应能保证屋架上弦杆有较适当的平面外刚度，此时上弦杆的平面外长细比可适当放宽，但不宜超过 220，否则应加设上弦系杆。

在下弦平面内，屋架两端应设置系杆，而在跨中或跨度内也应设置一道或两道系杆，设置中部系杆有利于增大下弦杆的平面外刚度，也应保证屋架受压腹杆的稳定性。

综上，系杆的布置原则是：在垂直支撑的平面内设置上、下弦系杆；屋脊节点及主要支承点处设置刚性系杆；天窗侧柱处及下弦跨中或跨中附近设置柔性系杆；当屋架横向支撑设在端部第二柱间时，第一柱间所有系杆均应为刚性系杆。

屋盖支撑的作用必须得到保证，但支撑的布置可根据具体条件灵活处理。当房屋处于地震区时，屋盖支撑的布置要有所加强，应符合《建筑抗震设计规范》（GB 50011—2010）的有关规定。

3. 屋盖支撑杆件及计算原则

除系杆外，各种支撑都属于平面桁架，桁架腹杆大多采用交叉斜杆的形式，偶尔也有单斜杆的情况。在上弦或下弦平面内，相邻两屋架的弦杆兼作横向支撑桁架的弦杆，另加竖杆和斜杆，便组成支撑桁架。同理，屋架的下弦杆将兼作纵向水平支撑桁架的竖杆。屋架的纵、横向水平支撑桁架的节间，以组成正方形为宜。上弦横向水平支撑节点间的距离常为屋架上弦杆节间长度的 2～4 倍。

垂直支撑常做成如图 7-28（e）、（f）、（g）所示的小桁架形式，其宽度和高度由屋架间距及屋架相应竖杆高度分别确定。宽高相差不大时，可用交叉斜杆［见图 7-28（e）］，高度较小时可采用 V 形及 W 形结构形式［见图 7-28（f）、（g）］，以避免杆件夹角可能小于 30°的情况。

屋盖支撑受力通常较小，一般可不进行内力计算，常按容许长细比确定杆件截面。交叉斜杆和柔性系杆按拉杆设计，可采用单角钢；非交叉斜杆、弦杆、竖杆及刚性系杆按压杆设计，可采用双角钢。刚性系杆通常会将双角钢组成十字形截面，以便两个方向的刚度接近。

当支撑桁架受力较大，如横向水平支撑传递较大的山墙风荷载，或结构按空间工作计算而要求其纵向水平支撑作为柱的弹性支座时，支撑杆件除需满足容许长细比的要求外，尚应按桁架体系计算内力，确定杆件截面。

如图 7-30 所示的交叉斜腹杆支撑桁架是超静定体系，因其受力较小，常认为图中虚线表示的一组斜杆因受压屈曲而退出工作，此时桁架可按单斜杆体系进行分析，斜杆都按拉杆设计。

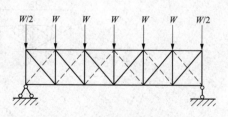

图 7-30 交叉斜腹杆支撑桁架

7.2.4 厂房结构内力分析

目前针对单层厂房结构，主要还是简化成平面刚架进行内力分析，墙架结构、吊车梁系统等均以集中荷载的方式作用于刚架上。

1. 荷载计算

在平面刚架的分析中，认为一榀刚架仅承担一个计算单元内的各种荷载，包括永久荷载、可变荷载及偶然荷载。

刚架承受的永久荷载包括屋面恒荷载和檩条、屋架及其他构件、围护结构的自重等，一般换算为计算单元上的均布面荷载（水平投影上）来考虑。屋面板、吊顶和墙板等自重标准值可按《建筑结构荷载规范》（GB 50009—2012）中附录 A 计算，其中屋面板材自重标准值可按表 7-4 选取。

表 7-4　　　　　　　　　　　　　　屋面板材自重标准值

屋面类型	瓦楞铁	压型钢板	波形石棉瓦	水泥平瓦
恒荷载标准值（kN/m²）	0.05	0.1~0.15	0.2	0.5~0.55

实腹式檩条的自重标准值可选用均布荷载 $0.05 \sim 0.1 \text{kN/m}^2$，格构式檩条的自重标准值可近似取 $0.03 \sim 0.05 \text{kN/m}^2$；墙架结构自重标准值可选用均布荷载 $0.25 \sim 0.42 \text{kN/m}^2$，檐口较高时应取较大者。

刚架承受的可变荷载包括屋面活荷载、雪荷载、积灰荷载、风荷载及吊车荷载，施工荷载一般可通过在施工中采取的临时性措施来考虑。雪荷载要注意局部增大的可能性，例如，在高低跨的毗邻处，低跨屋面会堆积较高的雪。积灰荷载常出现在钢铁冶炼和水泥厂的建筑物上，需注意经常清扫，以免造成屋面超载，特别是积灰在吸收雨水后会重量大增，对结构尤为不利。风荷载标准值与高度有关，当檐口高度和屋面坡度不是很大时，可偏于安全地取屋脊处的风荷载标准值计算整个刚架的风荷载大小，否则可取屋脊处和檐口高度处的风荷载标准值分别计算斜梁和厂房柱的风荷载大小。应当注意，《建筑结构荷载规范》（GB 50009—2012）给出的风荷载标准值是沿垂直于建筑物表面的方向作用的，因此对屋面风荷载要将它投影到水平面上进行计算。

2. 刚架内力计算

为简化计算，通常引用当量惯性矩来将格构式柱和屋架换算为实腹式构件进行内力分析。当量惯性矩的一般表达式为

$$I_{yc} = \mu(A_\alpha X_\alpha^2 + A_\beta X_\beta^2) \tag{7-87}$$

式中　A_α、A_β——格构式柱两肢（或屋架上、下弦）的截面面积；

　　　X_α、X_β——格构式柱两肢（或屋架上、下弦）截面形心到格构式柱截面中性轴的距离（见图 7-31）；

　　　μ——反映剪力影响和几何形状的修正系数，平行弦取 $\mu=0.9$，上弦坡度为 1/10 时取 $\mu=0.8$，上弦坡度为 1/8 时取 $\mu=0.7$。

对于屋架，其当量惯性矩可直接表示为

$$I = \mu I_0 = \mu \frac{A_\alpha A_\beta}{A_\alpha + A_\beta} h^2 \tag{7-88}$$

式中　h——跨度中央上、下弦截面形心之间的距离。

当屋架的几何尺寸未定时，也可依式（7-89）估算其当量惯性矩，即

$$I = \mu I_0 = \mu \frac{M_{\max} h}{2f} \tag{7-89}$$

式中　$M_{\max}$——简支屋架在屋面荷载作用下的跨中
　　　　　　弯矩；
　　　f——弦杆材料的抗拉强度设计值。

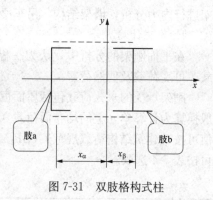

图 7-31　双肢格构式柱

考虑小变形线性结构的叠加原理，内力分析一般只需针对几种基本类型进行。例如，对单跨刚架，只需进行以下分析：①永久荷载；②屋面活荷载；③左（或右）风荷载；④吊车左（或右）刹车力；⑤吊车小车靠近左（或右）时的重力。这些分析均以荷载标准值进行，以便组合。

3. 内力组合原则

按《建筑结构荷载规范》（GB 50009—2012）的规定，结构设计应根据使用过程中在结构上可能同时出现的荷载，按承载能力极限状态和正常使用极限状态，依照组合规则进行荷载效应的组合，并取最不利组合进行设计。

对于一般刚（框）架，按承载能力极限状态设计时，构件和连接可按下列简化公式中的最不利值确定

$$S = \gamma_{G} S_{Gk} + \gamma_{Q1} S_{Q1k} \tag{7-90}$$

$$S = \gamma_{G} S_{Gk} + 0.9 \sum_{i=1}^{n} \gamma_{Qi} S_{Qik} \tag{7-91}$$

式（7-90）和式（7-91）中的荷载分项系数一般为：永久荷载取 1.2，可变荷载取 1.4。但当永久荷载效应起控制作用时，它的分项系数取 1.35，此时可变荷载效除应考虑分项系数 1.4 外，还应乘以组合值系数 ψ_c（屋面活荷载和雪荷载均为 0.7，积灰荷载取 0.9～1.0）。应当注意，按照《建筑结构荷载规范》（GB 50009—2012）中的荷载组合规则，屋面活荷载不和雪荷载同时考虑，因此只需取两者中的较大者进行计算。

荷载效应组合的目的是找到最不利组合情形，从而对构件和连接进行校核，以确定设计是否安全。因此，在实际设计过程中，需分别按可能的最大内力组合来校核构件，如对一般受弯构件，通常只需做以下四种内力组合：①（$M_{\max}^{+}$，N，V）；②（$M_{\max}^{-}$，N，V）；③（$N_{\max}^{+}$，M，V）；④（$N_{\max}^{-}$，M，V）。其中 $M_{\max}^{+}$、$M_{\max}^{-}$ 分别为最大正、负弯矩；$N_{\max}^{+}$、$N_{\max}^{-}$ 分别为最大正、负轴心压力。

7.2.5　厂房柱设计

单层工业厂房框架柱承受轴心压力 N、框架平面内的弯矩 M_x 和剪力 V_x，有时还要承受垂直于框架平面的弯矩 M_y 作用。对等截面柱及阶形柱的各段，应按压弯构件进行强度、稳定性和刚度验算（具体计算内容见本书第 6 章）。

1. 柱的计算长度

目前，单层工业厂房框架柱是采用一阶弹性分析来确定其平面内计算长度的，主要依据柱的形式及其两端的固定情况。对单层或多层框架的等截面柱，在框架平面内的计算长度应等于该柱的几何高度乘以计算长度系数 μ。对阶形柱，则要分段计算，各段的计算长度应等于柱各段的几何高度分别乘以各段的计算长度系数。

如图 7-32 所示单阶柱，根据柱的上端与横梁的连接情况（铰接或刚接），有如图

7-32 (a)、(b) 两种失稳形式。由于柱的上端在框架平面内无法设置阻止框架侧移的支撑，因此阶形柱的计算长度均按有侧移失稳的条件来确定，上、下段柱的计算长度分别是

$$H_{01} = \mu_1 H_1 \tag{7-92a}$$

$$H_{02} = \mu_2 H_2 \tag{7-92b}$$

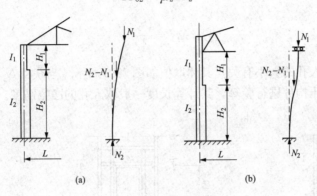

图 7-32　单阶柱的失稳形式

当柱的上端与横梁铰接时，下段柱的计算长度系数 μ_2 按图 7-32 (a) 所示简图把柱看作悬臂构件，按参数 $K_1 = \dfrac{I_1 H_2}{I_2 H_1}$（上、下段柱的线刚度之比）和 $\eta_1 = \dfrac{H_1}{H_2}\sqrt{\dfrac{N_1 I_2}{N_2 I_1}}$ 确定。上段柱的计算长度系数为 $\mu_1 = \dfrac{\mu_2}{\eta_1}$。应当注意，计算 η_1 时上段柱和下段柱的压力都要用各段柱可能承受的最大轴压力。

当柱上端与横梁刚接时，横梁（屋架）刚度的大小对框架屈曲有一定的影响，但当横梁的线刚度与上段柱的线刚度之比大于 1.0 时，横梁刚度影响不大，此时下段柱的计算长度系数 μ_2 可按图 7-32 (b) 所示简图把柱看作上端滑动但不能转动的构件，同理按相关参数确定；而上段柱的计算长度系数仍是 $\mu_1 = \dfrac{\mu_2}{\eta_1}$。

当厂房的柱列很多时，同一框架中负荷较小的相邻柱会对负荷较大的柱子提供一定的侧移约束，而相邻框架之间，由于空间作用也会起相互支援、约束的作用。因此，《钢结构设计标准》（GB 50017—2017）根据各类厂房的特点，对柱的计算长度进行了不同程度的折减（折减系数为 $0.7\sim0.9$），以获得良好的经济性。

双阶柱计算长度的确定，要分上、中、下段三部分，相应的计算长度系数分别为 μ_1、μ_2、μ_3。类似单阶柱的做法，通过相关参数首先确定下段柱的计算长度系数 μ_3，进而获得 $\mu_1 = \dfrac{\mu_3}{\eta_1}$、$\mu_2 = \dfrac{\mu_3}{\eta_2}$（$\eta_1$、$\eta_2$ 为计算参数）。

单层工业厂房框架柱的平面外计算长度取决于支撑构件的布置，应取阻止框架平面外位移的侧向支承点之间的距离。柱间支撑的节点通常可作为阻止框架柱在框架平面外位移的可靠侧向支承点，而柱脚由于柱在框架平面外的尺寸一般较小，侧向刚度较差，可视为铰接。当无侧向支撑时，框架柱的平面外计算长度应取柱的全长。

2. 设有人孔的柱段计算

框架柱上段有时设有人孔（见图 7-33），此时需验算人孔处截面中的内力。人孔将实腹

式柱分成两肢，人孔处柱截面的计算内力［应按可能的荷载组合分别计算弯矩 M、轴心压力 N 和剪力 V 在肢顶或肢底中产生的内力，见图 7-33（c）］为

$$N_1 = \frac{N}{2} \pm \frac{M}{c} \qquad\qquad (7\text{-}93\text{a})$$

$$M_1 = \frac{Vh}{4} \qquad\qquad (7\text{-}93\text{b})$$

式中　c、h——与人孔的大小有关，具体取值如图 7-33 所示。当获得 N_1 和 M_1 后，按偏心受压构件进行验算，其计算长度一般取人孔的净空高度。

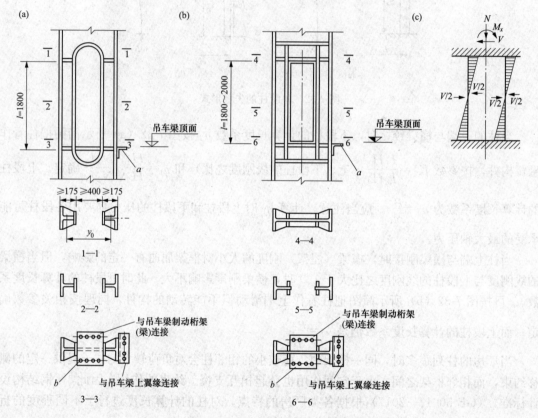

图 7-33　柱的人孔构造及计算简图（尺寸单位：mm）

3. 肩梁构造和计算

阶形柱变截面处是上、下段柱连接和支承吊车梁的重要部位，必须具有足够的强度和刚度。因此，阶形柱无论是实腹式还是格构式，均通过刚度较大的肩梁将其各段连接在一起，形成整体，以实现上、下段柱之间内力的传递。肩梁有单腹壁和双腹壁之分，如图 7-34 和图 7-35 所示。

单腹壁肩梁主要用于上、下两段柱均为实腹式的情况，也可用于下段柱为较小的格构式柱中。单腹壁肩梁由单腹板（见图 7-34 中板 a）和上、下翼缘（见图 7-34 中板 b、c、d）组成，为了保证对上段柱的嵌固作用，以及上、下段柱的整体工作，其惯性矩宜大于上段柱的惯性矩，其线刚度与下段柱单肢线刚度之比不宜小于 25，其高跨比控制在 0.35～0.5 之

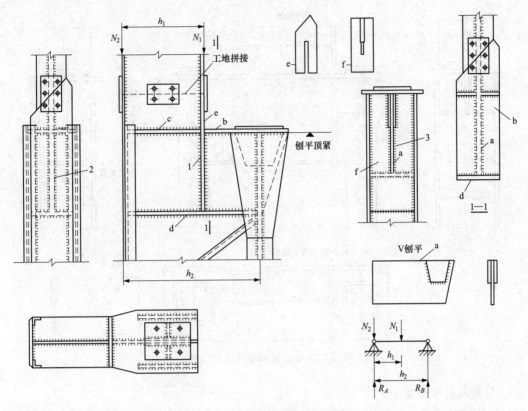

图 7-34　单腹壁肩梁的连接构造

间（下段柱截面高度大者，取较小值）。肩梁的截面高度应满足其与柱翼缘连接焊缝长度的要求，上段柱内翼缘（见图 7-34 中板 e）要以开槽口的方式插入肩梁腹板（见图 7-34 中板 a）并以角焊缝 1 连接，直至肩梁下翼缘。肩梁腹板左端用角焊缝 2 连于下段柱屋盖肢的腹板上，右端伸出吊车肢腹板的槽口，并以角焊缝 3 连接。

　　肩梁常近似按简支梁进行强度验算，假定作用于上段柱下端的最不利内力弯矩 M 和轴心压力 N 仅由上段柱的翼缘承受，其计算简图如图 7-34 所示，此时每个翼缘的内力分别为

$$N_1 = \frac{N}{2} + \frac{M}{h_1} \tag{7-94a}$$

$$N_2 = \frac{N}{2} - \frac{M}{h_1} \tag{7-94b}$$

式中　h_1——上段柱的截面高度。

　　N_1 通过角焊缝 1 传递给肩梁，肩梁可近似按跨度为 h_2（见图 7-34）的简支梁进行设计，其腹板厚度不宜小于 12mm。肩梁角焊缝 2 按最大支座反力 R_A 计算，而角焊缝 3 不仅承受支座反力 R_B，同时还承受吊车梁传来的荷载。

　　双腹壁肩梁主要用于下段柱为格构式柱及拼接刚度要求较高的重型柱中，其构造较复杂，用钢量较多，但两侧的肩梁腹板和肩梁的下横隔板将形成一个箱形构造，刚度大、整体性好。双腹壁肩梁将上段柱下端加宽后插入两肩梁腹板之间并焊接，上盖板常做成非封闭式，以免施焊困难，如图 7-35 所示。

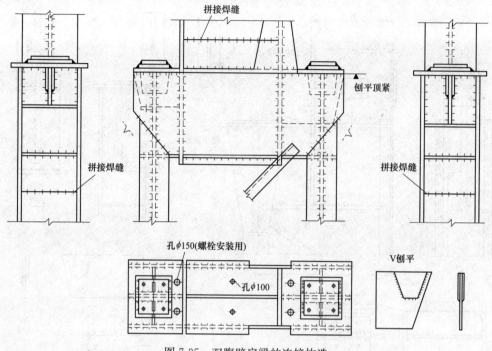

图 7-35   双腹壁肩梁的连接构造

4. 柱脚构造和计算

（1）柱脚的形式和构造。刚接柱脚一般除承受轴压力外，还要承受弯矩和剪力。如图 7-36 所示为几种平板式柱脚。图 7-36（a）适用于压力和弯矩都较小的情况；图 7-36（b）为常见的刚接柱脚形式，由底板、靴梁、肋板等组成，适用于实腹式柱和小型格构式柱；图 7-36（c）为分离式柱脚，多用于大型格构式柱，各分肢柱脚的反力将形成合力和合力矩与柱底反力平衡。

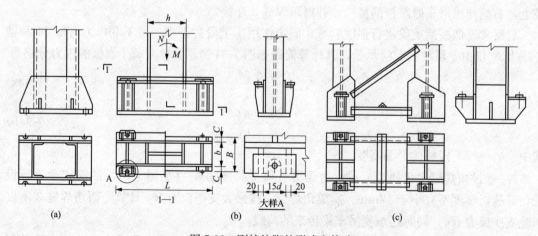

图 7-36   刚接柱脚的形式和构造

对如图 7-36（b）所示的柱脚，若在弯矩作用下，柱脚底板范围内可能产生拉力，此时需设置锚栓来承担。同时，为便于安装和保证柱脚与基础能形成刚性连接，锚栓不宜固定在底板上，而是从底板外缘穿过并固定在靴梁两侧由肋板和水平板组成的支座上。刚接柱脚的剪力不应由锚栓来承担，而是由底板与基础表面的摩擦力（摩擦系数可取 0.4）或设置抗剪键来传递。

（2）柱脚计算方法。以如图 7-36（b）所示的柱脚为例说明柱脚的计算方法。在轴心压力 N 和弯矩 M 的作用下，柱脚底板与基础接触面间的应力分布是不均匀的，在弯矩 M 指向一侧的底板边缘压应力最大，而另一侧压应力最小，甚至出现拉应力。对此接触应力的精确计算，由于受柱脚与基础顶面之间的接触紧密程度、锚栓预拉力的大小及柱脚变形等因素的影响，不易获得，因此目前设计大多仍采用以下近似计算方法：

1）设计底板面积时，首先根据构造要求确定底板宽度 $B=b+2C$，其中，悬臂长 C 可取 20～30mm。假设基础处于弹性工作状态，基础反力呈线性分布，则根据底板边缘最大压应力不超过混凝土抗压强度设计值 f_{cc}，可按式（7-95）确定底板在弯矩作用平面内的长度 L，即

$$\sigma_{max}=\frac{N}{BL}+\frac{6M}{BL^2}\leqslant f_{cc} \tag{7-95}$$

式中 N、M——柱底端承受的轴心压力和弯矩，应取使底板一侧边缘产生最大压应力的最不利组合。

2）底板厚度的计算可将底板看作一块支承在靴梁、隔板、肋板和柱身上的平板，承受从基础传来的均匀反力，然后按各板区格的抗弯强度确定。计算各区格弯矩时，可偏安全地取各区格中的最大压应力作为作用于底板单位面积上均匀应力。

3）重型厂房的柱压力通常较大，一部分可通过焊缝传给靴梁、隔板或肋板，再传给柱脚底板，另一部分则直接通过柱端与底板之间的焊缝传递。但在柱脚制作时，为了控制标高，柱端与底板之间可能出现较大的且不均匀的缝隙，柱端与底板之间的焊缝质量不一定可靠，因此计算时可偏安全地假定柱端与底板间的焊缝不受力，仅通过靴梁、隔板或肋板上的焊缝传递。

4）靴梁可通过承受由底板传来的反力并支承于柱边的悬臂梁来进行设计，根据悬臂梁内力可确定靴梁所需的截面高度和厚度，根据悬臂梁支座反力来确定靴梁与柱身角焊缝的长度和焊脚尺寸，并根据焊缝长度确定靴梁高度。靴梁高度不宜小于 450mm。

与式（7-95）对应，底板另一侧边缘的应力可由式（7-96）计算，即

$$\sigma_{min}=\frac{N}{BL}-\frac{6M}{BL^2} \tag{7-96}$$

当由式（7-96）计算得出的 $\sigma_{min}\geqslant 0$ 时，表明底板与基础间全为压应力，此时锚栓可按构造设置。但若 $\sigma_{min}<0$，则表明底板与基础间出现拉应力，此时锚栓应能承受柱脚底部由轴心压力 N 和弯矩 M 组合作用而引起的拉力 N_t。当在内力组合 N、M 作用下，产生如图 7-37 所示底板下的应力分布时，可确定压应力的分布长度 e。假定拉应力的合力由锚栓承担，根据对压应力合力作用点 D 的力矩平衡条件 $\sum M_D=0$，可得

$$N_t=\frac{M-Na}{x} \tag{7-97}$$

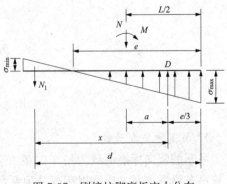

图 7-37 刚接柱脚底板应力分布

$$a = \frac{L}{2} - \frac{e}{3}$$

$$x = d - \frac{e}{3}$$

$$e = \frac{\sigma_{max} L}{\sigma_{max} + |\sigma_{min}|}$$

式中　a——底板压应力合力的作用点 D 至轴心压力 N 的距离；

　　　x——底板压应力合力的作用点 D 至锚栓的距离；

　　　e——压应力的分布长度；

　　　d——锚栓至底板最大压应力处的距离。

根据 N_t 即可按式（7-98）计算锚栓所需要的净截面面积 A_n，从而确定锚栓的数量和规格

$$A_n = \frac{N_t}{f_t^a} \tag{7-98}$$

式中　f_t^a——锚栓的抗拉强度设计值。

7.3　吊车梁设计

7.3.1　吊车梁的荷载及工作性能

吊车梁主要承受桥式吊车产生的三个方向荷载作用，即吊车的竖向荷载 P、横向水平荷载 T（刹车力及卡轨力）和纵向水平荷载 T_L（刹车力），如图 7-38 所示。其中，纵向水平刹车力 T_L 沿吊车轨道方向，通过吊车梁传递给柱间支撑，对吊车梁的受力影响很小，计算吊车梁时一般可不考虑。因此，吊车梁常按双向受弯构件设计。

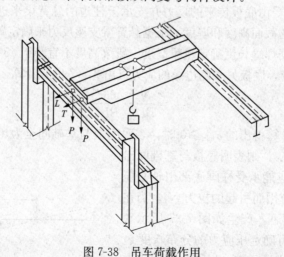

图 7-38　吊车荷载作用

1. 吊车的竖向荷载

吊车的竖向标准荷载为吊车的最大轮压标准值 $p_{k,max}$，可在吊车产品规格中直接查得。计算吊车梁强度时，应乘以荷载分项系数 $\gamma_Q = 1.4$，同时还应考虑吊车的动力作用（乘以动

力系数 α)。因此,作用在吊车梁上的最大轮压设计值为

$$P_{\max} = 1.4\alpha p_{k,\max} \tag{7-99}$$

对悬挂吊车(包括电动葫芦)及工作级别为 A1~A5 的软钩吊车,动力系数 α 取 1.05;对工作级别为 A6~A8 的软钩吊车、硬钩吊车和其他特种吊车,动力系数 α 取 1.1。

2. 吊车横向水平荷载

吊车的横向水平荷载应按《建筑结构荷载规范》(GB 50009—2012)的规定取吊车上横行小车重量 Q' 与额定起重量 Q 的总和再乘以重力加速度 g,并乘以相应的系数 ξ。对软钩吊车,额定起重量 Q 不大于 10t 时取 $\xi = 12\%$,额定起重量 Q 为 16~50t 时取 $\xi = 10\%$,额定起重量 Q 不小于 75t 时取 $\xi = 8\%$;对硬钩吊车,取 $\xi = 20\%$。横向水平荷载应等分于两边轨道,并分别由轨道上的各车轮平均传至轨顶,方向与轨道垂直,且应考虑正、反两个方向刹车的情况。因此,可获得作用在每个车轮的横向水平荷载(考虑荷载分项系数 $\gamma_Q = 1.4$)为

$$T = 1.4 g\xi(Q + Q')/n \tag{7-100}$$

式中 n——吊车的总轮数。

在吊车工作级别为 A6~A8 时,吊车运行时的摆动可能会引起比刹车更大的水平荷载,此时作用于每个轮压处的水平荷载标准值应按式(7-101)计算,即

$$T = \alpha_1 p_{k,\max} \tag{7-101}$$

式中 α_1——水平荷载计算系数,对一般软钩吊车取 0.1,抓斗或磁盘吊车宜采用 0.15,硬钩吊车宜采用 0.2。

手动吊车及电葫芦可不考虑水平荷载,悬挂吊车的水平荷载应由支撑系统承担,可不计算。

7.3.2 吊车梁的截面组成

根据吊车梁所受的荷载作用,对吊车额定起重量 $Q \leqslant 30t$、跨度 $l \leqslant 6m$、工作级别为 A1~A5 的吊车梁,可通过加强上翼缘的方式承受吊车的横向水平荷载,即做成如图 7-39 (a) 所示的单轴对称工字形截面。当吊车额定起重量和吊车梁跨度较大时,常在吊车梁的上翼缘平面内设置制动梁或制动桁架,用以承受横向水平荷载。如图 7-39 (b) 所示一边列柱上的吊车梁,其制动梁由吊车梁的上翼缘、钢板和槽钢组成(即图中阴影部分的截面)。如图 7-39 (c)、(d) 所示设有制动桁架的吊车梁,由两角钢和吊车梁的上翼缘构成制动桁架的两弦杆,中间连以角钢腹杆。如图 7-39 (e) 所示中列柱上的两等高吊车梁,它们上翼缘之间可直接连以腹杆来组成制动桁架,也可铺设钢板做成制动梁。

制动结构不仅用于承受横向水平荷载,保证吊车梁的整体稳定,同时还可作为人行走道和检修平台。制动结构的宽度应依吊车额定起重量、柱宽及刚度要求确定,一般不小于0.75m。当宽度不大于 1.2m 时,常采用制动梁;超过 1.2m 时,为节省钢材,宜采用制动桁架。对于夹钳或料耙吊车等硬钩吊车的吊车梁,因其动力作用较大,不管制动结构宽度如何,均宜采用制动梁。制动梁上的钢板常采用花纹钢板,以便人员在上面行走。

A6~A8 级吊车梁,当其跨度不小于 12m,或 A1~A5 级吊车梁,跨度不小于 18m 时,为了增强吊车梁和制动结构的整体刚度和抗扭性能,对边列柱上的吊车梁,宜在外侧设置辅助桁架 [见图 7-39 (c)、(d)]。同时,在吊车梁下翼缘和辅助桁架的下弦之间设置水平支撑,也可在靠近梁两端 1/4~1/3 的范围内各设置一道垂直支撑 [见图 7-39 (c)、(e)]。垂

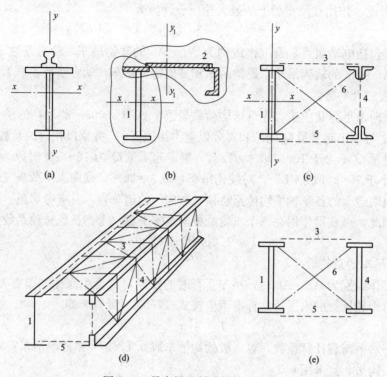

图 7-39　吊车梁及制动结构的组成

1—吊车梁；2—制动梁；3—制动桁架；4—辅助桁架；5—水平支撑；6—垂直支撑

直支撑虽对增强梁的整体刚度有利，但因其在吊车梁竖向挠度影响下，易产生破坏，所以应尽量避免在梁的竖向挠度较大处设置。

7.3.3　吊车梁的连接

吊车梁上翼缘的连接应以能可靠传递水平力，而又不改变吊车梁简支条件为原则。图 7-40 所示为两种连接方式，左侧连接方式为高强度螺栓连接，右侧连接方式为板铰连接。

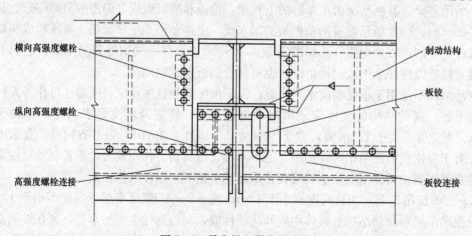

图 7-40　吊车梁上翼缘的连接

　　高强度螺栓连接方式的抗疲劳性能好，施工便捷，采用较普遍。其中，横向高强度螺栓按传递全部支座水平反力计算，而纵向高强度螺栓可按一个吊车轮最大水平制动力计算（对重级工作制吊车梁尚应考虑增大系数），高强度螺栓直径一般为 20～24mm。

　　板铰连接能较好地体现不改变吊车梁简支条件的设计思想，宜按传递全部支座水平反力的轴心受力构件计算（对重级工作制吊车梁也应考虑增大系数）。铰栓直径按抗剪和承压计算，一般为 36～80mm。

　　对重级工作制吊车梁，其上翼缘与制动结构的连接应首选高强度螺栓连接，并将制动结构作为水平受弯构件，按传递剪力的要求确定螺栓间距，一般按 100～150mm 等间距设置。对轻、中级工作制吊车梁，其上翼缘与制动结构的连接可采用焊接的方式，一般可用 6～8mm 焊脚尺寸的焊缝沿全长搭接焊，仰焊部分可为间断焊缝。

　　图 7-41 所示为吊车梁支座的典型连接方式。其中图 7-41（a）、（b）所示为两种简支吊

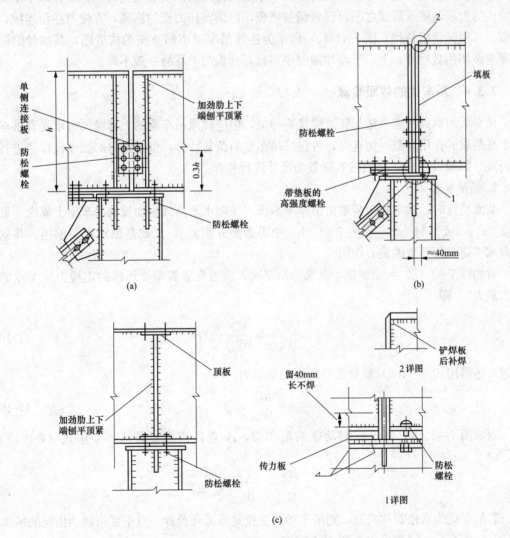

图 7-41　吊车梁支座的连接方式

（a）平板支座；（b）凸缘支座；（c）中间连续支座

车梁的支座连接方式。支座垫板要保证足够的刚度，以利均匀传力，其厚度一般不小于16mm。采用平板支座连接方案时，必须使支座加劲肋上、下端刨平顶紧，而采用凸缘支座连接方案时，必须要求支座加劲肋下端刨平，使传力可靠。对特重级工作制吊车梁，在采用平板支座连接方案时，支座加劲肋与梁翼缘宜焊透。在凸缘支座连接情形，支座加劲肋与上翼缘的连接常用如图 7-41 所示的角焊缝形式，并要求铲去焊根后补焊，而其下端与腹板的连接则要求在如图 7-41 所示的 40mm 长度上不焊。相邻吊车梁的腹板在图 7-41（a）、（b）所示两种情形下，都要求在靠近下部约 1/3 梁高范围内用防松螺栓连接，图 7-41（a）所示情形的单侧连接板厚度不应小于梁腹板厚度，图 7-41（b）所示情形则须注意两梁之间填板的长度不应过大，满足防松螺栓的布置即可。梁下设有柱间支撑时，应将梁下翼缘和焊于柱顶的传力板（厚度也不应小于 16mm）用高强度螺栓连接，传力板的另一端连于柱顶。在梁下翼缘设扩大孔，下覆一带标准孔的垫板（厚度同传力板）安装定位后，将垫板焊牢于梁下翼缘。传力板与梁下翼缘之间可设置调整垫板，以调整传力板的标高，方便与柱顶连接，传力板也可用弹簧板替代。图 7-41（c）所示为连续吊车梁中间支座的构造图，其加劲肋除需按要求做切角处理外，上、下端均须刨平顶紧，顶板与上翼缘一般不焊。

7.3.4 吊车梁的截面验算

吊车梁的截面初选方法与普通焊接梁相似，但应注意吊车梁的上翼缘同时承受着吊车横向水平荷载的作用。截面初选时，可仅按吊车竖向荷载计算，但把钢材的强度设计值进行适当折减（如乘以 0.9），然后按实际截面尺寸进行验算。

1. 强度验算

截面验算时，假定竖向荷载由吊车梁承担，横向水平荷载由加强的吊车梁上翼缘［见图 7-42（a）］，或是制动梁［见图 7-42（b）中阴影部分截面］，又或是制动桁架承担，并忽略横向水平荷载所产生的偏心作用。

对如图 7-42（a）所示加强上翼缘的吊车梁，应首先验算梁受压区的正应力（A 点的压应力最大），即

$$\sigma = \frac{M_x}{W_{nx1}} + \frac{M_y}{W'_{ny}} \leqslant f \qquad (7\text{-}102)$$

同时，还需用式（7-103）验算受拉翼缘的正应力，即

$$\sigma = \frac{M_x}{W_{n2}} \leqslant f \qquad (7\text{-}103)$$

对如图 7-42（b）所示有制动梁的吊车梁，A 点压应力也最大，采用式（7-104）验算，即

$$\sigma = \frac{M_x}{W_{nx}} + \frac{M_y}{W_{ny1}} \leqslant f \qquad (7\text{-}104)$$

若吊车梁为双轴对称截面，则吊车梁的受拉翼缘无须验算。对于采用制动桁架的吊车梁［见图 7-42（c）］，同样也应验算 A 点，即

$$\sigma = \frac{M_x}{W_{nx}} + \frac{M'_y}{W'_{ny}} + \frac{N_1}{A_n} \leqslant f \qquad (7\text{-}105)$$

$$N_1 = \frac{M_y}{b_1}$$

式中　M_x——竖向荷载产生的最大弯矩设计值；

　　　M_y——横向水平荷载产生的最大弯矩设计值，其产生位置与 M_x 一致；

　　　M_y'——吊车梁上翼缘作为制动桁架的弦杆，由横向水平荷载所产生的局部弯矩，可

　　　　　　近似取 $M_y' = \dfrac{Td}{3}$，其中 T 根据具体情况按式（7-100）或式（7-101）计算；

　　　N_1——吊车梁上翼缘作为制动桁架的弦杆，由 M_y 作用所产生的轴心压力；

　　　W_{nx}——吊车梁截面对 x 轴的净截面模量（上或下翼缘最外侧纤维）；

　　　W_{ny}'——吊车梁上翼缘截面对 y 轴的净截面模量；

　　　W_{ny1}——制动梁截面［见图 7-42（b）中阴影部分截面］对其形心轴 y_1 的净截面模量；

　　　A_n——如图 7-42（c）所示吊车梁上翼缘及腹板 $15t_w$ 处的净截面面积之和。

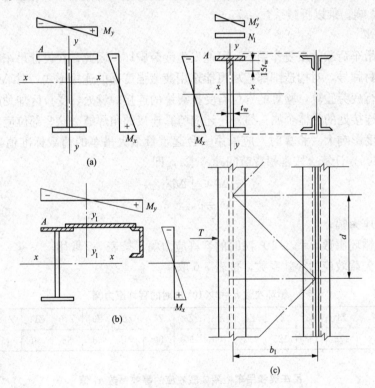

图 7-42　截面强度验算

2. 整体稳定验算

连有制动结构的吊车梁，侧向弯曲刚度很大，整体稳定性得到保证，可不验算。加强上翼缘的吊车梁，应按式（7-106）验算其整体稳定性，即

$$\frac{M_x}{\varphi_b W_x f} + \frac{M_y^t}{W_y f} \leqslant 1.0 \tag{7-106}$$

式中　φ_b——依梁在最大刚度平面内弯曲所确定的整体稳定系数；

　　　M_x——梁截面对 x 轴的毛截面模量；

　　　M_y——梁截面对 y 轴的毛截面模量。

3. 刚度验算

验算吊车梁刚度时，应按效应最大的一台吊车荷载标准值计算，且不乘动力系数。吊车梁的竖向挠度可按式（7-107）近似计算，即

$$v = \frac{M_{kr}l^2}{10EI_x} \leqslant [v] \tag{7-107}$$

对重级工作制吊车梁，除计算竖向刚度外，还应按式（7-108）验算其水平方向的刚度，即

$$u = \frac{M_{ky}l^2}{10EI_{y1}} \leqslant \frac{l}{2200} \tag{7-108}$$

式中　M_{kr}——竖向荷载标准值作用下梁的最大弯矩；

　　　M_{ky}——跨内一台起重量最大的吊车横向水平荷载标准值作用下梁的最大弯矩；

　　　I_{y1}——制动结构截面对形心轴 y_1 的毛截面惯性矩，对制动桁架应考虑腹杆变形的影响，乘以折减系数 0.7。

4. 疲劳验算

吊车梁在吊车荷载的反复作用下，可能发生疲劳破坏。因此，在设计吊车梁时，应注意选用合适的钢材牌号，对构造细部应尽可能选用疲劳强度高的连接形式。对 A6～A8 级吊车梁，一般应进行疲劳验算，验算的部位有受拉翼缘的连接焊缝处、受拉区加劲肋的端部和受拉翼缘与支撑连接处的主体金属；另外，还应验算连接的角焊缝。这些部位应力集中比较严重，对疲劳强度影响大。验算时，应采用一台起重量最大吊车的荷载标准值，不计动力系数，按式（7-109）计算（按常幅疲劳问题考虑），即

$$\alpha_f \Delta\delta \leqslant [\Delta\delta]_{2\times10^6} \tag{7-109}$$

$$\Delta\delta = \delta_{max} - \delta_{min}$$

式中　$\Delta\delta$——应力幅；

　　　$[\Delta\delta]$——循环次数 $n = 2\times10^6$ 次时的容许应力幅，按表 7-5 取用；

　　　α_f——欠载效应的等效系数，按表 7-6 取用。

表 7-5　　　　　　　　　　循环次数 $n = 2\times10^6$ 次时的容许应力幅　　　　　　　　　　N/mm²

构件和连接类别	Z1	Z2	Z3	Z4	Z5	Z6	Z7	Z8	Z9	Z10	Z11	Z12	Z13	Z14
$[\Delta\delta]_{2\times10^6}$	176	144	125	112	100	90	80	71	63	56	50	45	40	36

表 7-6　　　　　　　　　　吊车梁和吊车桁架欠载效应的等效系数 α_f 值

吊车类别	α_f	吊车类别	α_f
A6～A7 级硬钩吊车	1.0	A6～A7 级软钩吊车 A4，A5 级吊车	0.8 0.5

疲劳计算通常都是针对受拉区的，若计算结果满足要求，则疲劳破损应不会在吊车梁的预期寿命中出现。但为避免由于钢轨位置偏移、翼缘连接焊缝和邻近腹板受弯受剪、钢轨接头处轨面不平等现象造成吊车梁过早出现疲劳破损，需每隔一定时间检查钢轨偏心情况及疲劳破损敏感部位有无裂纹出现。

第8章　多高层房屋钢结构

多层和高层房屋建筑之间并没有严格的界线，若从房屋建筑的荷载特点及其力学行为，尤其是从地震荷载的响应来看，可大致以 12 层（高度约 40m）为界，《建筑抗震设计规范》GB 50011—2010 和《全国民用建筑工程设计技术措施——结构》均以此为区分标准。20 世纪 80 年代以前，由于种种原因，我国没有兴建高层钢结构房屋，多层钢结构也只见于厂房。改革开放后，多层及高层房屋正雨后春笋般涌现，其中钢结构房屋的比例也逐步增大，特别是在北京、上海、广州、深圳等一线城市，出现了大量的一、二层钢结构低层别墅和多层钢结构住宅。由于多高层钢结构建筑具有重量轻、抗震性能好、施工周期短、工业化程度高、环保效果好等优点，符合国民经济可持续发展的要求，受到了人们的普遍关注，具有广阔的发展前景。

8.1　多高层房屋结构的组成

8.1.1　结构类别

多层及高层房屋结构，侧向荷载效应明显，往往是其设计的重点和难点。依据抵抗侧向荷载作用的功效，多层房屋的常见结构类型可分为纯框架体系、柱—支撑体系和框—支撑体系三类。在纯框架体系［见图 8-1（a）］中，所有梁柱连接都应为刚性节点，构造复杂，用钢量较多。若设计成柱—支撑体系［见图 8-1（b）］，则所有梁柱均可铰接于柱侧（顶层梁也可铰接于柱顶），但在部分跨间须设置柱间支撑以构成几何不变体系。若结构在横向采用纯框架体系，纵向采用柱—支撑体系，则称为框—支撑体系。高层房屋除采用上述结构体系外，还可采用双重抗侧力体系，最典型的是在梁柱刚性连接的框架中加设斜撑，或用墙板或剪力墙代替支撑，形成了框剪体系［见图 8-1（c）］。图 8-1（d）、（e）所示为两种常用的高层房屋筒体结构，分别称为筒中筒体系和束筒体系。

纯框架结构的主要优点是平面布置灵活，刚度分布均匀，延性较大，自振周期较长，对地震作用不敏感。但由于侧向刚度小，一般在不超过 20～30 层时比较经济。纯框架的侧向刚度不如支撑和剪力墙结构，其主要原因在于柱的弯曲变形。钢板剪力墙如果有加劲肋而不发生整体屈曲，则侧向刚度比支撑框架更大，特别是当钢板发生屈曲后会出现拉力带继续承受水平荷载，后期刚度仍比较可观。

在侧向荷载作用下，多高层结构的侧向位移常呈现两种典型的位移模式，即如图 8-2（a）所示的剪切变形模式和如图 8-2（b）所示的弯曲变形模式。在纯框架等水平抗剪刚度较弱的结构体系中，层间水平剪切变形在侧向位移中不可忽视，因此水平位移表现为整体弯曲加局部弯曲的变形模式。对支撑和剪力墙等水平抗剪刚度较大的结构体系，其水平位移则主要表现为整体弯曲变形。

框剪结构为双重抗侧力结构体系，可用于不超过 40～60 层的高层建筑，特别是用于地

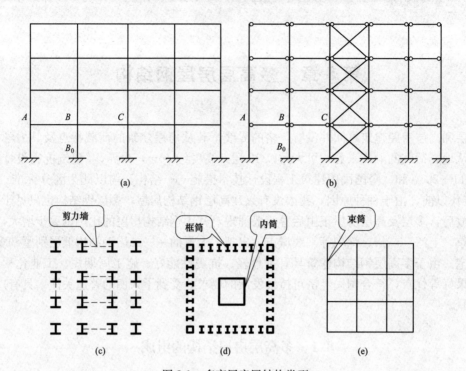

图 8-1　多高层房屋结构类型

（a）纯框架体系；（b）柱—支撑体系；（c）框剪体系；（d）筒中筒体系；（e）束筒体系

震区时，具有双重设防的优点。框架和剪力墙通过刚性楼板协同工作，共同抵抗水平荷载，变形相互协调，其整体变形呈弯剪型特征，上下各层的变形趋于一致，各层剪力也趋于均匀。剪力墙既可以是钢筋混凝土结构，也可以是钢板结构。前者需要采用相应的构造措施，以避免地震时可能发生的应力集中破坏；后者可取 8～10mm 厚的钢板制成钢板剪力墙。

当不设抗剪结构而将最外层框架柱加密（通常柱距不超过 3m）时，并用深梁将其相互刚性连接，使外层框架在水平荷载作用下，具有悬臂箱形梁的力学行为，这种由框架形成的筒体结构称作框筒结构。在此类

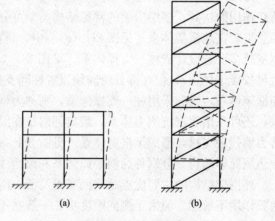

图 8-2　侧向位移模式

（a）剪切变形模式；（b）弯曲变形模式

结构中，内筒及其他竖向构件主要承受竖向荷载，同时设置刚性楼面作为框筒的横隔，以增强其横向刚度和整体性，适用于高度超过 90 层的建筑。为避免严重的剪力滞后造成角柱的轴力过大（见图 8-3），通常可控制框筒平面，其长宽比不宜过大，也可加大框筒梁和柱的线刚度之比。图 8-1（d）所示的筒体结构称为筒中筒结构，由框筒和内筒组成，而图 8-1（e）所示的筒体结构称为束筒结构，由各筒体之间共用筒壁组成束筒状，与框筒结构相比更有利于减缓剪力滞后效应。束筒结构不仅可灵活组成平面形式，而且可将各筒体在不同的高度上

中止，以获得丰富的立面造型。筒体不仅可用密柱深梁的钢结构做成，也可采用钢筋混凝土筒体，但后者常作为内筒。《建筑抗震设计规范》（GB 50011—2010）和《高层民用建筑钢结构技术规程》（JGJ 99—2015）依据地震设防烈度，对各类结构形式所适用的高度进行了规定，见表 8-1。

表 8-1　　　　　　　　高层民用建筑钢结构类型及其适用的最大高度　　　　　　　　m

结构类型	6、7 度 (0.10g)	7 度 (0.15g)	8 度		9 度 (0.40g)	非抗震设计
			(0.20g)	(0.30g)		
框架	110	90	90	70	50	110
框架—中心支撑	220	200	180	150	120	240
框架—偏心支撑 框架—屈曲约束支撑 框架—延性墙板	240	220	200	180	160	260
筒体 （框筒、筒中筒、桁架筒、束筒） 巨型框架	300	280	260	240	180	360

注　表中的房屋高度不包括局部凸出屋顶的部分，框架柱包括钢管混凝土柱。

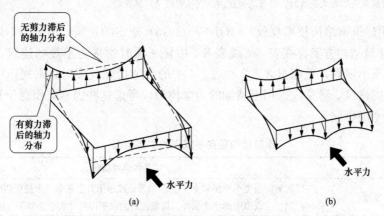

图 8-3　剪力滞后对框筒轴力的影响
(a) 单筒；(b) 双筒

8.1.2　结构布置

为减少风压作用，多高层房屋结构应首选用光滑曲线构成的凸平面形式，如圆形或椭圆形平面相比矩形平面更能显著降低风压的作用。同时，要尽可能采用中心对称或双轴对称的平面形式，以减小或避免在风荷载作用下的扭转振动。此外，还应尽可能避免狭长形平面形式，以减轻在风荷载作用下发生的剪切滞后现象。因此，当框筒结构采用矩形平面形式时，应控制其平面长宽比小于 1.5，若不能满足，宜采用束筒结构。需要抗震设防的建筑，应注意建筑形体的规则性，平面布置要求抗侧力结构体系规则、对称，且具有良好的整体性。表8-2 列出了《高层民用建筑钢结构技术规程》（JGJ 99—2015）规定的建筑形体平面不规则的主要类型。

表 8-2　　　　　　　　　　　　　　建筑形体平面不规则的主要类型

不规则类型	定义和参考指标
扭转不规则	在规定的水平力作用下，楼层的最大弹性水平位移（或层间位移）大于该楼层两端弹性水平位移平均值的 1.2 倍
凹凸不规则	结构平面凹进的尺寸大于相应投影方向总尺寸的 30%
楼板局部不连续	楼板的尺寸和平面刚度急剧变化，例如，有效楼板宽度小于该层楼板典型宽度的 50%，或开洞面积大于该楼层面积的 30%，或有较大的楼层错层

结构的竖向布置，除应使结构各层的侧向刚度中心与水平合力中心接近重合外，各层刚度中心应接近在同一竖直线上，建筑开间、进深尽量统一。多高层房屋的横向刚度、风振加速度还和其高宽比有关，一般认为高宽比超过 8 时，结构效能不佳。表 8-3 列出了《建筑抗震设计规范》（GB 50011—2010）规定的钢结构高层建筑的高宽比限值。

表 8-3　　　　　　　　　　　　　钢结构高层建筑的高宽比限值

设防烈度	6、7 度	8 度	9 度
最大高宽比	6.5	6.0	5.5

注　1. 计算高宽比的高度从室外地面算起。
　　　2. 当塔形建筑底部有大底盘时，计算高宽比的高度从大底盘顶部算起。

《高层民用建筑钢结构技术规程》（JGJ 99—2015）规定的建筑结构竖向不规则的主要类型见表 8-4。建筑结构方案存在表 8-2 或表 8-4 中任一项时均视为不规则建筑，当结构方案存在多项或某项不规则，且超过表 8-2 和表 8-4 中的参考指标较多时，则视作特别不规则建筑。对于不规则建筑，通常应采用更精细的力学模型以考虑这些因素，而对于特别不规则建筑，则应进行专门研究。

表 8-4　　　　　　　　　　　　建筑结构竖向不规则的主要类型

不规则类型	定义和参考指标
侧向刚度不规则	该层的侧向刚度小于相邻上一层的 70%，或小于其上相邻三个楼层侧向刚度平均值的 80%；除顶层或出屋面小建筑外，局部收进的水平向尺寸大于相邻下一层的 25%
竖向抗侧力构件不连续	竖向抗侧力构件（柱、支撑、剪力墙）的内力由水平转换构件（梁、桁架等）向下传递
楼层承载力突变	抗侧力结构的层间受剪承载力小于相邻上一层的 80%

对框筒结构，在结构布置时还应注意：高宽比不宜小于 4，以更好地发挥框筒的立体作用；内筒的边长不宜小于对应外框筒边长的 1/3；框筒柱距一般为 1.5～3.0m，且不宜大于层高；内外筒之间的进深一般控制在 10～16m 之间；内外筒也为框筒时，其柱距宜与外框筒柱距相同，且在每层楼盖处都应设置钢梁将相应内外柱相连接；角柱要有足够的截面面积，一般可控制其截面面积为非角柱的 1.5～2.0 倍；外框筒为矩形平面时，宜将其做成切角矩形，以削减角柱应力；为提高内外筒的整体性能及缓解剪力滞后，可设置由相互正交两组桁架构成的帽桁架和腰桁架，腰桁架一般布置于设备层。

大量震害表明，高层建筑在发生地震时具有很大的侧移，防震缝设置不当容易导致高层

建筑在地震时发生相互碰撞，破坏后果十分严重，因此一般不宜
设置防震缝。由于严重不规则布置、质量分布悬殊、无条件做精
细力学分析等原因，在高层建筑适当部位设置防震缝时，宜形成
多个较规则的抗侧力单元，且防震缝应留有足够宽度，其上部结
构应完全分开。就高层钢结构建筑而言，一般也无须设置温度缝，
因为建筑平面尺寸通常不会超过 90m 的温度缝设置区段规定。当
高层建筑设置裙房时，若裙房的宽度与主楼的宽度相差不多（见
图 8-4，要求 $b/B \leqslant 0.15$），则主楼与裙房之间可不设变形缝；而
当地基条件有利时，裙房面积较大也可不设，但均宜在施工中设
后浇带，且做非均匀沉降分析。

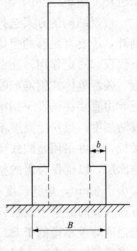

图 8-4　设置裙房的结构

　　为更恰当地处理大量的标准设防类建筑的抗震设防问题，区
分不同的建筑物高度及抗震设防烈度，《建筑抗震设计规范》（GB
50011—2010）将钢结构房屋中属于标准设防类的建筑物划分为四
个抗震等级，见表 8-5。

表 8-5　　　　　　　　　　高层民用建筑钢结构抗震等级

房屋高度	抗震设防烈度			
	6	7	8	9
≤50m	一	四	三	二
>50m	四	三	二	一

　　高层建筑基础埋置通常较深，采用天然地基时不宜小于房屋总高度的 1/15，采用桩基
础时则不小于房屋总高度的 1/20，因此高度超过 50m 的高层钢结构建筑宜设地下室，这不
仅起到补偿基础的作用，而且有利于增大结构抗侧倾的能力。地下室通常采用钢筋混凝土剪
力墙或框剪结构形式，在地下室与上层钢结构之间可设置钢骨（型钢）混凝土的过渡层，以
平缓过渡侧向刚度。过渡层一般为 2～3 层，可部分位于地下。采用框架—支撑体系时，竖
向连续布置的支撑桁架，在地下部分应该用钢筋混凝土剪力墙，并一直延伸至基础；采用框
筒体系时，外框筒也宜在地下部分用钢筋混凝土剪力墙，内框筒在地下部分宜改为钢骨（型
钢）混凝土框筒或钢筋混凝土筒，内、外框筒均应一直延伸至基础。

　　柱网布置和建筑物的平面形式、功能要求和结构体系都有密切关系。多高层房屋的柱网布
置有三种常见类型，即方形柱网、矩形柱网和周边密集柱网。在两个相互垂直的主轴方向采用
相同的柱距构造而形成的柱网称为方形柱网；在两个相互垂直的主轴方向采用不同的柱距构造
而形成的柱网即为矩形柱网；框筒体系常要求在外侧柱列采用小柱距，则形成周边密集柱网。

8.2　楼盖的布置方案和设计

8.2.1　楼盖布置原则和方案

　　在多高层建筑中，楼盖结构除了直接承受竖向荷载的作用并将其传递给竖向构件外，还
起到建筑横隔的作用。楼盖结构的布置方案和设计不仅影响整个结构的性能，还可能影响施

工进程及建筑最终的经济效益。

楼盖结构的方案选择除了要遵循满足建筑设计要求、较小自重，以及便于施工等一般原则外，还要有足够的整体刚度。多高层建筑的楼盖结构包括楼板和梁系，楼板和梁系的连接不仅仅起固定作用，还要可靠地传递水平剪力。用于多高层建筑的楼板有现浇钢筋混凝土楼板、装配整体式钢筋混凝土楼板及压型钢板组合楼板等。压型钢板组合楼板目前应用较广泛，由直接在铺设于钢梁上翼缘的压型钢板上浇筑混凝土（配一定钢筋）而制成。6、7度设防烈度，且房屋高度不超过 50m 的高层民用建筑钢结构，可采用装配整体式钢筋混凝土楼板，也可采用装配式预制楼板或其他轻型楼盖；但均应与钢梁可靠连接，且在板上浇筑刚性面层，以确保楼盖的整体性。预制楼板通过其底面四角的预埋件与钢梁焊接，焊脚高度不应小于 6mm，焊缝长度不应小于 80mm，板缝的灌缝构造宜按抗震设防要求进行，必要时，可在板缝间的梁上设栓钉等抗剪连接件。刚性面层应是整浇形式，厚度不小于 50mm，混凝土强度等级不得低于 C20，层内钢筋网格不小于 $\phi 6@200$。刚性面层面积较大时，应采用设后浇带等措施来减小温度应力的影响。

梁系由主梁和次梁组成。结构体系包含框架时，一般以框架梁为主梁，通常等跨等间距设置，次梁以主梁为支承，间距小于主梁。梁系布置应考虑以下因素：

（1）钢梁的间距要与上覆楼板类型相协调，尽量取在楼板的经济跨度内。压型钢板组合楼板的适用跨度范围为 1.5～4.0m，经济跨度范围为 2～3m。

（2）为充分发挥整体空间作用，主梁应与竖向抗侧力构件直接相连，以形成空间体系。

（3）就竖向构件而言，其纵横两个方向均应有主梁与之相连，以保证两个方向的长细比不致相差悬殊。

（4）有抗倾覆要求的竖向构件，尤其是外层竖向构件应具有较大的竖向压力，能抵消倾覆力矩所产生的部分拉力。梁系布置应能使尽量多的楼面重力荷载传递到这些构件，如通过斜向布置主梁（见图 8-5），达到向角柱传递较大竖向荷载来抵消角柱高额轴向拉力的目的。

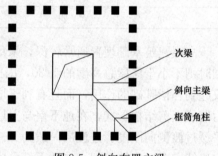

次梁
斜向主梁
框筒角柱

图 8-5   斜向布置主梁

为减小楼盖结构的高度，主、次梁通常不采取叠接方式，一般保持主、次梁上翼缘齐平，而用高强度螺栓将次梁连接于主梁的腹板上。直径较小的敷设管线可预埋于楼板内，直径较大的可在梁腹板上开孔穿越，但孔洞应尽量远离剪力较大的区域。对圆孔，其孔洞尺寸和位置应符合图 8-6 所示的规定，矩形孔的构造要求见《高层民用建筑钢结构技术规程》（JGJ 99—2015）。

主梁和次梁的连接宜采用简支连接，即仅将次梁的腹板与主梁的加劲肋或连接角钢用高强度螺栓连接［见图 8-7（a）］，其传递荷载为次梁的梁端剪力，可不考虑由于连接偏心引起附加弯矩导致的主梁扭转。必要时，也可采用刚性连接［见图 8-7（b）］。

8.2.2   压型钢板组合楼板设计

1. 概述

压型钢板组合楼板不仅结构性能好，施工方便，而且经济性优越。组合楼板一般以板肋

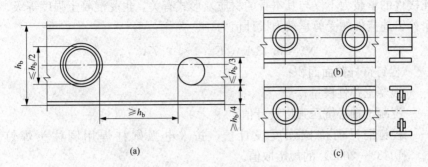

图 8-6 腹板开圆孔的构造要求

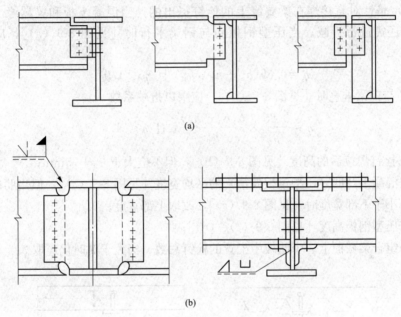

图 8-7 主次梁连接
（a）简支连接；（b）刚性连接

平行于主梁的方式布置于次梁上，如果不设次梁，则以板肋垂直于主梁的方式布置于主梁上（见图 8-8）。搁置楼板的钢梁上翼缘应通长设置抗剪连接件，以保证楼板和钢梁之间能可靠传递水平剪力，抗剪连接件常采用栓钉（见图 8-8）。

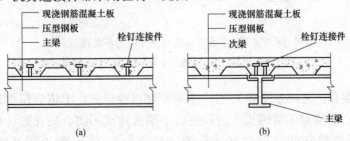

图 8-8 压型钢板组合楼盖
（a）板肋垂直于主梁；（b）板肋平行于主梁

抗剪连接件的承载力不仅与其本身的材质及形式有关，也受混凝土强度等级、品种等的影响。单个栓钉连接件的受剪承载力设计值为

$$N_v^c = 0.43 A_{st} \sqrt{E_c f_c} \leqslant 0.7 A_{st} f_u \tag{8-1}$$

式中 A_{st}——栓钉钉杆截面面积；

E_c——混凝土弹性模量；

f_c——混凝土轴心抗压强度设计值；

f_u——栓钉钢材的抗拉强度设计值，按《电弧螺柱焊用圆柱头焊钉》（GB/T 10433—2002）的规定取值。

位于梁负弯矩区的栓钉，周围混凝土对其约束的程度不如受压区，按式（8-1）算得的栓钉受剪承载力设计值应予以折减，折减系数可取 0.9。

式（8-1）是针对直接焊在梁翼缘上的栓钉提出的，当混凝土板和梁翼缘之间有压型钢板时，N_v^c 还需进行折减。当压型钢板肋与钢梁平行时［见图 8-9（a）］，应乘以折减系数

$$\eta = 0.6 b (h_s - h_p)/h_p^2，且 \eta \leqslant 1.0 \tag{8-2}$$

当压型钢板肋与钢梁垂直时［见图 8-9（b）］，应乘以折减系数

$$\eta = \frac{0.85}{\sqrt{n_0}} \times \frac{b(h_s - h_p)}{h_p^2}，且 \eta \leqslant 1.0 \tag{8-3}$$

式中 h_s——栓钉焊接后的高度［见图 8-9（b）］，但不应大于 $h_p + 75mm$；

b——混凝土凸肋（压型钢板波槽）的平均宽度［见图 8-9（c）］，但当肋的上部宽度小于下部宽度时［见图 8-9（c）］，改取上部宽度；

h_p——压型钢板高度［见图 8-9（c）、（d）］；

n_0——组合梁截面上一个肋板中配置的栓钉总数，当大于 3 时仍应取 3。

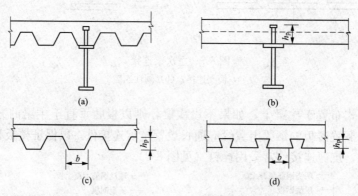

图 8-9   栓钉受剪承载力设计值的折减图示
(a) 肋平行于钢梁；(b) 肋垂直于钢梁；(c)、(d) 楼板剖面

压型钢板与混凝土之间水平剪力的传递通常有四种形式：①依靠压型钢板的纵向波槽［见图 8-10（a）］；②依靠压型钢板上的压痕、小洞或冲成不闭合的孔眼［见图 8-10（b）］；③依靠压型钢板上焊接的横向钢筋［见图 8-10（c）］；④设置于端部的锚固件［见图 8-10（d）］。其中，端部锚固件要求在任何情形下都应设置。

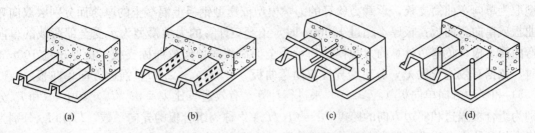

图 8-10 压型钢板与混凝土的水平剪力传递形式

2. 组合楼板的设计

压型钢板有开口型、缩口型和闭口型之分（见图 8-11），通常依是否考虑压型钢板对组合楼板承载力的贡献，而将其划分为组合板和非组合板。组合楼板的设计不仅要考虑使用荷载，也要考虑施工阶段荷载的作用。

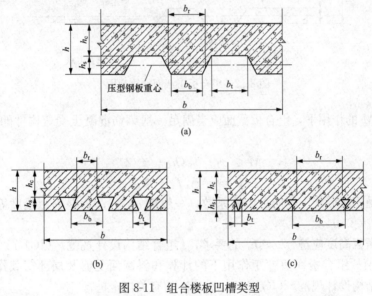

图 8-11 组合楼板凹槽类型

（a）开口型；（b）缩口型；（c）闭口型

（1）施工阶段。作为浇筑混凝土底模的压型钢板应进行强度和变形验算，所承受的永久荷载包括压型钢板、钢筋和混凝土的自重，可变荷载包括施工荷载和附加荷载。可变荷载的取值原则上应以实际施工荷载为依据，但不应小于 $1.0kN/m^2$。当有过量冲击、混凝土堆放、管线和泵等荷载时，应增加附加荷载。施工阶段验算时，应注意将湿混凝土作为可变荷载，其分项系数为 1.4。压型钢板的验算可采用弹性方法，按单向弯曲板进行。压型钢板除应满足《冷弯薄壁型钢结构技术规范》（GB 50018—2002）关于承载力的要求外，其挠度应控制在板支承跨度的 1/180 以内。若验算不满足，可加设临时支护以减小板跨再进行验算。

（2）使用阶段。对于非组合板，压型钢板仅作为模板使用，不考虑其承载作用，可按常规钢筋混凝土楼板设计，此时应在压型钢板波槽内设置受力钢筋。目前在高层钢结构中，压型钢板大多作为非组合板使用，因无须为其做防火保护层，造价比较经济。对于组合板，应在永久荷载和使用阶段的可变荷载作用下，对其承载力和变形进行验算。变形验算的力学模型取为单向弯曲简支板，承载力验算的力学模型依压型钢板上混凝土的厚薄而分别取双向弯曲板或单向弯曲板：板厚不超过 100mm 时，正弯矩计算的力学模型为承受全部荷载的单向弯曲简支板，负弯矩计算的力学模型为承受全部荷载的单向弯曲固支板；板厚超过 100mm 时，依据有效边长比 λ_e，分正交异性双向弯曲板（$0.5 < \lambda_e < 2.0$）、强边方向单向板（$\lambda_e \leqslant 0.5$）和弱边方向单向板（$\lambda_e \geqslant 2.0$）来进行计算。有效边长比 $\lambda_e = \mu l_x / l_y$，其中 l_x 和 I_y 分别为组合板强边和弱边方向的跨度，$\mu = (I_x / I_y)^{1/4}$ 称为组合板的异向系数，I_x 和 I_y 分别为组合板顺肋方向和垂直肋方向的截面惯性矩（计算 I_y 时只考虑压型钢板顶面以上的混凝土计算厚度 h_c，见图 8-12）。通常，组合板的强度验算包括正截面抗弯承载力、抗冲剪承载力和斜截面抗剪承载力。

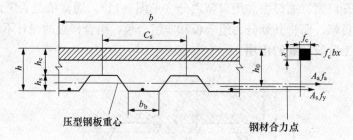

图 8-12　组合板正截面计算简图

在正弯矩 M 的作用下，组合板截面应当满足一般钢筋混凝土受弯构件的正截面受弯承载力要求，即

$$M \leqslant \alpha_1 f_c bx(h_0 - x/2) \tag{8-4a}$$

$$\alpha_1 f_c bx = A_a f_a + A_s f_y \tag{8-4b}$$

式中　α_1——受压区混凝土压应力影响系数，一般取 $\alpha_1 = 1.0$，混凝土强度等级为 C80 时，$\alpha_1 = 0.94$。

混凝土受压区高度应符合 $x \leqslant h_c$ 的要求，《组合结构设计规范》（JGJ 138—2016）还给出了对 x 的限值。组合板在负弯矩作用下的计算和斜截面受剪及局部荷载作用下的计算，可按照《组合结构设计规范》（JGJ 138—2016）的有关规定进行。

钢筋混凝土与钢梁应可靠连接，使两者作为整体来承担荷载，即形成所谓的组合梁。组合梁可设置托板（见图 8-13），有利于增加板在支座处的剪切承载力和刚度，但会增加构造的复杂性且施工不便，一般宜优先采用不带托板的组合梁。组合梁中的钢梁常采用单轴对称的工字形截面，其上翼缘和混凝土板共同工作，宽度可小于下翼缘。

混凝土板参与组合梁的工作，其宽度可以梁中间线为界，但当板宽厚比较大时，由于剪切滞后效应，应力沿板宽度的分布实际上是不均匀的。为简化计算，可将应力视为在板的有效宽度 b_e 内均匀分布，按式（8-5）计算 b_e，即

$$b_e = b_0 + b_1 + b_2 \tag{8-5}$$

式中　b_0——钢梁上翼缘宽度［见图 8-13（a）］，设置板托时为板托顶部的宽度［见图 8-13（b），当 $\alpha \leqslant 45°$ 时取 $\alpha = 45°$］；当混凝土板与钢梁不直接接触（如有压型钢板分割）时，取栓钉的间距，仅有一排栓钉时取 0。

b_1、b_2——梁两侧的翼缘板计算宽度，对于塑性中和轴位于混凝土板内的情形，可取梁等效跨径 l_e 的 1/6，且不应大于相邻钢梁上翼缘（或板托）间净距 s_0 的 1/2（见

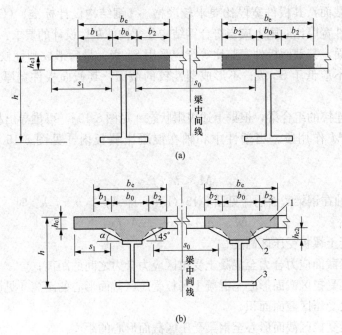

图 8-13 翼缘板的有效宽度

（a）不设托板的组合梁；（b）设托板的组合梁

1—混凝土翼板；2—托板；3—钢梁

图 8-13）；对边梁，b_1 还不应超过混凝土翼板实际外伸长度 s_1（见图 8-13）。

l_e——等效跨径，对于简支组合梁取其跨度 l；对于连续组合梁，中间跨正弯矩区取 $0.6l$，边跨正弯矩区取 $0.8l$；支座负弯矩区取为相邻两跨跨度之和的 20%。

为保证钢筋混凝土板与钢梁形成整体，在两者之间须设置可靠的连接件，来承受沿梁轴向的纵向剪切力，故称为抗剪连接件。组合梁的抗剪连接件宜采用圆柱头焊钉［见图 8-14（a）］，也可采用槽钢［见图 8-14（b）］，或有可靠依据的其他类型连接件。连接件的尺寸和间距按《钢结构设计标准》（GB 50017—2017）的规定确定。

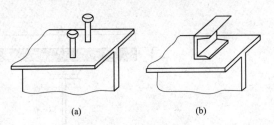

图 8-14 抗剪连接件

（a）圆柱头焊钉连接件；（b）槽钢连接件

当连接件有充分能力传递混凝土板和钢梁之间的剪力时，称为完全抗剪连接组合梁，此时可按截面形成塑性铰作为承载力极限状态，并依此建立其抗弯承载力计算公式。针对混凝土和钢材的材料性能特点，可认为：

（1）位于塑性中和轴一侧的受拉混凝土因开裂而不参加工作，板托部分也不考虑，混凝土受压区假定为均匀受压，并达到轴心受压强度设计值。

（2）根据塑性中和轴的位置，钢梁可能为全部受拉或部分受拉，但都设定为均匀受力，并达到钢材的抗拉或抗压强度设计值。

（3）忽略钢筋混凝土翼板受压区中钢筋的作用。

满足上述条件应首先保证钢梁板件不会发生局部失稳而导致过早丧失承载力，因此对构成组合梁的钢梁截面，其板件宽厚比要求较严格。《钢结构设计标准》（GB 50017—2017）要求钢梁截面板件宽厚比原则上应当符合钢结构受弯构件塑性设计的要求：形成塑性铰并发生塑性转动的截面，其截面板件宽厚比等级应采用 S1 级；最后形成塑性铰的截面，其截面板件宽厚比等级不应低于 S2 级；不形成塑性铰的截面，其截面板件宽厚比等级不应低于 S3 级。

对完全抗剪连接的组合梁，根据上述极限状态［见图 8-15］，可推导出相应的验算公式：

（1）正弯矩 M 作用段。当塑性中和轴在混凝土翼板内［见图 8-15（a）］，即 $Af \leqslant b_e x f_c h_{c1}$ 时

$$M \leqslant b_e x f_c y \tag{8-6a}$$

当塑性中和轴在钢梁截面内［见图 8-15（b）］，即 $Af > b_e x f_c h_{c1}$ 时

$$M \leqslant b_e h_{c1} f_c y_1 + A_c f y_2 \tag{8-6b}$$

式中　x——混凝土翼板受压区高度；

　　　y——钢梁截面应力合力至混凝土受拉区应力合力之间的距离；

　　　y_1——钢梁受拉区截面形心至混凝土翼板受压区截面形心的距离［见图 8-15（b）］；

　　　A_c——钢梁受压区截面面积；

　　　y_2——钢梁受拉区截面形心至钢梁受压区截面形心的距离。

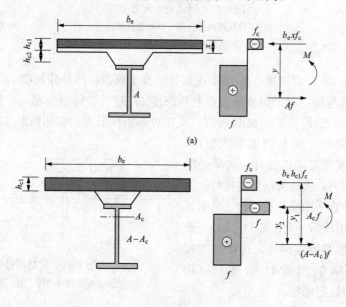

图 8-15　正弯矩作用段组合梁截面抗弯承载力计算图
（a）塑性中和轴在混凝土翼板内；（b）塑性中和轴在钢梁内

（2）负弯矩 M 作用段。一般总有 $A_{st} \leqslant A$，故可设组合梁塑性中和轴总位于钢梁截面内，应力分布如图 8-16 所示。引用钢梁截面的塑性弯矩 M_s，可建立验算公式

$$M \leqslant M_s + A_{st} f_{st}(y_3 + y_4/2) \tag{8-7}$$

$$M_s = (S_1 + S_2) f$$

式中　M_s——钢梁截面的塑性弯矩；

S_1、S_2——钢梁塑性中和轴（平分钢梁截面积的轴线）两侧截面对该轴的面积矩；

y_3——纵向钢筋截面形心与组合梁塑性中和轴之间的距离，可先确定钢梁受压截面面积 $A_c = 0.5(A + A_{st}f_{st}/f)$，进而确定 y_3；

y_4——组合梁塑性中和轴与钢梁塑性中和轴之间的距离，当组合梁塑性中和轴在钢梁腹板内时，取 $y_4 = A_{st}f_{st}/(2t_w f)$，当该中和轴在钢梁翼缘内时，可取 y_4 等于钢梁塑性中和轴至腹板上边缘的距离。

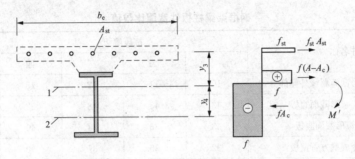

图 8-16　负弯矩作用段组合梁截面抗弯承载力计算图
1—组合截面塑性中和轴；2—钢梁截面塑性中和轴

当连接件不足以传递全部纵向剪力，称为部分抗剪连接组合梁，其验算方法见《钢结构设计标准》（GB 50017—2017）的有关规定，此处从略。

组合梁的竖向剪力可认为全部由钢梁腹板承受，故组合梁的受剪承载力按式（8-8）验算，即

$$V \leqslant h_w t_w f_v \tag{8-8}$$

式中　h_w、t_w——钢梁腹板的高度和厚度；

f_v——钢梁钢材的抗剪强度设计值。

组合梁的设计计算还包括混凝土板和板托的纵向抗剪计算、挠度及负弯矩区裂缝宽度计算，可见《钢结构设计标准》（GB 50017—2017）的有关规定。另外，《钢结构设计标准》（GB 50017—2017）也具体给出了组合梁和组合板的构造要求，此处从略。

8.3　柱和支撑的设计

8.3.1　框架柱设计

多高层钢结构建筑中常采用的柱截面形式有箱形、焊接工字形、H 型钢、圆管、方管和矩形管等。其中，H 型钢柱由于具有截面经济合理、规格尺寸多、加工量少及便于连接等优点，应用最为广泛。焊接工字形截面和箱形截面的优点是能灵活调整截面尺寸，容易实现截面关于两个主轴有相同或相似的弯曲刚度；但其加工量大，尤其是箱形截面。若采用钢管混凝土组合柱，除了能大幅度提高管状柱的承载力外，对其防火性能也十分有利。轧制型钢虽然经济，但采用灵活度更高的焊接工字形截面，可显著改善结构效能，有利于节约钢材，材料利用率更高。

框架柱一般都是压（拉）弯构件，柱截面尺寸的拟定可参考同类工程，若在初步设计

中，已知柱的大概轴力设计值 N，则可近似以承受 $1.2N$ 的轴心受压构件来初拟柱截面尺寸，并尽量采用较薄的钢板，其厚度不宜超过 100mm。如果采用变截面柱的形式，大致可按每 $3\sim4$ 层做一次截面变化。

钢框架梁柱板件宽厚比不应大于表 8-6 的规定，表中所列数值适用于 $f_y=235\text{N/mm}^2$ 的 Q235 钢，对于其他牌号钢材，表 8-6 中所列数值应乘以钢号修正系数 ε_k，但圆管截面柱乘以 ε_k^2。

表 8-6　　　　　　　　　　　钢框架梁柱板件宽厚比限值

板件名称		抗震等级				非抗震设计
		一	二	三	四	
柱	工字形截面翼缘外伸部分	10	11	12	13	13
	工字形截面腹板	43	45	48	52	50
	箱形截面腹板	33	36	38	40	40
	冷成型方管壁板	32	35	37	40	40
	圆管（径厚比）	50	55	60	70	70
梁	工字形截面和箱形截面翼缘外伸部分	91	9	10	11	11
	箱形截面翼缘在两腹板之间部分	30	30	32	36	36
	工字形截面和箱形截面腹板	$72\sim120$ $\rho\geqslant30$	$72\sim100$ $\rho\geqslant35$	$80\sim110$ $\rho\geqslant40$	$85\sim120$ $\rho\geqslant45$	$85\sim120$ ρ

注　表中 $\rho=N/(Af)$ 为梁轴压比。

根据《高层民用建筑钢结构技术规程》（JGJ 99—2015）的规定，框架柱的长细比，在抗震等级为一级时不应大于 $60\varepsilon_k$，二级时不应大于 $80\varepsilon_k$，三级时不应大于 $100\varepsilon_k$，四级时不应大于 $120\varepsilon_k$。为满足强柱弱梁的设计要求，使塑性铰出现在梁端而不是柱端，在任一节点处，有抗震设防烈度要求的柱截面塑性抵抗矩和梁截面塑性抵抗矩宜满足下列要求：

等截面梁与柱连接时

$$\sum W_{pc}(f_{yc}-N/A_c)\geqslant\eta\sum W_{pb}f_{yb} \tag{8-9a}$$

梁端扩大（如加盖板、加腋等）或采用骨式连接的端部变截面、等截面梁与柱连接时

$$\sum W_{pc}(f_{yc}-N/A_c)\geqslant\sum(\eta W_{pbl}f_{yb}+M_v) \tag{8-9b}$$

式中　W_{pc}、W_{pb}——计算平面内交汇于节点的柱和梁的截面塑性模量；

$\qquad W_{pbl}$——梁塑性铰所在截面的梁的截面塑性模量；

$\qquad f_{yc}$、f_{yb}——柱和梁钢材的屈服强度；

$\qquad N$——按设计地震作用组合得出的柱轴力设计值；

$\qquad A_c$——框架柱的截面面积；

$\qquad \eta$——强柱系数，抗震等级为一、二、三级和四级时分别取 1.15、1.1、1.05 和 1.0；

$\qquad M_v$——梁塑性铰剪力对梁端产生的附加弯矩；

$\qquad V_{pb}$——梁塑性铰剪力。

《建筑抗震设计规范》（GB 50011—2010）规定，有下列情形者无须进行式（8-9）的校核：

(1) 柱所在楼层的受剪承载力比相邻上一层的受剪承载力高 25%。

(2) 柱轴压比不超过 0.4。

(3) 柱轴力符合 $N_2 \leqslant \varphi A_c f$（$N_2$ 为 2 倍地震作用下的组合轴力设计值）时。

(4) 与支撑斜杆相连的节点。

对框筒结构柱，应符合式（8-10）的要求，即

$$N_c/(A_c f) \leqslant \beta \tag{8-10}$$

式中　N_c——框筒结构柱在地震作用组合下的最大轴向压力设计值；

　　　A_c——框筒结构柱截面面积；

　　　f——框筒结构柱钢材强度设计值；

　　　β——系数，抗震等级为一、二、三级时取 0.75，四级时取 0.80。

梁柱连接处，柱腹板上应设置与梁上、下翼缘相对应的水平加劲肋或隔板。在强震作用下，为了使梁柱连接节点域腹板不致失稳，以利吸收地震能量，对工字形截面柱和箱形截面柱腹板在节点域范围的稳定性，应符合式（8-11）的要求，即

$$t_{wc} \geqslant (h_{0b} + h_{0c})/90 \tag{8-11}$$

式中　t_{wc}、h_{0b}、h_{0c}——节点域的柱腹板厚度、梁腹板高度和柱腹板高度。

在荷载效应基本组合作用下，纯框架柱的计算长度应按有侧移情形确定。对满足《钢结构设计标准》（GB 50017—2017）规定的强支撑（或剪力墙）框架，柱的计算长度应按无侧移情形确定。有侧移和无侧移情形下柱的计算长度系数 μ 可分别按下列近似公式计算：

有侧移情形

$$\mu = \sqrt{\frac{1.6 + 4(K_1 + K_2) + 7.5 K_1 K_2}{K_1 + K_2 + 7.5 K_1 K_2}} \tag{8-12a}$$

无侧移情形

$$\mu = \sqrt{\frac{(1 + 0.41 K_1)(1 + 0.41 K_2)}{(1 + 0.82 K_1)(1 + 0.82 K_2)}} \tag{8-12b}$$

式中　K_1、K_2——交于柱上、下端的横梁线刚度之和与柱线刚度之和的比值。

式（8-12）的计算结果尚需依据梁远端约束情形和横梁的轴力进行适当修正。

8.3.2　梁与柱的连接

框架梁柱连接节点往往是影响框架力学性能的关键，其设计除保证有足够的强度、刚度和延性外，还应力求传力简洁、符合计算假定、便于加工和安装。根据梁柱连接的转动刚度不同，一般可分为刚性连接、柔性连接（铰接）和半刚性连接。刚性连接能承担弯矩和剪力，柔性连接不能承担弯矩，半刚性连接介于两者之间。

梁与柱的刚性连接是多高层钢结构的常见形式，主要有完全焊接、完全栓接和栓焊混合三种做法，如图 8-17 所示。对完全焊接情形，梁翼缘与柱翼缘间应采用全熔透坡口焊缝，并按规定设置衬板，对于抗震等级为二级和一级的建筑，应检验焊缝金属的 V 形切口冲击韧性，其夏比冲击韧性在 -20℃时不应低于 27J；当框架梁端垂直于工字形柱腹板时，柱在梁翼缘对应位置设置横向加劲肋，且加劲肋厚度不应小于梁翼缘厚度；梁与柱的现场连接

中，梁翼缘与柱横向加劲肋用全熔透焊缝连接，并应避免连接处板件宽度的突变。对完全栓接和栓焊混合情形，所有的螺栓都采用摩擦型连接高强度螺栓；当梁翼缘提供的塑性截面模量小于梁全截面塑性截面模量的 70％时，梁腹板与柱的连接螺栓不应少于两列。

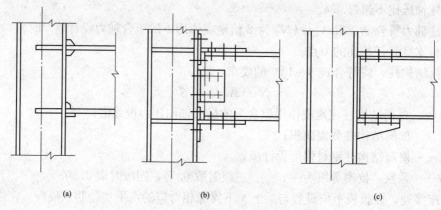

图 8-17　梁与柱的刚性连接
(a) 完全焊接；(b) 完全栓接；(c) 栓焊混合

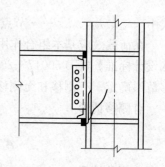

图 8-18　梁柱连接的地震裂缝

梁柱的完全焊接及如图 8-18 所示的梁翼缘对焊、腹板栓接于柱的构造方案，曾被认为性能良好、可靠，但 1994 年美国 Northridge 地震后发现不少建筑物出现如图 8-18 所示的裂缝。裂缝大多起源于梁下翼缘和柱的连接焊缝边缘处，并向柱内延伸。针对此震害，通过广泛研究，从多方面提出了改进意见，例如，为防止焊缝金属韧性过低，对它的最低冲击功做了规定：鉴于焊接用衬板和柱翼缘间的缝隙相当于初始裂纹，在焊后宜将衬板除去并补焊翼缘坡口焊的焊根，若焊后不除去衬板，则下翼缘焊缝的衬板应有足够的角焊缝消除间隙；腹板端部扇形切角的尺寸不宜过小，以免影响剖口焊缝因不易施焊而降低质量。另外，在节点设计方面，也提出了一些改进方法：把梁翼缘局部削弱，形成骨式连接 [见图 8-19 (a)]，使塑性铰从梁端外移；在梁端部加腋 [见图 8-19 (b)]，使塑性铰外移；梁的短段在工厂和柱焊接，再与梁的主段在工地拼接，以保证焊接质量。

多层框架中也可由部分梁和柱刚性连接组成抗侧力结构，而另一部分梁则铰接于柱，此时框架部分柱只承受竖向荷载。设有足够支撑的非地震区多层框架原则上可全部采用柔性连接，图 8-20 所示为一些典型的柔性连接，包括用连接角钢、端板和支托三种方式。连接角钢和图 8-20 (c) 所示的端板都只把梁的腹板和柱相连，或是放在梁高度中央 [见图 8-20 (a)]，或是偏上放置 [见图 8-20 (b)、(c)]。偏上放置使梁端转动时上翼缘处变形小，对梁上面的铺板影响小。当梁用支托连于柱腹板时，宜用厚板作为支托构件 [见图 8-20 (d)]，以免柱腹板承受较大弯矩。在需要用小牛腿时，则应如图 8-20 (e) 所示做成工字形截面，并把它的两块翼缘都焊于柱翼缘上，使偏心力矩 $M=Re$ 以力偶的形式直接传递给柱翼缘。

多层框架依靠梁柱组成的刚架体系，在层数不多或水平力不大的情况下，梁与柱可做成

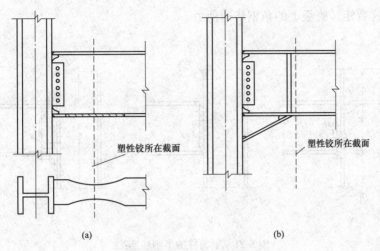

图 8-19　改进的节点构造

（a）骨式连接；（b）加腋连接

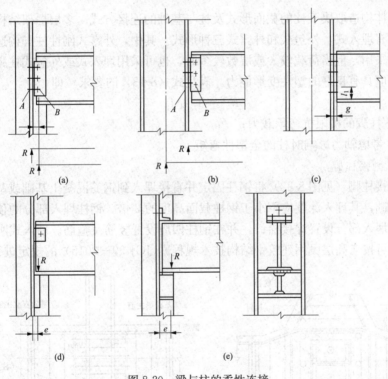

图 8-20　梁与柱的柔性连接

半刚性连接。图 8-21 所示为一些典型的半刚性连接形式，图 8-21（a）、（b）所示为采用端板—高强度螺栓的连接方式（图中虚线表示必要时可设柱加劲肋），端板在大多情况下伸出梁高度范围之外。梁端弯矩化作力偶，其拉力经上翼缘传递，受拉螺栓布置在受拉翼缘上、下两侧对称的位置，压力则可通过端板或柱翼缘承压传递，受压区螺栓可少量设置，与受拉区螺栓一起传递剪力。图 8-21（c）则用连于翼缘的上、下角钢和高强度螺栓来连接，由上、下角钢一起传递弯矩,腹板上的角钢传递剪力。

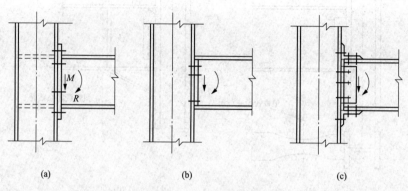

(a)　　　　　　　　　(b)　　　　　　　　　(c)

图 8-21　梁与柱的半刚性连接

8.3.3　柱脚形式及设计要点

柱脚的具体构造取决于柱的截面形式及柱与基础的连接方式。多层框架结构大多采用刚性柱脚,主要有埋入式、外包式和外露式三种形式。其中,外露式刚性柱脚构造简单、施工方便,应优先采用,但当荷载较大或层数较多时,也可采用埋入式或外包式柱脚。

刚性柱脚应具有良好的塑性变形能力,满足式(8-13)的要求,即

$$M_u^B = 1.2 M_{pc} \tag{8-13}$$

式中　M_u^B——柱脚的极限抗弯承载力;

　　M_{pc}——考虑轴力影响时柱的全塑性弯矩。

1. 埋入式刚接柱脚

埋入式刚接柱脚(见图 8-22)将钢柱固定并直接埋入到钢筋混凝土基础或基础梁中,形成刚性固定基础,其埋入深度应不小于钢柱截面高度的 2 倍。钢柱埋入部分的顶部应设置水平加劲肋,在埋入部分设置焊接栓钉,并在钢柱四周设置竖筋及箍筋。埋入式刚接柱脚的具体设计和计算可按《高层民用建筑钢结构技术规程》(JGJ 99—2015)的规定进行。

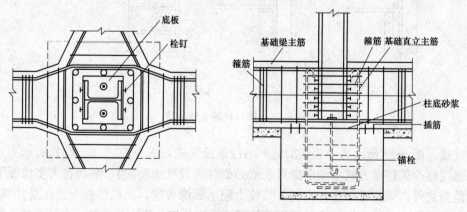

图 8-22　埋入式刚接柱脚

2. 外包式刚接柱脚

外包式刚接柱脚（见图 8-23）是将柱脚用钢筋混凝土包起来，其混凝土包脚高度、截面尺寸和箍筋配置等对柱脚的内力传递和恢复力特性影响较大，可参照埋入式刚接柱脚的相关构造要求。外包式刚接柱脚的底板可放置在桩承台上、基础底板上或地下室楼层板上，钢柱翼缘在混凝土内应设置焊接栓钉。外包式刚接柱脚的具体设计和计算可按《高层民用建筑钢结构技术规程》（JGJ 99—2015）的规定进行。

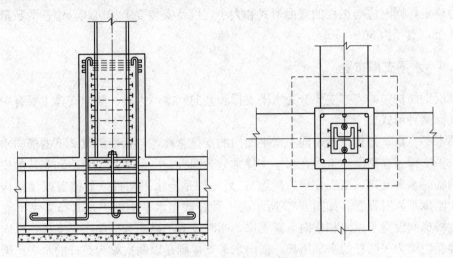

图 8-23 外包式刚接柱脚

3. 外露式刚接柱脚

外露式刚接柱脚（见图 8-24）构造简单，但不易获得可靠的刚性，必须设置加劲肋或锚栓支承托板。柱脚在地面以下部分，应采用强度等级较低的混凝土（如 C10）包裹，混凝土保护层厚度不应小于 50mm，并使包裹的混凝土高出地面不小于 150mm。埋入部分的钢柱表面应做除锈处理，但不做涂料涂装。柱脚在地面以上时，柱脚底面应高出地面不小于 100mm。

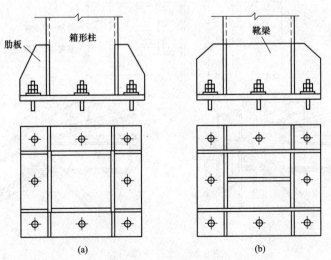

图 8-24 外露式刚接柱脚

对抗震设防结构，柱翼缘与底板间应采用完全熔透的对接坡口焊缝连接，柱腹板及加劲肋与底板间宜采用双面角焊缝。对非抗震结构，柱底宜磨平顶紧，柱翼缘与底板间可采用半熔透的对接坡口焊缝，柱腹板及加劲肋仍采用双面角焊缝。

外露式刚接柱脚的轴力、弯矩直接传递给下部混凝土，此时应验算基础混凝土的抗压强度及锚栓的抗拉强度。柱底板的尺寸由底板反力和底板区格边界条件计算确定，在柱弯矩作用下，当底板应力为负（拉应力）时，拉力由锚栓承担。锚栓的数量和规格根据受拉侧锚栓的总拉力确定，同时应与钢柱的截面形式和大小，以及安装要求相协调。锚栓的数量每侧不应小于 2 个，直径为 30～76mm。

8.3.4　水平支撑布置

多高层钢结构中的支撑主要分为水平支撑和竖向支撑两大类。竖向支撑主要有中心支撑和偏心支撑两种形式。

所谓水平支撑，是指设置于同一水平面内的支撑总称，包括通常意义下的横向水平支撑和纵向水平支撑。在高层建筑中，水平支撑常分为两种：一种是为了建造和安装的安全需要而设置的临时水平支撑（施工完毕后拆除）；另一种是当水平构件（如楼盖或屋盖构件）不能构成大刚度平面时设置。如图 8-25 所示为一种在楼盖水平刚度不足时布置水平支撑的方案，围绕楼梯间设置了纵向和横向垂直支撑，同时设置了纵向和横向水平支撑。纵向水平支撑是由楼面边梁为一弦杆的水平桁架，横向水平支撑则是以两次梁为弦杆的水平桁架。水平桁架的杆件可用角钢，图 8-25 给出了两种水平桁架腹杆在节点处的连接方式，1 为在梁柱节点处的连接，2 为在非梁柱节点处的连接。应当注意，两种连接的节点板表面均高出梁上翼缘，在采用压型钢板为楼（屋）面的底板时，会有构造处理上的不便。

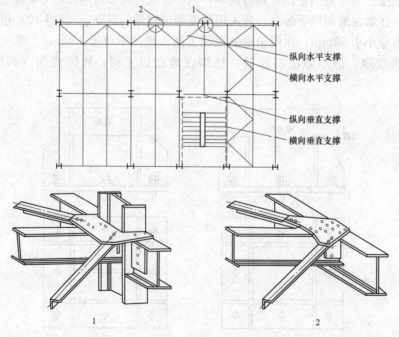

图 8-25　水平支撑布置

8.3.5　竖向支撑布置

高层钢结构中的竖向支撑大多是通过在两根柱构件间设置一系列斜腹杆所构成的，通常贯通整个建筑物高度，呈平面桁架形式。当斜腹杆都连接于梁柱节点时称为竖向中心支撑（简称中心支撑，见图 8-26），否则称为竖向偏心支撑（简称偏心支撑，见图 8-27）。竖向支撑既可以在建筑物纵向的一部分柱间布置，也可以在横向或纵横两向布置，其在平面上的位置比较灵活，既可沿外墙布置，也可沿内墙布置。

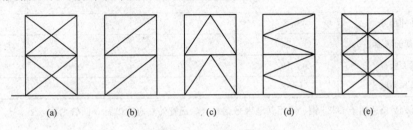

图 8-26　中心支撑

（a）十字交叉；（b）单斜杆；（c）人字形；（d）K 形；（e）跨层跨柱设置

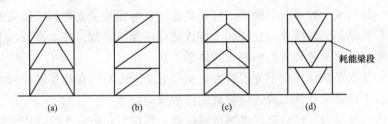

图 8-27　偏心支撑

（a）门架式；（b）单斜杆；（c）人字形；（d）V 形

1. 竖向中心支撑

竖向中心支撑宜采用十字交叉［见图 8-26（a）］、单斜杆［见图 8-26（b）］、人字形［见图 8-26（c）］和 K 形［见图 8-26（d）］等形式。K 形支撑在地震荷载作用下，斜杆的屈曲或屈服会引起较大的侧向变形，可能引发柱提前丧失承载能力，因此抗震设防结构中不得采用 K 形支撑形式。所有形式的支撑体系都可跨层跨柱设置［见图 8-26（e）］。当采用只能受拉的单斜杆形式时，应同时设置不同倾斜方向的两组单斜杆（见图 8-28），且每层中不同方向单斜杆的截面面积在水平方向的投影面积之差不得大于 10%。

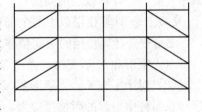

图 8-28　单斜杆成对设置

相关研究表明，在反复拉压作用下，长细比大于 $40\varepsilon_k$ 的支撑承载力将显著降低，因此对抗震设防结构，支撑的长细比应做更严格的要求。非抗震设防结构中的中心支撑，当按只能受拉的杆件设计时，其长细比不应大于 $300\varepsilon_k$；当按既能受拉又能受压的杆件设计时，其长细比不应大于 $150\varepsilon_k$。抗震设防结构中的支撑杆件长细比，在按受压杆件设计时不应大于 $120\varepsilon_k$；抗震等级为一、二、三级的中心支撑不得采用受拉杆件设计；抗震等级为四级的中心支撑采用拉杆设计时，其长细比不应大于 180。

支撑板件的屈曲有时会比杆件屈曲更为不利，对 6 度抗震设防和非抗震设防，支撑斜杆的板件宽厚比可按《钢结构设计标准》（GB 50017—2017）的规定采用，但对抗震设防结构中的支撑板件，其宽厚比不宜大于表 8-7 规定的限值。

表 8-7   中心支撑板件宽厚比限值

板件名称	抗震等级			
	一	二	三	四
翼缘外伸部分	8	9	10	13
工字形截面腹板	25	26	27	33
箱形截面腹板	18	20	25	30
圆管外径与壁厚比	38	40	40	42

注 表中所列数值适用于 Q235 钢，采用其他牌号钢材（除圆管外）应乘以 ε_k，圆管则乘以 ε_k^2，f_y 以 N/mm^2 为单位。

支撑斜杆宜采用双轴对称截面，当采用单轴对称截面（如 T 形截面）时，应采取防止绕对称轴屈曲的构造措施。结构抗震设防烈度不小于 7 度时，不宜采用双角钢组合的 T 形截面。与支撑一起组成支撑系统的横梁、柱及其连接，应能承受支撑斜杆传来的内力。与人字形支撑、V 形支撑相交的横梁，在柱间支撑连接处应保持连续。按 8 度及以上抗震设防的结构，可考虑使用带有消能装置的中心支撑体系。

高层钢结构在水平荷载作用下变形较大，须考虑二阶效应。在初步设计阶段计算支撑杆件内力时，可按下列要求计算二阶效应导致的附加效应：

（1）在重力和水平力（风荷载或多遇地震荷载）作用下，竖向支撑除作为竖向桁架的斜杆承受水平荷载引起的剪力外，还应承受水平位移和重力荷载产生的附加弯曲效应。楼层附加剪力可按式（8-14）计算，即

$$V_i = 1.2 \frac{\Delta \mu_i}{h_i} \sum G_i \tag{8-14}$$

式中 h_i——计算楼层的高度；

     $\sum G_i$——计算楼层以上的全部重力；

     $\Delta \mu_i$——计算楼层的层间位移。

对人字形和 V 形支撑，尚应考虑支撑跨梁传来的楼面垂直荷载。

（2）对十字交叉、人字形和 V 形支撑的斜杆，尚应计入柱在重力作用下的弹性压缩变形和在斜杆中引起的附加压应力，可按下列公式计算：

对十字交叉支撑的斜杆

$$\Delta \sigma_{br} = \frac{\sigma_c}{\left(\frac{l_{br}}{h}\right)^2 + \frac{h A_{br}}{l_{br} A_c} + 2 \frac{b^3 A_{br}}{l_{br} h^2 A_b}} \tag{8-15}$$

对人字形和 V 形支撑的斜杆

$$\Delta \sigma_{br} = \frac{\sigma_c}{\left(\frac{l_{br}}{h}\right)^2 + \frac{b^3 A_{br}}{24 l_{br} I_b}} \tag{8-16}$$

式中　　　σ_c——斜杆端部连接固定后，该楼层以上各层增加的永久荷载和可变荷载产生的柱压应力；

$\quad\quad\quad l_{br}$——支撑斜杆的长度；

$\quad b、I_b、h$——支撑跨梁的长度、绕水平主轴的惯性矩和楼层高度；

$A_{br}、A_c、A_b$——计算楼层的支撑斜杆、支撑跨的柱和梁的截面面积。

在重复荷载作用下，人字形和 V 形支撑的斜杆在受压屈曲后，使横梁产生较大的变形，并使体系的抗剪能力发生较大退化。考虑此因素，在多遇地震效应组合作用下，人字形和 V 形支撑的斜杆内力应乘以增大系数 1.5。

支撑斜杆在多遇地震作用效应组合下，应按受压杆件验算，即

$$\frac{N}{\varphi A_{br}} \leqslant \eta \frac{f}{\gamma_{RE}} \tag{8-17}$$

$$\eta = 1/(1 + 0.35\lambda_n)$$

$$\lambda_n = \lambda(f_y/E)^{1/2}/\pi$$

式中　η——承受循环荷载时的设计强度降低系数；

$\quad\gamma_{RE}$——支撑承载力抗震调整系数，按《建筑抗震设计规范》（GB 50011—2010）取 0.8；

$\quad\lambda_n$——支撑斜杆的正则化长细比。

对带有消能装置的中心支撑体系，支撑斜杆的承载力还应至少为消能装置滑动或屈服时承载力的 1.5 倍。

图 8-29 为中心支撑节点的一些常见构造形式，其中带有双节点板的通常称为重型支撑；反之，称为轻型支撑。地震区的工字形截面中心支撑宜采用轧制宽翼缘 H 型钢，若采用焊接工字形截面，则其腹板和翼缘的连接焊缝应设计成焊透的对接焊缝，以免在地震荷载的反复作用下使焊缝出现裂缝。与支撑相连接的柱通常加工成带悬臂梁段的形式［见图 8-29（f）］，避免梁柱节点处出现焊缝。

2. 竖向偏心支撑

偏心支撑框架中，除了支撑斜杆不交于梁柱节点的几何特征外，还包括精心设计的耗能梁段（见图 8-27）。位于支撑斜杆与梁柱节点（或支撑斜杆）之间的耗能梁段，一般比支撑斜杆的承载力低，但却具有在重复荷载作用下良好的塑性变形能力。在正常使用状态下，偏心支撑框架具有足够的水平刚度，但当在遭遇强烈地震作用时，耗能梁段将首先屈服吸收能量，有效控制了作用于支撑斜杆上的荷载份额，使其不丧失承载力，从而保证整个结构不会发生坍塌。

偏心支撑斜杆的长细比不应大于 $120\varepsilon_k$，板件宽厚比不应超过《钢结构设计标准》（GB 50017—2017）规定的轴心受压构件在弹性设计时的宽厚比限值。偏心支撑斜杆，一端与耗能梁段连接，另一端可连接在梁与柱相交处，或与另一支撑一起与梁连接，并在支撑与柱之间或在支撑与支撑之间形成耗能梁段（见图 8-27）。耗能梁段的局部稳定要求应严于一般框架梁，以利塑性发展，具体要求如下：

（1）翼缘板自由外伸宽度 b_1 与其厚度 t_f 之比，应符合式（8-18）的要求，即

$$b_1/t_f \leqslant 8\varepsilon_k \tag{8-18}$$

（2）腹板计算高度 h_0 与其厚度 t_w 之比，应符合下列公式的要求：

当 $N_{lb}/(A_{lb}f) \leqslant 0.14$ 时

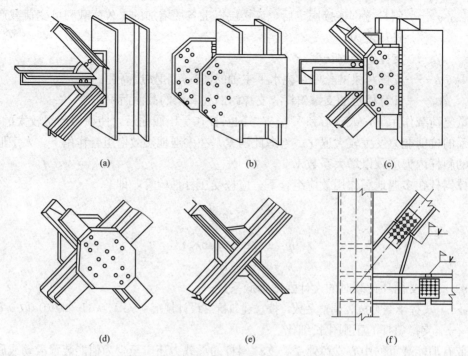

(a)   (b)   (c)

(d)   (e)   (f)

图 8-29 中心支撑节点构造

$$h_0/t_w \leqslant 90[1 - 1.65N_{lb}/(A_{lb}f)]\varepsilon_k \tag{8-19a}$$

当 $N_{lb}/(A_{lb}f) > 0.14$ 时

$$h_0/t_w \leqslant 33[2.3 - N_{lb}/(A_{lb}f)]\varepsilon_k \tag{8-19b}$$

式中 N_{lb}——耗能梁段的轴力设计值；

A_{lb}——耗能梁段的截面面积。

由于高层钢结构顶层的地震力通常较小，满足强度要求时一般不会发生屈曲，因此顶层可不设耗能梁段。

耗能梁段的塑性受剪承载力 V_p 和塑性受弯承载力 M_p，以及梁段承受轴力时的全塑性受弯承载力 M_{pc}，应分别按下列公式计算，即

$$V_p = 0.58f_y h_0 t_w \tag{8-20}$$

$$M_p = W_p f_y \tag{8-21}$$

$$M_{pc} = W_p(f_y - \sigma_N) \tag{8-22}$$

式中 W_p——耗能梁段截面的塑性截面模量；

σ_N——轴力产生的梁段翼缘平均正应力，当 $\sigma_N < 0.15f_y$ 时，取 $\sigma_N = 0$。

耗能梁段的长度，是偏心支撑框架的关键问题。净长 $a \leqslant 1.6M_p/V_p$ 的耗能梁段为短梁段，其非弹性变形主要为剪切变形，属剪切屈服型；净长 $a > 1.6M_p/V_p$ 的耗能梁段为长梁段，其非弹性变形主要为弯曲变形，属弯曲屈服型。试验研究表明，剪切屈服型耗能梁段对偏心支撑框架抵抗大震特别有利，一方面能使其弹性刚度与中心支撑框架接近；另一方面其耗能能力和滞回性能均优于弯曲屈服型。耗能梁段净长最好不超过 $1.3M_p/V_p$，但也不宜过短，否则塑性变形过大，有可能导致过早的塑性破坏。目前，耗能梁段宜设计成 $a \leqslant 1.6M_p/V_p$ 的剪切屈服型，当其与柱连接时，不应设计成弯曲屈服型。

支撑斜杆轴力的水平分量将成为耗能梁段的轴力 N，当此轴力较大时，除降低此梁段的受剪承载力外，还降低其受弯承载力，因而需要减小该梁段的长度，以保证其具有良好的滞回性能。因此，当耗能梁段的轴力 $N>0.16Af$ 时，其长度 a（见图 8-30）应符合下列规定：

当 $\rho(A_w/A)<0.3$ 时

$$a<1.6M_p/V_p \tag{8-23a}$$

当 $\rho(A_w/A)\geqslant 0.3$ 时

$$a\leqslant[1.15-0.5\rho(A_w/A)]1.6M_p/V_p \tag{8-23b}$$

$$\rho=N/V$$

式中　A、A_w——耗能梁段的截面面积和腹板截面面积；

　　　　ρ——耗能梁段轴力设计值与剪力设计值之比。

耗能梁段的截面宜与同一跨内框架梁相同，耗能梁段腹板承担的剪力不宜超过其承载力的 90%，以使其在多遇地震下保持弹性。剪切屈服型耗能梁段腹板完全用来抗剪，轴力和弯矩只能由翼缘承担。耗能梁段的强度校核如下：

（1）腹板强度。当 $N\leqslant 0.15Af$ 时

$$V\leqslant\phi V_1/\gamma_{RE},V_1=\min\left(V_p,\frac{2M_p}{a}\right) \tag{8-24a}$$

当 $N>0.15Af$ 时

$$V\leqslant\phi V_{lc}/\gamma_{RE},V_{lc}=\min\left[V_p\sqrt{1+\left(\frac{N}{Af}\right)^2},\frac{2.4M_p}{a}\left(1-\frac{N}{Af}\right)\right] \tag{8-24b}$$

（2）翼缘强度

$$\left(\frac{M}{h_1}+\frac{N}{2}\right)\frac{1}{b_f t_f}\leqslant f/\gamma_{RE} \tag{8-25}$$

式中　V、N、M——耗能梁段的剪力、轴力和弯矩设计值；

　　　　ϕ——计算系数，可取 0.9；

　　　　γ_{RE}——耗能梁段承载力抗震调整系数，按《建筑抗震设计规范》（GB 50011—2010）取 0.75；

　　　　h_1——耗能梁段上、下翼缘形心之间的距离；

　　　　b_f、t_f——耗能梁段翼缘的宽度和厚度。

偏心支撑的设计意图是当地震作用足够大时，耗能梁段屈服，而支撑不屈曲，这取决于支撑的承载力。设置适当的加劲肋后，耗能梁段的极限受剪承载力可超过 $0.9f_y h_0 t_w$，为设计受剪承载力 $0.58f_y h_0 t_w$ 的 1.55 倍。因此，支撑的轴压设计抗力，至少应为耗能梁段达到屈服强度时支撑轴力的 1.6 倍，才能保证耗能梁段进入非弹性变形而支撑不屈曲。建议具体设计时，支撑截面适当取大一些，其斜杆的承载力按式（8-26）计算，即

$$\frac{N_{br}}{\varphi A_{br}}\leqslant f/\gamma_{RE} \tag{8-26}$$

式中　A_{br}——支撑的截面面积；

　　　　φ——由支撑长细比确定的轴心受压构件稳定系数；

　　　　γ_{RE}——支撑承载力抗震调整系数，按《建筑抗震设计规范》（GB 50011—2010）取 0.8；

N_{br}——支撑轴力设计值，应取与其相连接的耗能梁段达到受剪承载力时支撑轴力与增大系数的乘积，抗震等级为一级时增大系数不应小于 1.4，二级时不应小于 1.3，三级时不应小于 1.2。

耗能梁段所用钢材的屈服强度不应大于 345MPa，以便有良好的延性和耗能能力，同时还应采取一系列的构造措施，使耗能梁段在反复荷载作用下具有良好的滞回性能，从而发挥其作用。这些措施包括：

（1）由于腹板上贴焊的补强板不能进入弹塑性变形，腹板上开洞也会影响其弹塑性变形能力，故耗能梁段的腹板不应贴焊补强板，也不应开洞。

（2）为了传递梁段的剪力并防止连梁腹板发生屈曲，耗能梁段与支撑连接处，应在其腹板两侧配置加劲肋，加劲肋的高度应为梁腹板高度，一侧的加劲肋宽度不应小于 $b_f/2-t_w$，厚度不应小于 $0.75t_w$ 和 10mm 的较大值。其中，b_f、t_w 分别为梁段的翼缘宽度和腹板厚度。

（3）耗能梁段腹板的中间加劲肋，需按梁段的长度区别对待，较短时为剪切屈服型，加劲肋间距不应大于 $30t_w-h/s$；较长时为弯曲屈服型，中间加劲肋（见图 8-30）间距可适当放宽，具体按《建筑抗震设计规范》（GB 50011—2010）的规定执行。中间加劲肋应与耗能梁段的腹板等高，当耗能梁段截面高度不大于 640mm 时，可配置单侧加劲肋，耗能梁段截面高度大于 640mm 时，应在两侧配置加劲肋。一侧加劲肋的宽度不应小于 $b_f/2-t_w$，厚度不应小于 t_w 和 10mm。

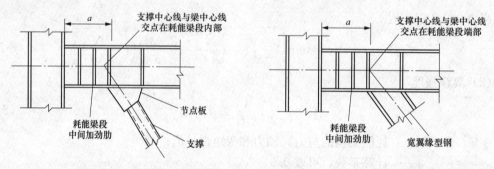

图 8-30 偏心支撑构造

（4）偏心支撑的斜杆中心线与梁中心线的交点，一般在耗能梁段的端部，也可在耗能梁段内（但不应在耗能梁段外，见图 8-30），此时将产生与耗能梁段端部弯矩方向相反的附加弯矩，减少了耗能梁段和支撑杆的弯矩，对抗震有利。

（5）耗能梁段与柱的连接应符合下列要求：

1）耗能梁段翼缘与柱翼缘之间应采用坡口全熔透对接焊缝连接，耗能梁段腹板与柱之间应采用角焊缝连接；角焊缝的承载力不应小于耗能梁段腹板的轴向承载力、受剪承载力和受弯承载力。

2）耗能梁段两端上、下翼缘应设置侧向支撑以保证其稳定，支撑的轴力设计值不应小于耗能梁段翼缘轴向承载力设计值的 6%。偏心支撑框架梁的非耗能梁段上、下翼缘，也应设置侧向支撑，支撑的轴力设计值不应小于梁翼缘轴向承载力设计值的 2%。

8.4　多高层房屋结构的分析和设计计算

8.4.1　荷载与作用

1. 竖向荷载

高层建筑钢结构楼面和屋面活荷载及雪荷载的标准值及准永久系数，应按《建筑结构荷载规范》（GB 50009—2012）的规定采用。层数较少的多层建筑应考虑活荷载的不利布置，而高层建筑中的楼面和屋面活荷载值相比永久荷载是偏小的，可不考虑活荷载的不利布置，按满载情况考虑，从而简化计算。

多高层建筑的建造大多使用附墙塔或爬塔等施工设备，可能对结构有较大影响，应根据具体情况进行施工阶段验算。多高层建筑配置擦窗机等清洁设备时，也应按其实际情况确定其对结构的影响。

2. 风荷载

风荷载对一般建筑的重现期为 50 年，对风荷载较敏感的高层建筑，承载力设计计算时应按基本风压的 1.1 倍采用。主体结构的风荷载体形系数 μ_s 可按下列公式计算：

对平面为圆形的建筑

$$\mu_s = 0.8 \tag{8-27a}$$

对平面为正多边形及三角形的建筑

$$\mu_s = 0.8 + 1.2/\sqrt{n} \tag{8-27b}$$

式中　n——多边形的边数。

对高宽比不大于 4 的平面为矩形、方形或十字形的建筑可取 $\mu_s = 1.3$，其他平面形状的 μ_s 可见《高层民用建筑钢结构技术规程》（JGJ 99—2015）的有关规定。

计算檐口、雨棚、遮阳板、阳台等水平构件的局部上浮风荷载时，其风荷载体形系数 μ_s 不宜小于 2.0。

当邻近有高层建筑互相产生干扰时，对风荷载的影响不容忽视。邻近建筑的影响通常十分复杂，目前最好的考虑方法是用建筑群模拟，通过边界层风洞试验确定。对房屋高度大于200m 或有下列情形之一的高层民用建筑，宜进行风洞试验或通过数值技术判断确定其风荷载：

（1）平面形状不规则，立面形状复杂。

（2）立面开洞或连体建筑。

（3）周围地形和环境复杂。

在计算主要承重构件时，风荷载标准值按式（8-28）计算，即

$$w_k = \beta_z \mu_s \mu_z w_0 \tag{8-28}$$

式中　β_z——风振系数，其计算方法按《建筑结构荷载规范》（GB 50009—2012）的规定执行，在计算围护结构时，β_z 应改用阵风系数 β_{gz}。

高度大于 30m，且高宽比大于 1.5 的建筑物，均应考虑风压脉动对结构产生顺风向风振的影响，按随机振动理论计算。对横风向风振作用效应或扭转风振作用效应明显的高层民用建筑，宜考虑横风向风振或扭转风振的影响。横风向风振或扭转风振的计算范围、方法及顺

风向与横风向效应的组合方法应符合《建筑结构荷载规范》（GB 50009—2012）的有关规定。

当高层建筑顶部有小体形的凸出部分（如伸出屋顶的电梯间、屋顶瞭望塔等）时，设计应考虑鞭梢效应。若定义小体形凸出部分作为独立体的基本自振周期为 T_u、主体建筑的基本自振周期为 T_1，则通过计算可知，当 $T_u \leqslant T_1/3$ 时，可假设从地面到凸出部分的顶部为一等截面高层建筑来计算风振系数，以简化计算，鞭梢效应约为 1.1。若要使鞭梢效应接近 1，则可将适用于简化计算的顶部结构自振周期范围减少到 $T_u \leqslant T_1/4$。当 $T_u > T_1/3$ 时，应按梯形体形结构用风振理论进行分析计算，鞭梢效应一般与上下部分质量比、自振周期比及承风面积比有关。相关研究表明，当 T_u 大于约 $1.5T_1$ 时，盲目增大上部结构刚度，反而引起相反的效果。另外，盲目减小上部承风面积，在 $T_u < T_1$ 范围内，其作用也不明显。

3. 地震作用

根据"小震不坏，中震可修，大震不倒"的抗震设计原则，以及抗震设防三水准和二阶段的设计要求，高层建筑钢结构的抗震设计应采用两阶段设计法。第一阶段为多遇地震作用下的弹性分析，验算构件的承载力和稳定及结构的层间侧移；第二阶段为罕遇地震作用下的弹塑性分析，验算结构的层间侧移和层间侧移延性比。多遇地震相当于 50 年超越概率为 63.2% 的地震，罕遇地震相当于 50 年超越概率为 2%～3% 的地震。在进行多遇地震作用下的抗震计算时，应注意：

（1）通常应在结构的两个主轴方向分别计入水平地震作用，各方向的水平地震作用应全部由该方向的抗侧力构件承担。

（2）当有斜交抗侧力构件，且相交角度大于 15°时，宜分别计入各抗侧力构件方向的水平地震作用。

（3）通常应计算单向水平地震作用下的扭转影响，但质量和刚度明显不对称的结构，应计算双向水平地震作用下的扭转影响。

（4）按 9 度抗震设防时，应计入竖向地震作用。

（5）高层民用建筑中的大跨度、长悬臂结构，7 度（0.15g）、8 度抗震设防时应计入竖向地震作用。

弹性反应谱理论是现阶段抗震设计的最基本理论，《建筑抗震设计规范》（GB 50011—2010）所采用的设计反应谱，如图 8-31 所示，是以水平地震影响系数 α 曲线的形式来表达的，特征周期 T_g 和水平地震影响系数最大值 α_{max} 分别见表 8-8 和表 8-9。图 8-31 中的衰减指数 γ、直线下降段的下降斜率调整系数 η_1 和阻尼调整系数 η_2 按下列公式计算，即

$$\gamma = 0.9 + \frac{0.05 - \zeta}{0.3 + 6\zeta} \tag{8-29}$$

$$\eta_1 = 0.02 + \frac{0.05 - \zeta}{4 + 32\zeta} \tag{8-30}$$

$$\eta_2 = 1 + \frac{0.05 - \zeta}{0.08 + 1.6\zeta} \tag{8-31}$$

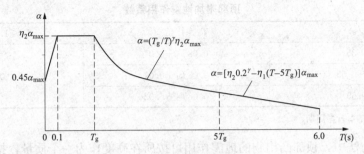

图 8-31 地震影响系数曲线

α—水平地震影响系数；α_{max}—水平地震影响系数最大值；T—结构自振周期；

η_1—直线下降段的下降斜率调整系数；η_2—阻尼调整系数；T_g—场地特征周期；γ—衰减系数

表 8-8   场地特征周期 T_g s

设计地震分组	场地类别				
	I_0	I_1	II	III	IV
第一组	0.20	0.25	0.35	0.45	0.65
第二组	0.25	0.30	0.55	0.55	0.75
第三组	0.30	0.35	0.45	0.65	0.90

表 8-9   水平地震影响系数最大值 α_{max} m/s^2

地震影响	6 度	7 度	8 度	9 度
多遇地震	0.04	0.08 (0.12)	0.16 (0.24)	0.32
设防地震	0.12	0.23 (0.34)	0.45 (0.68)	0.90
罕遇地震	0.28	0.50 (0.72)	0.90 (1.20)	1.40

注 括号中数值分别用于设计基本地震加速度为 $0.15g$ 和 $0.30g$ 的地区。

(1) 底部剪力法。采用底部剪力法计算水平地震作用时，各楼层可仅按一个自由度计算。根据《建筑抗震设计规范》(GB 50011—2010) 关于水平地震作用沿高度的分布规律，按下列公式可计算各楼层的等效地震作用，即

$$F_{Ek} = \alpha_1 G_{eq} \tag{8-32}$$

$$F_i = \frac{G_i H_i}{\sum_{j=1}^{n} G_j H_j} F_{Ek}(1-\delta_n) \tag{8-33}$$

$$\Delta F_n = \delta_n F_{Ek} \tag{8-34}$$

式中 α_1——相应于基本自振周期 T_1(s) 的水平地震影响系数值；

    G_{eq}——结构的等效总重力荷载，取总重力荷载代表值的 85%；

  G_i、G_j——第 i、j 层重力荷载代表值；

  H_i、H_j——第 i、j 层楼盖距底部固定端的高度；

    F_i——第 i 层的水平地震作用标准值；

  ΔF_n——顶部附加水平地震作用；

    δ_n——顶部附加地震作用系数，对多层钢结构房屋，可按表 8-10 采用。

表 8-10 顶部附加地震作用系数

$T_g(s)$	$T_1 > 1.4T_g(s)$	$T_1 \leqslant 1.4T_s$ (s)
$\leqslant 0.35$	$0.08T_1 + 0.07$	
$0.35 \sim 0.55$	$0.08T_1 + 0.01$	0.0
>0.55	$0.08T_1 + 0.02$	

注 T_1 为结构基本自振周期。

在底部剪力法中，顶部凸出物的地震作用可按所在高度作为一个质量，按其实际定量计算所得的水平地震作用放大 3 倍后，设计该凸出部分的结构。增大影响宜向下考虑 1～2 层，但不再往下传递。

按主体结构弹性刚度所得的钢结构计算周期，由于非结构构件及计算简图与实际情况存在差别，结构实际周期往往小于弹性计算周期，而计算地震作用的周期应略高于实测值，因此可取弹性计算周期的 1.2 倍计算地震作用，并建议计算周期考虑非结构构件影响的修正系数 ξ_T 可取 0.9。对质量及刚度沿高度分布比较均匀的结构，基本自振周期可用式（8-35）近似计算，即

$$T_1 = 1.7\xi_T \sqrt{u_n} \tag{8-35}$$

式中 u_n——结构顶层假想侧移，即假想将结构各层的重力荷载作为楼层的集中水平力，按弹性静力方法计算所得到的顶层侧移值。

式（8-35）是半经验半理论得到的通过顶点位移计算基本自振周期的近似公式，适用于具有弯曲型、剪切型或弯剪变形的一般结构。由于 u_n 是由弹性计算得到的，并且未考虑非结构构件的影响，故公式中也有修正系数 ξ_T。

在初步计算时，结构的基本自振周期也可按下列经验公式估算，即

$$T_1 = 0.1n \tag{8-36}$$

式中 n——建筑物层数（不包括地下部分及屋顶小塔楼）。

（2）振型分解反应谱法。对于不计扭转影响的结构，振型分解反应谱法可仅考虑平移作用下的地震效应组合，并应符合下列规定：

1）第 j 振型第 i 层质点的水平地震作用标准值，可按下列公式计算，即

$$F_{ji} = \alpha_j \gamma_j X_{ji} G_i (i = 1, 2, \cdots, n; j = 1, 2, \cdots, m) \tag{8-37}$$

$$\gamma_j = \sum_{i=1}^{n} X_{ji} G_i / \sum_{i=1}^{n} X_{ji}^2 G_i \tag{8-38}$$

2）水平地震作用效应（弯矩、剪力、轴向力和变形），应按式（8-39）计算，即

$$S = \sqrt{\sum S_j^2} \tag{8-39}$$

式中 α_j——相应于第 j 振型计算周期 T_j 的地震影响系数；

γ_j——第 j 振型的参与系数；

X_{ji}——第 j 振型第 i 层质点的水平相对位移；

S——水平地震作用标准值产生的效应；

S_j——第 j 振型水平地震作用标准值产生的效应，可只取前 2～3 个振型，当基本自振周期大于 1.5s 或房屋高宽比大于 5 时，振型个数可适当增加。

凸出屋面的小塔楼，应按每层一个质点进行地震作用计算和振型效应组合。当采用 3 个

振型时，所得地震作用效应可乘以增大系数 1.5；当采用 6 个振型时，所得地震作用效应不再增大。

目前，高层建筑功能复杂，体形趋于多样化，在体形复杂或不能按平面结构假定进行计算时，宜采用空间协同计算（二维）或空间计算（三维），此时应考虑空间振型（x，y，z）及其耦联作用，以及考虑结构各部分产生的转动惯量和由式（8-38）计算的振型参与系数，并应采用完全二次方根法进行振型组合。

1）第 j 振型第 i 层质点的水平地震作用标准值，应按下列公式计算，即

$$F_{xji} = \alpha_j \gamma_{tj} X_{ji} G_i \tag{8-40a}$$

$$F_{yji} = \alpha_j \gamma_{tj} Y_{ji} G_i \tag{8-40b}$$

$$F_{tji} = \alpha_j \gamma_{tj} r_i^2 \varphi_{ji} G_i \tag{8-40c}$$

式中　　r_i——第 i 层转动半径，可取第 i 层绕质心的转动惯量除以该层质量的商的正二次方根；

γ_{tj}——考虑扭转的第 j 振型参与系数；

φ_{ji}——第 j 振型第 i 层的相对扭转角；

X_{ji}、Y_{ji}——第 j 振型第 i 层质点在 x、y 方向的水平相对位移；

F_{xji}、F_{yji}、F_{tji}——第 j 振型第 i 层的 x、y 方向和转角方向的地震作用标准值。

2）考虑扭转的第 j 振型参与系数 γ_{tj}，可按下列公式确定：

当仅取 x 方向地震时

$$\gamma_{tj} = \sum_{i=1}^n X_{ji} G_i \Big/ \sum_{i=1}^n (X_{ji}^2 + Y_{ji}^2 + \varphi_{ji}^2 r_i^2) G_i \tag{8-41a}$$

当仅取 y 方向地震时

$$\gamma_{tj} = \sum_{i=1}^n Y_{ji} G_i \Big/ \sum_{i=1}^n (X_{ji}^2 + Y_{ji}^2 + \varphi_{ji}^2 r_i^2) G_i \tag{8-41b}$$

当地震作用方向与 x 轴有 θ 夹角时，可用 $\gamma_{\theta j}$ 代替 γ_{tj}，即

$$\gamma_{\theta j} = \gamma_{xj} \cos\theta + \gamma_{yj} \sin\theta \tag{8-42}$$

3）采用空间振型时，地震作用效应按式（8-43）计算，即

$$S = \sqrt{\sum_{j=1}^m \sum_{k=1}^m \rho_{jk} S_j S_k} \tag{8-43}$$

$$\rho_{jk} = \frac{8\sqrt{\zeta_j \zeta_k}(\zeta_j + \lambda_T \zeta_k)\lambda_T^{1.5}}{(1-\lambda_T^2)^2 + 4\zeta_j\zeta_k(1+\lambda_T^2)\lambda_T + 4(\zeta_j^2 + \zeta_k^2)\lambda_T^2} \quad \text{（假定所有振型阻尼比均相等）} \tag{8-44}$$

式中　S——组合作用效应；

S_j、S_k——第 j、k 振型地震作用标准值的效应，可取前 9～15 个振型（当基本自振周期 $T_1 > 2s$ 时，振型数应取较大者，若刚度和质量沿高度分布很不均匀，则应取更多的振型）；

λ_T——第 k 振型与第 j 振型的自振周期比；

m——振型组合系数；

ρ_{jk}——第 j 振型与第 k 振型的耦联系数。

（3）竖向地震作用。9 度地区的高层建筑，计算竖向地震作用时，可按下列方法确定竖

向地震作用标准值：

1）总竖向地震作用标准值

$$F_{Evk} = \alpha_{vmax} G_{eq} \tag{8-45}$$

式中　α_{vmax}——竖向地震影响系数最大值，可取水平地震影响系数的65%；

　　　　G_{eq}——结构的等效总重力荷载，取总重力荷载代表值的75%。

2）楼层 i 的竖向地震作用标准值

$$F_{vi} = \frac{G_i H_i}{\sum_{j=1}^{m} G_j H_j} F_{Evk} \tag{8-46}$$

3）各层的竖向地震作用效应，应按各构件承受重力荷载代表值的比例进行分配，并考虑向上或向下作用产生的不利组合。

（4）时程分析法。采用时程分析法计算结构的地震反应时，地震波的选择应符合下列要求：应按建筑场地类别和设计地震分组选用实际强震记录和人工模拟的加速度时程曲线，其中实际强震记录的数量不应少于总数的2/3，多组时程曲线的平均地震影响系数曲线应与振型分解反应谱法所采用的地震影响系数曲线在统计意义上相符，其加速度时程的最大值可按表8-11采用。所谓统计意义上的相符，是指多组时程波的平均地震影响系数曲线与振型反应谱法所用的地震系数相比，在对应于结构主要振型的周期点上相差不大于20%。地震波的持续时间不宜过短，不论是实际强震记录还是人工模拟波形，有效持续时间一般为结构基本周期的5~10倍，即结构顶点的位移可按基本周期往复5~10次。所谓有效持续时间，一般从首次达到该时程曲线最大峰值的10%起算，到最后一次达到最大峰值的10%为止。《高层民用建筑钢结构技术规程》（JGJ 99—2015）规定，地震波持续时间不宜小于建筑结构基本自振周期的5倍和15s，地震波取样时间间隔可取0.01s或0.02s。弹性时程分析时，每条时程曲线计算所得的结构底部剪力不应小于振型分解反应谱法计算结果的65%，多条时程曲线计算所得的结构底部剪力平均值不应小于振型分解反应谱法计算结果的80%。但计算结果也不应过大，一般不大于135%，平均不大于120%。

表 8-11　　　　　　　　　时程分析所有用地震加速度峰值　　　　　　　　　cm/s²

设防烈度	6	7	8	9
多遇地震	18	35（55）	70（110）	140
设防地震	50	100（150）	200（300）	400
罕遇地震	125	220（310）	400（510）	620

注　括号内数值分别用于设计基本地震加速度为0.15g和0.30g的地区。

8.4.2　结构分析

1. 计算模型的建立

结构的作用效应大多采用弹性方法计算，但考虑抗震设防中"大震不倒"的原则，尚应对抗震设防的高层钢结构验算其在罕遇地震作用下的结构层间位移和层间位移延性比，此时允许结构进入弹塑性状态，要进行弹塑性分析。

多高层建筑钢结构的计算模型，可采用平面抗侧力结构的空间协同计算模型。当结构布置规则、质量及刚度沿高度分布均匀，且不计扭转效应时，可采用平面结构计算模型。当结构平面或立面不规则，体形复杂，无法划分成平面抗侧力单元或为筒体结构时，应采用空间结构计算模型。建立计算模型时，应注意以下几点：

(1) 高层建筑钢结构通常采用现浇组合楼盖，其在自身平面内的刚度较大，当进行结构的作用效应计算时，可假定楼面在其自身平面内为绝对刚性。但对整体性较差，或开孔面积大，或有较长外伸段，或相邻层刚度有突变的楼面，不能保证其整体刚度时，宜采用楼板平面内的实际刚度，或对按刚性楼面假定计算的结果进行调整。

(2) 高层建筑钢结构梁柱构件的跨度与截面高度之比，一般都较小，因此作为杆件体系进行分析时，应考虑剪切变形的影响。此外，由于钢框架节点域较薄，其剪切变形对框架侧移影响较大，设计时也应充分考虑。

(3) 高层钢框架柱轴向变形的影响不应忽视，而梁轴力由于很小，而且与楼板组成刚性楼盖，通常可不考虑梁的轴向变形。但当梁同时作为腰桁架或帽桁架的弦杆或支撑桁架的杆件时，轴向变形不能忽略。

(4) 当进行结构弹性分析时，由于楼板和钢梁连接在一起，宜考虑现浇钢筋混凝土楼板与钢梁的共同工作，且在设计中应使楼板与钢梁间有可靠连接。当进行结构弹塑性分析时，楼板可能严重开裂，不宜考虑楼板与梁的共同工作。

(5) 抗震设计的高层建筑柱间支撑两端的构造应为刚接，但可按两端铰接进行计算。偏心支撑的耗能梁段在大震时应首先屈服，按单独单元计算。

(6) 对现浇竖向连续钢筋混凝土剪力墙，宜计入墙的弯曲变形、剪切变形和轴向变形。当钢筋混凝土剪力墙具有比较规则的开孔时，可按带刚域的框架计算；当具有复杂开孔时，宜采用平面有限元法计算。装配嵌入式剪力墙，可按相同水平力作用下侧移相同的原则，将其折算成等效支撑或等效剪切板计算。

(7) 当进行结构内力分析时，应计入重力荷载引起的竖向构件差异缩短所产生的影响。

2. 静力分析方法

框架结构、框架—支撑结构、框架剪力墙结构和框筒结构等，其内力和位移均可采用矩阵位移法计算。筒体结构可按位移相等原则转化为连续的竖向悬臂筒体，采用薄壁杆件理论、有限条法或其他有效方法进行计算。对高度小于 60m 的建筑或在方案设计阶段估算截面时，可采用如下近似方法计算荷载效应：

(1) 在竖向荷载作用下，框架内力可采用分层法进行简化计算。在水平荷载作用下，框架内力和位移可采用 D 值法进行简化计算。

(2) 平面布置规则的框架—支撑结构，在水平荷载作用下可简化为平面抗侧力体系，并将所有框架合并为总框架，将所有竖向支撑合并为总支撑，然后进行协同工作分析（见图 8-32）。总支撑可当作一根弯曲杆件，其等效惯性矩 I_{eq} 可按式（8-47）计算，即

$$I_{eq} = \mu \sum_{j=1}^{m} \sum_{i=1}^{n} A_{ij} a_{ij}^2 \tag{8-47}$$

式中　μ——折减系数，对中心支撑可取 0.8～0.9；

　　　A_{ij}——第 j 榀竖向支撑第 i 根柱的截面面积；

　　　a_{ij}——第 i 根柱至第 j 榀竖向支撑架的形心轴的距离；

　　　n——每一榀竖向支撑的柱子数；

　　　m——水平荷载作用方向竖向支撑的榀数。

平面布置规则的框架剪力墙结构，也可将剪力墙合并为总剪力墙，然后进行协同工作分析。

（3）当有一部分柱不参与抵抗水平力时，可将这些柱合并为总重力柱，并在计算结构的P-Δ效应时计入其荷载的影响。

（4）平面为矩形或其他规则形状的框筒结构，可采用等效角柱法、展开平面框架法、等效截面法等，转化为平面框架进行近似计算。

用等效截面法计算外框筒的构件截面尺寸时，外框筒可视为平行于荷载方向的两个等效槽形截面（见图8-33），其翼缘有效宽度可取为

$$b = \min(L/3, B/2, H/10) \tag{8-48}$$

式中　L、B——筒体截面的长度和宽度；

　　　H——结构高度。

框筒在水平荷载下的内力，可用材料力学公式进行简化计算。

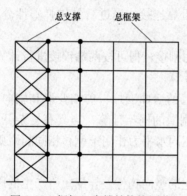

图 8-32　框架—支撑结构协同分析

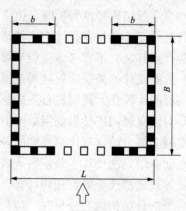

图 8-33　框筒结构的等效槽形截面

（5）对规则但有偏心的结构进行近似分析时，可先按无偏心结构进行，然后将内力乘以修正系数，修正系数应按式（8-49）计算（但当扭转计算结果对构件的内力起有利作用时，应忽略扭矩的作用），即

$$\phi_i = 1 + \frac{e_d a_i \sum K_i}{\sum K_i a_i^2} \tag{8-49}$$

式中　e_d——偏心距设计值，非地震作用时宜取$e_d = e_0$，地震作用时宜取$e_d = e_0 + 0.05L$；

　　　e_0——楼层水平荷载合力中心至刚度中心的距离；

　　　L——垂直于楼层剪力方向的结构平面尺寸；

　　　ϕ_i——楼层第i榀抗侧力结构的内力修正系数；

　　　a_i——楼层第i榀抗侧力结构至刚度中心的距离；

　　　K_i——楼层第i榀抗侧力结构的侧向刚度。

式（8-49）按静力法计算扭转效应，适用于小偏心结构。

在抗震设计中，结构的偏心距设计值主要取决于以下因素：地面的扭转运动、结构的扭转动力效应、计算模型和实际结构之间的差异，荷载实际上的不均匀分布及非结构构件引起的结构刚度中心偏移等。表达式$e_d = e_0 + 0.05L$实际上是考虑了我国在钢筋混凝土结构中的

习惯用法和国外规范的常用取值。

（6）用底部剪力法估算高层钢框架结构的构件截面时，水平地震作用下倾覆力矩引起的柱轴力，对体形较规则的标准设防类（曾称丙类）建筑可折减，但对重点设防类（曾称乙类）建筑不应折减。折减系数 k 的取值，根据所考虑截面的位置，按图 8-34 的规定采用。对体形不规则的建筑，或体形规则，但基本自振周期 $T_1 \leqslant 1.5\mathrm{s}$ 的结构，倾覆力矩不应折减。

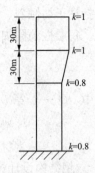

图 8-34　倾覆力矩折减系数 k

倾覆力矩折减系数 k 实际上是在动力底部剪力与静力底部剪力相同的条件下，动力底部倾覆力矩与静力底部倾覆力矩的比值，该系数主要受地震力沿高度分布及基础转动等影响。分析表明，弯曲型结构的折减幅度随自振周期的增大而增大，剪切型结构的折减幅度则变化较小。关于倾覆力矩的折减，阻尼越大则折减越小，目前仅限用于底部剪力法估算高层钢框架构件截面。

3. 稳定分析方法

纯框架的整体稳定，本属于框架整体分析的问题，但目前仍通过对柱进行稳定计算来保证。对层数不多而侧向刚度较大的框架，其内力计算可采用一阶分析的方法，不计竖向荷载的侧移效应（也称 $P\text{-}\Delta$ 效应），但在确定有侧移框架柱的计算长度时，此效应的影响不能忽略。柱计算长度是由弹性稳定分析获得的，分析时引入了许多简化假定，且随着房屋高度增大和围护结构轻型化，由一阶分析所得的构件内力和侧移都比实际情况低。因此，传统通过计算长度保证框架结构整体稳定的方法，已很难反映结构的真实稳定承载力。框架的弹塑性极限承载力分析是解决整体结构稳定问题的精确手段，《钢结构设计标准》（GB 50017—2017）虽然给出了采用二阶分析的规定，但由于计算复杂，目前还未达到普遍应用的阶段。而二阶弹性分析的内力可以简单由一阶分析的结果乘以放大系数得到，如杆端弯矩 M 可由下列公式计算确定，即

$$M = M_\mathrm{b} + \alpha_2 M_\mathrm{s} \tag{8-50}$$

$$\alpha_2 = \dfrac{1}{1 - \dfrac{\sum N \Delta u}{\sum H h}} \tag{8-51}$$

式中　M_b——结构在竖向荷载作用下的一阶弹性弯矩；

　　　M_s——结构在水平荷载作用下的一阶弹性弯矩；

　　　α_2——所计算楼层考虑二阶效应的构件侧移弯矩增大系数；

　　$\sum N$——所计算楼层各柱轴压力标准值之和（包括不参与抵抗侧力的各柱）；

　　$\sum H$——产生层间侧移 Δu 的所计算楼层及以上各层的水平力标准值之和；

　　　Δu——$\sum H$ 作用下按一阶弹性分析求得的所计算楼层的层间侧移；

　　　h——所计算楼层的高度。

比值 $\sum N \Delta u / (\sum H h)$ 是 $P\text{-}\Delta$ 效应大小的指标，当此值不超过 0.1 时，$\alpha_2 \leqslant 1.1$，$P\text{-}\Delta$ 效应较小，确定内力时可不考虑二阶效应；若 $\alpha_2 \geqslant 1.33$，则表明框架侧向刚度过低，需要改变梁柱截面尺寸来增大刚度。

在进行二阶分析时，每层柱顶应附加假想水平力 H_i，以考虑结构和构件缺陷的影响，包括柱子初倾斜、初偏心和残余应力等。计入 $P\text{-}\Delta$ 效应后，柱计算长度可直接取其几何长度。每层柱顶附加的假想水平力 H_i 可通过式（8-52）计算，即

$$H_i = \frac{\alpha_y Q_i}{250} \sqrt{0.2 + \frac{1}{n_s}} \tag{8-52}$$

式中 Q_i——第 i 层的总重力荷载设计值；

n_s——框架总层数，当 $\sqrt{0.2+1/n_s}<2/3$ 时取 $2/3$，当 $\sqrt{0.2+1/n_s}>1$ 时取 1.0；

α_y——钢材强度影响系数，对 Q235 钢和 Q345 钢分别取 1.0 和 1.1。

《钢结构设计标准》（GB 50017—2017）将满足下列公式的框架—支撑体系称为强支撑框架：

对两端刚接的框架柱

$$S_b \geqslant 3.6K_0/(1-\rho) \tag{8-53a}$$

对一端铰接的框架柱

$$S_b \geqslant 5K_0/(1-\rho) \tag{8-53b}$$

$$\rho = H_i/H_{ip}$$

式中 S_b——支撑系统的层侧向刚度（产生单位侧倾角的水平力，$S_b = h\sum H/\Delta u$）；

K_0——多层框架柱的层侧向刚度；

H_i、H_{ip}——第 i 层支撑分担的和所能抵抗的水平力。

当支撑不满足式（8-53）时，称为弱支撑框架，此时框架柱的计算长度系数按下列公式计算：

对两端刚接的框架柱

$$\varphi = \varphi_0 + (\varphi_1 - \varphi_0)(1-\rho)S_b/(3K_0) \tag{8-54a}$$

对一端铰接的框架柱

$$\varphi = \varphi_0 + (\varphi_1 - \varphi_0)(1-\rho)S_b/(5K_0) \tag{8-54b}$$

4. 地震作用分析方法

通常情况下，结构越高其基本自振周期越长，结构高阶振型对结构的影响会越大。底部剪力法只考虑结构的一阶振型，因此底部剪力法不适用于高层建筑结构的计算，各国标准规定了其适用高度，日本为 45m，印度为 40m。《建筑抗震设计规范》（GB 50011—2010）规定，高度不超过 40m，以剪切变形为主，且质量和刚度沿高度分布比较均匀的结构，或近似于单质点体系的结构可采用底部剪力法计算，否则宜采用振型分解反应谱法计算。振型分解反应谱法实际上是一种动力分析方法，能基本反映结构的地震反应，因此常作为第一阶段多遇地震弹性分析的主要方法。时程分析法是完全的动力分析方法，能够较真实地描述结构地震反应全过程，但时程分析法只能得到某一具体地震波的结构反应，具有一定的"特殊性"，而实际结构的地震反应又往往受地震波特性（如频谱）的影响很大，因此在第一阶段设计中，可作为竖向特别不规则建筑和重要建筑的补充计算。

《高层民用建筑钢结构技术规程》（JGJ 99—2015）关于高层建筑钢结构的抗震计算，针对不同情况，规定采用下列方法计算地震作用效应：

高层民用建筑钢结构宜采用振型分解反应谱法，对质量和刚度不对称、不均匀的结构，

以及高度超过 100m 的高层民用建筑钢结构，应考虑耦联振动影响的振型分解反应谱法。

高度不超过 50m，且平面和竖向较规则的以剪切型变形为主的建筑钢结构，可采用底部剪力法计算。

7～9 度抗震设防的高层民用建筑钢结构，对下列情况应采用弹性时程分析法进行多遇地震下的补充计算：特殊设防类（曾称甲类）高层民用建筑钢结构；表 8-12 所列的重点设防类（曾称乙类）、标准设防类（曾称丙类）高层民用建筑钢结构；不满足特殊不规则规定的高层民用建筑钢结构。

计算罕遇地震下的结构变形，或分析安装有消能减震装置的高层民用建筑钢结构变形，均应按《建筑抗震设计规范》（GB 50011—2010）的规定，采用静力弹塑性分析方法或弹塑性时程分析法。

表 8-12　　　　　　　　　　　采用时程分析法的房屋高度范围

烈度、场地类别	房屋高度范围（m）
8 度 Ⅰ、Ⅱ 类场地和 7 度	＞100
8 度 Ⅲ、Ⅳ 类场地	＞80
9 度	＞60

（1）第一阶段抗震设计（多遇地震作用下）。框架梁（柱）可按梁（柱）端截面的内力进行设计。结构侧移的计算，对工字形柱，宜计入梁柱节点域剪切变形的影响；对箱形柱框架、中心支撑框架和高度不超过 50m 的钢结构，可不计入此效应。

在强烈地震中，框架—支撑体系中的支撑，作为第一道防线会先行屈服，通过内力重分布将使框架部分承担的剪力增大，从而实现所谓"双重设防体系"的目标。因此，在第一阶段抗震设计中，框架—支撑体系中框架部分按刚度分配计算得到的地震层剪力应乘以调整系数，达到不小于结构底部总剪力的 25% 和框架部分计算最大层剪力 1.8 倍两者的较小值。同样，为使偏心支撑框架仅在耗能梁段屈服，与其相连接的支撑斜杆、柱和非耗能梁段均要求具有足够的强度，实现此要求也是通过将其内力设计值乘以相应的增大系数，具体见《建筑抗震设计规范》（GB 50011—2010）的有关规定，此处从略。

（2）第二阶段抗震设计（罕遇地震作用下）。底部剪力法和振型分解反应谱法只适用于结构的弹性分析，进行第二阶段抗震设计时，结构一般进入弹塑性状态，故高层建筑钢结构第二阶段抗震设计验算应采用时程分析法。计算结构的弹塑性地震反应，其结构计算模型可采用杆系模型、剪切型层模型、剪弯型层模型或剪弯协同工作模型。采用杆系模型进行弹塑性时程分析，计算结果较精确，但工作量大；采用层模型可以得到各层的时程反应，虽然精确性不如杆系模型，但工作量小，结果简明。虽然地震作用是不确定的、复杂的，且结构构件的强度有一定的离散性，但第二阶段设计的目的是验算结构在大震时是否会倒塌，偏向于定性判断，因此在工程设计中，大多采用层模型，从总体上了解结构在大震时的反应。

《高层民用建筑钢结构技术规程》（JGJ 99—2015）规范明确要求下列结构应进行弹塑性变形验算：特殊设防类（曾称甲类）建筑和 9 度抗震设防的重点设防类（曾称乙类）建筑；采用隔震和消能减震设计的建筑；房屋高度大于 150m 的建筑。

用时程分析法计算结构的地震反应时，时间步长的运用与输入加速度时程的频谱情况和所用计算方法等有关。一般来说，时间步长越小，计算结果越精确，但计算工作量也越大。

比较合适的办法是用几个时间步长来进行计算，步长逐渐减小，到计算结果无明显变化时为止，但需反复计算。通常情况下，可取时间步长不超过输入地震波卓越周期的 1/10，且不大于 0.2s。结构的阻尼比因其与结构的材料、类型、连接方法和试验方法等有关，离散性较大，《建筑抗震设计规范》（GB 50011—2010）规定，在罕遇地震下的分析，由于结构进入非弹性阶段，钢结构的阻尼比可取 0.05，同钢筋混凝土结构的取值。

在进行高层钢结构的弹塑性地震反应分析时，如采用杆系模型，需先确定杆件的恢复力模型；如采用层模型，需先确定层间恢复力模型。杆件的恢复力模型一般可参考已有资料确定，对新型、特殊的杆件和结构，则宜进行恢复力特性试验。钢柱及梁的恢复力模型可采用二折线型，其滞回模型可不考虑刚度退化；钢支撑和耗能梁段等构件的恢复力模型，应按杆件特性确定；钢筋混凝土剪力墙、剪力墙板和核心筒，应选用二折线型或三折线型，并考虑刚度退化。当采用层模型进行高层建筑钢结构的弹塑性地震反应分析时，应采用计入有关构件弯曲、轴向力、剪切变形等影响的等效层剪切刚度，层恢复力模型的骨架线可采用静力弹塑性方法进行计算，并可简化为折线型，但简化后的折线应与计算所得的骨架线尽量吻合。

大震时的 $P\text{-}\Delta$ 效应较大，设计中不可忽视。因此，不论采用何种模型进行高层建筑钢结构的弹塑性时程反应分析，均应计入二阶效应对侧移的影响。

8.4.3 结构设计

地震作用不参与荷载组合时，多高层建筑的竖向荷载通常包括永久荷载、楼面使用荷载及雪荷载，水平荷载有风荷载，相应的组合值系数见表 8-13。

表 8-13 组合值系数

可变荷载种类		组合值系数
雪荷载		0.5
屋面活荷载		不计入
按实际情况计算的楼面活荷载		1.0
按等效均布荷载计算的楼面活荷载	藏书库、档案库	0.8
	其他民用建筑	0.5

有地震作用参与，进行第一阶段设计时按式（8-55）计算荷载效应组合，即

$$S = \gamma_G S_{GE} + \gamma_{Eh} S_{Ehk} + \gamma_{Ev} S_{Evk} + \psi_w \gamma_w S_{wk} \tag{8-55}$$

式中　ψ_w——风荷载组合值系数，一般结构取 0，风荷载起控制作用的高层建筑应取 0.2；

　　　γ_w——风荷载分项系数；

　　γ_{Eh}、γ_{Ev}——水平、竖直地震作用分项系数；

　　S_{GE}——重力荷载代表值的效应，有吊车时尚应包括悬吊物重力标准值的效应；

　　S_{Ehk}——水平地震作用标准值的效应，尚应乘以相应的增大系数或调整系数；

　　S_{Evk}——竖向地震作用标准值的效应，尚应乘以增大系数或调整系数；

　　S_{wk}——风荷载标准值的效应。

上述各荷载或作用的分项系数取值见表 8-14，应取各构件可能出现的最不利组合进行截面设计。

表 8-14　　　　　　　　　有地震作用组合时荷载和作用的分项系数

参与组合的荷载和作用	γ_G	γ_{Eh}	γ_{Ev}	γ_w	说　明
重力荷载及水平地震作用	1.2	1.3	—		抗震设计的高层民用建筑钢结构均应考虑
重力荷载及竖向地震作用	1.2	—	1.3		9 度抗震设计时考虑；水平长悬臂和大跨度结构 7 度（0.15g）、8 度、9 度抗震设计时考虑
重力荷载、水平地震作用及竖向地震作用	1.2	1.3	0.5		
重力荷载、水平地震作用及风荷载	1.2	1.3	—	1.4	60m 以上高层民用建筑钢结构考虑
重力荷载、水平地震作用、竖向地震作用及风荷载	1.2	1.3	0.5	1.4	60m 以上高层民用建筑钢结构考虑，9 度抗震设计时考虑；水平长悬臂和大跨度结构 7 度（0.15g）、8 度、9 度抗震设计时考虑
	1.2	0.5	1.3	1.4	水平长悬臂和大跨度结构 7 度（0.15g）、8 度、9 度抗震设计时考虑

注　1. 在地震作用组合中，当重力荷载效应对构件承载力有利时，宜取 γ_G 为 1.0。

　　2. 对楼面结构，当活荷载标准值不小于 4kN/m² 时，其分项系数取 1.3。

第一阶段抗震设计中的结构侧移验算，应采用与构件承载力验算相同的组合，但各荷载或作用的分项系数取 1.0。

第二阶段抗震设计采用时程分析法验算时，竖向荷载宜取重力荷载代表值，风荷载不考虑，且荷载和作用的分项系数也都取 1.0。应当注意，因结构处于弹塑性阶段，叠加原理已不再适用，故应先将考虑的荷载和作用都施加到结构模型上，再进行分析。

（1）一般要求。抗震设防的建筑可能全部或部分受不考虑地震作用的效应组合控制，因此对非抗震设防的多高层建筑钢结构，以及抗震设防的多高层建筑钢结构在不计算地震作用的效应组合中，均应满足下列要求：

1）构件承载力应满足

$$\gamma_0 S \leqslant R \tag{8-56}$$

式中　γ_0——结构重要性系数，按结构构件安全等级确定；

　　　S——荷载或地震作用效应组合设计值；

　　　R——结构构件承载力设计值。

2）结构在风荷载或多遇地震标准值作用下，按弹性方法计算的楼层层间最大水平位移与层高之比不宜大于 1/250。

3）在超高层建筑特别是超高层钢结构建筑中，应通过控制加速度来考虑人体的舒适度。《高层民用建筑钢结构技术规程》（JGJ 99—2015）要求房屋高度不小于 150m 的高层民用建筑钢结构，应满足风振舒适度的要求。因此，《建筑结构荷载规范》（GB 50009—2012）规定，在 10 年一遇风荷载标准值下，结构顶点的顺风向和横风向振动最大加速度计算值 a_w 不应大于以下限值：

对住宅、公寓

$$a_w \leqslant 0.20 \text{m/s}^2 \tag{8-57a}$$

对办公、旅馆

$$a_{\mathrm{w}} \leqslant 0.28 \mathrm{m/s^2} \tag{8-57b}$$

结构顶点的顺风向和横风向振动最大加速度,可按《建筑结构荷载规范》(GB 50009—2012) 的有关规定计算,也可通过风洞试验确定。计算时,钢结构的阻尼比宜取 0.01~0.015。

实际上,楼盖结构的动力性能也与居住舒适度有关。通常情况下,楼盖结构的竖向振动频率不宜小于 3Hz,否则应验算其竖向振动加速度,以满足居住舒适度的要求。《高层民用建筑钢结构技术规程》(JGJ 99—2015) 要求楼盖结构竖向振动加速度峰值不应超过表 8-15 的限值,楼盖结构竖向振动加速度可按《高层建筑混凝土结构技术规程》(JGJ 3—2010) 的有关规定计算。

表 8-15　　　　　　　　　　　　　楼盖竖向振动加速度限值　　　　　　　　　　　　　　m/s²

人员活动环境	峰值加速度限值	
	竖向频率不大于 2Hz	竖向频率不大于 4Hz
住宅、办公	0.07	0.05
商场及室内连廊	0.22	0.15

注　结构竖向频率为 2~4Hz 时,峰值加速度限值可按线性插值选取。

圆筒形高层建筑有时会发生横风向的涡流共振现象,此类振动较为显著,但设计时不允许出现横风向共振,应予避免。通常情况下,可用高层建筑顶部风速来控制,即

$$v_{\mathrm{n}} < v_{\mathrm{cr}} = 5D/T_1 \tag{8-58}$$

式中　v_{n}——高层建筑顶部风速,可采用风压换算;

　　　v_{cr}——临界风速;

　　　D——圆筒形建筑的直径;

　　　T_1——圆筒形建筑的基本自振周期。

高层建筑顶部风速若不能满足式 (8-58),一般可采用增加刚度使自振周期减小来提高临界风速,或者进行横风向涡流脱落共振验算。

(2) 抗震设计。

1) 在高层建筑钢结构的第一阶段抗震设计中,结构构件承载力应满足:

$$S \leqslant R/\gamma_{\mathrm{RE}} \tag{8-59}$$

式中　S——地震作用效应组合设计值;

　　　R——结构构件承载力设计值;

　　　γ_{RE}——结构构件承载力的抗震调整系数,按表 8-16 选用,当仅考虑竖向效应组合时,抗震调整系数均取 1.0。

表 8-16　　　　　　　　　　　　　结构构件承载力的抗震调整系数

构件名称	梁	柱		支撑		节点	节点螺栓	节点焊缝
γ_{RE}	0.75	强度	0.75	强度	0.75	0.75	0.75	0.75
		稳定	0.80	稳定	0.80			

应当注意,在具体进行结构构件承载力校核时,承载力设计值通常表达为材料的强度

值，因此在进行第一阶段抗震设计时，强度值都要除以表 8-16 中的抗震调整系数后采用。

2）高层建筑钢结构的第二阶段抗震设计，要求满足结构薄弱层（部位）的弹塑性层间侧移不得超过层高的 1/50。

3）钢结构抗震的性能化设计。多高层建筑钢结构一般都具有良好的延性，在强震作用下部分构件会出现塑性区，使结构刚度下降，自振周期增大。结构自振周期的增大可使之避开地震波强度最大时段的特征周期，有利于减小地震对结构的实际作用。为适应钢结构此特点，提出了一种新的抗震设计方法，即性能化设计方法。该方法仍按《建筑抗震设计规范》（GB 50011—2010）的有关规定进行多遇地震作用验算，但在具体计算结构构件承载力时采用

$$S_{GE} + \Omega_i S_{Enk2} + 0.45 S_{Evk2} \leqslant R_k \tag{8-60}$$

式中　S_{Enk2}——水平设防地震作用标准值效应；

S_{Evk2}——竖向设防地震作用标准值效应，只用于设防烈度为 8 度时；

Ω_i——第 i 层结构构件的性能系数，随结构构件是否含有塑性耗能区和塑性耗能区的等级而不同，性能等级越高，此系数越小，对多层和高层钢结构，Ω_i 总小于 1.0；

R_k——结构构件承载力标准值。

由于使用经验不足，目前此性能化设计方法仅适用于设防烈度不高于 8 度，且结构高度不超过 100m 的纯框架结构、柱—支撑体系和框架—支撑体系。

附　　录

附录1　低合金高强度结构钢化学成分及性能
(《低合金高强度结构钢》GB/T 1591—2018)

低合金高强度结构钢化学成分及性能见附表 1-1~附表 1-4。

附表 1-1　　　　　　　　低合金热轧钢的牌号及化学成分

牌号	质量等级	C①≤ 以下公称厚度或直径 ≤40②	>40	Mn≤	Si≤	P③≤	S③≤	V≤	Nb④≤	Ti⑤≤	Cu≤	Cr≤	Ni≤	Mo	N⑥	B
Q355	B	0.24		1.60	0.55	0.035	0.035	—			0.40	0.30	0.30	—	0.012	—
	C	0.20	0.22			0.030	0.030									
	D	0.20	0.22			0.025	0.025								—	
Q390	B	0.20		1.70	0.55	0.035	0.035	0.13	0.05	0.05	0.40	0.30	0.50	0.10	0.015	—
	C					0.030	0.030									
	D					0.025	0.025									
Q420⑦	B	0.20		1.70	0.55	0.035	0.035	0.13	0.05	0.05	0.40	0.30	0.80	0.20	0.015	
	C					0.030	0.030									
Q460⑦	C	0.20		1.80	0.55	0.030	0.030	0.13	0.05	0.05	0.40	0.30	0.80	0.20	0.015	0.004

① 公称厚度大于 100mm 的型钢，碳含量可由需供双方协商确定。
② 公称厚度大于 30mm 的型钢，碳含量不大于 0.22%。
③ 对于型钢和棒材，其硫和磷上限值可提高 0.005%。
④ Q390、Q420 钢的碳含量最高可提到 0.07%，Q460 钢的碳含量最高可提到 0.11%。
⑤ 最高可提到 0.20%。
⑥ 如果钢中酸溶铝 Al_s 含量不小于 0.015% 或全铝 Al_t 含量不小于 0.020%，或添加了其他固氮合金元素，氮元素含量不做限制，固氮元素应在质量证明书中提到。
⑦ 仅适用于型钢和棒材。

附表 1-2　　　　　　　低合金热机械轧制（TMCP）钢的化学成分

牌号	质量等级	C≤	Mn≤	Si≤	P①≤	S①≤	V≤	Nb≤	Ti②≤	Cu≤	Cr≤	Ni≤	Als③≥	Mo	N	B
Q355M	B	0.14④	1.60	0.50	0.035	0.035	0.01 ~ 0.10	0.01 ~ 0.05	0.006 ~ 0.05	0.40	0.30	0.50	0.015	0.10	0.015	—
	C				0.030	0.030										
	D				0.030	0.025										
	E				0.025	0.020										
	F				0.020	0.010										

续表

牌号	质量等级	C≤	Mn≤	Si≤	P①≤	S①≤	V≤	Nb≤	Ti②≤	Cu≤	Cr≤	Ni≤	Als③≥	Mo	N	B
Q390M	B	0.15④	1.70	0.50	0.035	0.035	0.01~0.12	0.01~0.05	0.006~0.05	0.40	0.30	0.50	0.015	0.10	0.015	—
	C				0.030	0.030										
	D				0.030	0.025										
	E				0.025	0.020										
Q420M	B	0.16④	1.70	0.50	0.035	0.035	0.01~0.12	0.01~0.05	0.006~0.05	0.40	0.30	0.80	0.015	0.20	0.015	—
	C				0.030	0.030										
	D				0.030	0.025									0.025	
	E				0.025	0.020										
Q460M	C	0.16④	1.70	0.60	0.030	0.030	0.01~0.12	0.01~0.05	0.006~0.05	0.40	0.30	0.80	0.015	0.20	0.015	—
	D				0.030	0.025									0.025	
	E				0.025	0.020										

① 对于型钢和棒材，硫和磷含量可以提高 0.005%。

② 最高可到 0.20%。

③ 可用全铝 Al 替代，此时全铝最小含量为 0.020%。当钢中添加了铌、钒、钛等细化品粒元素且含量不小于表中规定含量的下限时，铝含量下限值不限。

④ 对于型钢和棒材，Q355M、Q390M、Q420M 和 Q460M 钢的最大碳含量可提高 0.02%。

附表 1-3　　　　　　　　低合金热轧钢的力学性能和工艺性能

牌号	质量等级	屈服点 f_y（MPa） 厚度或直径、边长（mm）						抗拉强度 f_u（MPa）		伸长率 δ_5（纵向,%）				冲击功（纵向，J）			180℃弯曲试验	
		≤16	>16~40	>40~63	>63~80	>80~100	>100~150	≤100	>100~150	≤40	>40~63	>63~100	>100~150	+20℃	0℃	−20℃	厚度（mm）	
														不小于			≤16	>16~100
Q355	B	355	345	335	325	325	295	470~630	450~600	22	21	20	18	34	34	34②	$d=2a$	$d=3a$
	C																	
	D																	
Q390	B	390	380	360	340	340	320	490~650	470~620	21	20	20	19	34	34	34②	$d=2a$	$d=3a$
	C																	
	D																	
Q420①	B	420	410	390	370	370	350	520~680	500~650	20	19	19	19	34	34	—	$d=2a$	$d=3a$
	C																	
Q460①	C	460	450	430	410	410	390	550~720	530~700	18	17	17	17	—	34	—	$d=2a$	$d=3a$

注　d 为弯心直径；a 为试样厚度。

① 只适用于型钢和棒材。

② 只适用于质量等级为 D 的钢板。

附表 1-4　　低合金热机械轧制（TMCP）钢的力学性能和工艺性能

牌号	质量等级	屈服点 f_y（MPa）厚度或直径、边长（mm）						抗拉强度 f_u（MPa）					伸长率 δ_5（%）	冲击功（纵向，J）					180℃弯曲试验 厚度（mm）	
		≤16	>16~40	>40~63	>63~80	>80~100	>100~120	≤40	>40~63	>63~80	>80~100	>100~120	不小于	+20℃	0℃	−20℃	−40℃	−60℃	≤16	>16~100
																不小于				
Q355M	B	355	345	335	325	325	320	470~630	450~610	440~600	440~600	430~590	22	34					$d=2a$	$d=3a$
	C														34					
	D													55	47	40①				
	E													63	55	47	31②			
	F													63	55	47	31	27		
Q390M	B	390	380	360	340	340	335	490~650	480~640	470~630	460~620	450~610	20	34					$d=2a$	$d=3a$
	C														34					
	D													55	47	40①		—		
	E													63	55	47	31②			
Q420M	B	420	400	390	380	370	365	520~680	500~660	480~640	470~630	460~620	19	34					$d=2a$	$d=3a$
	C														34					
	D													55	47	40①		—		
	E													63	55	47	31②			
Q460M	C	460	440	430	410	400	385	540~720	530~710	510~690	500~680	490~660	17		34				$d=2a$	$d=3a$
	D													55	47	40①		—		
	E													63	55	47	31②			

注　d 为弯心直径；a 为试样厚度。当需方未指定试验温度时，正火、正火轧制和热机械轧制的 C、D、E、F 级钢材分别做 0℃、−20℃、−40℃、−60℃ 冲击韧性试验。

① 当需方指定时，D 级钢可做−30℃冲击试验时，冲击吸收能量纵向不小于 27J。

② 当需方指定时，E 级钢可做−50℃冲击试验时，冲击吸收能量纵向不小于 27J、横向不小于 16J。

附录 2　螺栓和锚栓规格

螺栓和锚栓规格见附表 2-1 和附表 2-2。

附表 2-1　　　　　　　　　　　　　**螺栓的有效面积**

公称直径	12	14	16	18	20	22	24	27	30
螺栓有效截面积 A_e(cm²)	0.84	1.15	1.57	1.92	2.45	3.03	3.53	4.59	5.61
公称直径	33	36	39	42	45	48	52	56	60
螺栓有效截面积 A_e(cm²)	6.94	8.17	9.76	11.2	13.1	14.7	17.6	20.3	23.6
公称直径	64	68	72	76	80	85	90	95	100
螺栓有效截面积 A_e(cm²)	26.8	30.6	34.6	38.9	43.4	49.5	55.9	62.7	70.0

附表 2-2　　　　　　　　　　　　　　**锚栓规格**

形式											
锚栓直径 d（mm）	20	24	30	36	42	48	56	64	72	80	90
锚栓有效截面积（cm²）	2.45	3.53	5.61	8.17	11.21	14.73	20.30	26.80	34.60	43.44	55.91
锚栓设计拉力（kN）（Q235 钢）	34.3	49.4	78.5	114.1	156.9	206.2	284.2	375.2	484.4	608.2	782.7
Ⅲ型锚栓 锚板宽度 x（mm）	—	—	—	—	140	200	200	240	280	350	400
Ⅲ型锚栓 锚板厚度 t（mm）	—	—	—	—	20	20	20	25	30	40	40

附录3　受弯构件的挠度允许值

受弯构件的挠度允许值见附表 3-1。

附表 3-1　　　　　　　　　　受弯构件的挠度允许值

项次	构件类别	挠度容许值	
		$[v_T]$	$[v_Q]$
1	吊车梁和吊车桁架（按自重和起重量最大的一台吊车计算挠度） （1）手动起重机和单梁起重机（含悬挂起重机） （2）轻级工作制桥式起重机 （3）中级工作制桥式起重机 （4）重级工作制桥式起重机	$l/500$ $l/750$ $l/900$ $l/1000$	—
2	手动或电动葫芦的轻轨梁	$l/400$	—
3	有重轨（质量等于或大于 38kg/m）轨道的工作平台梁 有轻轨（质量等于或小于 24kg/m）轨道的工作平台梁	$l/600$ $l/400$	
4	楼（屋）盖梁或桁架、工作平台梁（第 3 项除外）和平台板 （1）主梁或桁架（包括设有悬架起重设备的梁或桁架） （2）仅支承压型金属板屋面和冷弯型钢檩条 （3）仅支承压型金属板屋面和冷弯型钢檩条外，尚有吊顶 （4）抹灰顶棚的次梁 （5）除（1）～（4）以外的其他梁（包括楼梯梁） （6）屋盖檩条 支承无积灰的瓦楞铁和石棉瓦屋面者 支承压型金属板、有积灰的瓦楞铁和石棉瓦屋面者 支承其他屋面材料者 （7）平台板	$l/400$ $l/180$ $l/240$ $l/250$ $l/250$ $l/150$ $l/200$ $l/200$ $l/150$	$l/500$ $l/350$ $l/300$ —
5	墙架构件（风荷载不考虑阵风系数） （1）支柱 （2）抗风桁架（作为连续支柱的支撑时） （3）砌体墙的横梁（水平方向） （4）支承压型金属板、瓦楞铁和石棉瓦墙面的横梁（水平方向） （5）带有玻璃窗的横梁（竖直和水平方向）	 — — $l/200$	$l/400$ $l/1000$ $l/300$ $l/200$ $l/200$

注　1. l 为受弯构件的跨度（对悬臂梁和伸臂梁为悬伸长度的 2 倍）。
　　2. $[v_T]$ 为永久和可变荷载标准值产生的挠度（如有起拱应减去拱度）的容许值；$[v_Q]$ 为可变荷载标准值产生的挠度（如有起拱应减去拱度）的容许值。
　　3. 当吊车梁或吊车桁架跨度大于 12m 时，其挠度容许值 $[v_T]$ 应乘以 0.9 的系数。

附录 4　梁的整体稳定系数

1. 等截面焊接工字形和轧制 H 型钢简支梁

等截面焊接工字梁和轧制 H 型钢，如附图 4-1 所示简支梁的整体稳定系数 φ_b 应按下式计算：

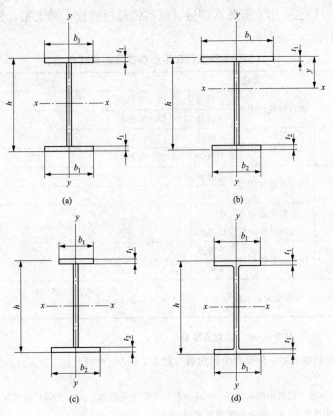

附图 4-1　焊接工字梁和轧制 H 型钢截面

（a）双轴对称焊接工字形截面；（b）加强受压翼缘的单轴对称焊接工字形截面；

（c）加强受拉翼缘的单轴对称焊接工字形截面；（d）轧制 H 型钢截面

$$\varphi_b = \beta_b \frac{4320}{\lambda_y^2} \frac{Ah}{W_x} \left[\sqrt{1 + \left(\frac{\lambda_y t_1}{4.4h} \right)^2} + \eta_b \right] \frac{235}{f_y} \qquad (\text{附 } 4\text{-}1)$$

$$\lambda_y = l_1 / i_y$$

$$a_b = \frac{I_1}{I_1 + I_2}$$

式中　β_b——梁整体稳定的等效临界弯矩系数，按附表 4-1 采用；

λ_y——梁在侧向支承点间对截面弱轴 y-y 的长细比，其中 l_1 见《钢结构设计标准》（GB 50017—2017）中 6.2.2 的规定；

i_y——梁毛截面对 y 轴的回转半径；

A——梁的毛截面面积；

h、t_1——梁截面的全高和受压翼缘厚度；

η_b——截面不对称影响系数，双轴对称截面［见附图 4-1（a）、（d）］时 $\eta_b = 0$，单轴对称工字形截面［见附图 4-1 (b)、(c)］时加强受压翼缘 $\eta_b=0.8(2a_b-1)$，加强受拉翼缘 $\eta_b=2a_b-1$；

I_1、I_2——受压翼缘和受拉翼缘对 y 轴的惯性矩。

当按式（附 4-1）算得的 φ_b 值大于 0.6 时，应用式（附 4-2）计算的 φ'_b 代替 φ_b 值，即

$$\varphi'_b=1.07-\frac{0.282}{\varphi_b}1.0 \tag{附 4-2}$$

注：式（附 4-1）也适用于等截面铆接（或高强螺栓连接）简支梁，其受压翼缘厚度 t_1 包括翼缘角钢厚度。

附表 4-1　　　　　　　　　　　　H 型钢和等截面工字形简支梁的系数 β_b

项次	侧向支承	荷载		$\xi \leqslant 2.0$	$\xi > 2.0$	
1	跨中无侧向支承	均布荷载作用在	上翼缘	$0.69+0.13\xi$	0.95	附图 4-1 (a)、(b) 和 (d) 的截面
2			下翼缘	$1.73-0.20\xi$	1.33	
3		集中荷载作用在	上翼缘	$0.73+0.18\xi$	1.09	
4			下翼缘	$2.23-0.28\xi$	1.67	
5	跨度中点有一个侧向支承点	均布荷载作用在	上翼缘	1.15		附图 4-1 中的所有截面
6			下翼缘	1.40		
7		集中荷载作用在截面高度上任意位置		1.75		
8	跨中有不少于两个等距离侧向支承点	任意荷载作用在	上翼缘	1.20		
9			下翼缘	1.40		
10	梁端有弯矩，但跨中无荷载作用			$1.75-1.05\left(\dfrac{M_2}{M_1}\right)+0.3\left(\dfrac{M_2}{M_1}\right)^2$，但 $\leqslant 2.3$		

注　1. ξ 为参数，$\xi=\dfrac{l_1 t_1}{b_1 h}$，其中 b_1 和 l_1 见规范第 4.2.1 条。

2. M_1、M_2 为梁的端弯矩，使梁产生同向曲率时 M_1 和 M_2 取同号，产生反向曲率时取异号，$|M_1| \geqslant |M_2|$。

3. 表中项次 3、4 和 7 的集中荷载是指一个或少数几个集中荷载位于跨中央附近的情况，对其他情况的集中荷载，应按表中项次 1、2、5、6 内的数值采用。

4. 表中项次 8、9 的 β_b，当集中荷载作用在侧向支承点处时，取 $\beta_b=1.20$。

5. 荷载作用在上翼缘系指荷载作用点在翼缘表面，方向指向截面形心；荷载作用在下翼缘系指荷载作用点在翼缘表面，方向背向截面形心。

6. 对 $a_b>0.8$ 的加强受压翼缘工字形截面，下列情况的 β_b 值应乘以相应的系数：

项次 1：当 $\xi \leqslant 1.0$ 时，乘以 0.95。

项次 3：当 $\xi \leqslant 0.5$ 时，乘以 0.90；当 $0.5 < \xi \leqslant 1.0$ 时，乘以 0.95。

2. 轧制普通工字钢简支梁

轧制工字钢简支梁的整体稳定系数 φ_b 应按附表 4-2 采用，当所得相应的 φ_b 值大于 0.6 时，应按式（附 4-2）算得相应的 φ'_b 代替 φ_b 值。

3. 轧制槽钢简支梁

轧制槽钢简支梁的整体稳定系数，不论荷载的形式和荷载作用点在截面高度的位置，均可按下式计算：

$$\varphi_b=\frac{570bt}{l_1 h}\frac{235}{f_y} \tag{附 4-3}$$

式中　h、b、t ——槽钢的截面高度、翼缘宽度和平均厚度。

按式（附 4-3）算得的 φ_b 大于 0.6 时，应按式（附 4-2）算得相应的 φ'_b 代替 φ_b 值。

4. 双轴对称工字形等截面（含 H 型钢）悬臂梁

双轴对称工字形等截面（含 H 型钢）悬臂梁的整体稳定系数，可按式（附 4-1）计算，但式中系数 β_b 应按附表 4-3 查得，$\lambda_y = l_1/i_y$（l_1 为悬臂梁的悬伸长度）。当求得的 φ_b 大于 0.6 时，应按式（附 4-2）算得相应的 φ'_b 代替 φ_b 值。

附表 4-2　　　　　　　　　　　　轧制普通工字钢简支梁的 φ_b

项次	荷载情况			工字钢型号	自由长度 l_1（m）								
					2	3	4	5	6	7	8	9	10
1	跨中无侧向支承点的梁	集中荷载作用于	上翼缘	10～20	2.00	1.30	0.99	0.80	0.68	0.58	0.53	0.48	0.43
				22～32	2.40	1.48	1.09	0.86	0.72	0.62	0.54	0.49	0.45
				36～63	2.80	1.60	1.07	0.83	0.68	0.56	0.50	0.45	0.40
2			下翼缘	10～20	3.10	1.95	1.34	1.01	0.82	0.69	0.63	0.57	0.52
				22～40	5.50	2.80	1.84	1.37	1.07	0.86	0.73	0.64	0.56
				45～63	7.30	3.60	2.30	1.62	1.20	0.96	0.80	0.69	0.60
3		均布荷载作用于	上翼缘	10～20	1.70	1.12	0.84	0.68	0.57	0.50	0.45	0.41	0.37
				22～40	2.10	1.30	0.93	0.73	0.60	0.51	0.45	0.40	0.36
				45～63	2.60	1.45	0.97	0.73	0.59	0.50	0.44	0.38	0.35
4			下翼缘	10～20	2.50	1.55	1.08	0.83	0.68	0.56	0.52	0.47	0.42
				22～40	4.00	2.20	1.45	1.10	0.85	0.70	0.60	0.52	0.46
				45～63	5.60	2.80	1.80	1.25	0.95	0.78	0.65	0.55	0.49
5	跨中有侧向支承点的梁（不论荷载作用点在截面高度上的位置）			10～20	2.20	1.39	1.01	0.79	0.66	0.57	0.52	0.47	0.42
				22～40	3.00	1.80	1.24	0.96	0.76	0.65	0.56	0.49	0.43
				45～63	4.00	2.20	1.38	1.01	0.80	0.66	0.56	0.49	0.43

注　1. 同附表 4-1 中的注 3、5。

　　2. 附表中的 φ_b 适用于 Q235 钢。对其他钢号，表中的数值应乘以 $235/f_y$。

附表 4-3　　　　　双轴对称工字形等截面（含 H 型钢）悬臂梁的系数 β_b

项次	荷载形式		$0.60 \leqslant \xi \leqslant 1.24$	$1.24 \leqslant \xi \leqslant 1.96$	$1.96 \leqslant \xi \leqslant 3.10$
1	自由端一个集中荷载作用在	上翼缘	$0.21 + 0.67\xi$	$0.72 + 0.26\xi$	$1.17 + 0.03\xi$
2		下翼缘	$2.94 - 0.65\xi$	$2.64 - 0.40\xi$	$2.15 - 0.15\xi$
3	均布荷载作用在上翼缘		$0.62 + 0.82\xi$	$1.25 + 0.31\xi$	$1.66 + 0.10\xi$

注　1. 本表是按支承端为固定端情况确定的，当用于由邻近跨延伸出来的伸臂梁时，应在构造上采取措施加强支承处的抗扭内力。

　　2. 表中 ξ 见附表 4-1 中的注 1。

5. 受弯构件整体稳定系数的近似计算

均匀弯曲的受弯构件，当 $\lambda_y \leqslant 120\sqrt{235/f_y}$ 时，其稳定系数 φ_b 可按下列近似公式计算。

（1）工字形截面（含 H 型钢）。

双轴对称时

$$\varphi_{\text{b}} = 1.07 - \frac{\lambda_y^2}{44\ 000} \frac{f_y}{235} \qquad (\text{附 } 4\text{-}4)$$

单轴对称时

$$\varphi_{\text{b}} = 1.07 - \frac{W_x}{(2\alpha_{\text{b}} + 0.1)Ah} \frac{\lambda_y^2}{14\ 000} \frac{f_y}{235} \qquad (\text{附 } 4\text{-}5)$$

（2）T 形截面（弯矩作用在对称平面，绕 x 轴）。

1）弯矩使翼缘受压时：

双角钢 T 形截面

$$\varphi_{\text{b}} = 1 - 0.0017\lambda_y \sqrt{f_y/235} \qquad (\text{附 } 4\text{-}6)$$

部分 T 型钢和两个钢板组合 T 形截面

$$\varphi_{\text{b}} = 1 - 0.0022\lambda_y \sqrt{f_y/235} \qquad (\text{附 } 4\text{-}7)$$

2）弯矩使翼缘受拉而且腹板宽厚比不大于 $18\sqrt{235/f_y}$ 时

$$\varphi_{\text{b}} = 1 - 0.0005\lambda_y \sqrt{f_y/235} \qquad (\text{附 } 4\text{-}8)$$

按式（附 4-4）～式（附 4-8）算得的 φ_{b} 值大于 0.6 时，不需按式（附 4-2）换算为 φ_{b}' 值；当按式（附 4-4）和式（附 4-5）算得的 φ_{b} 值大于 1.0 时，取 $\varphi_{\text{b}} = 1.0$。

附录 5　　轴心受压构件的稳定系数

轴心受压构件的稳定系数见附表 5-1～附表 5-4。

附表 5-1　　　　　　　　　a 类截面轴心受压构件的稳定系数 φ

λ/ε_k	0	1	2	3	4	5	6	7	8	9
0	1.000	1.000	1.000	1.000	0.999	0.999	0.998	0.998	0.997	0.996
10	0.995	0.994	0.993	0.992	0.991	0.989	0.988	0.986	0.985	0.983
20	0.981	0.979	0.977	0.976	0.974	0.972	0.970	0.968	0.966	0.964
30	0.963	0.961	0.959	0.957	0.954	0.952	0.950	0.948	0.946	0.944
40	0.941	0.939	0.937	0.934	0.932	0.929	0.927	0.924	0.921	0.918
50	0.916	0.913	0.910	0.907	0.903	0.900	0.897	0.893	0.890	0.886
60	0.883	0.879	0.875	0.871	0.867	0.862	0.858	0.854	0.849	0.844
70	0.839	0.834	0.829	0.824	0.818	0.813	0.807	0.801	0.795	0.789
80	0.783	0.776	0.770	0.763	0.756	0.749	0.742	0.735	0.728	0.721
90	0.713	0.706	0.698	0.691	0.683	0.676	0.668	0.660	0.653	0.645
100	0.637	0.630	0.622	0.614	0.607	0.599	0.592	0.584	0.577	0.569
110	0.562	0.555	0.548	0.541	0.534	0.527	0.520	0.513	0.507	0.500
120	0.494	0.487	0.481	0.475	0.469	0.463	0.457	0.451	0.445	0.439
130	0.434	0.428	0.423	0.417	0.412	0.407	0.402	0.397	0.392	0.387
140	0.382	0.378	0.373	0.368	0.364	0.360	0.355	0.351	0.347	0.343
150	0.339	0.335	0.331	0.327	0.323	0.319	0.316	0.312	0.308	0.305
160	0.302	0.298	0.295	0.292	0.288	0.285	0.282	0.279	0.276	0.273
170	0.270	0.267	0.264	0.261	0.259	0.256	0.253	0.250	0.248	0.245
180	0.243	0.240	0.238	0.235	0.233	0.231	0.228	0.226	0.224	0.222
190	0.219	0.217	0.215	0.213	0.211	0.209	0.207	0.205	0.203	0.201
200	0.199	0.197	0.196	0.194	0.192	0.190	0.188	0.187	0.185	0.183
210	0.182	0.180	0.178	0.177	0.175	0.174	0.172	0.171	0.169	0.168
220	0.166	0.165	0.163	0.162	0.161	0.159	0.158	0.157	0.155	0.154
230	0.153	0.151	0.150	0.149	0.148	0.147	0.145	0.144	0.143	0.142
240	0.141	0.140	0.139	0.137	0.136	0.135	0.134	0.133	0.132	0.131

附表 5-2　　　　　　　　　b 类截面轴心受压构件的稳定系数 φ

λ/ε_k	0	1	2	3	4	5	6	7	8	9
0	1.000	1.000	1.000	0.999	0.999	0.998	0.997	0.996	0.995	0.994
10	0.992	0.991	0.989	0.987	0.985	0.983	0.981	0.978	0.976	0.973
20	0.970	0.967	0.963	0.960	0.957	0.953	0.950	0.946	0.943	0.939
30	0.936	0.932	0.929	0.925	0.921	0.918	0.914	0.910	0.906	0.903
40	0.899	0.895	0.891	0.886	0.882	0.878	0.874	0.870	0.865	0.861
50	0.856	0.852	0.847	0.842	0.837	0.833	0.828	0.823	0.818	0.812
60	0.807	0.802	0.796	0.791	0.785	0.780	0.774	0.768	0.762	0.757
70	0.751	0.745	0.738	0.732	0.726	0.720	0.713	0.707	0.701	0.694
80	0.687	0.681	0.674	0.668	0.661	0.654	0.648	0.641	0.634	0.628
90	0.621	0.614	0.607	0.601	0.594	0.587	0.581	0.574	0.568	0.561
100	0.555	0.548	0.542	0.535	0.529	0.523	0.517	0.511	0.504	0.498
110	0.492	0.487	0.481	0.475	0.469	0.464	0.458	0.453	0.447	0.442
120	0.436	0.431	0.426	0.421	0.416	0.411	0.406	0.401	0.396	0.392
130	0.387	0.383	0.378	0.374	0.369	0.365	0.361	0.357	0.352	0.348

续表

λ/ε_k	0	1	2	3	4	5	6	7	8	9
140	0.344	0.340	0.337	0.333	0.329	0.325	0.322	0.318	0.314	0.311
150	0.308	0.304	0.301	0.297	0.294	0.291	0.288	0.285	0.282	0.279
160	0.276	0.273	0.270	0.267	0.264	0.262	0.259	0.256	0.253	0.251
170	0.248	0.246	0.243	0.241	0.238	0.236	0.234	0.231	0.229	0.227
180	0.225	0.222	0.220	0.218	0.216	0.214	0.212	0.210	0.208	0.206
190	0.204	0.202	0.200	0.198	0.196	0.195	0.193	0.191	0.189	0.188
200	0.186	0.184	0.183	0.181	0.179	0.178	0.176	0.175	0.173	0.172
210	0.170	0.169	0.167	0.166	0.164	0.163	0.162	0.160	0.159	0.158
220	0.156	0.155	0.154	0.152	0.151	0.150	0.149	0.147	0.146	0.145
230	0.144	0.143	0.142	0.141	0.139	0.138	0.137	0.136	0.135	0.134
240	0.133	0.132	0.131	0.130	0.129	0.128	0.127	0.126	0.125	0.124
250	0.123	—	—	—	—	—	—	—	—	—

附表 5-3   c 类截面轴心受压构件的稳定系数 φ

λ/ε_k	0	1	2	3	4	5	6	7	8	9
0	1.000	1.000	1.000	0.999	0.999	0.998	0.997	0.996	0.995	0.993
10	0.992	0.990	0.988	0.986	0.983	0.981	0.978	0.976	0.973	0.970
20	0.966	0.959	0.953	0.947	0.940	0.934	0.928	0.921	0.915	0.909
30	0.902	0.896	0.890	0.883	0.877	0.871	0.865	0.858	0.852	0.845
40	0.839	0.833	0.826	0.820	0.813	0.807	0.800	0.794	0.787	0.781
50	0.774	0.768	0.761	0.755	0.748	0.742	0.735	0.728	0.722	0.715
60	0.709	0.702	0.695	0.689	0.682	0.675	0.669	0.662	0.656	0.649
70	0.642	0.636	0.629	0.623	0.616	0.610	0.603	0.597	0.591	0.584
80	0.578	0.572	0.565	0.559	0.553	0.547	0.541	0.535	0.529	0.523
90	0.517	0.511	0.505	0.499	0.494	0.488	0.483	0.477	0.471	0.467
100	0.462	0.458	0.453	0.449	0.445	0.440	0.436	0.432	0.427	0.423
110	0.419	0.415	0.411	0.407	0.402	0.398	0.394	0.390	0.386	0.383
120	0.379	0.375	0.371	0.367	0.363	0.360	0.356	0.352	0.349	0.345
130	0.342	0.338	0.335	0.332	0.328	0.325	0.322	0.318	0.315	0.312
140	0.309	0.306	0.303	0.300	0.297	0.294	0.291	0.288	0.285	0.282
150	0.279	0.277	0.274	0.271	0.269	0.266	0.263	0.261	0.258	0.256
160	0.253	0.251	0.248	0.246	0.244	0.241	0.239	0.237	0.235	0.232
170	0.230	0.228	0.226	0.224	0.222	0.220	0.218	0.216	0.214	0.212
180	0.210	0.208	0.206	0.204	0.203	0.201	0.199	0.197	0.195	0.194
190	0.192	0.190	0.189	0.187	0.185	0.184	0.182	0.181	0.179	0.178
200	0.176	0.175	0.173	0.172	0.170	0.169	0.167	0.166	0.165	0.163

续表

λ/ε_k	0	1	2	3	4	5	6	7	8	9
210	0.162	0.161	0.159	0.158	0.157	0.155	0.154	0.153	0.152	0.151
220	0.149	0.148	0.147	0.146	0.145	0.144	0.142	0.141	0.140	0.139
230	0.138	0.137	0.136	0.135	0.134	0.133	0.132	0.131	0.130	0.129
240	0.128	0.127	0.126	0.125	0.124	0.123	0.123	0.122	0.121	0.120
250	0.119	—	—	—	—	—	—	—	—	—

附表 5-4　　　　　　　　　　d 类截面轴心受压构件的稳定系数 φ

λ/ε_k	0	1	2	3	4	5	6	7	8	9
0	1.000	1.000	0.999	0.999	0.998	0.996	0.994	0.992	0.990	0.987
10	0.984	0.981	0.978	0.974	0.969	0.965	0.960	0.955	0.949	0.944
20	0.937	0.927	0.918	0.909	0.900	0.891	0.883	0.874	0.865	0.857
30	0.848	0.840	0.831	0.823	0.815	0.807	0.798	0.790	0.782	0.774
40	0.766	0.758	0.751	0.743	0.735	0.727	0.720	0.712	0.705	0.697
50	0.690	0.682	0.675	0.668	0.660	0.653	0.646	0.639	0.632	0.625
60	0.618	0.611	0.605	0.598	0.591	0.585	0.578	0.571	0.565	0.559
70	0.552	0.546	0.540	0.534	0.528	0.521	0.516	0.510	0.504	0.498
80	0.492	0.487	0.481	0.476	0.470	0.465	0.459	0.454	0.449	0.444
90	0.439	0.434	0.429	0.424	0.419	0.414	0.409	0.405	0.401	0.397
100	0.393	0.390	0.386	0.383	0.380	0.376	0.373	0.369	0.366	0.363
110	0.359	0.356	0.353	0.350	0.346	0.343	0.340	0.337	0.334	0.331
120	0.328	0.325	0.322	0.319	0.316	0.313	0.310	0.307	0.304	0.301
130	0.298	0.296	0.293	0.290	0.288	0.285	0.282	0.280	0.277	0.275
140	0.272	0.270	0.267	0.265	0.262	0.260	0.257	0.255	0.253	0.250
150	0.248	0.246	0.244	0.242	0.239	0.237	0.235	0.233	0.231	0.229
160	0.227	0.225	0.223	0.221	0.219	0.217	0.215	0.213	0.211	0.210
170	0.208	0.206	0.204	0.202	0.201	0.199	0.197	0.196	0.194	0.192
180	0.191	0.189	0.187	0.186	0.184	0.183	0.181	0.180	0.178	0.177
190	0.175	0.174	0.173	0.171	0.170	0.168	0.167	0.166	0.164	0.163
200	0.162	—	—	—	—	—	—	—	—	—

注　1. 附表 5-1～附表 5-4 中的 φ 值按下列公式算得:

当 $\lambda_n = \dfrac{\lambda}{\pi}\sqrt{f_y/E} \leqslant 0.215$ 时

$$\varphi = 1 - \alpha_1\lambda_n^2$$

当 $\lambda_n > 0.215$ 时

$$\varphi = \frac{1}{2\lambda_n^2}\left[(\alpha_2 + \alpha_3\lambda_n + \lambda_n^2) - \sqrt{(\alpha_2 + \alpha_3\lambda_n + \lambda_n^2)^2 - 4\lambda_n^2}\right]$$

式中　α_1、α_2、α_3——系数,根据《钢结构设计标准》(GB 50017—2017) 中表 7.2.1 的截面分类,按附表 5-5 采用。

2. 当构件的 $\lambda\sqrt{f_y/235}$ 值超出附表 5-1～附表 5-4 的范围时,则 φ 值按注 1 所列的公式计算。

附表 5-5   系数 α_1、α_2、α_3

截面类别		α_1	α_2	α_3
a 类		0.41	0.986	0.152
b 类		0.65	0.965	0.300
c 类	$\lambda_n \leqslant 1.05$	0.73	0.906	0.595
	$\lambda_n > 1.05$		1.216	0.302
d 类	$\lambda_n \leqslant 1.05$	1.35	0.868	0.915
	$\lambda_n > 1.05$		1.375	0.432

附录6　柱的长度计算系数

柱的长度计算系数见附表 6-1 和附表 6-2。

附表 6-1　　　　　　　　　　　无侧移框架柱的长度计算系数 μ

K_2	K_1												
	0	0.05	0.1	0.2	0.3	0.4	0.5	1	2	3	4	5	$\geqslant 10$
0	1.000	0.990	0.981	0.964	0.949	0.935	0.922	0.875	0.820	0.791	0.773	0.760	0.732
0.05	0.990	0.981	0.971	0.955	0.940	0.926	0.914	0.867	0.814	0.784	0.766	0.754	0.726
0.1	0.981	0.971	0.962	0.946	0.931	0.918	0.906	0.860	0.807	0.778	0.760	0.748	0.721
0.2	0.964	0.955	0.946	0.930	0.916	0.903	0.891	0.846	0.395	0.767	0.749	0.737	0.711
0.3	0.949	0.940	0.931	0.816	0.902	0.889	0.878	0.834	0.784	0.756	0.739	0.728	0.701
0.4	0.935	0.926	0.918	0.903	0.889	0.877	0.866	0.823	0.774	0.747	0.730	0.719	0.693
0.5	0.922	0.914	0.906	0.891	0.878	0.866	0.855	0.813	0.765	0.738	0.721	0.710	0.685
1	0.875	0.867	0.860	0.846	0.834	0.823	0.813	0.774	0.729	0.704	0.688	0.672	0.654
2	0.820	0.814	0.807	0.795	0.764	0.774	0.765	0.729	0.636	0.663	0.648	0.638	0.615
3	0.791	0.784	0.778	0.767	0.756	0.747	0.738	0.704	0.663	0.640	0.625	0.616	0.593
4	0.773	0.766	0.760	0.749	0.739	0.730	0.723	0.688	0.648	0.625	0.611	0.601	0.580
5	0.760	0.754	0.748	0.737	0.728	0.719	0.710	0.677	0.638	0.616	0.601	0.592	0.570
$\geqslant 10$	0.732	0.726	0.721	0.711	0.704	0.693	0.685	0.654	0.615	0.593	0.580	0.570	0.549

注　1. 表中的计算长度系数 μ 值系按下式算得：

$$\left[\left(\frac{\pi}{\mu}\right)^2 + 2(K_1 + K_2) - 4K_1 K_2\right]\frac{\pi}{\mu}\sin\frac{\pi}{\mu} - 2\left[(K_1 + K_2)\left(\frac{\pi}{\mu}\right)^2 + 4K_1 K_2\right]\cos\frac{\pi}{\mu} + 8K_1 K_2 = 0$$

　　式中：K_1、K_2 分别为相交于柱上端、柱下端的横梁线刚度之和与柱线刚度之和的比值。当梁远端为铰接时，应将横梁线刚度乘以 1.5；当横梁远端为嵌固时，则将横梁线刚度乘以 2。

　　2. 当横梁与柱铰接时，取横梁线刚度为零。

　　3. 对底层框架柱，当柱与基础铰接时，取 $K_2 = 0$（对平板支座可取 $K_2 = 0.1$）；当柱与基础刚接时，取 $K_2 = 10$。

　　4. 当与柱刚性连接的横梁所受轴心压力 N_b 较大时，横梁线刚度应乘以折减系数 a_N：

横梁远端与柱刚接和横梁远端铰支时：$a_N = 1 - N_b / N_{Eb}$。

横梁远端嵌固时：$a_N = 1 - N_b / (2N_{Eb})$。

　　式中：$N_{Eb} = \pi^2 EI_b / l^2$，$I_b$ 为横梁截面惯性矩，l 为横梁长度。

附表 6-2　　　　　　　　　　　有侧移框架柱的长度计算系数 μ

K_2	K_1												
	0	0.05	0.1	0.2	0.3	0.4	0.5	1	2	3	4	5	$\geqslant 10$
0	x	6.02	4.46	3.42	3.01	2.78	2.64	2.33	2.17	2.11	2.08	2.07	2.03
0.05	6.02	4.16	3.47	2.86	2.58	2.42	2.31	2.07	1.94	1.90	1.87	1.86	1.83
0.1	4.46	3.47	3.01	2.56	2.33	2.20	2.11	1.90	1.79	1.75	1.73	1.72	1.70
0.2	3.42	2.86	2.56	2.23	2.05	1.94	1.87	1.70	1.60	1.57	1.55	1.54	1.52
0.3	3.01	2.58	2.33	2.05	1.90	1.80	1.74	1.58	1.49	1.46	1.45	1.44	1.42
0.4	2.78	2.42	2.20	1.94	1.80	1.71	1.65	1.50	1.42	1.39	1.37	1.37	1.35

K_2	K_1												
	0	0.05	0.1	0.2	0.3	0.4	0.5	1	2	3	4	5	≥10
0.5	2.64	2.31	2.11	1.87	1.74	1.65	1.59	1.45	1.37	1.34	1.32	1.32	1.30
1	2.33	2.07	1.90	1.70	1.58	1.50	1.45	1.32	1.34	1.21	1.20	1.19	1.17
2	2.17	1.94	1.79	1.60	1.49	1.42	1.37	1.24	1.16	1.14	1.12	1.12	1.10
3	2.11	1.90	1.75	1.57	1.46	1.39	1.34	1.21	1.14	1.11	1.10	1.09	1.07
4	2.08	1.87	1.73	1.55	1.45	1.37	1.32	1.30	1.12	1.10	1.08	1.08	1.06
5	2.07	1.86	1.72	1.54	1.44	1.37	1.32	1.19	1.12	1.09	1.08	1.07	1.05
≥10	2.03	1.83	1.70	1.52	1.42	1.35	1.30	1.17	1.10	1.07	1.06	1.05	1.03

注　1. 表中的计算长度系数 μ 值系按下式算得：

$$\left[36K_1K_2-\left(\frac{\pi}{\mu}\right)^2\right]\sin\frac{\pi}{\mu}+6(K_1+K_2)\frac{\pi}{\mu}\cos\frac{\pi}{\mu}=0$$

式中：K_1、K_2 分别为相交于柱上端、柱下端的横梁线刚度之和与柱线刚度之和的比值。当横梁远端为铰接时，应将横梁线刚度乘以 0.5；当横梁远端为嵌固时，则应乘以 2/3。

2. 当横梁与柱铰接时，取横梁线刚度为零。

3. 对底层框架柱：当柱与基础铰接时，取 $K_2=0$（对平板支座可取 $K_2=0.1$）；当柱与基础刚度时，取 $K_2=10$。

4. 当与柱刚性连接的横梁所受轴心压力 N_b 较大时，横梁线刚度应乘以折减系数 a_N：

横梁远端与柱刚接时：$a_N=1-N_b/(4N_{Eb})$。

横梁远端铰支时：$a_N=1-N_b/N_{Eb}$。

横梁远端嵌固时：$a_N=1-N_b/(2N_{Eb})$。

N_{Eb} 的计算式见附表 6-1 中注 4。

附录 7　型　钢　表

型钢表见附表 7-1～附表 7-10。

附表 7-1　　　　　　　　　　热轧普通工字钢截面特性

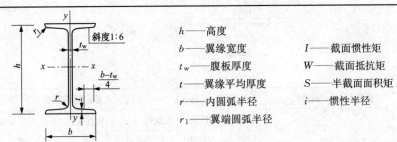

h——高度
b——翼缘宽度　　　　　I——截面惯性矩
t_w——腹板厚度　　　　　W——截面抵抗矩
t——翼缘平均厚度　　　S——半截面面积矩
r——内圆弧半径　　　　i——惯性半径
r_1——翼端圆弧半径

型号	尺寸 (mm)						截面面积 (cm²)	线质量 (kg/m)	x—x				y—y		
	h	b	t_w	t	r	r_1			I_x (cm⁴)	W_x (cm³)	S_x (cm³)	i_x (cm)	I_y (cm⁴)	W_y (cm³)	i_y (cm)
I 10	100	68	4.5	7.6	6.5	3.3	14.33	11.25	245	49.0	28.2	4.14	32.8	9.6	1.51
I 12.6	126	74	5.0	8.4	7.0	3.5	18.10	14.21	488	77.4	44.4	5.19	46.9	12.7	1.61
I 14	140	80	5.5	9.1	7.5	3.8	21.50	16.88	712	101.7	58.4	5.75	64.3	16.1	1.73
I 16	160	88	6.0	9.9	8.0	4.0	26.11	20.50	1127	140.9	80.8	6.57	93.1	21.1	1.89
I 18	180	94	6.5	10.7	8.5	4.3	30.74	24.13	1669	185.4	106.5	7.37	122.9	26.2	2.00
I 20 a	200	100	7.0	11.4	9.0	4.5	35.55	27.91	2369	236.8	136.1	8.16	157.9	31.6	2.11
b		102	9.0				39.55	31.05	2502	250.2	146.1	7.95	169.0	33.1	2.07
I 22 a	200	110	7.5	12.3	9.5	4.8	42.10	33.05	3406	309.6	177.7	8.99	225.9	41.1	2.32
b		112	9.5				46.50	36.50	3583	325.8	189.8	8.78	240.2	48.4	2.27
I 25 a	250	116	8.0	13.0	10.0	5.0	48.51	38.08	5017	401.4	230.7	10.17	280.4	48.4	2.40
b		118	10.0				53.51	42.01	5278	422.2	246.3	9.93	297.3	50.4	2.36
I 28 a	280	122	8.5	13.7	10.5	5.3	55.37	43.47	7115	508.2	292.7	11.34	344.1	56.4	2.49
b		124	10.5				60.97	47.86	7481	534.4	312.3	11.08	363.8	58.7	2.44
a	320	130	9.5	15.0	11.5	5.8	67.12	52.69	11 080	692.5	400.5	12.85	459.0	70.6	2.62
I 32b		132	11.5				73.52	57.71	11 626	726.7	426.1	12.58	483.8	73.3	2.57
c		134	13.5				79.92	62.74	12 173	760.8	451.7	12.34	510.1	76.1	2.53
a	360	136	10.0	15.8	12.0	6.0	76.44	60.00	15 796	877.6	508.8	14.38	554.9	81.6	2.69
I 36b		138	12.0				83.64	65.66	16 574	920.8	541.2	14.08	583.6	84.6	2.64
c		140	14.0				90.84	71.31	17 351	964.0	573.6	13.82	614.0	87.7	2.60
a	400	142	10.5	16.5	12.5	6.3	86.07	67.56	21 714	1085.7	631.2	15.88	659.9	92.9	2.77
I 40b		144	12.5				94.07	73.84	22 781	1139.0	671.2	15.56	692.8	96.2	2.71
c		146	14.5				102.07	80.12	23 847	1192.4	711.2	15.29	727.5	99.7	2.67
a	450	150	11.5	18.0	13.5	6.8	102.40	80.38	32 241	1432.9	836.4	17.74	855.0	114.0	2.89
I 45b		152	13.5				111.40	87.45	33 759	1500.4	887.1	17.41	895.4	117.8	2.84
c		154	15.5				120.40	94.51	35 278	1567.9	937.7	17.12	938.0	121.8	2.79
a	500	158	12.0	20.0	14.0	7.0	119.25	93.61	46 472	1858.9	1048.1	19.74	1121.5	142.0	3.07
I 50b		160	14.0				129.25	101.46	48 556	1942.2	1146.6	19.38	1171.4	146.4	3.01
c		162	16.0				139.25	109.31	50 639	2005.6	1209.1	19.07	1223.9	151.1	2.96
a	560	166	12.5	21.0	14.5	7.3	135.38	106.27	65 576	2342.0	1368.8	22.01	1365.8	164.6	3.18
I 56b		168	14.5				146.58	115.06	68 503	2446.5	1447.2	21.62	1423.8	169.5	3.12
c		170	16.5				157.78	123.85	71 430	2551.1	1526.6	21.28	1484.8	174.7	3.07
a	630	176	13.0	22.0	15.0	7.5	154.59	121.36	94 004	2984.3	1747.4	24.66	1702.4	193.5	3.32
I 63b		178	15.0				167.19	131.25	98 171	3116.6	1846.6	24.23	1770.7	199.0	3.25
c		180	17.0				179.79	141.14	102 339	3248.9	1945.9	23.86	1842.4	204.7	3.20

附表 7-2   **热轧 H 型钢截面规格以及特性**

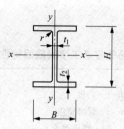

类别	型号 （高度×宽度）	截面尺寸（mm）				截面 面积 （cm²）	理论 质量 （kg/m）	截面特性参数					
								惯性矩（cm⁴）		惯性半径（cm）		截面模量（cm³）	
		$H \times B$	t_1	t_2	r			I_x	I_y	i_x	i_y	W_x	W_y
HW	100×100	100×100	6	8	10	21.90	17.3	383	134	4.18	2.47	76.5	26.7
	125×125	125×125	6.5	9	10	30.31	23.8	847	294	5.29	3.11	136	47.0
	150×150	150×150	7	10	13	40.55	31.9	1660	564	6.39	3.73	221	75.1
	175×175	175×175	7.5	11	13	51.43	40.3	2900	984	7.50	4.37	331	112
	200×200	200×200	8	12	16	64.28	50.5	4770	1600	8.61	4.99	477	160
		♯200×204	12	12	16	72.28	56.7	5030	1700	8.35	4.85	503	167
	250×250	250×250	9	14	16	92.18	72.4	10 800	3650	10.8	6.29	867	292
		♯250×265	14	14	16	104.7	82.2	11 500	3880	10.5	6.09	919	304
	300×300	♯294×302	12	12	20	108.3	85.0	17 000	5520	12.5	7.14	1160	365
		300×300	10	15	20	120.4	94.5	20 500	6760	13.1	7.49	1370	450
		300×305	15	15	20	135.4	106	21 600	7100	12.6	7.24	1440	466
	350×350	♯344×348	10	16	20	145.0	115	33 300	11 200	15.1	8.78	1940	646
		350×350	12	19	20	173.9	137	40 300	13 600	15.2	8.84	2300	776
	400×400	♯388×402	15	15	24	179.2	141	49 200	16 300	16.6	9.52	2540	809
		♯394×398	11	18	24	187.6	147	56 400	18 900	17.3	10.0	2860	951
		400×400	13	21	24	219.5	172	66 900	22 400	17.5	10.1	3340	1120
		♯400×408	21	21	24	251.5	197	71 100	23 800	16.8	9.73	3560	1170
		♯414×405	18	28	24	296.2	233	93 000	31 000	17.7	10.2	4490	1530
		♯428×407	20	35	24	361.4	284	119 000	39 400	18.2	0.4	5580	1930
		♯458×417	30	50	24	529.3	415	187 000	60 500	18.8	10.7	8180	2900
		♯498×432	45	70	24	770.8	605	298 000	94 400	19.7	11.1	12 000	4370
HM	150×100	148×100	6	9	13	27.25	21.4	1040	151	6.17	2.35	140	30.2
	200×150	194×150	6	9	16	39.76	31.2	2740	508	8.30	3.57	283	67.7
	250×175	244×175	7	11	16	56.24	44.1	6120	985	10.4	4.18	502	113
	300×200	294×200	8	12	20	73.03	57.3	11 400	1600	12.5	4.69	779	160
	350×250	340×250	9	14	20	101.5	79.7	21 700	3650	14.6	6.00	1280	292

类别	型号 （高度×宽度）	截面尺寸（mm）				截面 面积 （cm²）	理论 质量 （kg/m）	截面特性参数					
								惯性矩（cm⁴）		惯性半径（cm）		截面模量（cm³）	
		$H \times B$	t_1	t_2	r			I_x	I_y	i_x	i_y	W_x	W_y
HM	400×300	390×300	10	16	24	136.7	107	38 900	7210	16.9	7.26	2000	481
	450×300	440×300	11	18	24	157.4	124	56 100	8110	18.9	7.18	2550	541
	500×300	482×300	11	15	28	146.4	115	60 800	6770	20.4	6.80	2520	451
		488×300	11	18	28	164.4	129	71 400	8120	20.8	7.03	2930	541
	600×300	582×300	12	17	28	174.5	137	103 000	7670	24.3	6.63	3530	511
		588×300	12	20	28	192.5	151	118 000	9020	24.8	6.85	4020	601
HN	100×50	100×50	5	7	10	12.16	9.54	192	14.9	3.98	1.14	38.5	5.96
	125×60	125×60	6	8	10	17.01	13.3	417	29.3	4.95	1.31	66.8	9.75
	150×75	150×75	5	7	10	18.16	14.3	679	49.6	6.12	1.65	90.6	13.2
	175×90	175×90	5	8	10	23.21	18.2	1220	97.6	7.26	2.05	140	21.7
	200×100	198×99	4.5	7	13	23.59	18.5	1610	114	8.27	2.20	163	23.0
		200×100	5.5	8	13	27.57	21.7	1880	134	8.25	2.21	188	26.8
	250×125	248×124	5	8	13	32.89	25.8	3560	255	10.4	2.78	287	41.1
		250×125	6	9	13	37.87	29.7	4080	294	10.4	2.79	326	47.0
	300×150	298×149	5.5	8	16	41.55	32.6	6460	443	12.4	3.26	433	59.4
		300×150	6.5	9	16	47.53	37.3	7350	508	12.4	3.27	490	67.7
	350×175	346×174	6	9	16	53.19	41.8	11 200	792	14.5	3.86	549	91.0
		350×175	7	11	16	63.66	50.0	13 700	985	14.7	3.93	782	113
	♯400×150	♯400×150	8	13	16	71.12	55.8	18 800	734	16.3	3.21	942	97.9
	400×200	396×199	7	11	16	72.16	56.7	20 000	1450	16.7	4.48	1010	145
		400×200	8	13	16	84.12	66.0	23 700	1740	16.8	4.54	1190	174
	♯450×150	♯450×150	9	14	20	83.41	65.5	27 100	793	18.0	3.08	1200	106
	450×200	446×199	8	12	20	84.95	66.7	29 000	1580	18.5	4.31	1300	159
		450×200	9	14	20	97.41	76.3	33 700	1870	18.6	4.38	1500	187
	♯500×150	♯500×150	10	16	20	98.23	77.1	38 500	907	19.8	3.04	1540	127
	500×200	496×199	9	14	20	101.3	79.5	41 900	1840	20.3	4.27	1690	185
		500×200	10	16	20	114.2	89.6	47 800	2140	20.5	4.33	1910	214
		♯506×201	11	19	20	131.3	103	56 500	2580	20.8	4.43	2230	257
	600×200	596×199	10	15	24	121.2	95.1	69 300	1980	23.9	4.04	2330	199
		600×200	11	17	24	135.2	106	78 200	2280	24.1	4.11	2610	228
		♯601×201	12	20	24	153.3	120	91 000	2720	24.4	4.21	3000	271
	700×300	♯692×300	13	20	28	211.5	166	172 000	9020	28.6	6.53	4980	602
		700×300	13	24	28	235.5	185	201 000	10 800	29.3	6.78	5760	722

续表

类别	型号 (高度×宽度)	截面尺寸（mm）				截面 面积 (cm²)	理论 重量 (kg/m)	截面特性参数					
		$H \times B$	t_1	t_2	r			惯性矩(cm⁴)		惯性半径(cm)		截面模量(cm³)	
								I_x	I_y	i_x	i_y	W_x	W_y
HN	＊800×300	＊792×300	14	22	28	243.4	191	254 000	9930	32.3	6.39	6400	662
		＊800×300	14	26	28	267.4	210	292 000	11 700	33.0	6.62	7290	782
	＊900×300	＊890×299	15	23	28	270.9	213	345 000	10 300	35.7	6.16	7760	688
		＊900×300	16	28	28	309.8	243	411 000	12 600	36.4	6.39	9140	843
		＊912×302	18	34	28	364.0	286	498 000	15 700	37.0	6.56	10 900	1040

注　1. ♯表示的规格为非常用规格。

　　2. ＊表示的规格，目前国内尚未生产。

　　3. 型号属同一范围的产品，其内侧尺寸高度相同。

　　4. 截面面积计算公式为 $t_1(H-2t_2)+2Bt_2+0.858r^2$。

附表 7-3　　窄翼缘（HN 类）H 型钢补充规格的截面尺寸、面积和截面特性

类别	型号 (高度×宽度)	截面尺寸（mm）				截面 面积 (cm²)	理论重量 (kg/m)	截面特性参数					
		$H \times B$	t_1	t_2	r			惯性矩(cm⁴)		惯性半径(cm)		截面模量(cm³)	
								I_x	I_y	i_x	i_y	W_x	W_y
HN	100×75	100×75	6	8	10	17.90	14.1	298	56.7	4.08	1.78	59.6	16.1
	126×75	126×75	6	8	10	19.46	15.3	509	56.8	5.11	1.71	80.8	15.1
	140×90	140×90	5	8	10	21.46	16.8	738	97.6	5.87	2.13	105	21.7
	160×90	160×90	5	8	10	22.46	17.6	999	97.6	6.67	2.08	125	21.7
	180×90	180×90	5	8	10	23.46	18.4	1300	97.6	7.46	2.04	145	21.7
	220×125	220×125	6	9	13	36.07	28.3	3060	294	9.21	2.85	278	47
	280×125	280×125	6	9	13	39.67	31.3	5270	294	11.5	2.72	376	47.0
	320×150	320×150	6.5	9	16	48.83	38.3	8500	508	13.2	3.23	531	67.8
	360×150	360×150	7	11	16	58.86	46.2	12 900	621	14.8	3.25	717	82.8
	560×175	560×175	11	17	24	122.3	96.0	60 500	1530	22.2	3.54	2160	175
	630×200	630×200	13	20	28	163.4	128	102 000	2690	25.0	4.06	3250	269

注　本表规格为 H 型钢标准（GB/T 11263—1998）中附表 5-5 所列窄翼缘 H 型钢的补充规格，均可按供需双方协议供货。

附表 7-4　　　　　　　　　　　　　　热轧普通槽钢截面特性

h——高度

b——翼缘宽度

d——腹板厚度

t——翼缘平均厚度

r——内圆弧半径

r_1——翼端圆弧半径

I——截面惯性矩

W——截面抵抗矩

S——半截面面积矩

i——惯性半径

z_1——质心距离

型号	尺寸（mm）						截面面积（cm³）	线质量（kg/m）	$x-x$				$y-y$				y_1-y_1	z_1（cm）
	h	b	d	t	r	r_1			I_x（cm³）	W_x（cm³）	S_x（cm³）	I_x（cm⁴）	i_y（cm）	W_{ymin}（cm³）	W_{ymax}（cm³）	i_y（cm）	I_{y1}（cm⁴）	
[5	50	37	4.5	7.0	7.0	3.5	6.92	5.44	26.0	10.4	6.4	1.94	8.3	3.5	6.2	1.10	20.9	1.35
[6.3	63	40	4.8	7.5	7.5	3.75	8.45	6.63	51.2	16.3	9.8	2.46	11.9	4.6	8.5	1.19	28.3	1.39
[8	80	43	5.0	8.0	8.0	4.0	10.24	8.04	101.3	25.3	15.1	3.14	16.6	5.8	11.7	1.27	37.4	1.42
[10	100	48	5.3	8.5	8.5	4.25	12.74	10.00	198.3	39.7	23.5	3.94	25.6	7.8	16.9	1.42	54.9	1.52
[12.6	126	53	5.5	9.0	9.0	4.5	15.69	12.31	388.5	61.7	36.4	4.98	38.0	10.3	23.9	1.56	77.8	1.59
[14 a	140	58	6.0	9.5	9.5	4.75	18.51	14.53	563.7	80.5	47.5	5.52	53.2	13.0	31.2	1.70	107.2	1.71
b		50	8.0				21.31	16.73	609.4	87.1	52.4	5.35	61.2	14.1	36.6	1.69	120.6	1.67
[16 a	160	63	6.5	10.0	10.0	5.0	21.95	17.23	866.2	108.3	63.9	6.28	73.4	16.3	40.9	1.83	144.1	1.79
b		65	8.5				25.15	19.75	934.5	116.8	70.3	6.10	83.4	17.6	47.6	1.82	160.8	1.75
[18 a	180	68	7.0	10.5	10.5	5.25	25.69	20.17	1272.7	141.4	83.5	7.04	98.6	20.0	52.3	1.96	189.7	1.88
b		70	9.0				29.29	22.99	1369.9	152.2	91.6	6.84	111.0	21.5	60.4	1.95	210.1	1.84
[20 a	200	73	7.0	11.0	11.0	5.5	28.83	22.63	1780.4	178.0	104.7	7.86	128.0	24.2	63.8	2.11	244.0	2.01
b		75	9.0				32.83	25.77	1913.7	191.4	114.7	7.64	143.6	25.9	73.7	2.09	268.4	1.95
[22 a	220	77	7.0	11.5	11.5	5.75	31.84	24.99	2383.9	217.6	127.6	8.67	157.8	28.2	75.1	2.23	298.2	2.10
b		79	9.0				36.24	28.45	2571.5	233.8	139.7	8.42	176.5	30.1	86.8	2.21	326.3	2.03
a		78	7.0				34.91	27.40	3359.1	268.7	157.8	9.81	175.9	30.7	85.1	2.24	324.8	2.07
[25b	250	80	9.0	12.0	12.0	6.0	39.91	31.33	3619.5	289.6	173.5	9.52	196.4	32.7	98.5	2.22	355.1	1.99
c		82	11.0				44.91	35.25	3880.0	310.4	189.1	9.30	215.9	34.6	110.1	2.19	388.6	1.96
a		82	7.5				40.02	31.42	4752.5	339.5	200.2	10.90	217.9	35.7	104.1	2.33	393.3	2.09
[28b	280	84	0.5	12.5	12.5	6.25	45.62	35.81	5118.4	365.6	219.8	10.59	214.5	37.9	119.3	2.30	428.3	2.02
c		86	11.5				51.22	40.21	5484.3	391.7	239.4	10.35	264.1	40.0	132.6	2.27	467.3	1.90
a		88	8.0				48.50	38.07	7510.3	469.4	276.9	12.44	304.7	46.4	136.2	2.51	547.5	2.24
[32b	320	90	10.0	14.0	14.0	7.0	54.90	43.10	8056.8	503.5	302.5	12.11	335.6	49.1	155.0	2.47	592.9	2.16
c		92	12.0				61.30	48.12	8602.9	537.7	328.1	11.85	365.0	51.6	171.5	2.14	642.7	2.13
a		96	9.0				60.89	47.80	11 874.1	659.7	389.9	13.96	155.0	63.6	186.2	2.73	818.5	2.44
[36b	360	98	11.0	16.0	16.0	8.0	68.09	53.45	12 651.1	702.9	422.3	13.63	496.7	66.9	209.2	2.70	880.5	2.37
c		100	13.0				75.29	59.10	13 429.3	746.1	454.7	13.36	536.6	70.0	220.5	2.67	948.0	2.34
a		100	10.5				75.04	58.91	17 577.7	878.9	524.4	15.30	592.0	72.8	237.6	2.81	1057.9	2.49
[40b	400	102	12.5	18.0	18.0	9.0	83.04	65.19	18 644.4	932.2	564.4	14.98	640.6	82.6	262.4	2.78	1135.8	2.44
c		104	14.5				91.04	71.47	19 711.0	985.6	604.4	14.71	687.8	86.2	284.4	2.75	1220.3	2.42

附表 7-5　　　热轧等边角钢截面特性

单角钢　　　　　　　双角钢

型号	圆角 r (mm)	质心距离 z_0 (mm)	截面面积 (cm²)	线质量 (kg/m)	惯性矩 I_x (cm⁴)	截面抵抗矩 (cm³) W_x^{max}	截面抵抗矩 (cm³) W_x^{min}	惯性半径 (cm) i_x	惯性半径 (cm) i_{x0}	惯性半径 (cm) i_{y0}	i_y (cm) 当a=6mm	8mm	10mm	12mm
L20×3	3.5	6.0	1.13	0.89	0.40	0.67	0.29	0.59	0.75	0.39	1.08	1.16	1.25	1.34
4		6.4	1.46	1.15	0.50	0.78	0.36	0.58	0.73	0.38	1.11	1.19	1.28	1.37
L25×3	3.5	7.3	1.43	1.12	0.82	1.12	0.46	0.76	0.95	0.49	1.28	1.36	1.44	1.53
4		7.6	1.86	1.46	1.03	1.36	0.59	0.74	0.93	0.48	1.30	1.38	1.46	1.55
L30×3		8.5	1.75	1.37	1.46	1.72	0.68	0.91	1.15	0.59	1.47	1.55	1.63	1.71
4		8.9	2.28	1.79	1.84	2.06	0.87	0.90	1.13	0.58	1.49	1.57	1.66	1.74
L36×4　3	4.5	10.0	2.11	1.66	2.58	2.58	0.99	1.11	1.39	0.71	1.71	1.75	1.86	1.95
4		10.4	2.76	2.16	3.29	3.16	1.28	1.09	1.38	0.70	1.73	1.81	1.89	1.97
5		10.7	3.38	2.65	3.95	3.70	1.56	1.08	1.36	0.70	1.74	1.82	1.91	1.99
L40×4　3		10.9	2.36	1.85	3.59	3.30	1.23	1.23	1.55	0.79	1.85	1.93	2.01	2.09
4		11.3	3.09	2.42	4.60	4.07	1.60	1.22	1.54	0.79	1.88	1.96	2.04	2.12
5		11.7	3.79	2.98	5.53	4.73	1.96	1.22	1.52	0.78	1.90	1.98	2.06	2.14
L45×3	5	12.2	2.66	2.09	5.17	4.24	1.58	1.40	1.76	0.90	2.06	2.14	2.21	2.29
4		12.6	3.49	2.74	6.65	5.28	2.05	1.38	1.74	0.89	2.08	2.16	2.24	2.32
5		13.0	4.29	3.37	8.04	6.19	2.51	1.37	1.72	0.88	2.11	2.18	2.26	2.34
6		13.3	5.08	3.99	9.33	7.0	2.95	1.36	1.70	0.88	2.12	2.20	2.28	2.36
L50×3	5.5	13.4	2.97	2.33	7.18	5.36	1.96	1.55	1.96	1.00	2.26	2.33	2.41	2.49
4		13.8	3.90	3.06	9.26	6.71	2.56	1.54	1.94	0.99	2.28	2.35	2.43	2.51
5		14.2	4.80	3.77	11.21	7.89	3.13	1.53	1.92	0.98	2.30	2.38	2.45	2.53
6		14.6	5.69	4.47	13.05	8.94	3.68	1.52	1.91	0.98	2.32	2.40	2.48	2.56
L56×3	6	14.8	3.34	2.62	10.19	6.89	2.48	1.75	2.20	1.13	2.49	2.57	2.64	2.71
4		15.3	4.39	3.45	13.18	8.63	3.24	1.73	2.18	1.11	2.52	2.59	2.67	2.75
5		15.7	5.42	4.23	16.02	10.2	3.97	1.72	2.17	1.10	2.54	2.62	2.69	2.77
8		16.8	8.37	6.57	23.63	14.0	6.03	1.68	2.11	1.09	2.60	2.67	2.75	2.83
L63×6　4	7	17.0	4.98	3.91	19.03	11.2	4.13	1.96	2.46	1.26	2.80	2.87	2.94	3.02
5		17.4	6.14	4.82	23.17	13.3	5.08	1.94	2.45	1.25	2.82	2.89	2.97	3.04
6		17.8	7.29	5.72	27.12	15.2	6.0	1.93	2.43	1.24	2.84	2.91	2.99	3.06
8		18.5	9.52	7.47	34.46	18.6	7.75	1.90	2.40	1.23	2.87	2.93	3.02	3.10
10		19.3	11.66	9.15	41.09	21.3	9.39	1.88	2.36	1.22	2.91	2.99	3.07	3.15
L70×6　4	8	18.6	5.57	4.37	26.39	14.2	5.14	2.18	2.74	1.40	3.07	3.14	3.21	3.28
5		19.1	6.88	5.40	32.21	16.8	6.32	2.16	2.73	1.39	3.09	3.17	3.24	3.31
6		19.5	8.16	6.41	37.77	19.4	7.48	2.15	2.71	1.38	3.11	3.19	3.26	3.34
7		19.9	9.42	7.40	43.00	21.6	8.59	2.14	2.69	1.38	3.13	3.21	3.28	3.36
8		20.3	10.7	8.37	48.17	23.8	9.68	2.12	2.68	1.37	3.15	3.23	3.30	3.38

型号		圆角 r (mm)	质心距离 z₀ (mm)	截面面积 (cm²)	线质量 (kg/m)	惯性矩 Iₓ (cm⁴)	截面抵抗矩 (cm³)		惯性半径 (cm)			i_y (cm)，当 a 为下列数值时			
							W_x^{max}	W_x^{min}	i_x	i_{x0}	i_{y0}	6mm	8mm	10mm	12mm
L75×7	5	9	20.4	7.41	5.82	39.97	19.6	7.32	2.33	2.92	1.50	3.30	3.37	3.45	3.52
	6		20.7	8.79	6.91	46.95	22.7	8.64	2.31	2.90	1.49	3.31	3.38	3.46	3.53
	7		21.1	10.16	7.98	53.57	25.4	9.93	2.30	2.89	1.48	3.33	3.40	3.48	3.55
	8		21.5	11.50	9.03	59.96	27.9	11.2	2.28	2.88	1.47	3.35	3.42	3.50	3.57
	10		22.2	14.13	11.09	71.98	32.4	13.6	2.26	2.84	1.46	3.38	3.46	3.53	3.61
L80×7	5	9	21.5	7.91	6.21	48.79	22.7	8.34	2.48	3.13	1.60	3.49	3.56	3.63	3.71
	6		21.9	9.40	7.38	57.35	26.1	9.87	2.47	3.11	1.59	3.51	3.58	3.65	3.72
	7		22.3	10.86	8.53	65.58	29.4	11.4	2.46	3.10	1.58	3.53	3.60	3.67	3.73
	8		22.7	12.30	9.66	73.49	32.4	12.8	2.44	3.08	1.57	3.55	3.62	3.69	3.77
	10		23.5	15.13	11.87	88.43	37.6	15.6	2.42	3.04	1.56	3.59	3.66	3.74	3.81
L90×8	6	10	24.4	10.64	8.35	82.77	33.9	12.6	2.79	3.51	1.80	3.91	3.98	4.05	4.13
	7		24.8	12.30	9.66	94.88	38.2	14.5	2.78	3.50	1.78	3.93	4.00	4.07	4.15
	8		25.2	13.94	10.96	106.47	42.1	16.4	2.76	3.48	1.78	3.95	4.02	4.09	4.17
	10		25.9	17.17	13.48	128.58	49.7	20.1	2.74	3.45	1.76	3.98	4.05	4.13	4.20
	12		26.7	20.31	15.94	149.22	56.0	23.6	2.71	3.41	1.75	4.02	4.10	4.17	4.25
L110×10	6	12	26.7	11.93	9.37	114.95	43.1	15.7	3.10	3.90	2.00	4.30	4.37	4.44	4.51
	7		27.1	13.80	10.83	131.86	48.6	18.1	3.09	3.89	1.99	4.31	4.39	4.46	4.53
	8		27.6	15.64	12.28	148.24	53.7	20.5	3.08	3.88	1.98	4.34	4.41	4.48	4.56
	10		28.4	19.26	15.12	179.51	63.2	25.1	3.05	3.84	1.96	4.38	4.45	4.52	4.60
	12		29.1	22.80	17.90	208.90	71.9	29.5	3.03	3.81	1.95	4.41	4.49	4.56	4.63
	14		29.9	26.26	20.61	236.53	79.1	33.7	3.00	3.77	1.94	4.45	4.53	4.60	4.68
	16		30.6	29.63	23.26	262.53	89.6	37.8	2.98	3.74	1.94	4.49	4.56	4.64	4.72
L110×10	7	12	29.6	15.20	11.93	177.16	59.9	22.0	3.41	4.30	2.20	4.72	4.79	4.86	4.92
	8		30.1	17.24	13.53	199.46	64.7	25.0	3.40	4.28	2.19	4.75	4.82	4.89	4.96
	10		30.9	21.26	16.69	242.19	78.4	30.6	3.38	4.25	2.17	4.78	4.86	4.93	5.00
	12		31.6	25.20	19.78	282.55	89.4	36.0	3.35	4.22	2.15	4.81	4.89	4.96	5.03
	14		32.4	29.06	22.81	320.71	99.2	41.3	3.32	4.18	2.14	4.85	4.93	5.00	5.07
L125×	8	14	33.7	19.75	15.50	297.03	88.1	32.5	3.88	4.88	2.50	5.34	5.41	5.48	5.55
	10		34.5	24.37	19.13	261.67	105	40.0	3.85	4.85	2.48	5.38	5.45	5.52	5.59
	12		35.3	28.91	22.69	423.16	120	41.2	3.83	4.82	2.46	5.41	5.48	5.56	5.63
	14		36.1	33.37	26.19	481.65	133	54.2	3.80	4.78	2.45	5.45	5.52	5.60	5.67
L140×	10	14	38.2	27.37	21.49	514.65	135	50.6	4.34	5.46	2.78	5.98	6.05	6.12	6.19
	12		39.0	32.51	25.52	603.58	155	59.8	4.31	5.43	2.76	6.02	6.09	6.16	6.23
	14		39.8	37.56	29.49	688.81	173	68.7	4.28	5.40	2.75	6.05	6.12	6.20	6.27
	16		40.6	42.54	33.39	770.24	190	77.5	4.26	5.36	2.74	6.09	6.16	6.24	6.31
L160×	10	16	43.1	31.50	24.73	779.53	180	66.7	4.98	6.27	3.20	6.78	6.85	6.92	6.99
	12		43.9	37.44	29.39	916.58	208	79.0	4.95	6.24	3.18	6.82	6.89	6.96	7.02
	14		44.7	43.30	33.99	1048.36	234	90.9	4.92	6.20	3.16	6.85	6.92	6.99	7.07
	16		45.5	49.07	38.52	1175.08	258	103	4.89	6.17	3.14	6.89	6.96	7.03	7.10
L180×	12	16	48.9	42.24	33.16	1321.35	271	101	5.59	7.05	3.58	7.63	7.70	7.77	7.84
	14		49.7	48.90	38.38	1514.48	305	116	5.56	7.02	3.56	7.66	7.73	7.81	7.87
	16		50.5	55.47	43.54	1700.99	338	131	5.54	6.98	3.55	7.70	7.77	7.84	7.91
	18		51.3	61.96	48.63	1875.12	365	146	5.50	6.94	3.51	7.73	7.80	7.87	7.94

续表

型号	圆角r (mm)	质心距离z_0 (mm)	截面面积 (cm²)	线质量 (kg/m)	惯性矩I_x (cm⁴)	W_x^{max}	W_x^{min}	i_x	i_{x0}	i_{y0}	6mm	8mm	10mm	12mm
						截面抵抗矩 (cm³)		惯性半径 (cm)			i_y (cm)，当a为下列数值时			
14		54.6	54.64	42.89	2103.55	387	145	6.20	7.82	3.98	8.47	8.53	8.60	8.67
16		55.4	62.01	48.68	2366.15	428	164	6.18	7.79	3.96	8.50	8.57	8.64	8.71
L200×18 　18	18	56.2	69.30	54.40	2620.64	467	182	6.15	7.75	3.94	8.54	8.61	8.67	8.75
20		56.9	76.51	60.05	2867.30	503	200	6.12	7.72	3.93	8.56	8.64	8.71	8.78
24		58.7	90.66	71.17	3338.25	570	236	6.07	7.64	3.90	8.65	8.73	8.80	8.87

附表 7-6　　热轧不等边角钢截面特性

单角钢　　　　　　　　　　　双角钢

型号	圆角r (mm)	z_z	z_y	截面面积 (cm²)	线质量 (kg/m)	I_x	I_y	i_x	i_y	i_{y0}	6mm	8mm	10mm	12mm	6mm	8mm	10mm	12mm
		重心距 (mm)				惯性矩 (cm⁴)		惯性半径 (cm)			i_{y1} (cm)，当a为下列数值时				i_{y2} (cm)，当a为下列数值时			
L25×16×3	3.5	4.2	8.6	1.16	0.91	0.22	0.70	0.44	0.78	0.34	0.84	0.93	1.02	1.11	1.40	1.48	1.57	1.65
4		4.6	9.0	1.50	1.18	0.27	0.88	0.43	0.77	0.34	0.87	0.96	1.05	1.14	1.42	1.51	1.60	1.68
L32×20×3		4.9	10.8	1.49	1.17	0.46	1.53	0.55	1.01	0.43	0.97	1.05	1.14	1.22	1.71	1.79	1.88	1.96
4		5.3	11.2	1.94	1.52	0.57	1.93	0.54	1.00	0.42	0.99	1.08	1.16	1.25	1.74	1.82	1.90	1.99
L40×25×3	4	5.9	13.2	1.89	1.48	0.93	3.08	0.70	1.28	0.54	1.13	1.21	1.30	1.38	2.05	2.14	2.22	2.31
4		6.3	13.7	2.47	1.94	1.18	3.93	0.69	1.26	0.54	1.16	1.24	1.32	1.41	2.09	2.17	2.26	2.34
L45×28×3	5	6.4	14.7	2.15	1.69	1.34	4.45	0.79	1.44	0.61	1.23	1.31	1.39	1.47	2.28	2.36	2.44	2.52
4		6.8	15.1	2.81	2.20	1.70	5.69	0.78	1.42	0.60	1.25	1.33	1.41	1.50	2.30	2.38	2.46	2.56
L50×32×3	5.5	7.3	16.0	2.43	1.91	2.02	6.24	0.91	1.60	0.70	1.38	1.45	1.53	1.61	2.49	2.56	2.64	2.72
4		7.7	16.5	3.18	2.49	2.58	8.02	0.90	1.59	0.69	1.40	1.48	1.56	1.64	2.52	2.59	2.67	2.75
L56×36×3	6	8.0	17.8	2.74	2.15	2.92	8.88	1.03	1.80	0.79	1.51	1.58	1.66	1.74	2.75	2.83	2.90	2.98
4		8.5	18.2	3.59	2.82	3.76	11.45	1.02	1.79	0.79	1.54	1.62	1.69	1.77	2.77	2.85	2.93	3.01
5		8.8	18.7	4.42	3.47	4.49	13.86	1.01	1.77	0.78	1.55	1.63	1.71	1.79	2.80	2.87	2.96	3.04
L63×40×4	7	9.2	20.4	4.06	3.18	5.23	16.49	1.14	2.02	0.88	1.67	1.74	1.82	1.90	3.09	3.16	3.24	3.32
5		9.5	20.8	4.99	3.92	6.31	20.02	1.12	2.00	0.87	1.68	1.76	1.83	1.91	3.11	3.19	3.27	3.35
6		9.9	21.2	5.91	4.64	7.29	23.36	1.11	1.98	0.86	1.70	1.78	1.86	1.94	3.13	3.21	3.29	3.37
7		10.3	21.5	6.80	5.34	8.24	26.53	1.10	1.96	0.86	1.73	1.80	1.88	1.97	3.15	3.23	3.30	3.39
L70×45×4	7.5	10.2	22.4	4.55	3.57	7.55	23.17	1.29	2.26	0.98	1.84	1.92	1.99	2.07	3.40	3.48	3.56	3.62
5		10.6	22.8	5.61	4.40	9.13	27.95	1.28	2.23	0.98	1.86	1.94	2.01	2.09	3.41	3.49	3.57	3.64
6		10.9	23.2	6.65	5.22	10.62	32.54	1.26	2.21	0.98	1.88	1.95	2.03	2.11	3.43	3.51	3.58	3.66
7		11.3	23.6	7.66	6.01	12.01	37.22	1.25	2.20	0.97	1.90	1.98	2.06	2.14	3.45	3.53	3.61	3.69
L75×50×5	8	11.7	24.0	6.13	4.81	12.61	34.86	1.44	2.39	1.10	2.05	2.13	2.20	2.28	3.60	3.68	3.76	3.83
6		12.1	24.4	7.26	5.70	14.70	41.12	1.42	2.37	1.08	2.07	2.15	2.22	2.30	3.63	3.71	3.78	3.86
8		12.0	25.2	9.47	7.43	18.53	52.39	1.40	2.35	1.07	2.12	2.19	2.27	2.35	3.67	3.75	3.83	3.91
10		13.6	26.0	11.6	9.10	21.96	62.71	1.38	2.33	1.06	2.16	2.23	2.31	2.40	3.72	3.80	3.88	3.96

续表

型号	圆角 r (mm)	重心距 (mm)		截面面积 (cm²)	线质量 (kg/m)	惯性矩 (cm⁴)		惯性半径 (cm)			i_{y1} (cm)，当 a 为下列数值时				i_{y2} (cm)，当 a 为下列数值时			
		z_x	z_y			I_x	I_y	i_x	i_y	i_{y0}	6mm	8mm	10mm	12mm	6mm	8mm	10mm	12mm
L80×50×5	8	11.4	26.0	6.88	5.01	12.82	41.96	1.42	2.56	1.10	2.02	2.09	2.17	2.24	3.87	3.95	4.02	4.10
L80×50×6		11.8	26.5	7.56	5.94	14.95	49.49	1.41	2.55	1.08	2.04	2.12	2.19	2.27	3.90	3.98	4.06	4.14
L80×50×7		12.1	26.9	8.72	6.85	16.96	56.16	1.39	2.54	1.08	2.06	2.13	2.21	2.28	3.92	4.00	4.08	4.15
L80×50×8		12.5	27.3	9.87	7.76	18.86	62.83	1.38	2.52	1.07	2.08	2.15	2.23	2.31	3.94	4.02	4.10	4.18
L90×56×5	9	12.5	29.1	7.21	5.66	18.32	60.45	1.59	2.90	1.23	2.22	2.29	2.37	2.44	4.32	4.40	4.47	4.55
L90×56×6		12.9	29.5	8.56	6.72	21.42	71.03	1.58	2.88	1.23	2.24	2.32	2.39	2.46	4.34	4.42	4.49	4.57
L90×56×7		13.3	30.0	9.88	7.76	24.36	81.01	1.57	2.86	1.22	2.26	2.34	2.41	2.49	4.37	4.45	4.52	4.60
L90×56×8		13.6	30.4	11.18	8.78	27.15	91.03	1.56	2.85	1.21	2.28	2.35	2.43	2.50	4.39	4.47	4.55	4.62
L100×63×6	10	14.3	32.4	9.62	7.55	30.94	99.06	1.79	3.21	1.38	2.49	2.56	2.63	2.71	4.78	4.85	4.93	5.00
L100×63×7		14.7	32.8	11.11	8.72	35.26	113.45	1.78	3.20	1.38	2.51	2.58	2.66	2.73	4.80	4.87	4.96	5.03
L100×63×8		15.0	33.2	12.58	9.88	39.39	127.37	1.77	3.18	1.37	2.52	2.60	2.67	2.75	4.82	4.89	4.97	5.05
L100×63×10		15.8	34.0	15.46	12.14	47.12	153.81	1.74	3.15	1.35	2.57	2.64	2.72	2.79	4.86	4.94	5.02	5.09
L100×80×6	10	19.7	29.5	10.64	8.35	51.24	107.04	2.40	3.17	1.72	3.30	3.37	3.44	3.52	4.54	4.61	4.69	4.76
L100×80×7		20.1	30.0	12.30	9.66	70.08	123.73	2.39	3.16	1.72	3.32	3.39	3.46	3.54	4.57	4.64	4.71	4.79
L100×80×8		20.5	30.4	13.94	10.95	78.58	137.92	2.37	3.14	1.71	3.34	3.41	3.48	3.56	4.59	4.66	4.74	4.81
L100×80×10		21.3	31.2	17.17	13.18	94.65	166.87	2.35	3.12	1.69	3.38	3.45	3.53	3.60	4.63	4.70	4.78	4.85
L110×70×6	10	15.7	35.3	10.64	8.35	42.92	133.37	2.01	3.54	1.54	2.74	2.81	2.88	2.97	5.22	5.29	5.36	5.44
L110×70×7		16.1	35.7	12.30	9.66	49.01	153.00	2.00	3.53	1.53	2.76	2.83	2.90	2.98	5.24	5.31	5.39	5.46
L110×70×8		16.5	36.2	13.94	10.95	54.87	172.04	1.98	3.51	1.53	2.78	2.85	2.93	3.00	5.26	5.34	5.41	5.49
L110×70×10		17.2	37.0	17.17	13.47	65.88	208.39	1.96	3.48	1.51	2.81	2.89	2.96	3.04	5.30	5.38	5.16	5.53
L125×80×7	11	18.0	40.1	14.10	11.07	74.42	227.98	2.30	4.02	1.76	3.11	3.18	3.25	3.32	5.89	5.97	6.04	6.12
L125×80×8		18.4	40.6	16.99	12.55	83.49	256.67	2.28	4.01	1.75	3.13	3.20	3.27	3.34	5.92	6.00	6.07	6.15
L125×80×10		19.2	41.4	19.71	15.47	100.67	312.04	2.26	3.98	1.74	3.17	3.24	3.31	3.38	5.96	6.04	6.11	6.19
L125×80×12		20.0	42.2	23.35	18.33	116.67	364.41	2.24	3.95	1.72	3.21	3.28	3.35	3.43	6.00	6.08	6.15	6.23
L140×90×8	12	20.4	45.0	18.04	14.16	120.69	365.64	2.59	4.50	1.98	3.49	3.56	3.63	3.70	6.58	6.65	6.72	6.79
L140×90×10		21.2	45.8	22.26	17.46	146.03	445.50	2.56	4.47	1.96	3.52	3.59	3.66	3.74	6.62	6.69	6.77	6.84
L140×90×12		21.9	46.6	26.40	20.72	169.79	521.59	2.54	4.44	1.95	3.35	3.62	3.70	3.77	6.66	6.74	6.81	6.89
L140×90×14		22.7	47.4	30.47	23.91	192.10	594.10	2.51	4.42	1.94	3.59	3.67	3.74	3.81	6.70	6.78	6.85	6.93
L160×100×10	13	22.8	52.4	25.32	19.87	205.03	668.69	2.85	5.14	2.19	3.84	3.91	3.98	4.05	7.56	7.63	7.70	7.78
L160×100×12		23.6	53.2	30.05	23.59	239.06	784.91	2.82	5.11	2.17	3.88	3.95	4.02	4.09	7.60	7.67	7.75	7.82
L160×100×14		24.3	54.0	34.71	27.25	271.20	896.30	2.80	5.08	2.16	3.91	3.98	4.05	4.12	7.64	7.71	7.79	7.86
L160×100×16		25.1	54.8	39.28	30.84	301.60	1003.04	2.77	5.05	2.16	3.95	4.02	4.09	4.17	7.68	7.75	7.83	7.91
L180×110×10	14	24.4	58.9	28.37	22.27	278.11	936.25	3.13	5.80	2.42	4.16	4.23	4.29	4.36	8.47	8.56	8.63	8.71
L180×110×12		25.2	59.8	33.71	26.46	325.03	1124.72	3.10	5.78	2.40	4.19	4.26	4.33	4.40	8.53	8.61	8.68	8.76
L180×110×14		25.9	60.6	38.97	30.59	369.55	1286.91	3.08	5.75	2.39	4.22	4.29	4.36	4.43	8.57	8.65	8.72	8.80
L180×110×16		26.7	61.4	44.14	34.65	411.85	1443.06	3.06	5.72	2.38	4.26	4.33	4.40	4.47	8.61	8.69	8.76	8.84
L200×125×12	14	28.3	65.4	37.91	29.76	483.16	1570.90	3.57	6.44	2.74	4.75	4.81	4.88	4.95	9.39	9.47	9.54	9.61
L200×125×14		29.1	66.2	43.87	34.44	550.83	1800.97	3.54	6.41	2.73	4.78	4.85	4.92	4.99	9.43	9.50	9.58	9.65
L200×125×16		29.9	67.0	49.74	39.05	615.44	2023.35	3.52	6.38	2.71	4.82	4.89	4.96	5.03	9.47	9.54	9.62	9.69
L200×125×18		30.6	67.8	55.63	43.59	677.19	2238.30	3.49	6.35	2.70	4.85	4.92	4.99	5.07	9.51	9.58	9.66	9.74

附表 7-7　　　　　　　　　　　　热轧无缝钢管

I——截面惯性矩
W——截面模量
i——截面回转半径

尺寸（mm）		截面面积	质量	截面特性			尺寸（mm）		截面面积	质量	截面特性		
D	t	A (mm^2)	q (kg/m)	I (cm^4)	W (cm^3)	i (mm)	D	t	A (mm^2)	q (kg/m)	I (cm^4)	W (cm^3)	i (cm)
32	2.5	2.32	1.82	2.54	1.59	1.05		3.0	5.70	4.48	26.15	8.24	2.14
	3.0	2.73	2.15	2.90	1.82	1.03		3.5	6.60	5.18	29.79	9.38	2.12
	3.5	3.13	2.46	3.23	2.02	1.02		4.0	7.48	5.87	33.24	10.47	2.11
	4.0	3.52	2.76	3.52	2.20	1.00	63.5	4.5	8.34	6.55	36.50	11.50	2.09
38	2.5	2.79	2.19	4.41	2.32	1.26		5.0	9.19	7.21	39.60	12.47	2.08
	3.0	3.30	2.59	5.09	2.68	1.24		5.5	10.02	7.87	42.52	13.39	2.06
	3.5	3.79	2.98	5.70	3.00	1.23		6.0	10.84	8.51	45.28	14.26	2.04
	4.0	4.27	3.35	6.26	3.29	1.21		3.0	6.13	4.81	32.42	9.54	2.30
42	2.5	3.10	2.44	6.07	2.89	1.40		3.5	7.09	5.57	36.99	10.88	2.28
	3.0	3.68	2.89	7.03	3.35	1.38		4.0	8.04	6.31	41.34	12.16	2.27
	3.5	4.23	3.32	7.91	3.77	1.37	68	4.5	8.98	7.05	45.47	13.37	2.25
	4.0	4.78	3.75	8.71	4.15	1.35		5.0	9.90	7.77	49.41	14.53	2.23
45	2.5	3.34	2.62	7.56	3.36	1.51		5.5	10.80	8.48	53.14	15.63	2.20
	3.0	3.96	3.11	8.77	3.90	1.49		6.0	11.69	9.17	56.68	16.67	2.20
	3.5	4.56	3.58	9.89	4.40	1.47		3.0	6.31	4.96	35.50	10.14	2.37
	4.0	5.15	4.04	10.93	4.86	1.46		3.5	7.31	5.74	40.53	11.58	2.35
50	2.5	3.73	2.93	10.55	4.22	1.68		4.0	8.29	6.51	45.33	12.95	2.34
	3.0	4.43	3.48	12.28	4.91	1.67	70	4.5	9.26	7.27	49.89	14.26	2.32
	3.5	5.11	4.01	13.90	5.56	1.65		5.0	10.21	8.01	54.24	15.50	2.33
	4.0	5.78	4.54	15.41	6.16	1.63		5.5	11.14	8.75	58.38	16.68	2.29
	4.5	6.43	5.05	16.81	6.72	1.62		6.0	12.06	9.47	62.31	17.80	2.27
	5.0	7.07	5.55	18.11	7.25	1.60		3.0	6.60	5.18	40.48	11.09	2.48
54	3.0	4.81	3.77	15.68	5.81	1.81		3.5	7.64	6.00	46.26	12.67	2.46
	3.5	5.55	4.36	17.79	6.59	1.79		4.0	8.67	6.81	51.78	14.19	2.44
	4.0	6.28	4.93	19.76	7.32	1.77	73	4.5	9.68	7.60	57.04	15.63	2.43
	4.5	7.00	5.49	21.61	8.00	1.76		5.0	10.68	8.38	62.07	17.01	2.41
	5.0	7.70	6.04	23.34	8.64	1.74		5.5	11.66	9.16	66.87	18.32	2.39
	5.5	8.38	6.58	24.96	9.24	1.73		6.0	12.63	9.91	71.43	19.57	2.38
	6.0	9.05	7.10	26.46	9.80	1.71		3.0	6.88	5.40	45.91	12.08	2.58
57	3.0	5.09	4.00	18.61	6.53	1.91		3.5	7.97	6.26	52.50	13.82	2.57
	3.5	5.88	4.62	21.14	7.42	1.90		4.0	9.05	7.10	58.81	15.48	2.55
	4.0	6.66	5.23	23.52	8.25	1.88	76	4.5	10.11	7.93	64.85	17.07	2.53
	4.5	7.42	5.83	25.76	9.04	1.86		5.0	11.15	8.75	70.62	18.59	2.52
	5.0	8.17	6.41	27.86	9.78	1.85		5.5	12.18	9.56	76.14	20.04	2.50
	5.5	8.90	6.99	29.84	10.47	1.83		6.0	13.19	10.36	81.41	21.42	2.48
	6.0	9.61	7.55	31.69	11.12	1.82		3.5	8.74	6.86	69.19	16.67	2.81
60	3.0	5.37	4.22	21.88	7.29	2.02		4.0	9.93	7.79	77.64	18.71	2.80
	3.5	6.21	4.88	24.88	8.29	2.00		4.5	11.10	8.71	85.76	20.67	2.78
	4.0	7.04	5.52	27.73	9.24	1.98		5.0	12.25	9.62	93.56	22.54	2.76
	4.5	7.85	6.16	30.41	10.14	1.97	83	5.5	13.39	10.51	101.04	24.35	2.75
	5.0	8.64	6.78	32.94	10.98	1.95		6.0	14.51	11.39	108.22	26.08	2.73
	5.5	9.42	7.39	25.32	11.77	1.94		6.5	15.62	12.26	115.10	27.74	2.71
	6.0	10.18	7.99	37.56	12.52	1.92		7.0	16.71	13.12	121.69	29.32	2.70

续表

尺寸(mm)		截面面积	质量	截面特性			尺寸(mm)		截面面积	质量	截面特性		
		A	q	I	W	i			A	q	I	W	i
D	t	(mm²)	(kg/m)	(cm⁴)	(cm³)	(mm)	D	t	(mm²)	(kg/m)	(cm⁴)	(cm³)	(cm)
89	3.5	9.40	7.38	86.05	19.34	3.03	133	4.0	16.21	12.73	337.53	50.76	4.56
	4.0	10.68	8.38	96.68	21.73	3.01		4.5	18.17	14.26	375.42	56.45	4.55
	4.5	11.95	9.38	106.92	24.03	2.99		5.0	20.11	15.78	412.40	62.02	4.53
	5.0	13.19	10.36	116.79	26.24	2.98		5.5	22.03	17.29	448.50	67.44	4.51
	5.5	14.43	11.33	126.29	28.38	2.96		6.0	23.94	18.79	483.72	72.74	4.50
	6.0	15.65	12.28	135.43	30.43	2.94		6.5	25.83	20.28	518.07	77.91	4.48
	6.5	16.85	13.22	144.22	32.41	2.93		7.0	27.71	21.75	551.58	82.94	4.46
	7.0	18.03	14.16	152.67	34.31	2.91		7.5	29.57	23.21	584.25	87.86	4.45
95	3.5	10.06	7.90	105.45	22.20	3.24		8.0	31.42	24.66	616.11	92.65	4.43
	4.0	11.44	8.98	118.60	24.97	3.22	140	4.5	19.16	15.04	440.12	62.87	4.79
	4.5	12.79	10.04	131.31	27.64	3.20		5.0	21.21	16.65	483.76	69.11	4.78
	5.0	14.14	11.10	143.58	30.23	3.19		5.5	23.24	18.24	526.40	75.20	4.76
	5.5	15.46	12.14	155.43	32.72	3.17		6.0	25.26	19.83	568.06	81.15	4.74
	6.0	16.78	13.17	166.86	35.13	3.15		6.5	27.26	21.40	608.76	86.97	4.73
	6.5	18.07	14.19	177.89	37.45	3.14		7.0	29.25	22.96	648.51	92.64	4.71
	7.0	19.35	15.19	188.51	39.69	3.12		7.5	31.22	24.51	687.32	98.19	4.69
102	3.5	10.83	8.50	131.52	25.79	3.48		8.0	33.18	26.04	725.21	103.60	4.68
	4.0	12.32	9.67	148.09	29.04	3.47		9.0	37.04	29.08	798.29	114.04	4.64
	4.5	13.78	10.82	164.14	32.18	3.45		10	40.84	32.06	867.86	123.98	4.61
	5.0	15.24	11.96	179.68	35.23	3.43	146	4.5	20.00	15.70	501.16	68.65	5.01
	5.5	16.67	13.09	194.72	38.18	3.42		5.0	22.15	17.39	551.10	75.49	4.99
	6.0	18.10	14.21	209.28	41.03	3.40		5.5	24.28	19.06	599.95	82.19	4.97
	6.5	19.50	15.31	223.35	43.79	3.38		6.0	26.39	20.72	647.73	88.73	4.95
	7.0	20.89	16.40	236.96	46.46	3.37		6.5	28.49	22.36	694.44	95.13	4.94
114	4.0	13.82	10.85	209.35	36.73	3.89		7.0	30.57	24.00	740.12	101.39	4.92
	4.5	15.48	12.15	232.41	40.77	3.87		7.5	32.63	25.62	784.77	107.50	4.90
	5.0	17.12	13.44	254.81	44.70	3.86		8.0	34.68	27.23	828.41	113.48	4.89
	5.5	18.75	14.72	276.58	48.52	3.84		9.0	38.74	30.41	912.71	125.03	4.85
	6.0	20.36	15.98	297.73	52.23	3.82		10	42.73	33.54	993.16	136.05	4.82
	6.5	21.95	17.23	318.26	55.84	3.81	152	4.5	20.85	16.37	567.61	74.69	5.22
	7.0	23.53	18.47	338.19	59.33	3.79		5.0	23.09	18.13	624.43	82.16	5.20
	7.5	25.09	19.70	357.58	62.73	3.77		5.5	25.31	19.87	680.06	89.48	5.18
	8.0	26.64	20.91	376.30	66.02	3.76		6.0	27.52	21.60	734.52	96.65	5.17
121	4.0	14.70	11.54	251.87	41.63	4.14		6.5	29.71	23.32	787.58	103.66	5.15
	4.5	16.47	12.93	279.83	46.25	4.12		7.0	31.89	25.03	839.99	110.52	5.13
	5.0	18.22	14.30	307.05	50.75	4.11		7.5	34.05	26.73	891.03	117.24	5.12
	5.5	19.96	15.67	333.54	55.13	4.09		8.0	36.19	28.41	940.97	123.81	5.10
	6.0	21.68	17.02	359.32	59.39	4.07		9.0	40.43	31.74	1037.59	136.53	5.07
	6.5	23.38	18.35	384.40	63.54	4.05		10	44.61	35.02	1129.99	148.68	5.03
	7.0	25.07	19.88	408.80	67.57	4.04	159	4.5	21.84	17.15	652.27	82.05	5.46
	7.5	26.74	20.99	432.51	71.49	4.02		5.0	24.19	18.99	717.88	90.33	5.45
	8.0	28.40	22.29	455.57	75.30	4.01		5.5	26.52	20.82	782.18	98.39	5.43
127	4.0	15.46	12.13	292.61	46.08	4.35		6.0	28.84	22.64	845.19	106.31	5.41
	4.5	17.32	13.59	325.29	51.23	4.33		6.5	31.14	24.45	906.92	114.08	5.40
	5.0	19.16	15.04	357.14	56.24	4.32		7.0	33.43	26.24	967.41	121.69	5.38
	5.5	20.99	16.48	388.19	61.13	4.30		7.5	35.70	28.07	1026.65	129.14	5.36
	6.0	22.81	17.90	418.44	65.90	4.28		8.0	37.95	29.79	1084.67	136.44	5.35
	6.5	24.61	19.32	447.92	70.54	4.27		9.0	42.41	33.29	1197.12	150.58	5.31
	7.0	26.39	20.72	476.63	75.06	4.25		10	46.81	36.75	1304.88	164.14	5.28
	7.5	28.16	22.10	504.58	79.46	4.23							
	8.0	29.91	23.48	531.80	83.75	4.22							

续表

尺寸（mm）		截面面积	质量	截面特性			尺寸（mm）		截面面积	质量	截面特性		
D	t	A (mm²)	q (kg/m)	I (cm⁴)	W (cm³)	i (mm)	D	t	A (mm²)	q (kg/m)	I (cm⁴)	W (cm³)	i (cm)
168	4.5	23.11	18.14	222.96	92.02	5.78	219	9.0	59.38	46.61	3279.12	299.46	7.43
	5.0	25.60	20.10	851.14	101.33	5.77		10	65.66	51.54	3593.29	328.15	7.40
	5.5	28.08	22.04	927.85	110.46	5.75		12	78.04	61.26	4193.81	383.00	7.33
	6.0	30.54	23.97	1073.12	119.42	5.73		14	90.16	70.78	4758.50	434.57	7.26
	6.5	32.98	25.89	1076.95	128.21	5.71		16	102.04	80.10	5288.81	483.00	7.20
	7.0	35.41	27.79	1149.36	136.83	5.70	245	6.5	48.70	38.23	3465.46	282.89	8.44
	7.5	37.82	29.69	1220.38	145.28	5.68		7.0	52.34	41.08	3709.06	302.78	8.42
	8.0	40.21	31.57	1290.01	153.57	5.66		7.5	55.96	43.93	3949.52	322.41	8.40
	9.0	44.96	35.29	1425.22	169.67	5.63		8.0	59.56	46.76	4186.87	341.79	8.38
	10	49.64	38.97	1555.13	185.13	5.60		9.0	66.73	52.38	4652.32	379.78	8.35
180	5.0	27.49	21.58	1053.17	117.02	6.19		10	73.83	57.95	5105.63	416.79	8.32
	5.5	30.15	23.67	1148.79	127.64	6.17		12	87.84	68.95	5976.67	487.89	8.25
	6.0	32.80	25.75	1242.72	138.08	6.16		14	101.60	79.76	6801.68	555.24	8.18
	6.5	35.43	27.81	1335.00	148.33	6.14		16	115.11	90.36	7582.30	618.96	8.12
	7.0	38.04	29.87	1425.63	158.40	6.12	273	6.5	54.42	42.72	4834.18	354.15	9.42
	7.5	40.64	31.91	1514.64	168.29	6.10		7.0	58.50	45.92	5177.30	379.29	9.41
	8.0	43.23	33.93	1602.04	178.00	6.09		7.5	62.56	49.11	5516.47	404.14	9.39
	9.0	48.35	37.95	1772.12	196.90	6.05		8.0	66.60	52.28	5851.71	428.70	9.37
	10	53.41	41.92	1936.01	215.11	6.02		9.0	74.64	58.60	6510.56	476.96	9.34
	12	63.33	49.72	2245.84	249.54	5.95		10	82.62	64.86	7154.09	524.11	9.31
194	5.0	29.69	23.31	1326.54	136.76	6.68		12	98.39	77.24	8396.14	615.10	9.24
	5.5	32.57	25.57	1447.86	149.26	6.67		14	113.91	89.42	9579.75	701.81	9.17
	6.0	35.44	27.82	1567.21	161.57	6.65		16	129.18	101.41	10706.79	784.38	9.10
	6.5	38.29	30.06	1684.61	173.67	6.63	299	7.5	68.68	53.92	7300.02	488.30	10.31
	7.0	41.12	32.28	1800.08	185.57	6.62		8.0	73.14	57.41	7747.42	518.22	10.29
	7.5	43.94	34.50	1913.64	197.28	6.60		9.0	82.00	64.37	8628.09	577.13	10.26
	8.0	46.75	36.70	2025.31	208.79	6.58		10	90.79	71.27	9490.15	634.79	10.22
	9.0	52.31	41.06	2243.08	231.25	6.55		12	108.20	84.93	11159.52	746.46	10.16
	10	57.81	45.38	2453.55	252.94	6.51		14	125.35	98.40	12757.61	853.35	10.09
	12	68.61	53.86	2853.25	294.15	6.45		16	142.25	111.62	14286.48	955.62	10.02
203	6.0	37.13	29.15	1803.07	177.64	6.97	325	7.5	74.81	58.73	9431.90	580.42	11.23
	6.5	40.13	31.50	1938.81	191.02	6.95		8.0	79.67	62.54	10013.92	616.24	11.21
	7.0	43.10	33.84	2072.43	204.18	6.93		9.0	89.35	70.14	11161.33	686.85	11.18
	7.5	46.06	36.16	2203.94	217.14	6.92		10	98.96	77.68	12286.52	756.09	11.14
	8.0	49.01	38.47	2333.37	229.89	6.90		12	118.00	92.63	14471.45	890.55	11.07
	9.0	54.85	43.06	2586.08	254.79	6.87		14	136.78	107.38	16570.98	1019.25	11.01
	10	60.63	47.60	2830.72	278.89	6.83		16	155.32	121.93	18587.38	1143.84	10 94
	12	72.01	56.32	3296.49	324.78	6.77	351	8.0	86.21	67.67	12684.36	722.76	12.13
	14	83.13	65.25	3732.07	367.69	6.70		9.0	96.70	75.91	14147.55	806.13	12.10
	16	94.00	73.79	4138.78	407.76	6.64		10	107.13	84.10	15584.62	888.01	12.06
219	6.0	40.15	31.52	2278.74	208.10	7.53		12	127.80	100.32	18381.63	1047.39	11.99
	6.5	43.39	34.06	2451.64	223.89	7.52		14	148.72	116.35	21077.86	1201.02	11.93
	7.0	46.63	36.60	2622.04	239.46	7.50		16	168.39	132.19	23675.75	1349.05	11.86
	7.5	49.83	39.12	2789.96	254.79	7.48							
	8.0	53.03	41.63	2955.43	269.90	7.47							

附表 7-8 　　　　　　　　　　　焊接钢管

f——截面惯性距
W——截面模量
t——截面回转半径

尺寸（mm）		截面面积	质量	截面特性			尺寸（mm）		截面面积	质量	截面特性		
D	t	A (mm^2)	q (kg/m)	I (cm^4)	W (cm^3)	i (mm)	D	t	A (mm^2)	q (kg/m)	I (cm^4)	W (cm^3)	i (cm)
32	2.0	1.88	1.48	2.13	1.33	1.06	89	2.0	5.47	4.29	51.75	11.63	3.08
	2.5	2.32	1.82	2.54	1.59	1.05		2.5	6.79	5.33	63.59	14.29	3.06
38	2.0	2.26	1.78	3.68	1.93	1.27		3.0	8.11	6.36	75.02	16.86	3.04
	2.5	2.79	2.19	4.41	2.32	1.26		3.5	9.40	7.38	86.05	19.34	3.03
40	2.0	2.39	1.87	4.32	2.16	1.35		4.0	10.68	8.38	96.68	21.73	3.01
	2.5	2.95	2.31	3.20	2.60	1.33		4.5	11.95	9.38	106.92	24.03	2.99
42	2.0	2.31	1.97	5.04	2.40	1.42	95	2.0	5.84	4.59	63.20	13.31	1.29
	2.5	3.10	2.44	6.07	2.89	1.40		2.5	7.26	5.70	77.76	16.37	3.27
45	2.0	2.70	2.12	6.26	2.78	1.52		3.0	8.67	6.81	91.83	19.33	3.25
	2.5	3.34	2.62	7.56	3.36	1.51		3.5	10.06	7.90	105.45	22.20	3.24
	3.0	3.96	3.11	8.77	3.90	1.49	102	2.0	6.28	4.93	78.57	15.41	3.54
51	2.0	3.08	2.42	9.26	3.63	1.73		2.5	7.81	6.13	96.77	18.97	3.52
	2.5	3.81	2.99	11.23	4.40	1.72		3.0	9.33	7.32	114.42	22.43	3.50
	3.0	4.52	3.55	13.08	5.13	1.70		3.5	10.83	8.50	131.52	25.79	3.48
	3.5	5.22	4.10	14.81	5.81	1.68		4.0	12.32	9.67	148.00	29.04	3.47
53	2.0	3.20	2.52	10.43	3.94	1.80		4.5	13.78	10.82	164.14	32.18	3.45
	2.5	3.97	3.11	12.67	4.78	1.79		5.0	15.24	11.96	179.68	35.23	3.43
	3.0	4.71	3.70	14.78	5.58	1.77	108	3.0	9.90	7.77	136.49	25.28	3.71
	3.5	5.44	4.27	16.75	6.32	1.75		3.5	11.49	9.02	157.02	29.08	3.70
57	2.0	3.46	2.71	13.08	4.59	1.95		4.0	13.07	10.26	176.95	32.77	3.68
	2.5	4.28	3.36	15.93	5.99	1.93	114	3.0	10.46	8.21	161.24	28.29	3.93
	3.0	5.09	4.00	18.61	6.53	1.91		3.5	12.15	9.54	185.63	32.57	3.91
	3.5	5.88	4.62	21.14	7.47	1.90		4.0	13.82	10.85	209.35	36.73	3.89
60	2.0	3.64	2.86	15.34	5.11	2.05		4.5	15.48	12.15	232.41	40.77	3.87
	2.5	4.52	3.55	18.70	6.23	2.03		5.0	17.12	13.44	254.81	44.70	3.86
	3.0	5.37	4.22	21.88	7.29	2.02	121	3.0	11.12	8.73	193.60	32.01	4.71
	3.5	6.21	4.88	24.88	8.29	2.00		3.5	12.92	10.14	223.17	36.89	4.16
63.5	2.0	3.86	3.03	18.29	5.76	2.18		4.0	14.70	11.54	251.87	41.63	4.14
	2.5	4.79	3.76	22.32	7.03	2.16	127	3.0	11.69	9.17	224.35	35.39	4.39
	3.0	5.70	4.48	26.15	8.24	2.14		3.5	13.58	10.66	259.11	40.80	4.37
	3.5	6.60	5.18	29.79	9.38	2.12		4.0	15.46	12.13	292.61	46.08	4.35
70	2.0	4.27	3.35	24.72	7.06	2.41		4.5	17.32	13.59	325.29	51.23	4.33
	2.5	5.30	4.16	30.23	8.64	2.39		5.0	19.16	15.04	357.14	56.24	4.32
	3.0	6.31	4.96	35.50	10.14	2.37	133	3.5	14.24	11.18	298.71	44.92	4.58
	3.5	7.31	5.74	40.53	11.58	2.35		4.0	16.21	12.73	337.53	50.76	4.56
	4.5	9.26	7.27	49.89	14.26	2.32		4.5	18.17	14.26	375.42	56.45	4.55
76	2.0	4.65	3.65	31.95	8.38	2.62		5.0	20.11	15.78	412.40	62.02	4.53
	2.5	5.77	4.53	39.03	10.27	2.60	140	3.5	15.01	11.78	349.79	49.97	4.83
	3.0	6.88	3.40	45.91	12.08	2.58		4.0	17.09	13.42	395.47	56.50	4.81
	3.5	7.97	6.26	52.50	13.82	2.57		4.5	19.16	15.04	440.12	62.87	4.79
	4.0	9.05	7.10	58.81	15.48	2.55		5.0	21.21	16.65	483.76	60.11	4.78
	4.5	10.11	7.93	64.85	17.07	2.53		5.5	23.24	18.24	526.40	75.20	4.76
83	2.0	5.09	4.00	41.76	10.06	2.86	152	3.5	16.33	12.82	450.35	59.26	5.25
	2.5	6.32	4.96	51.26	12.35	2.85		4.0	18.60	14.60	909.59	67.05	5.23
	3.0	7.54	5.92	60.40	14.56	2.83		4.5	20.85	16.37	567.61	74.69	5.22
	3.5	8.74	6.86	69.19	16.67	2.81		5.0	23.09	18.13	624.43	82.16	5.20
	4.0	9.93	7.79	77.64	18.71	2.80		5.5	25.31	19.87	680.06	89.48	5.18
	4.5	11.10	8.71	85.76	20.67	2.78							

附表 7-9　　　　　　　**方形空心型钢**

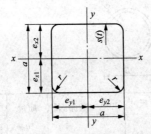

I——惯性矩

W——截面模量

i——回转半径

I_1、W_1——扭转常数

t——圆弧半径

尺寸（mm）		截面面积 A（cm²）	质量 q（kg/mm）	型钢重心（cm）		截面特性				
						$x-x=y-y$			扭转常数	
a	t			$e_{x1}=e_{x2}$	$e_{y1}=e_{y2}$	I_{xy}（cm⁴）	W_{xy}（cm³）	i_{xy}（cm）	I_1（cm⁴）	W_1（cm³）
20	1.6	1.111	0.873	1.0	1.0	0.607	0.607	0.739	1.025	1.067
20	2.0	1.336	1.050	1.0	1.0	0.691	0.691	0.719	1.197	1.265
25	1.2	1.105	0.868	1.25	1.25	1.025	0.820	0.963	1.655	1.352
25	1.5	1.325	1.062	1.25	1.25	1.216	0.973	0.948	1.998	1.643
25	2.0	1.736	1.363	1.25	1.25	1.482	1.186	0.923	2.502	2.085
30	1.2	1.345	1.057	1.5	1.5	1.833	1.222	1.167	2.925	1.983
30	1.6	1.751	1.376	1.5	1.5	2.308	1.538	1.147	3.756	2.565
30	2.0	2.136	1.678	1.5	1.5	2.721	1.814	1.128	4.511	3.105
30	2.5	2.589	2.032	1.5	1.5	3.154	2.102	1.103	5.347	3.720
30	2.6	2.675	2.102	1.5	1.5	3.230	2.153	1.098	5.499	3.836
30	3.25	3.205	2.518	1.5	1.5	3.643	2.428	1.066	6.369	4.518
40	1.2	1.825	1.434	2.0	2.0	4.532	2.266	1.575	7.125	3.606
40	1.6	2.391	1.879	2.0	2.0	5.794	2.897	1.556	9.247	4.702
40	2.0	2.936	2.307	2.0	2.0	6.939	3.469	1.537	11.238	5.745
40	2.5	3.589	2.817	2.0	2.0	8.213	4.106	1.512	13.539	6.970
40	2.6	3.715	2.919	2.0	2.0	8.447	4.223	1.507	13.974	7.205
40	3.0	4.208	3.303	2.0	2.0	9.320	4.660	1.488	15.628	8.109
40	4.0	5.347	4.198	2.0	2.0	11.064	5.532	1.438	19.152	10.120
50	2.0	3.736	2.936	2.5	2.5	14.146	5.658	1.945	22.575	9.185
50	2.5	4.589	3.602	2.5	2.5	16.941	6.776	1.921	27.436	11.220
50	2.6	4.755	3.736	2.5	2.5	17.467	6.987	1.916	28.369	11.615
50	3.0	5.408	4.245	2.5	2.5	19.463	7.785	1.897	31.972	13.149
50	3.2	5.726	4.499	2.5	2.5	20.397	8.159	1.887	33.694	13.890
50	4.0	6.947	5.454	2.5	2.5	23.725	9.490	1.847	40.047	16.680
50	5.0	8.356	6.567	2.5	2.5	27.012	10.804	1.797	46.760	19.767
60	2.0	4.536	3.564	3.0	3.0	25.141	8.380	2.354	39.725	13.425

尺寸（mm）		截面面积	质量 q	型钢重心（cm）		截面特性				
		A（cm²）	（kg/mm）			$x-x=y-y$			扭转常数	
a	t			$e_{x1}=e_{x2}$	$e_{y1}=e_{y2}$	I_{xy}（cm⁴）	W_{xy}（cm³）	i_{xy}（cm）	I_1（cm⁴）	W_1（cm³）
60	2.5	5.589	4.387	3.0	3.0	30.340	10.113	2.329	48.539	16.470
60	2.6	5.795	4.554	3.0	3.0	31.330	10.443	2.325	50.247	17.064
60	3.0	6.608	5.187	3.0	3.0	35.130	11.710	2.505	56.892	19.389
60	4.0	8.547	6.710	3.0	3.0	43.539	14.513	2.256	72.188	24.840
60	5.0	10.356	8.129	3.0	3.0	50.486	16.822	2.207	85.560	29.767
60	2.0	5.336	4.193	3.5	3.5	40.724	11.635	2.762	63.886	18.465
70	2.6	6.835	5.371	3.5	3.5	51.075	14.593	2.733	81.165	23.554
70	3.2	8.286	6.511	3.5	3.5	60.612	17.317	2.704	97.549	28.431
70	4.0	10.147	7.966	3.5	3.5	72.108	20.602	2.665	117.975	34.690
70	5.0	12.356	9.699	3.5	3.5	84.602	24.172	2.616	141.183	41.767
80	2.0	6.132	4.819	4.0	4.0	61.697	15.424	3.170	86.258	24.306
80	2.6	7.875	6.188	4.0	4.0	77.743	19.435	3.141	122.686	31.084
80	3.2	9.566	7.517	4.0	4.0	92.708	23.177	3.113	147.953	37.622
80	4.0	11.747	9.222	4.0	4.0	111.031	27.757	3.074	179.808	45.960
80	5.0	14.356	11.269	4.0	4.0	131.414	32.853	3.025	216.628	55.767
80	6.0	16.832	13.227	4.0	4.0	149.121	37.280	2.976	250.050	64.877
90	2.0	6.936	5.450	4.5	4.5	88.857	19.746	3.579	138.042	30.945
90	2.6	8.915	7.005	4.5	4.5	112.373	24.971	3.550	176.367	39.653
90	3.2	10.846	8.523	4.5	4.5	134.501	29.889	3.521	213.234	48.092
90	4.0	13.347	10.478	4.5	4.5	161.907	35.929	3.482	260.088	58.920
90	5.0	16.356	12.839	4.5	4.5	192.903	42.867	3.434	314.896	71.767
100	2.6	9.955	7.823	5.0	5.0	156.006	31.201	3.958	243.770	49.263
100	3.2	12.126	9.529	5.0	5.0	187.274	37.454	3.929	295.313	59.842
100	4.0	14.947	11.734	5.0	5.0	226.337	45.267	3.891	361.213	73.480
100	5.0	18.356	14.409	5.0	5.0	271.071	54.214	3.842	438.986	89.767
100	8.0	27.791	21.838	5.0	5.0	379.601	75.920	3.695	640.756	133.446
115	2.6	11.515	9.048	5.75	5.75	240.609	41.845	4.571	374.015	65.627
115	3.2	14.046	11.037	5.75	5.75	289.817	50.403	4.542	454.176	79.868
115	4.0	17.347	13.630	5.75	5.75	351.897	61.199	4.503	557.238	98.320
110	5.0	21.356	16.782	5.75	5.75	423.969	73.733	4.455	680.099	120.517
120	3.2	14.686	11.540	6.0	6.0	330.874	55.145	4.746	517.542	82.183
120	4.0	18.147	14.246	6.0	6.0	402.260	67.043	4.708	635.603	107.400
120	5.0	22.356	17.549	6.0	6.0	485.441	80.906	4.659	776.632	131.767
130	4.0	20.547	16.146	6.75	6.75	581.681	86.175	5.320	913.966	137.040

附表 7-10   **矩形空心型钢**

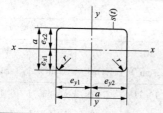

I——惯性矩
W——截面模量
i——回转半径
r——圆弧半径

尺寸（mm）			截面面积 A(cm²)	质量 q(kg/m)	截面特性						扭转常数	
					$x-x$			$y-y$				
a	h	$s=r$			I_x (cm⁴)	W_x (cm³)	i_x (cm)	I_y (cm⁴)	W_y (cm³)	i_y (cm)	I_1 (cm⁴)	W_1 (cm³)
30	15	1.5	1.202	0.945	0.424	0.566	0.594	1.281	0.845	1.023	1.083	1.141
30	20	2.5	2.089	1.642	1.150	1.150	0.741	2.206	1.470	1.022	2.634	2.345
40	20	1.2	1.345	1.057	0.992	0.922	0.828	2.725	1.362	1.423	2.260	1.743
40	20	1.6	1.751	1.376	1.150	1.150	0.810	3.433	1.716	1.400	2.877	2.245
40	20	2.0	2.136	1.678	1.342	1.342	0.792	4.048	2.024	1.376	3.424	2.705
50	25	1.5	2.102	1.650	6.653	2.661	1.779	2.253	1.802	1.035	5.519	3.406
50	30	1.6	2.391	1.879	3.600	2.400	1.226	7.955	3.182	1.823	8.031	4.382
50	30	2.0	3.936	2.307	4.791	2.861	1.208	9.535	3.814	1.801	9.727	5.345
50	30	2.5	3.589	2.817	11.296	4.518	1.774	5.050	3.366	1.186	11.666	6.470
50	30	3.0	4.208	3.303	12.827	5.130	1.745	5.696	3.797	1.163	15.401	7.950
50	30	3.2	4.446	3.494	5.925	3.950	1.154	13.377	5.351	1.734	14.307	7.900
50	30	4.0	5.347	4.198	15.239	6.095	1.688	6.682	4.455	1.117	16.244	9.320
50	32	2.0	3.016	2.370	4.986	3.116	1.285	9.996	3.998	1.820	10.879	5.729
50	35	2.5	3.839	3.017	7.272	4.155	1.376	12.707	5.083	1.819	15.277	7.658
60	30	2.5	4.089	3.209	17.933	5.799	2.094	5.998	3.998	1.211	16.054	7.845
60	30	3.0	4.808	3.774	20.496	6.832	2.064	6.794	4.529	1.188	17.335	9.129
60	40	1.6	3.031	2.382	8.154	4.077	1.680	15.221	5.073	2.240	16.911	7.160
60	40	2.0	3.736	2.936	9.830	4.915	1.621	18.410	6.136	2.219	20.652	8.785
60	40	2.5	4.589	3.602	22.069	7.356	2.192	11.734	5.867	1.599	25.045	10.720
60	40	3.0	5.408	4.245	25.374	8.458	2.166	13.436	6.718	1.576	19.124	12.549
60	40	3.2	5.726	4.499	14.062	7.031	1.567	26.601	8.867	2.155	30.661	13.250
60	40	4.0	6.947	5.454	30.974	10.324	2.111	16.269	8.134	1.530	36.298	15.880
70	50	2.5	5.589	4.195	22.587	9.035	2.010	38.011	10.860	2.607	45.637	15.970
70	50	3.0	6.608	5.187	44.046	12.584	2.581	26.099	10.439	1.987	53.426	18.789
70	50	4.0	8.547	6.710	54.663	15.618	2.528	32.210	12.884	1.941	67.613	24.040
70	50	5.0	10.356	8.129	63.435	18.124	2.474	37.179	14.871	1.894	79.908	28.767
80	40	2.0	4.536	3.564	12.720	6.360	1.674	37.355	9.338	2.869	30.820	11.825

尺寸（mm）			截面面积 $A(\text{cm}^2)$	质量 $q(\text{kg/m})$	截面特性						扭转常数	
					$x-x$			$y-y$				
a	h	$s=r$			I_x (cm^4)	W_x (cm^3)	i_x (cm)	I_y (cm^4)	W_y (cm^3)	i_y (cm)	I_1 (cm^4)	W_1 (cm^3)
80	40	2.5	5.589	4.387	45.103	11.275	2.840	15.255	7.627	1.652	37.467	14.470
80	40	2.6	5.795	4.554	15.733	7.866	1.647	46.579	11.644	2.835	38.744	14.984
80	40	3.0	6.608	5.187	52.246	13.061	2.811	17.552	8.776	1.629	43.680	16.989
80	40	4.0	8.547	6.111	64.780	16.195	2.752	21.474	10.737	1.585	54.787	21.640
80	40	5.0	10.356	8.129	75.080	18.770	2.692	24.567	12.283	1.540	64.110	25.767
80	60	3.0	7.808	6.129	70.042	17.510	2.995	44.886	14.962	2.397	88.111	26.229
80	60	4.0	10.147	7.966	87.905	21.976	2.943	56.105	18.701	2.351	112.53	33.800
80	60	5.0	12.356	9.699	103.925	25.811	2.800	65.634	21.878	2.304	134.53	40.767
90	40	2.5	6.089	4.785	17.015	8.507	1.671	60.686	13.485	3.156	43.890	16.345
90	50	2.0	5.336	4.193	23.367	9.346	2.092	57.876	12.861	3.293	53.294	16.865
90	50	2.6	6.835	5.371	29.162	11.665	2.065	72.640	16.142	3.259	67.464	21.474
90	50	3.0	7.808	6.129	81.845	18.187	2.237	32.735	13.094	2.047	76.433	24.429
90	50	4.0	10.147	7.966	102.696	22.821	3.181	40.695	16.238	2.002	97.162	31.400
90	50	5.0	12.356	9.699	120.570	26.793	3.123	47.345	18.938	1.957	115.436	37.767
100	50	3.0	8.408	6.600	106.451	21.290	3.558	36.053	14.421	2.070	88.311	27.249
100	60	2.0	7.126	4.822	38.602	12.867	2.508	84.585	16.917	3.712	84.002	22.705
100	60	2.6	7.825	6.188	48.474	16.158	2.480	106.663	21.332	3.680	106.816	29.004
120	50	2.0	6.536	5.136	30.283	12.113	2.152	117.992	19.665	4.248	78.307	22.625
120	60	2.0	6.936	5.450	45.333	15.111	2.556	131.918	21.986	4.360	107.792	27.345
120	60	3.2	10.846	8.523	67.940	22.646	7.502	199.876	33.312	4.292	165.215	42.332
120	60	4.0	13.347	10.478	240.724	40.120	4.246	81.235	27.078	2.466	200.407	51.720
120	60	5.0	16.356	12.839	286.941	47.823	4.188	95.968	31.989	2.422	240.869	62.767
120	80	2.6	9.955	7.823	108.906	27.226	3.307	202.757	33.792	4.512	223.620	47.183
120	80	3.2	12.126	9.529	130.478	32.619	3.280	243.542	40.590	4.481	270.587	57.282
120	80	4.0	14.947	11.734	294.569	49.094	4.439	157.281	39.320	3.243	330.438	70.280
120	80	5.0	18.356	14.409	353.108	58.851	4.385	187.747	46.936	3.198	400.735	95.767
120	80	6.0	21.632	16.981	405.998	67.666	4.332	214.977	53.744	3.152	465.940	100.397
120	80	8.0	27.791	21.838	260.314	65.078	3.060	495.591	82.598	4.222	580.769	127.046
120	100	8.0	30.991	24.353	447.484	89.496	3.799	596.114	99.352	4.385	856.089	162.886
140	90	3.2	14.046	11.037	194.803	43.289	3.724	384.007	54.858	5.228	409.778	75.868
140	90	4.0	17.347	13.631	235.920	52.426	3.687	466.585	66.655	5.186	502.004	93.320
140	90	5.0	21.356	16.782	283.320	62.960	3.642	562.606	80.372	5.132	611.389	114.262
150	100	3.2	15.326	12.043	262.263	52.452	4.136	488.184	65.091	5.643	538.150	90.818

参 考 文 献

[1] 陈绍蕃，顾强. 钢结构上册（钢结构基础）[M]. 3版. 北京：中国建筑工业出版社，2014.

[2] 陈绍蕃，郭成喜. 钢结构下册（房屋建筑钢结构设计）[M]. 3版. 北京：中国建筑工业出版社，2014.

[3] 陈绍蕃. 钢结构设计原理 [M]. 4版. 北京：科学出版社，2016.

[4] 沈祖炎，陈杨骥，陈以一. 钢结构基本原理 [M]. 2版. 北京：中国建筑工业出版社，2005.

[5] 魏明钟. 钢结构 [M]. 2版. 武汉：武汉理工大学出版社，2002.

[6] 钟善桐. 钢结构 [M]. 北京：中国建筑工业出版社，2001.

[7] 陈志华. 钢结构原理与设计 [M]. 天津：天津大学出版社，2011.

[8] 丁阳. 钢结构设计原理 [M]. 天津：天津大学出版社，2011.

[9] 黄会荣. 结构力学与钢结构 [M]. 北京：国防工业出版社，2011.